“十三五”江苏省高等学校重点教材

塑料成型工艺与模具设计

主　编　金　捷　朱红萍

副主编　支海波　柳松柱

参　编　李明亮　苑爱峰　郭光宜　章　勇

主　审　伍建国

机 械 工 业 出 版 社

本书以培养学生塑料成型工艺设计与成型模具设计能力为核心，按照塑料成型模具设计的工作过程，将塑料基础知识、塑件设计、塑料成型工艺、塑料成型设备、塑料成型模具的结构与设计等内容有机融合，以典型模具设计为载体，突出实用性、综合性、先进性，综合训练学生的应用能力。

全书共四个项目，分别是塑料及塑料制品工艺性能的确定、塑料成型工艺与设备的确定、注射成型模具设计、其他塑料成型模具设计。全书内容从塑料基础开始直至模具设计，既体现了内容的职业特征，又具有任务综合性，可满足职业教育教学的需要。每个项目都配有思考与练习，引导学生将所学知识与企业实际零距离对接。

本书可作为高职高专模具设计与制造专业及相关专业教学用书，同时也可供从事模具设计与制造的工程技术人员参考。

本书配套电子课件、习题库等教学资源，同时将相关的动画及视频以二维码的形式植入书中，以方便读者学习使用。

图书在版编目（CIP）数据

塑料成型工艺与模具设计/金捷，朱红萍主编. —北京：机械工业出版社，2018.9（2024.7 重印）
“十三五”江苏省高等学校重点教材
ISBN 978-7-111-61036-6

Ⅰ.①塑… Ⅱ.①金… ②朱… Ⅲ.①塑料成型—工艺—高等学校—教材②塑料模具—设计—高等学校—教材 Ⅳ.①TQ320.66

中国版本图书馆 CIP 数据核字（2018）第 222053 号

机械工业出版社（北京市百万庄大街 22 号 邮政编码 100037）
策划编辑：于奇慧 责任编辑：于奇慧
责任校对：王明欣 封面设计：马精明
责任印制：张 博
北京建宏印刷有限公司印刷
2024 年 7 月第 1 版第 4 次印刷
184mm×260mm · 13.75 印张 · 334 千字
标准书号：ISBN 978-7-111-61036-6
定价：39.00 元

电话服务 网络服务
客服电话：010-88361066 机 工 官 网：www.cmpbook.com
010-88379833 机 工 官 博：weibo.com/cmp1952
010-68326294 金 书 网：www.golden-book.com
封底无防伪标均为盗版 机工教育服务网：www.cmpedu.com

前　　言

本书是根据教育部《高等职业教育创新发展行动计划（2015—2018）》等文件精神，在吸收近年来高职高专教育教学改革成果和经验的基础上，树立“工学结合”的现代职教理念，结合模具技术的发展趋势，运用“互联网+”信息技术，与行业企业共同开发的新形态一体化教材。本书以培养学生的学习能力、实践能力和创新能力为核心，突破传统学科型教材模式，强化应用，注重实践，将理论教学和实践教学融为一体。

本书根据模具技术领域和职业岗位（群）的要求，参照相关的职业资格标准，与行业企业共同开发，按照工程过程系统化的思想，将塑料基础知识、塑件设计、塑料成型工艺、塑料成型设备、塑料成型模具的结构与设计等内容有机融合，以项目引领，以工作过程为导向，以典型模具设计为载体，以具体工作任务为驱动，突出训练学生的综合应用能力，融理论教学、综合实践为一体，实现教学过程与工作过程的对接与吻合。

本书具有以下主要特色与创新：

1. 采用“项目导向、任务驱动”的编写模式，使学生在每个任务中进行思考和学习，达到学会学习、学会工作的目的。教材编写结构新颖，可满足“教师在做中教，学生在做中学”的教学模式改革的需要。

2. 基于塑料成型模具设计的工作过程，将实际生产案例有机地融入教材中，与理论知识有机地联系在一起，体现了“案例学习、理实一体”的高职教育特色。

3. 每个任务按照【知识目标】→【能力目标】→【任务引入】→【相关知识】→【任务实施】→【思考与练习】等内容展开，让学生每完成一个任务就有一种成就感，做到理论融于实践，动脑融于动手，有利于实施“行动导向”教学法，体现了现代职业教育教学理念。

4. 项目选取的塑件载体与企业生产联系紧密，实用性和可操作性强，既浅显易懂，又紧密对应相关职业标准，有利于学生获取模具设计师职业资格证书，实现“双证融通”。

5. 本书配有电子课件、案例、习题库、试卷库等教学辅助资源。运用“互联网+”技术，学生扫描教材中的二维码即可显示相应的动画或学习内容，使学习内容更加情景化、动态化、形象化，并通俗易懂、便于自学，充分体现了“以学生为本”的教育理念。

6. 本书是由长期担任相关课程教学的有工程背景的教师和企业工程技术人员共同编写的，教材内容紧密结合生产实际，符合行业企业需求。

本书由金捷、朱红萍任主编，支海波、柳松柱任副主编，具体分工为：项目一由盐城工业职业技术学院李明亮编写，项目二由鄂州职业大学柳松柱编写，项目三中的任务一、二由沙洲职业工学院朱红萍编写，项目三中的任务三由徐州工业职业技术学院苑爱峰编写，项目三中的任务四、五由沙洲职业工学院金捷编写，项目三中的任务六由张家港中天精密模塑有限公司支海波编写，项目三中的任务七由南通职业大学郭光宜编写，项目四由沙洲职业工学院章勇编写。本书由沙洲职业工学院伍建国教授任主审。

本书在编写过程中参考了有关教材及学校合作企业“中天模塑”的相关资料，在此表示衷心的感谢。

由于编者水平有限，加之编写时间仓促，书中难免有错误和不足，敬请广大读者批评指正。

编　者

目　录

项目一　塑料及塑料制品工艺性能的确定

任务一　选择与分析塑料品种

【知识目标】

1. 掌握塑料的组成、类型和特点。
2. 掌握塑料的概念和常用塑料的基本性能。
3. 熟悉常用塑料的代号、性能和用途。

【能力目标】

1. 会分析并合理选择塑料制品的塑料品种。
2. 会分析给定塑料的使用性能和工艺性能。

【任务引入】

塑料防护罩如图1-1所示，要求防护罩有足够的强度和耐磨性，外侧表面光滑，下端外沿不允许有浇口痕迹，且性能可靠，精度要求中等，生产批量较大。要求选择该塑料防护罩塑料品种并分析该塑料的使用性能和工艺性能。

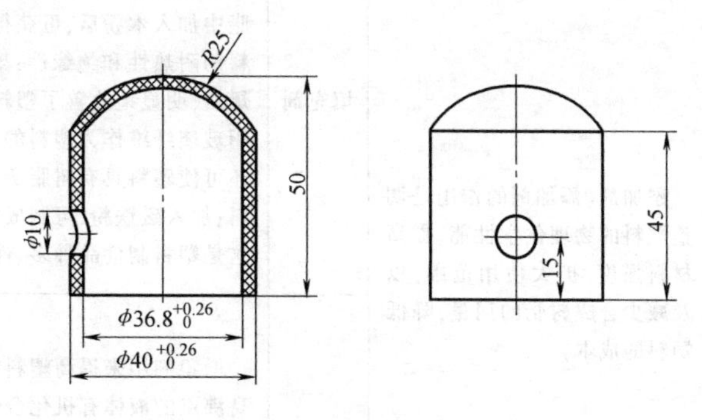

图1-1　塑料防护罩

通常将塑料制品称为塑料制件或塑件。由于塑料制件各式各样，且使用要求各不相同，对塑料品种的要求也不同。不同的品种，其使用性能、成型工艺性能和应用范围也不同。塑料品种的选用要综合考虑多方面的因素：首先要了解塑料制件的用途，使用过程中的环境状况，如温度高低、是否有化学介质、是否有电性能要求；还需要了解不同种类塑料的性能（塑料的组成、类型和特点），以及该种塑料的成型工艺性能（收缩率、流动性、结晶性、热敏性、水敏性、应力开裂和熔融破裂等）；在满足使用性能和工艺性能后，再考虑选用该种塑料的成本，如原料的价格、成型加工难易程度、相应模具的造价等。

本任务以塑料防护罩为载体，训练学生合理选择与分析塑料品种的能力。

一、塑料及其组成

1. 塑料与聚合物

塑料是以高分子量的合成树脂为主要成分，加入适量的添加剂后，在一定条件下（如温度，压力等）可塑制成一定形状且在常温下保持形状不变的材料。树脂可分成天然树脂和合成树脂。松香、虫胶等属于天然树脂，其特点是无明显熔点，受热后逐渐软化，可溶解于溶剂而不溶于水等。用人工方法合成的树脂称为合成树脂，我们所使用的塑料一般都是以合成树脂为主要原料制成的。

聚合物是由一种或几种简单化合物通过聚合反应而生成的一种高分子化合物。合成树脂就是一种聚合物，简称高聚物或聚合物。聚合物的高分子含有许多原子、相对分子质量很高，分子是很长的巨型分子。正因为这样，才使得聚合物在热力学性能、流变性能、成型过程中的流动行为和物理化学变化等方面有其自身的特性。

2. 塑料的组成

塑料是以合成树脂为主要成分，加入适量的添加剂组成的，见表 1-1。

表 1-1　塑料的组成

组　成		作用及特性
合成树脂		合成树脂是由低分子化合物经聚合反应所获得的高分子化合物，如聚乙烯、聚氯乙烯、酚醛树脂等。树脂受热软化后，可将塑料的其他组分加以黏合，并决定塑料的主要性能，如物理性能、化学性能、力学性能及电性能等。塑料中的树脂含量为 40%～100%（质量分数，后同）
添加剂（添加剂的作用是调整塑料的物理化学性能，提高材料强度，扩大使用范围，以及减少合成树脂的用量，降低塑料的成本）	填充剂	常用的填充剂有木粉、纸及棉屑、硅石、硅藻土、云母、石棉、石墨、金属粉、玻璃纤维、碳纤维等。加入不同的填充剂，可以制成不同性能的塑料。如酚醛树脂中加入木粉后，可获得机械强度高的胶木，加入云母、石英和石棉可提高塑料的耐热性和绝缘性；聚酰胺、聚甲醛等树脂中加入二硫化钼、石墨、聚四氟乙烯后，明显地改善了塑料的耐磨性、抗水性、耐热性、机械强度和硬度等性能；用玻璃纤维作为塑料的填充剂，能大幅度提高塑料的机械强度。有的添加剂还可使塑料具有树脂所没有的性能，如加入银、铜等金属粉末，可制成导电塑料；加入磁铁粉，可制成磁性塑料。塑料中的填充剂含量一般为 20%～50% 。这是塑料制件品种多、性能各异的主要原因之一
	增塑剂	增塑剂用来提高塑料的可塑性和柔软性。常用的增塑剂是一些不易挥发的高沸点的液体有机化合物或低熔点的固体有机化合物。理想的增塑剂必须在一定范围内能与合成树脂很好相溶，并具有良好的耐热、耐光、不燃及无毒的性能。增塑剂的加入会降低塑料的稳定性、介电性能和机械强度。因此在塑料中应尽可能地减少增塑剂的含量。大多数塑料一般不添加增塑剂，唯有软质聚氯乙烯含有大量的增塑剂（邻苯二甲酸二丁酯）

（续）

组　成		作用及特性
添加剂(添加剂的作用是调整塑料的物理化学性能,提高材料强度,扩大使用范围,以及减少合成树脂的用量,降低塑料的成本)	稳定剂	为了抑制和防止塑料在加工和使用过程中因受热、光及氧等作用而分解变质,以使加工顺利并保证塑件具有一定的使用寿命,常在塑料中加入稳定剂。如在聚氯乙烯中加入硬脂酸盐,可防止热成型时的分解;在塑料中加入炭黑作紫外线吸收剂,可提高其耐光辐射的能力。对稳定剂的要求是除对聚合物的稳定效果好外,还应能耐水、耐油、耐化学药品,并与树脂相溶,在成型过程中不分解、挥发小、无色。常用的稳定剂有硬脂酸盐、铅的化合物及环氧化合物等。稳定剂用量一般为塑料的 0.3%~0.5%
	润滑剂	润滑剂对塑料表面起润滑作用,防止塑料在成型加工过程中黏附在模具上。同时,添加润滑剂还可以提高塑料的流动性,便于成型加工,并使塑料表面更加光滑。常用的润滑剂为硬脂酸及其盐类,其加入量通常小于 1%
	着色剂	为满足塑件使用上的美观要求,塑料中常加入着色剂。一般用有机颜料、无机颜料和染料作着色剂。着色剂应具有着色力强、色泽鲜艳、分散性好,不易与其他组分起化学反应,耐热、耐光等性能。着色剂的用量一般为 0.01%~0.02%
	固化剂	固化剂又称硬化剂,它的作用是促使合成树脂进行交联反应而形成体型网状结构,或加快交联反应速度,一般多用在热固性塑料中。如在酚醛树脂中加入六次甲基四胺、在环氧树脂中加入乙二胺或顺丁烯二酸酐等,此外在注射热固性塑料时加入氧化镁可促使塑件快速硬化

二、塑料的分类

1. 按合成树脂的分子结构及其特性分类

（1）热塑性塑料　热塑性塑料是由可以多次反复加热而仍具有可塑性的合成树脂制得的塑料。这类塑料的合成树脂分子结构呈线型或支链型，通常互相缠绕但并不联结在一起，受热后能软化或熔融，从而进行成型加工，冷却后固化。如再加热，又可变软，可如此反复进行多次。常见的热塑性塑料有聚乙烯、聚丙烯、聚苯乙烯、聚氯乙烯、有机玻璃、聚酰胺、聚甲醛、ABS（丙烯腈-丁二烯-苯乙烯）、聚碳酸酯、聚苯醚、聚砜、聚四氟乙烯等。

（2）热固性塑料　热固性塑料是由加热硬化的合成树脂制得的塑料。这类塑料的合成树脂分子结构，在开始受热时也为线型或支链型，因此，可以软化或熔融，但受热后这些分子逐渐结合成网状结构（称之为交联反应），成为既不熔化又不溶解的物质，称为体型聚合物。此时，即使加热到接近分解的温度也无法软化，而且也不会溶解在溶剂中。常见的热固性塑料有酚醛塑料、环氧树脂、脲醛塑料、三聚氰胺-甲醛塑料、不饱和聚酯塑料等。

2. 按塑料的用途分类

（1）通用塑料　通用塑料是一种非结构用塑料。它的产量大，价格低，性能一般。这类塑料有聚乙烯、聚丙烯、聚苯乙烯、聚氯乙烯、酚醛塑料和氨基塑料六大类。它们可用于日常生活用品、包装材料及一般小型机械零件，其产量约占塑料总产量的 80%。

（2）工程塑料　工程塑料可作为结构材料。和通用塑料相比，它们的产量较小，价格较高，但具有优异的力学性能、电性能、化学性能、耐热性、耐磨性和尺寸稳定性等。常见的工程塑料有聚甲醛、聚酰胺、聚碳酸酯、聚苯醚、ABS、聚砜、聚四氟乙烯、有机玻璃、环氧树脂等。这类材料在汽车、机械、化工等部门用来制造机械零件和工程结构零部件。

（3）特殊塑料　特殊塑料是指具有某些特殊性能的塑料。这类塑料有高的耐热性或高的电绝缘性及耐蚀性等，如氟塑料、聚酰亚胺塑料、有机硅树脂、环氧树脂等，还包括为某些专门用途而改性制得的塑料，如导磁塑料和导热塑料等。

三、塑料的选用

1. 热塑性塑料

常见热塑性塑料的性能与用途见表 1-2。

表 1-2　常见热塑性塑料的性能与用途

序号	塑料名称	性能特点	成型特点	使用温度/℃	主要用途
1	聚乙烯（PE）	质软，力学性能差，表面硬度低，化学稳定性较好；但不耐强氧化剂，耐水性好	成型前可不预热；收缩大，易变形；冷却时间长，成型效率不高；塑件有浅侧凹，可强制脱模	<80	低压聚乙烯可用于制造塑料管、塑料板、塑料绳以及承载不高的零件，如齿轮、轴承等；高压聚乙烯常用于制作塑料薄膜、软管、塑料瓶以及电气工业用绝缘零件和包覆电缆等
2	聚丙烯（PP）	化学稳定性较好，耐寒性差，光、氧作用下易降解，力学性能比聚乙烯好	成型时收缩大，成型性能好，易变形翘曲，尺寸稳定性好，柔软性好，有“铰链”特性	10~120	聚丙烯可用于制作各种机械零件，如法兰、接头、泵叶轮、汽车零件和自行车零件。可制作水、蒸汽、各种酸碱物的输送管道，化工容器和其他设备的衬里、表面涂层。制造盖和本体合一的箱体，各种绝缘零件，并用于医药工业中
3	聚苯乙烯（PS）	透明性好，电性能好，拉伸强度高，耐磨性好，质脆，抗冲击性能差，化学稳定性较好	成型性能好，成型前可不干燥，但注射时应防止溢料，塑件易产生应力，易开裂	-30~80	聚苯乙烯在工业上可用于制作仪表外壳、灯罩、化学仪器零件、透明模型等。在电气方面用于制作良好的绝缘材料、接线盒、电池盒等。在日用品方面广泛用于包装材料、各种容器、玩具等
4	ABS	综合力学性能好，但耐热性较差，吸水性较大，化学稳定性较好	成型性能好，成型前要干燥，易产生熔接痕，浇口处外观不好	<70	用于制造齿轮、泵叶轮、轴承、把手、管道、电机外壳、仪表壳、日用品等
5	聚碳酸酯（PC）	透光率较高，介电性能好，吸水性小，力学性能好，抗冲击、抗蠕变性突出，但耐磨性差，不耐碱、酮、酯	耐寒性好，熔融温度高，黏性大，成型前需干燥，易产生残余应力，甚至裂纹；质硬，易损坏模具，使用性能好	<130，脆化温度为-100	机械上用于制作各种齿轮、蜗轮、蜗杆、齿条、凸轮等；电气方面，用于制作电机零件、电话交换器零件、信号用继电器、风扇部件、拨号盘、仪表壳、接线板等；还可制作照明灯、高温透镜、视孔镜、防护玻璃等光学零件
6	聚甲醛（POM）	综合性能好，比强度、比刚度接近金属；化学稳定性较好，但不耐酸	热稳定性差，易分解，流动性好，注射时速度要快，注射压力不宜过高，凝固速度快，不待完全硬化即可取件	<100	聚甲醛特别适用于制作轴承、凸轮、滚轮、滚子、齿轮等耐磨、传动零件，还可用于制造汽车仪表板、各种仪器外壳、罩盖、箱体、化工容器、泵叶轮、鼓风机叶片、配电盘、线圈座、各种输油管、塑料弹簧等

（续）

序号	塑料名称	性能特点	成型特点	使用温度/℃	主要用途
7	有机玻璃（PMMA）	透光率最好，质轻、坚韧，电绝缘性好，表面硬度不高，质脆易裂开；化学稳定性较好，但不耐无机酸，易溶于有机溶剂	流动性差，易产生流痕、缩孔，易分解；透明性好，成型前要干燥，注射时速度不能太快	<80	透明塑件，如窗玻璃、光学镜片、灯罩等
8	聚酰胺（PA）	拉伸强度、硬度、耐磨性、自润滑性突出，吸水性强；化学稳定性好，能溶于甲醛、苯酚、浓硫酸等	熔点高，成型前需预热；黏度低，流动性好，易产生溢流、飞边；熔融温度下较硬，易损坏模具，主流道及型腔易黏模	<100	广泛用于制作各种机械、化学和电气零件，如轴承、齿轮、滚子、辊轴、滑轮、泵叶轮、风扇叶片、蜗轮、高压密封扣圈、垫片、阀座、输油管、储油容器、绳索、传动带、电池箱、电器线圈等零件
9	聚氯乙烯（PVC）	硬聚氯乙烯有较好的拉伸、抗弯、抗压和抗冲击性能，可单独用作结构材料	聚氯乙烯在成型温度下容易分解放出氯化氢。需加入稳定剂和润滑剂，并严格控制温度及熔体的滞留时间	-15~55	可用于防腐管道、管件、输油管、离心泵、鼓风机等。广泛用于化学工业上制作各种贮槽的衬里，建筑物的瓦楞板，门窗结构，墙壁装饰物等建筑用材。在电气、电子工业中，用于制造插座、插头、开关、电缆。日常生活中，用于制造凉鞋、雨衣、玩具、人造革等
10	聚苯醚（PPO）	聚苯醚是呈琥珀色透明的热塑性工程塑料，硬而韧。硬度较尼龙、聚甲醛、聚碳酸酯高。蠕变性小，有较好的耐磨性能	流动性差，成型前应对塑料进行充分的干燥；宜采用高料温、高模温、高压、高速注射成型，保压及冷却时间不宜太长	-127~121，脆化温度低达-170	用于制造在较高温度下工作的齿轮、轴承、运输机械零件、泵叶轮、鼓风机叶片、水泵零件、化工用管道及各种紧固件、连接件等。还可用于线圈架、高频印制电路板、电机转子、机壳及外科手术用具、食具等需要进行反复蒸煮消毒的器件

2. 热固性塑料

（1）酚醛塑料（PF）

1）基本特性。酚醛塑料属于热固性塑料，它是以酚醛树脂为基础而制得的。酚醛树脂通常由酚类化合物和醛类化合物缩聚而成。酚醛树脂本身很脆，呈琥珀玻璃态，必须加入各种纤维或粉末状填料后才能获得具有一定性能要求的酚醛塑料。酚醛塑料大致可分为四类：①层压塑料；②压塑料；③纤维状压塑料；④碎屑状压塑料。

与一般热固性塑料相比，酚醛塑料刚性好，变形小，耐热、耐磨，能在150~200℃的温度范围内长期使用，在水润滑条件下，有极低的摩擦因数，电绝缘性能优良。缺点是质脆，冲击强度低。

2）主要用途。酚醛层压塑料用浸渍过酚醛树脂溶液的片状填料制成，可制成各种型材和板材。根据所用填料不同，有纸质、布质、木质、石棉布和玻璃布等各种层压塑料。布质及玻璃布酚醛层压塑料具有优良的力学性能、耐油性能和一定的介电性能，用于制造齿轮、轴瓦、导向轮、无声齿轮、轴承及用作电工结构材料和电气绝缘材料。木质酚醛层压塑料适

用于制造水润滑冷却下的轴承及齿轮等。石棉布酚醛层压塑料主要用于高温下工作的零件。

酚醛纤维状压塑料可以加热模压成各种复杂的机械零件和电器零件，具有优良的电气绝缘性能，耐热、耐水、耐磨。可制作各种线圈架、接线板、电动工具外壳、风扇叶轮、耐酸泵叶轮、齿轮、凸轮等。

3）成型特点。成型性能好，特别适合于压缩成型；模温对流动性影响较大，一般当温度超过160℃时流动性迅速下降；硬化时放出大量的热，对于厚壁大型塑件，内部温度易过高，发生硬化不匀及过热现象。

（2）氨基塑料　氨基塑料是由氨基化合物与醛类（主要是甲醛）经缩聚反应而制得的塑料，主要包括脲-甲醛、三聚氰胺-甲醛等。

1）氨基塑料的基本特性及主要用途。

① 脲-甲醛塑料（UF）。脲-甲醛塑料是脲-甲醛树脂和漂白纸浆等制成的压塑粉。可染成各种鲜艳的色彩，外观光亮，部分透明，表面硬度较高，耐电弧性能好，耐矿物油、耐霉菌的作用好。但耐水性较差，在水中长期浸泡后电气绝缘性能下降。

脲-甲醛塑料大量用于压制日用品及电气照明用设备的零件、电话机、收录机、钟表外壳、开关插座及电气绝缘零件。

② 三聚氰胺-甲醛塑料（MF）。由三聚氰胺-甲醛树脂与石棉滑石粉等制成。三聚氰胺-甲醛塑料（密胺塑料）可制成具有各种色彩、耐光、耐电弧、无毒的塑件，在−20~100℃的温度范围内性能变化小，耐沸水且耐茶、咖啡等污染性强的物质，能像陶瓷一样方便地去掉茶渍一类污染物，且有重量轻、不易碎的特点。

三聚氰胺-甲醛塑料主要用作餐具、航空茶杯及电器开关、灭弧罩及防爆电器的配件。

2）氨基塑料的成型特点。氨基塑料常采用压缩、压注成型。压注成型收缩率大；含水分及挥发物多，使用前需预热干燥，且成型时有弱酸性分解物及水分析出，模具应镀铬防腐，并注意排气；氨基塑料成型时流动性好，硬化速度快，因此，预热及成型温度要适当，装料、合模及加工速度要快；带嵌件的塑件易产生应力集中，尺寸稳定性差。

（3）环氧树脂（EP）

1）基本特性。环氧树脂是含有环氧基的高分子化合物。未固化之前，是线型的热塑性树脂，只有在加入固化剂（如胺类和酸酐等）之后，才交联成不熔的体型结构的高聚物，才有作为塑料的实用价值。环氧树脂种类繁多，应用广泛，有许多优良的性能。其最突出的特点是黏结能力强，是人们熟悉的“万能胶”的主要成分。此外，还耐化学药品、耐热、电气绝缘性能良好、收缩率小，与酚醛树脂相比有较好的力学性能。其缺点是耐气候性差、耐冲击性低、质地脆。

2）主要用途。环氧树脂可用作金属和非金属材料的黏合剂，用于封装各种电子元件。可用环氧树脂配以石英粉等浇铸各种模具。环氧树脂还可以作为各种产品的防腐涂料。

3）成型特点。流动性好，硬化速度快；用于浇铸时，浇铸前应加脱模剂，因环氧树脂热刚性差，硬化收缩小，难于脱模；硬化时不析出任何副产物，成型时不需排气。

四、塑料成型的工艺特性

塑料的成型工艺特性是塑料在成型加工过程中表现出来的特有性质。模具设计者必须对塑料的成型工艺特性有充分的了解。下面就热塑性塑料与热固性塑料的工艺特性分别进行

讨论。

1. 热塑性塑料的工艺特性

（1）收缩性　塑件从温度较高的模具中取出并冷却到室温后，其尺寸或体积会发生收缩变化，这种性质称为收缩性。收缩性的大小以单位长度塑件收缩量的百分数来表示，称为收缩率。由于成型模具与塑料的线膨胀系数不同，收缩率分为实际收缩率和计算收缩率两种，其计算公式为

$$S_s = \frac{a-b}{b} \times 100\% \quad (1\text{-}1)$$

$$S_j = \frac{c-b}{b} \times 100\% \quad (1\text{-}2)$$

式中　S_s——实际收缩率；

S_j——计算收缩率；

a——模具或塑件在成型温度下的尺寸；

b——塑件在室温时的尺寸；

c——模具在室温时的尺寸。

实际收缩率表示塑件实际所发生的收缩，因成型温度下的塑件尺寸不便测量，以及实际收缩率和计算收缩率相差很小，所以生产中常采用计算收缩率，但在大型、精密模具的成型零件尺寸计算时应采用实际收缩率。

引起塑件收缩的原因除了热胀冷缩、脱模时的弹性恢复及塑性变形外，还与注射成型时的许多工艺条件及模具因素有关。此外塑件脱模后残余应力的缓慢释放和必要的后处理工艺也会使塑件产生后收缩。影响塑件成型收缩的主要因素如下。

1）塑料品种。塑料品种不同，其收缩率也各不相同。同种塑料由于其各种组分的比例不同，相对分子质量大小不同，收缩率也不相同。例如，树脂的相对分子质量高，填料为有机材料，树脂含量较多，则塑料的收缩率就大。

2）塑件结构。塑件的形状、尺寸、壁厚、有无嵌件、嵌件数量及其分布对收缩率的大小都有很大的影响。一般来说，塑件的形状复杂、尺寸较小、壁薄、有嵌件、嵌件数量多且对称分布，其收缩率较小。

3）模具结构。模具的分型面、浇口形式及尺寸等因素直接影响料流方向、密度分布、保压补缩作用及成型时间。采用直浇口或大截面的浇口，可减小收缩，但各向异性大，沿料流方向收缩小，垂直于料流方向收缩大；反之，当浇口的厚度较小时，浇口部分会过早凝结硬化，型腔内的塑料收缩后得不到及时补充，收缩较大。点浇口凝封快，在制件条件允许的情况下，可设多点浇口，能有效地延长保压时间和增大型腔压力，使收缩率减小。

4）成型工艺条件。模具温度高，熔体冷却慢，则密度高，收缩大。尤其对于结晶型塑料，因结晶度高，体积变化大，故收缩更大。模具温度分布与塑件内外冷却及密度均匀性也有关，直接影响各部位收缩率的大小及方向性。此外，成型压力及保压时间对收缩也有较大的影响，压力高、保压时间长时收缩小，但方向性大。注射压力高，熔体黏度小，层间切应力小，脱模后弹性恢复大，故收缩也可相应减小。料温高，则收缩大，但方向性小。因此在成型时调整模温、压力、注射速度及冷却时间等因素也可适当改变塑件的收缩情况。

由于影响塑件收缩率的因素很多，而且相当复杂，所以收缩率是在一定范围内变化的。

在模具设计时应根据以上因素综合考虑选取塑件的收缩率。

（2）流动性　塑料在一定的温度、压力作用下，充填模具型腔的能力，称为塑料的流动性。塑料的流动性差，就不容易充满型腔，易产生缺料或熔接痕等缺陷，因此需要较大的成型压力才能成型。相反，塑料的流动性好，可以用较小的成型压力充满型腔。但流动性太好，成型时会产生严重的溢边。

流动性的大小与塑料的分子结构有关。具有线型分子而没有或很少有交联结构的树脂流动性大。塑料中加入填料，会降低树脂的流动性。例如，加入增塑剂或润滑剂，则可增加塑料的流动性。对于热塑性塑料，常用熔融指数和螺旋线长度来表示其流动性。熔融指数采用如图 1-2 所示的熔融指数测定仪来测定。将被测塑料装入加热料筒中并加热，在一定的温度和压力下，测定塑料熔体在 10min 内从出料孔挤出的重量（g）。该值称为熔融指数，简写为 MI。熔融指数越大，流动性越好。螺旋线长度试验法是将被测塑料在一定的温度与压力下注入如图 1-3 所示的标准螺旋流动试验模具内，用其所能达到的流动长度（图中所示数字单位为 cm）来表示该塑料的流动性。流动长度越长，流动性就越好。

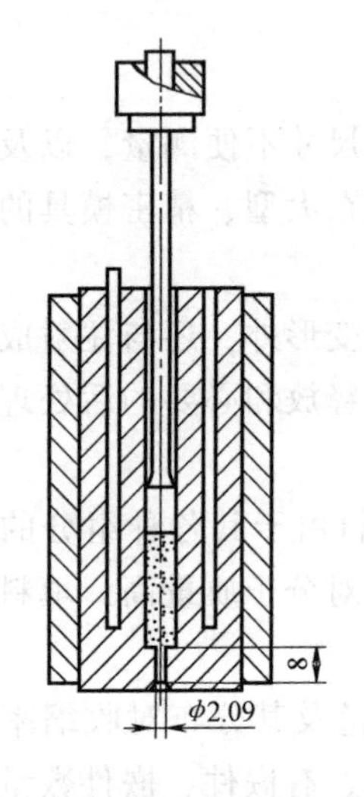

图 1-2　熔融指数测定仪结构示意图

螺旋线流道截面形式

图 1-3　螺旋流动试验模具流道示意图

影响流动性的主要因素如下。

1）温度。料温高，则流动性大，但不同塑料也各有差异。聚苯乙烯、聚丙烯、聚酰胺、有机玻璃、ABS、AS（丙烯腈-苯乙烯）、聚碳酸酯、醋酸纤维素等塑料的流动性随温度变化的影响较大；而聚乙烯、聚甲醛的流动性受温度变化的影响较小。

2）压力。注射压力增大，则熔体受剪切作用大，流动性也增大，尤以聚乙烯、聚甲醛对压力较为敏感。

3）模具结构。浇注系统的形式、尺寸、布置（如型腔表面粗糙度、流道截面厚度、型腔形式、排气系统），冷却系统的设计，熔体的流动阻力等因素都直接影响熔体的流动性。凡促使料温降低、流动阻力增加的因素，都会使流动性降低。

在常用的热塑性塑料中，流动性好的有聚乙烯、聚丙烯、聚苯乙烯、尼龙、醋酸纤维素等；流动性中等的有改性聚苯乙烯、ABS、AS、有机玻璃、聚甲醛、氯化聚醚等；流动性差的有聚碳酸酯、硬质聚氯乙烯、聚苯醚、聚砜、氟塑料等。

(3) 相容性　相容性是指两种或两种以上不同品种的塑料，在熔融状态不产生相分离现象的能力。如果两种塑料不相容，则混熔后塑件会出现分层、脱皮等表面缺陷。不同塑料的相容性与其分子结构有一定关系：分子结构相似者较易相容，如高压聚乙烯、低压聚乙烯、聚丙烯彼此之间的混熔等；分子结构不同时较难相容，如聚乙烯和聚苯乙烯之间的混熔。

塑料的相容性又称为共混性。通过塑料的这一性质，可得到类似共聚物的综合性能，这是改进塑料性能的重要途径之一，如聚碳酸酯和ABS塑料相容，就能改善聚碳酸酯的工艺性能。

(4) 吸湿性　吸湿性是指塑料对水分的亲疏程度。按吸湿或黏附水分能力的大小，将塑料分为吸湿性塑料和不吸湿性塑料两大类。前一类具有吸湿或黏附水分倾向，如聚酰胺、ABS、聚碳酸酯、聚苯醚、聚砜等；后一类吸湿或黏附水分极小，如聚乙烯、聚丙烯、聚苯乙烯和氟塑料等。

很显然，吸湿性塑料在注射成型过程中比较容易发生水降解，成型后塑件上易出现气泡、银丝与斑纹等缺陷。因此，在成型前必须进行干燥处理，必要时还应在注射机料斗内设置红外线加热装置，以免干燥后的塑料进入机筒前在料斗中再次吸湿或粘水。

(5) 热敏性　热敏性是指塑料的化学性质对热作用的敏感程度，热敏性很强的塑料称为热敏性塑料。热敏性塑料在成型过程中很容易在不太高的温度下发生热分解、热降解，从而影响塑件的性能、色泽和表面质量等。另外，塑料熔体发生热分解或热降解时，会释放出一些挥发性气体，这些气体对人体、模具和注射机都有刺激、腐蚀作用或毒性。为了防止热敏性塑料在成型过程中出现热分解或热降解现象，应采取相应的措施，如选用螺杆式注射机，流道截面取大一些（避免过大的摩擦热）；注射机筒内壁、流道和型腔表壁镀铬；熔体在模内流动时不得有死角和滞料现象；生产时严格控制成型工艺条件等。必要时还可在塑料中添加热稳定剂。常用的热敏性塑料有硬质聚氯乙烯、聚偏氯乙烯、醋酸乙烯共聚物、聚甲醛和聚三氟氯乙烯等。

2. 热固性塑料的工艺特性

(1) 收缩性　同热塑性塑料一样，热固性塑料经成型冷却后也会发生收缩，其收缩率的计算方法与热塑性塑料相同。产生收缩有以下主要原因。

1）热收缩。热收缩是由于热胀冷缩而使塑件成型冷却后所产生的收缩。热收缩与模具的温度成正比，是成型收缩中主要的收缩因素之一。

2）结构变化引起的收缩。热固性塑料在成型过程中发生了交联反应，分子由线型结构变为网状结构，分子链间距缩小，结构变得紧密，故产生了体积收缩。

3）弹性恢复。塑件从模具中取出后，作用在塑件上的压力消失，由于弹性恢复，会造成塑件体积的负收缩（膨胀）。在成型以玻璃纤维和布质为填料的热固性塑料时，这种情况尤为明显。

4）塑性变形。塑件脱模时，成型压力迅速降低，但模壁紧压着塑件的周围，使其产生塑性变形。发生变形部分的收缩率比没有发生变形部分的大，因此塑件往往在平行于加压方向的方向上收缩较小，而垂直于加压方向的方向上收缩较大。为防止两个方向的收缩率相差过大，可采用迅速脱模的办法补救。

与热塑性塑料相同，影响收缩率的因素有原材料、模具结构或成型方法及成型工艺条件等。塑料中树脂和填料的种类及含量，直接影响收缩率的大小。当所用树脂在固化反应中放出的低分子挥发物较多时，收缩率较大；放出的低分子挥发物较少时，收缩率较小。在同类

塑料中，填料含量较多或填料中无机填料增多时，收缩率较小。

凡有利于提高成型压力、增大塑料充模流动性、使塑件密实的模具结构，均能减少塑件的收缩率，如用压缩或压注成型的塑件比注射成型的塑件收缩率小。凡能使塑件密实、成型前使低分子挥发物溢出的工艺因素，都能使塑件收缩率减少，如成型前对酚醛塑料的预热、加压等。

(2) 流动性　热固性塑料的流动性通常以拉西格流动值来表示。图 1-4 所示为拉西格流动性测定示意图。将一定重量的待测塑料预压成圆锭，再将圆锭放入压模中，在一定的温度和压力下测定从模孔中挤出的物料长度（毛糙部分不计在内），此即拉西格流动值，单位为 mm。数值大，则流动性好。

每一品种塑料的流动性分为三个不同的等级。第一级的拉西格流动值为 100~130mm，适用于压制无嵌件的、形状简单的一般厚度塑件。第二级的拉西格流动值为 131~150mm，用于压制中等复杂程度的塑件。第三级的拉西格流动值为 151~180mm，可用于压制结构复杂、型腔很深、嵌件较多的薄壁塑件，或用于压注成型。

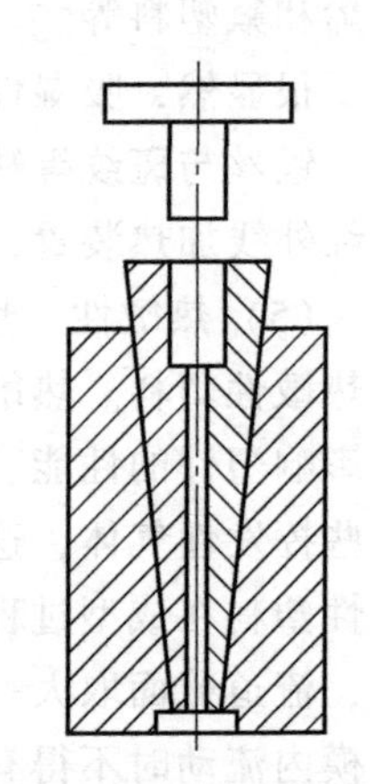
图 1-4　拉西格流动性测定示意图

影响流动性的因素主要有塑料品种、模具结构和成型条件等。当然，不同品种的塑料或同一品种不同组分及含量的塑料，其流动性不同。模具成型表面光滑，型腔形状简单，采用不溢式压缩模等有利于改善流动性；采用压锭及预热，提高成型压力，在低于塑料硬化温度的条件下提高成型温度等都能提高塑料的流动性。

(3) 比容和压缩率　比容是单位重量的松散塑料所占的体积，单位为 cm^3/g；压缩率是塑料的体积与塑件的体积之比，其值恒大于 1。比容和压缩率都表示粉状或短纤维状塑料的松散性，它们都可用来确定模具加料室的大小。此外，比容和压缩率较大时，塑料内充气增多，排气困难，成型周期变长，生产率降低；比容和压缩率较小时，压锭和压缩、压注容易，而且压锭重量也较准确。但是，比容太小时，则影响塑料的松散性，以容积法装料时易造成塑件重量不准确。

(4) 硬化速度　硬化是指塑料成型时完成交联反应的过程。硬化速度通常以塑料试样硬化每 1mm 厚度所需的秒数来表示，此值越小，硬化速度越快。硬化速度与塑料品种、塑件的形状与壁厚、成型温度及是否预热、预压等有密切关系。例如采用压锭、预热、提高成型温度、增加加压时间，都能显著加快硬化速度。此外，硬化速度还应符合成型方法的要求。例如压注或注射成型时，要求在塑化、填充时化学反应慢，硬化慢，以保持长时间的流动状态，但当原料充满型腔后，在高温、高压下应快速硬化。硬化速度慢的塑料，会使成型周期变长，生产率降低；硬化速度快的塑料，则不能成型复杂的塑件。

(5) 水分及挥发物含量　塑料中的水分及挥发物，一方面来自塑料自身，另一方面来自压缩或压注过程中化学反应的副产物。

塑料中水分及挥发物的含量，对塑件的物理、力学和介电性能都有很大的影响。塑料中水分及挥发物含量大时，塑件易产生气泡、内应力和塑性变形，机械强度降低。压制时，由于温度和压力的作用，大多数水分及挥发物逸出，但尚未逸出时，它占据着一定的体积，严重地阻碍化学反应的有效发生，当塑件冷却后，则会造成组织疏松。在逸出过程中，挥发物气体又像一把利剑割裂塑件一样，使塑件产生龟裂，降低机械强度和介电性能。此外，水分

及挥发物含量过多时，会促使流动性过大，容易溢料，成型周期增长，收缩率增大，塑件容易出现翘曲、波纹及光泽不好等现象。但是，塑料中水分及挥发物的含量不足时，会导致流动性不良，成型困难，同时也不利于压锭。水分及挥发物在成型时变成的气体，必须排除模外，有的气体对模具有腐蚀作用，对人体也有刺激作用。为此，在模具设计时应对这种特征有所了解，并采取相应的措施。

测定水分及挥发物含量时，采用（15±0.2）g 的试验用料，在烘箱中于 103~105℃ 干燥 30min 后，测其试验前后重量差 ΔM（g），从而得到水分及挥发物的含量 X 为

$$X=\frac{\Delta M}{15} \tag{1-3}$$

【任务实施】

1. 选择塑件的塑料品种

防护罩塑件需大批量生产，通过相关知识的学习，对多种塑料的性能与应用进行综合比较，材料品种可选择 ABS（丙烯腈-丁二烯-苯乙烯共聚物）。

2. 分析塑料的使用性能

ABS 是丙烯腈、丁二烯、苯乙烯三种单体的共聚物，价格便宜，原料易得，是目前产量最大、应用最广的工程塑料之一。ABS 无毒、无味，为微黄色或白色不透明粒料，成型的塑件有较好的光泽，密度为 1.02~1.05g/cm^3。

ABS 是由三种组分组成的，故它有三种组分的综合力学性能，而每一组分又在其中起着固有的作用。丙烯腈使 ABS 具有良好的表面硬度、耐热性及耐化学腐蚀性，丁二烯使 ABS 坚韧，苯乙烯使 ABS 有优良的成型加工性和着色性能。

ABS 的热变形温度比聚苯乙烯、聚氯乙烯、尼龙等都高，尺寸稳定性较好，具有一定的化学稳定性和良好的介电性能，经过调色可配成任何颜色。其缺点是耐热性不高，连续工作温度为 70℃ 左右，热变形温度约为 93℃ 左右；不透明，耐气候性差，在紫外线作用下易变硬发脆。

ABS 中三种组成分之间的比例不同，其性能也略有差异，从而可适应各种不同的应用。根据应用不同可分为超高冲击型、高冲击型、中冲击型、低冲击型和耐热型等。

3. 分析塑料的工艺性能

ABS 易吸水，成型塑件表面易出现斑痕、云纹等缺陷，因此成型加工前应进行干燥处理；在正常的成型条件下，塑件壁厚、熔体温度对收缩率影响极小；要求塑件精度高时，模具温度可控制为 50~60℃，要求塑件光泽和耐热时，则应控制为 60~80℃；ABS 比热容低，塑化效率高，凝固也快，故成型周期短；ABS 的表观黏度对剪切速率的依赖性很强，因此模具设计中大都采用点浇口形式。

4. 结论

防护罩塑件要求有一定的强度和耐磨性，外侧表面光滑，且性能可靠，中等精度。采用 ABS 塑料，产品的使用性能要求基本可满足，但需注意选择合理的成型工艺，对原料充分干燥，采用合理的成型温度与压力。

【思考与练习】

1. 什么是塑料？塑料是由哪些成分组成的？

2. 根据塑料中树脂的分子结构和热性能，塑料分为哪几种？其特点分别是什么？

3. 塑料有哪些主要使用性能？

4. 塑料中树脂的作用是什么？

5. 在塑料中加入填料的作用是什么？对填料有何要求？

6. 增塑剂的作用是什么？对增塑剂的要求是什么？

7. 什么是收缩率？影响塑件收缩率的主要因素有哪些？

8. 热塑性塑料、热固性塑料的成型工艺性能各包括哪些？

9. 简述 ABS 塑料的基本特性、成型特点和主要用途。

10. 简述 PE 塑料的基本特性、成型特点和主要用途。

11. 简述 PVC 塑料的基本特性、成型特点和主要用途。

12. 简述 PP 塑料的基本特性、成型特点和主要用途。

13. 一企业大批量生产塑料灯座如图 1-5 所示，要求该塑件具有足够的强度和耐磨性，外形美观，色泽鲜艳，外表面没有斑点及熔接痕。试根据该塑件的要求，合理选择塑料品

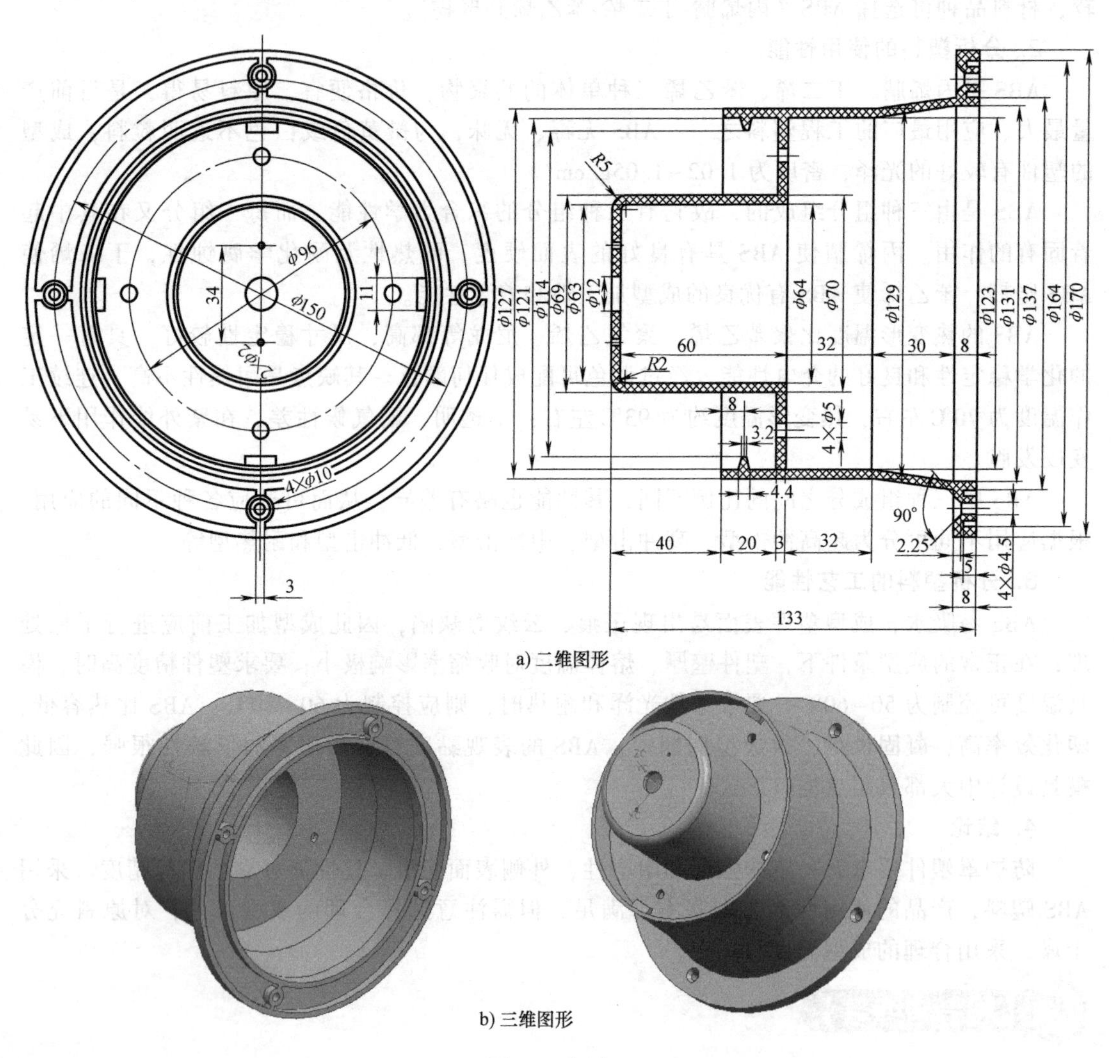

a) 二维图形

b) 三维图形

图 1-5 灯座

种，并分析该品种塑料的使用性能和成型工艺性能。

任务二　分析塑件的结构工艺性

【知识目标】

1. 掌握塑件的结构设计原则。
2. 熟悉塑件尺寸公差国家标准的使用方法及相关规定。
3. 掌握塑件的结构工艺性能。
4. 了解塑件局部结构设计的原则。

【能力目标】

1. 具有合理确定塑件精度，并按国家标准标注塑件尺寸公差的能力。
2. 会分析塑件的结构工艺性。
3. 初步具有根据塑件结构工艺性优化塑件结构的能力。

【任务引入】

要想把塑料加工成满足需求的塑件，首先要考虑选用合适的塑料品种，同时还必须考虑塑件的结构工艺性。良好的塑件结构工艺性是获得合格塑件的基础，也是使成型工艺顺利进行、提高产品质量和生产率、降低成本的基本保证。

塑件的结构工艺性是指塑件加工成型的难易程度，它与成型模具的设计有着密切的关系：只有塑件设计满足成型工艺的要求，才能设计出合理的模具结构。塑件的设计因不同的塑料成型方法、品种性能和使用功能而有所不同，塑件的结构及形状也因此有所不同。

本任务以图 1-1 所示塑料防护罩为载体，训练学生分析塑件结构工艺性的能力。

【相关知识】

要想获得优质的塑件，除合理选用塑件的原材料即塑料品种外，还必须考虑塑件的结构工艺性。这样不仅可使成型工艺得以顺利进行，而且还能满足塑件和模具的经济性要求。在进行塑件结构工艺性设计时，必须遵循以下几个原则：

1）在设计塑件时，应考虑原材料的成型工艺性，如流动性、收缩性等。

2）在设计塑件的同时应考虑其成型模具的总体结构，使模具型腔易于制造，模具抽芯和推出机构简单。

3）在保证塑件使用性能、物理性能、力学性能、电气性能、耐化学腐蚀性能和耐热性等的前提下，力求结构简单、壁厚均匀、使用方便。

4）当设计的塑件外观要求较高时，应先通过造型，而后逐步绘制图样。

塑件结构工艺性设计的主要内容包括：尺寸和精度、表面粗糙度、塑件形状、塑件壁厚、脱模斜度、加强肋、支承面、圆角、孔、螺纹、齿轮、嵌件、文字和图形标志等。

一、塑件尺寸及其精度

塑件尺寸的大小取决于塑料的流动性。对于流动性差的塑料（如玻璃纤维增强塑料、布基塑料等）或薄壁塑件，在进行注射成型和压注成型时，塑件的尺寸不宜过大，以免不能充满型腔或形成熔接痕，从而影响塑件的外观和强度。此外，压缩和压注成型的塑件尺寸受压力机吨位及工作台尺寸的限制，注射成型的塑件尺寸受注射机注射量、合模力和模板尺寸及脱模距离等的限制。

塑件的尺寸精度不仅与模具的制造精度及使用磨损有关，而且还与塑料收缩性的波动、成型工艺条件的变化、塑件成型后的时效变化和模具的结构形状有关。可见，塑件的尺寸精度一般不高，因此在保证使用要求的前提下尽可能选用低的精度等级。

塑件的尺寸公差可依据国家标准 GB/T 14486—2008《塑料模塑件尺寸公差》进行设计，见表 1-3。按标准规定，塑件尺寸公差的代号为 MT，公差等级分为 7 级，每一级又分为 a、b 两部分，其中 a 为不受模具活动部分影响的尺寸的公差，b 为受模具活动部分影响的尺寸的公差（例如由于受水平分型面溢边厚度的影响，压缩件高度方向的尺寸）。该标准只规定了标准公差值，而基本尺寸的上、下偏差可根据塑件的配合性质来分配。

塑件公差等级的选用与塑料品种有关，见表 1-4。

对于孔类尺寸，可取表 1-3 中数值冠以“+”号作为上偏差，下偏差为零；对于轴类尺寸，可取表 1-3 中数值冠以“-”号作为下偏差，上偏差为零；对于两孔或两轴中心距尺寸，取表 1-3 中数值之半再冠以“±”号。

二、塑件表面粗糙度

塑件的表面粗糙度是决定其表面质量的主要因素。塑件的表面粗糙度主要与模具型腔表面的粗糙度有关。一般来说，模具表面的粗糙度数值要比塑件低 1~2 级。塑件的表面粗糙度一般为 $Ra0.8\sim0.2\mu m$。模具在使用过程中，由于型腔磨损而使其表面粗糙度值不断加大，所以应随时给予抛光复原。透明塑件要求型腔和型芯的表面粗糙度相同，而不透明塑件则根据使用情况决定型腔和型芯的表面粗糙度。

三、塑件结构设计

1. 塑件的形状

塑件内外表面的形状设计，应在满足使用性能的前提下尽量使其有利于成型，尽量不采用侧向抽芯机构。因此，塑件设计时应尽可能避免侧向凹凸或侧孔，某些塑件只要适当地改变其形状，即能避免使用侧向抽芯机构，使模具结构简化。表 1-5 所示为改变塑件形状以利于塑件成型的典型实例。

塑件内侧凹陷或凸起较浅并允许有圆角时，可以采用整体式凸模，采取强制脱模的方法。这种方法要求塑件在脱模温度下应该具有足够的弹性，以保证塑件在强制脱模时不会变形。例如聚甲醛、聚乙烯、聚丙烯等塑料允许模具型芯有 5% 的凹陷或凸起时采取强制脱模。图 1-6a 所示为塑件内侧有凹陷或凸起时的强制脱模（$(A-B)/B\leqslant5\%$）；图 1-6b 所示为塑件外侧有凹陷或凸起时的强制脱模（$(A-B)/C\leqslant5\%$）。但大多数情况下塑件侧凹不能强制脱模，此时必须采用有侧向分型抽芯机构的模具。

表 1-3　塑件公差数值表（GB/T 14486—2008）　　（单位：mm）

公差等级	公差种类	基本尺寸																										
		>0 ~3	>3 ~6	>6 ~10	>10 ~14	>14 ~18	>18 ~24	>24 ~30	>30 ~40	>40 ~50	>50 ~65	>65 ~80	>80 ~100	>100 ~120	>120 ~140	>140 ~160	>160 ~180	>180 ~200	>200 ~225	>225 ~250	>250 ~280	>280 ~315	>315 ~355	>355 ~400	>400 ~450	>450 ~500	>500 ~630	>630 ~800	>800 ~1000
标注公差的尺寸公差值																												
MT1	a	0.07	0.08	0.09	0.10	0.11	0.12	0.14	0.16	0.18	0.20	0.23	0.26	0.29	0.32	0.36	0.40	0.44	0.48	0.52	0.56	0.60	0.64	0.70	0.78	0.86	0.97	1.16	1.39
	b	0.14	0.16	0.18	0.20	0.21	0.22	0.24	0.26	0.28	0.30	0.33	0.36	0.39	0.42	0.46	0.50	0.54	0.58	0.62	0.66	0.70	0.74	0.80	0.88	0.96	1.07	1.26	1.49
MT2	a	0.10	0.12	0.14	0.16	0.18	0.20	0.22	0.24	0.26	0.30	0.34	0.38	0.42	0.46	0.50	0.54	0.60	0.66	0.72	0.76	0.84	0.92	1.00	1.10	1.20	1.40	1.70	2.10
	b	0.20	0.22	0.24	0.26	0.28	0.30	0.32	0.34	0.36	0.40	0.44	0.48	0.52	0.56	0.60	0.64	0.70	0.76	0.82	0.86	0.94	1.02	1.10	1.20	1.30	1.50	1.80	2.20
MT3	a	0.12	0.14	0.16	0.18	0.20	0.22	0.26	0.30	0.34	0.40	0.46	0.52	0.58	0.64	0.70	0.78	0.86	0.92	1.00	1.10	1.20	1.30	1.44	1.60	1.74	2.00	2.40	3.00
	b	0.32	0.34	0.36	0.38	0.40	0.42	0.46	0.50	0.54	0.60	0.66	0.72	0.78	0.84	0.90	0.98	1.06	1.12	1.20	1.30	1.40	1.50	1.64	1.80	1.94	2.20	2.60	3.20
MT4	a	0.16	0.18	0.20	0.24	0.28	0.32	0.36	0.42	0.48	0.56	0.64	0.72	0.82	0.92	1.02	1.12	1.24	1.36	1.48	1.62	1.80	2.00	2.20	2.40	2.60	3.10	3.80	4.60
	b	0.36	0.38	0.40	0.44	0.48	0.52	0.56	0.62	0.68	0.76	0.84	0.92	1.02	1.12	1.22	1.32	1.44	1.56	1.68	1.82	2.00	2.20	2.40	2.60	2.80	3.30	4.00	4.80
MT5	a	0.20	0.24	0.28	0.32	0.38	0.44	0.50	0.56	0.64	0.74	0.86	1.00	1.14	1.28	1.44	1.60	1.76	1.92	2.10	2.30	2.50	2.80	3.10	3.50	3.90	4.50	5.60	6.90
	b	0.40	0.44	0.48	0.52	0.58	0.64	0.70	0.76	0.84	0.94	1.06	1.20	1.34	1.48	1.64	1.80	1.96	2.12	2.30	2.50	2.70	3.00	3.30	3.70	4.10	4.70	5.80	7.10
MT6	a	0.26	0.32	0.38	0.46	0.52	0.60	0.70	0.80	0.94	1.10	1.28	1.48	1.72	2.00	2.20	2.40	2.60	2.90	3.20	3.50	3.90	4.30	4.80	5.30	5.90	6.90	8.50	10.60
	b	0.46	0.52	0.58	0.66	0.72	0.80	0.90	1.00	1.14	1.30	1.48	1.68	1.92	2.20	2.40	2.60	2.80	3.10	3.40	3.70	4.10	4.50	5.00	5.50	6.10	7.10	8.70	10.80
MT7	a	0.38	0.46	0.56	0.66	0.76	0.86	0.98	1.12	1.32	1.54	1.80	2.10	2.40	2.70	3.00	3.30	3.70	4.10	4.50	4.90	5.40	6.00	6.70	7.40	8.20	9.60	11.90	14.80
	b	0.58	0.66	0.76	0.86	0.96	1.06	1.18	1.32	1.52	1.74	2.00	2.30	2.60	2.90	3.20	3.50	3.90	4.30	4.70	5.10	5.60	6.20	6.90	7.60	8.40	9.80	12.10	15.00
未注公差的尺寸允许偏差																												
MT5	a	±0.10	±0.12	±0.14	±0.16	±0.19	±0.22	±0.25	±0.28	±0.32	±0.37	±0.43	±0.50	±0.57	±0.64	±0.72	±0.80	±0.88	±0.96	±1.05	±1.15	±1.25	±1.40	±1.55	±1.75	±1.95	±2.25	±2.80	±3.45
	b	±0.20	±0.22	±0.24	±0.26	±0.29	±0.32	±0.35	±0.38	±0.42	±0.47	±0.53	±0.60	±0.67	±0.74	±0.82	±0.90	±0.98	±1.06	±1.15	±1.25	±1.35	±1.50	±1.65	±1.85	±2.05	±2.35	±2.90	±3.55
MT6	a	±0.13	±0.16	±0.19	±0.23	±0.26	±0.30	±0.35	±0.40	±0.47	±0.55	±0.64	±0.74	±0.86	±1.00	±1.10	±1.20	±1.30	±1.45	±1.60	±1.75	±1.95	±2.15	±2.40	±2.65	±2.95	±3.45	±4.25	±5.30
	b	±0.23	±0.26	±0.29	±0.33	±0.36	±0.40	±0.45	±0.50	±0.57	±0.65	±0.74	±0.84	±0.96	±1.10	±1.20	±1.30	±1.40	±1.55	±1.70	±1.85	±2.05	±2.25	±2.50	±2.75	±3.05	±3.55	±4.35	±5.40
MT7	a	±0.19	±0.23	±0.28	±0.33	±0.38	±0.43	±0.49	±0.56	±0.66	±0.77	±0.90	±1.05	±1.20	±1.35	±1.50	±1.65	±1.85	±2.05	±2.25	±2.45	±2.70	±3.00	±3.35	±3.70	±4.10	±4.80	±5.95	±7.40
	b	±0.29	±0.33	±0.38	±0.43	±0.48	±0.53	±0.59	±0.66	±0.76	±0.87	±1.00	±1.15	±1.30	±1.45	±1.60	±1.75	±1.95	±2.15	±2.35	±2.55	±2.80	±3.10	±3.45	±3.80	±4.20	±4.90	±6.05	±7.50

注：1. *a* 为不受模具活动部分影响的尺寸公差值；*b* 为受模具活动部分影响的尺寸公差值。

2. MT1 级为精密级，只有采用严密的工艺控制措施和高精度的模具、设备、原料时才有可能选用。

表 1-4 塑件公差等级的选用

类别	塑料品种	建议采用的公差等级		
		高精度	一般精度	未注公差尺寸
1	聚苯乙烯(PS) ABS 聚甲基丙烯酸甲酯(PMMA) 聚碳酸酯(PC) 聚砜(PSU) 聚苯醚(PPE) 酚醛塑料(PF,无机填料填充) 未增塑聚氯乙烯(PVC-U)	MT2	MT3	MT5
2	聚酰胺(PA,无填料填充) 氯化聚醚(CPT) 酚醛塑料(PF,有机填料填充)	MT3	MT4	MT6
3	聚甲醛(POM)(>150mm) 聚丙烯(PP,无填料) 高密度聚乙烯(PE-HD)	MT4	MT5	MT7
4	软质聚氯乙烯(PVC-P) 低密度聚乙烯(PE-LD)	MT5	MT6	MT7

表 1-5 改变塑件形状以利于塑件成型的典型实例

序号	不合理	合理	说　明
1	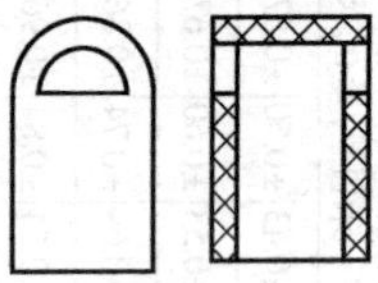	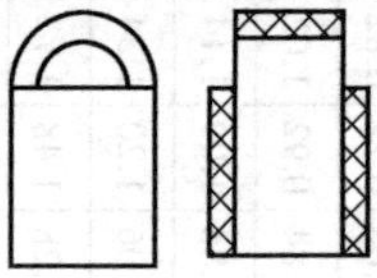	改变形状后,不需采用侧抽芯,使模具结构简单
2	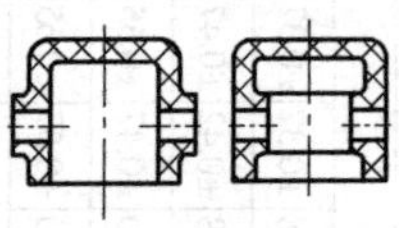	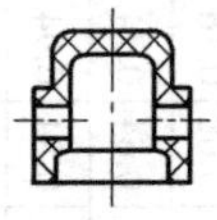	应避免塑件表面横向凸台,以便于脱模
3	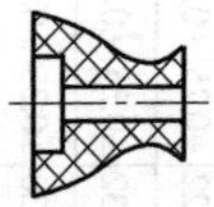	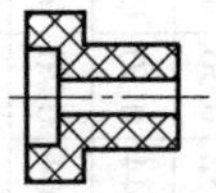	塑件有外侧凹时必须采用瓣合凹模,故模具结构复杂,塑件外表有接痕
4	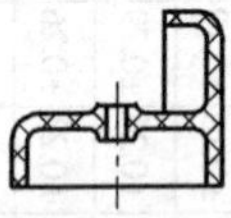	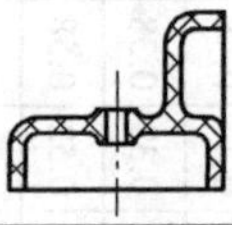	内凹侧孔改为外凹侧孔,有利于抽芯
5	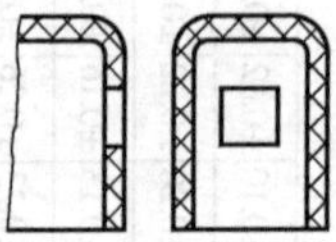	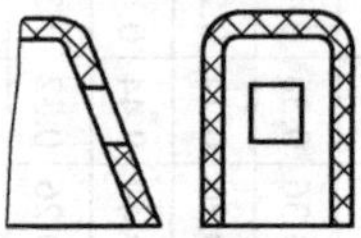	改变塑件形状可避免侧抽芯
6	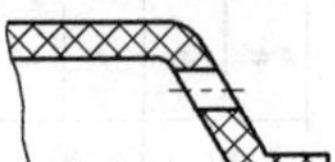	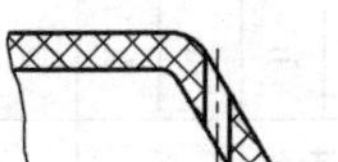	横向孔改为纵向孔可避免侧抽芯

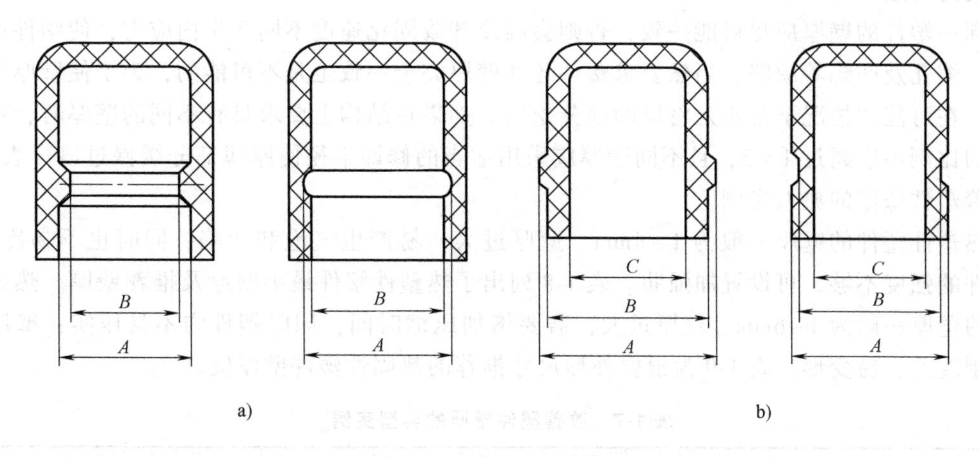

图 1-6　可强制脱模的侧向凹凸

2. 脱模斜度

由于塑件在冷却过程中产生收缩，因此在脱模前会紧紧地包住凸模（型芯）或型腔中的其他凸起部分。为了便于脱模，防止塑件表面在脱模时划伤、擦毛等，在设计时应考虑与脱模方向平行的塑件内、外表面应具有一定的脱模斜度 α，如图 1-7 所示。

塑件上脱模斜度的大小，与塑料的性质、收缩率大小、摩擦因数大小，以及塑件的壁厚和几何形状有关。硬质塑料比软质塑料脱模斜度大；形状复杂，或成型孔较多的塑件取较大的脱模斜度；塑件高度越高，孔越深，则取较小的脱模斜度；壁厚增加，内孔包住型芯，脱模斜度也应大些。

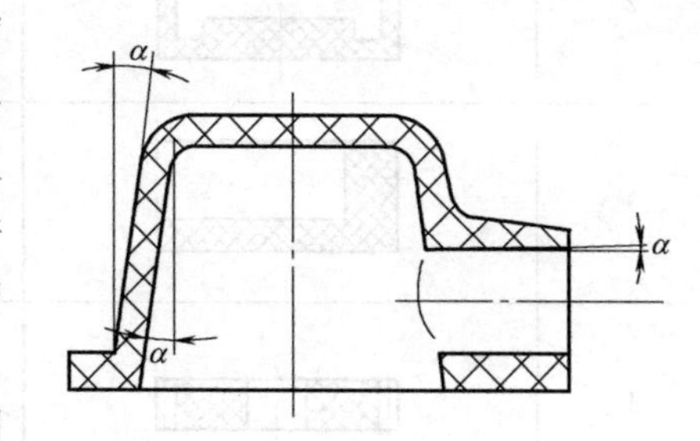

图 1-7　塑件的脱模斜度

一般情况下，脱模斜度不包括在塑件公差范围内，否则在图样上应予以注明。在塑件图上标注时，内孔以小端为基准，斜度由扩大的方向取得；外形以大端为基准，斜度由缩小的方向取得。常用塑料的脱模斜度见表 1-6。

表 1-6　常用塑料的脱模斜度

塑料名称	脱模斜度	
	型腔	型芯
聚乙烯(PE)、聚丙烯(PP)、软质聚氯乙烯(PVC-P)、聚酰胺(PA)、氯化聚醚(CPS)	25′~45′	20′~45′
未增塑聚氯乙烯(PVC-U)、聚碳酸酯(PC)、聚砜(PSU)	35′~40′	30′~50′
聚苯乙烯(PS)、有机玻璃(PMMA)、ABS、聚甲醛(POM)	35′~1°30′	30′~40′
热固性塑料	25′~40′	20′~50′

注：本表所列脱模斜度适于开模后塑件留在凸模上的情形。

3. 塑件壁厚

塑件应有一定的壁厚，这不仅是为了塑件在使用中有足够的强度和刚度，而且也为了塑料在成型时有良好的流动状态。有时塑件在使用时所需的强度虽然很小，但是为了承受脱模力，仍需有适当的厚度。

同一塑件的壁厚应尽可能一致，否则会因冷却或固化速度不同产生内应力，使塑件产生变形、缩孔及凹陷等缺陷。当然要求塑件各处壁厚完全一致也是不可能的，为了使壁厚尽量一致，在可能的情况下常常是将厚的部分挖空。如果在结构上要求具有不同的壁厚时，不同壁厚的比例不应超过 1∶3，且不同壁厚应采用适当的修饰半径使厚薄部分缓慢过渡。表 1-7 为改善塑件壁厚的典型实例。

热塑性塑件的壁厚一般为 1～4mm。壁厚过大，易产生气泡和凹陷，同时也不易冷却。若塑件的强度不够，可设置加强肋。表 1-8 列出了热塑性塑件最小壁厚及推荐壁厚。热固性塑件的壁厚一般为 1～6mm。壁厚过大，需要增加压缩时间，同时塑件内不易压实；壁厚过小则刚度差、易变形。表 1-9 为根据外形尺寸推荐的热固性塑件壁厚值。

表 1-7　改善塑件壁厚的典型实例

序号	不合理	合理	说明
1			左图壁厚不均匀，易产生气泡、缩孔、凹陷等缺陷，使塑件变形；右图壁厚均匀，能保证质量
2			
3			
4			
5			全塑齿轮轴应在中心设置钢芯
6			对于壁厚不均匀的塑件，可在易产生凹痕的表面设计出波纹形式或在厚壁处开设工艺孔

表 1-8　热塑性塑件最小壁厚及推荐壁厚　（单位：mm）

塑 料 种 类	制件流程 50mm 的最小壁厚	一般制件壁厚	大型制件壁厚
聚酰胺(PA)	0.45	1.75～2.60	>2.4～3.2
聚苯乙烯(PS)	0.75	2.25～2.60	>3.2～5.4
改性聚苯乙烯	0.75	2.29～2.60	>3.2～5.4
有机玻璃(PMMA)	0.80	2.50～2.80	>4.0～6.5
聚甲醛(POM)	0.80	2.40～2.60	>3.2～5.4

（续）

塑 料 种 类	制件流程 50mm 的最小壁厚	一般制件壁厚	大型制件壁厚
软质聚氯乙烯(PVC-P)	0.85	2.25~2.50	>2.4~3.2
聚丙烯(PP)	0.85	2.45~2.75	>2.4~3.2
氯化聚醚(CPS)	0.85	2.35~2.80	>2.5~3.4
聚碳酸酯(PC)	0.95	2.60~2.80	>3.0~4.5
未增塑聚氯乙烯(PVC-U)	1.15	2.60~2.80	>3.2~5.8
聚苯醚(PPE)	1.20	2.75~3.10	>3.5~6.4
聚乙烯(PE)	0.60	2.25~2.60	>2.4~3.2

表 1-9　热固性塑件壁厚　（单位：mm）

塑 料 名 称	塑件外形高度		
	≤50	>50~100	>100
粉状填料的酚醛塑料	0.7~2.0	2.0~3.0	5.0~6.5
纤维状填料的酚醛塑料	1.5~2.0	2.5~3.5	6.0~8.0
氨基塑料	1.0	1.3~2.0	3.0~4.0
聚酯玻璃纤维填料的塑料	1.0~2.0	2.4~3.2	>4.8
聚酯无机物填料的塑料	1.0~2.0	3.2~4.8	>4.8

4. 塑件的加强肋

加强肋的作用是在不增加壁厚的情况下，增加塑件的强度和刚度，防止塑件翘曲变形。原则上，加强肋的厚度不应大于塑件的壁厚，否则壁面会因肋根的内切圆处的缩孔而产生凹陷；加强肋与塑件壁连接处应采用圆角过渡；加强肋端面高度不应超出塑件高度，宜低 0.5mm 以上；尽量采用数个高度较矮的肋代替孤立的高肋；加强肋的设置方向除应与受力方向一致外，还应尽可能与熔体流动方向一致，以免料流受到搅乱，使塑件的韧性降低。

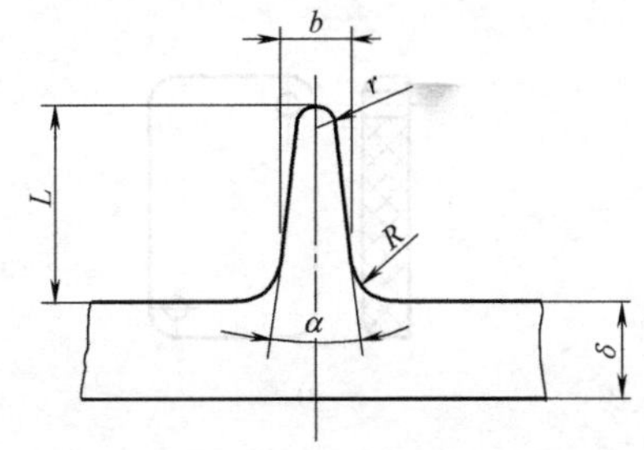

图 1-8　加强肋的结构尺寸

加强肋的结构尺寸如图 1-8 所示。若塑件壁厚为 δ，则加强肋的高度 $L=(1\sim3)\delta$；肋根宽 $b=(1/4\sim1)\delta$；$R=(1/8\sim1/4)\delta$，肋端部圆角 $r=\delta/8$；$\alpha=2°\sim5°$。当 $\delta\leq2$mm 时，取 $b=\delta$。表 1-10 所示为加强肋设计的典型实例。

表 1-10　加强肋设计的典型实例

序号	不合理	合理	说明
1			过厚处应减薄并设置加强肋以保持原有强度

（续）

序号	不合理	合理	说明
2			过高的塑件应设置加强肋，以减薄塑件壁厚
3			对于平板状塑件，加强肋应与料流方向平行，以免造成充模阻力过大和降低塑件韧性
4		≥0.5	加强肋应设计得矮一些，与支承面的间隙应大于 0.5mm

5. 塑件的支承面

以塑件的整个底面作为支承面是不合理的，因为塑件稍有翘曲或变形就会使底面不平。通常采用凸起的边框或底脚（三点或四点）作支承面，如图 1-9 所示。图 1-9a 所示以整个底面作支承面是不合理的；图 1-9b 和图 1-9c 分别以边框凸起和底脚作为支承面，设计较为合理。

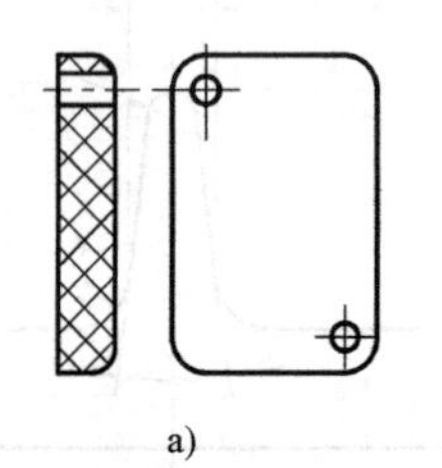
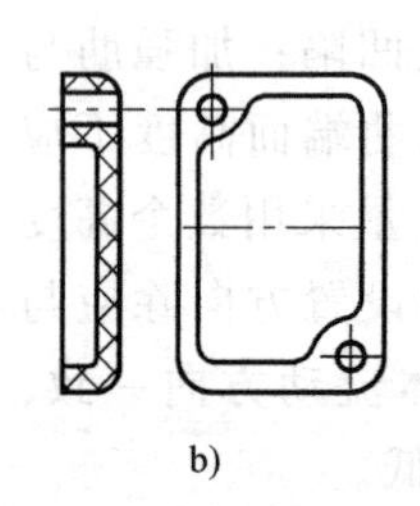
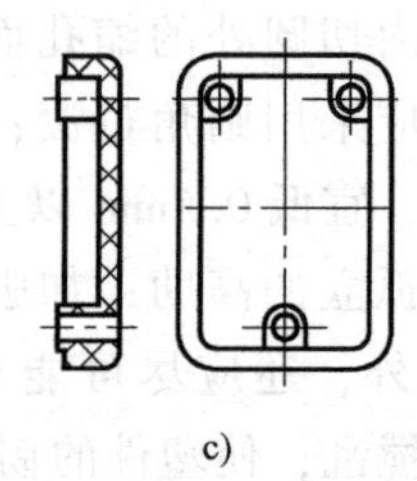

a)　　b)　　c)

图 1-9　塑件的支承面

6. 圆角

为了避免应力集中，提高塑件的强度，改善熔体的流动情况和便于脱模，在塑件各内、外表面的连接处，均应采用圆角过渡，如图 1-10 所示。此外圆角可使塑件变得美观，并且模具型腔在淬火或使用时不致因应力集中而开裂。

图 1-11 所示为内圆角 R、壁厚 δ 与应力集中系数之间的关系。由图可见，将 R/δ 控制在 1/4~3/4 的范围内较为合理。对于塑件的某些部位，在成型时必须处于分型面、型芯与型腔配合处等位置，则不便制成圆角，而采用尖角。

7. 孔的设计

塑件上常见的孔有通孔、不通孔、异形孔（形状复杂的孔）和螺纹孔等，螺纹孔将在后面介绍。这些孔均应设置在不易削弱塑件强度的地方。在孔与孔之间、孔与边壁之间应留

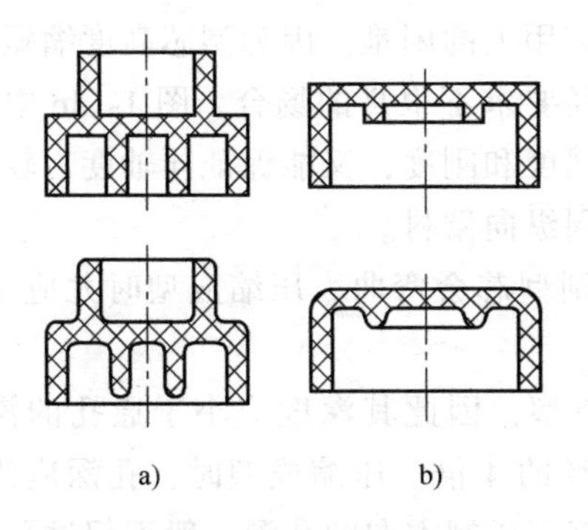
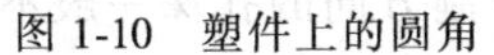

图 1-10　塑件上的圆角

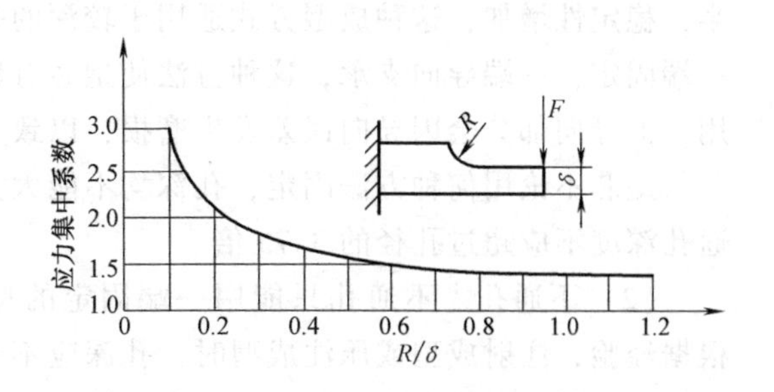

图 1-11　R/δ 与应力集中系数的关系曲线

有足够的距离。热固性塑件两孔之间及孔与边壁之间的关系见表 1-11，当两孔直径不一样时，按小的孔径取值。热塑性塑件两孔之间及孔与边壁之间的关系可按表 1-11 中所列数值的 75%确定。塑件上固定用孔和其他受力孔的周围可设计一凸边或凸台进行加强，如图1-12 所示。

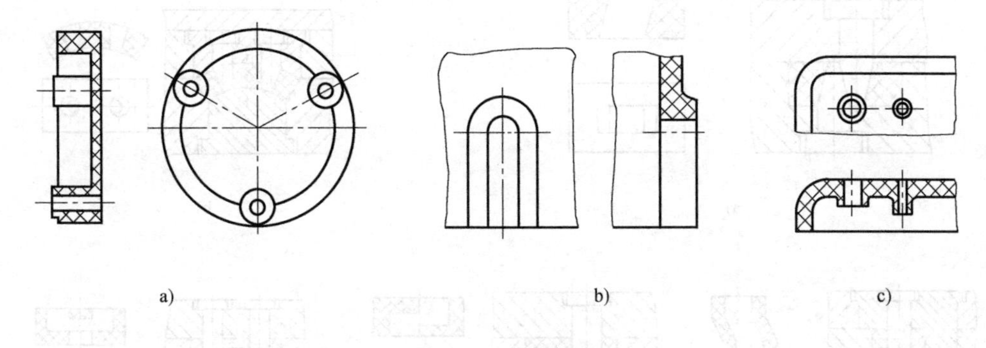

图 1-12　孔的加强

表 1-11　热固性塑件孔间距、孔边距　　（单位：mm）

孔径	≤1.5	>1.5~3	>3~6	>6~10	>10~18	>18~30
孔间距、孔边距	1~1.5	>1.5~2	>2~3	>3~4	>4~5	>5~7

(1) 通孔　成型通孔用的型芯一般有以下几种安装方法，如图 1-13 所示。在图 1-13a 中，型芯一端固定，这种方法简单，但会出现不易修整的横向飞边，且当孔较深时型芯易弯曲。在图 1-13b 中，用一端固定的两个型芯来成型，并使一个型芯的径向尺寸比另一个大

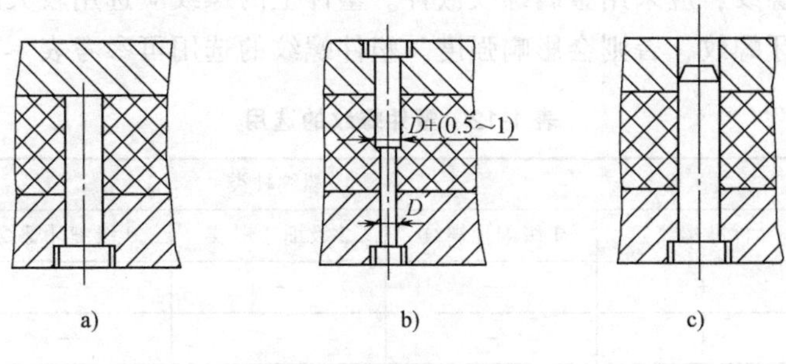

图 1-13　通孔的成型方法

0.5~1mm，这样即使略有不同心，也不致引起安装和使用上的困难。因为型芯高度缩短了一半，稳定性增加，这种成型方式适用于较深的孔且孔径要求不很高的场合。图 1-13c 中型芯一端固定，一端导向支承，这种方法使型芯有较好的强度和刚度，又能保证同轴度，较为常用。但导向部分会因导向误差发生磨损，以致产生圆周纵向溢料。

型芯不论用何种方法固定，孔深均不能太大，否则型芯会弯曲。压缩成型时尤应注意，通孔深度不应超过孔径的 3.75 倍。

（2）不通孔　不通孔只能用一端固定的型芯来成型，因此其深度应小于通孔的深度。根据经验，注射成型或压注成型时，孔深应不超过孔径的 4 倍。压缩成型时，孔深应浅些：平行于压制方向的孔深一般不超过孔径的 2.5 倍；垂直于压制方向的孔深一般不超过孔径的 2 倍。直径小于 1.5mm 的孔或深度太大（大于以上值）的孔最好采用成型后再机械加工的方法获得。如能在成型时于钻孔位置压出定位浅孔，则给以后的加工带来很大方便。

（3）异形孔　当塑件上的孔为异形孔（斜度孔或复杂形状孔）时，常常采用拼合型芯的方法来成型，这样可以避免侧向抽芯。图 1-14 所示为几个典型的例子。

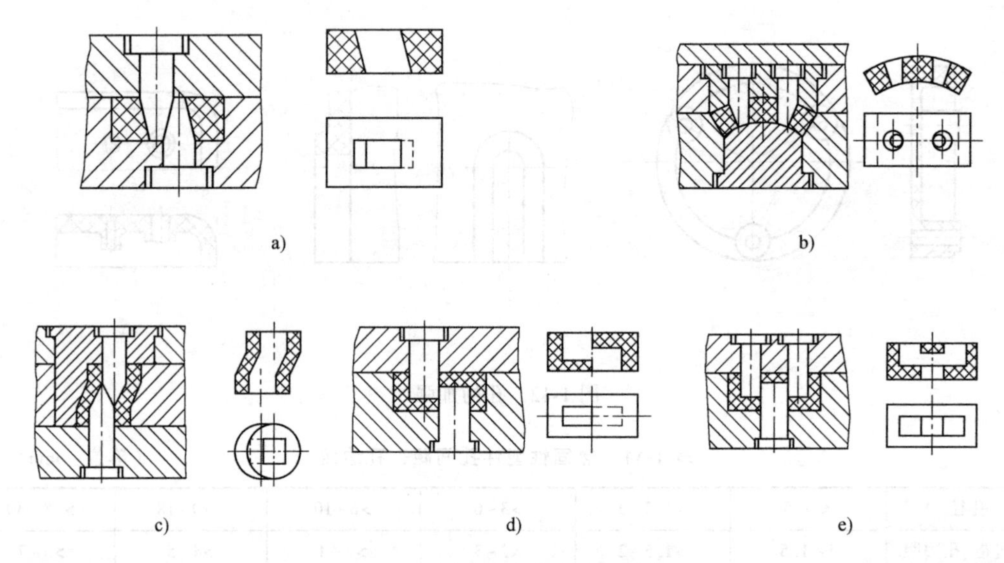

图 1-14　用拼合型芯成型异形孔

8. 螺纹设计

塑件上的螺纹既可以直接用模具成型，也可以在成型后用机械加工完成。对于需要经常装拆和受力较大的螺纹，应采用金属螺纹嵌件。塑件上的螺纹应选用较大的公称直径，直径较小时不要选用细牙螺纹，否则会影响强度。塑件螺纹的选用可参考表 1-12。

表 1-12　塑件螺纹的选用

螺纹公称直径/mm	螺纹种类				
	标准螺纹	1 级细牙螺纹	2 级细牙螺纹	3 级细牙螺纹	4 级细牙螺纹
≤3	+	−	−	−	−
>3~6	+	−	−	−	−
>6~10	+	+	−	−	−

（续）

螺纹公称直径/mm	螺纹种类				
	标准螺纹	1级细牙螺纹	2级细牙螺纹	3级细牙螺纹	4级细牙螺纹
>10~18	+	+	+	−	−
>18~30	+	+	+	+	−
>30~50	+	+	+	+	+

注：表中“+”为建议采用的螺纹种类。

塑件上螺纹的直径不宜过小，螺纹的大径不应小于4mm，小径不应小于2mm，精度不超过3级。如果模具上螺纹的螺距未考虑收缩率，那么塑件螺纹与金属螺纹的配合长度不能太长，一般不大于螺纹直径的1.5~2倍，否则会因干涉造成附加内应力，使螺纹连接强度降低。

为了防止螺纹最外圈崩裂或变形，应在螺纹最外圈和最里圈留有台阶，如图1-15和图1-16所示。螺纹的始端或终端应逐渐开始和结束，有一段过渡长度 l，其数值可按表1-13选取。

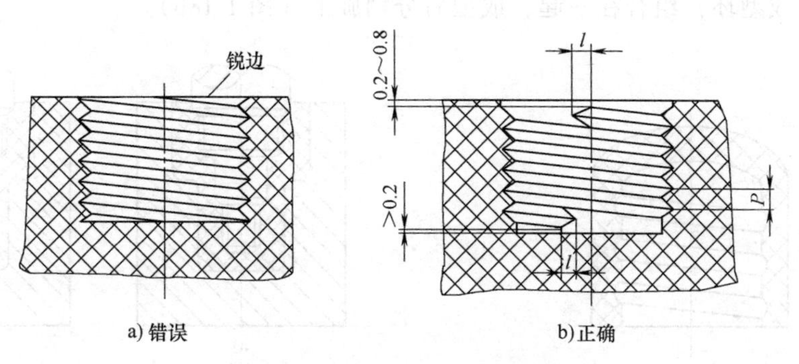

图1-15　塑件内螺纹的正误形状

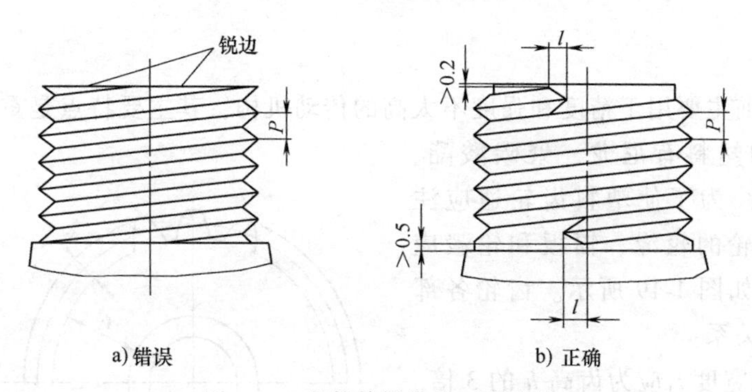

图1-16　塑件外螺纹的正误形状

表1-13　塑件上螺纹始末端的过渡长度

螺纹直径/mm	螺距 P/mm		
	<0.5	0.5~1	>1
	始末端过渡长度 l/mm		
≤10	1	2	3
>10~20	2	3	4
>20~34	2	4	6

（续）

螺纹直径/mm	螺距 P/mm		
	<0.5	0.5～1	>1
	始末端过渡长度 l/mm		
>34～52	3	6	8
>52	3	8	10

注：始末端的过渡长度相当于车制金属螺纹型芯或型腔的退刀长度。

螺纹直接成型的方法有：采用螺纹型芯或螺纹型环在成型之后将塑件旋下；外螺纹采用瓣合模方法成型效率高，但精度较差，有飞边；要求不高的软质塑件成型内螺纹，可强制脱模，这种螺纹浅，断面呈椭圆形，如图 1-17 所示。

在同一型芯（或型环）上，有前后两段螺纹时，应使两段螺纹的旋向相同，螺距相等（图 1-18a），否则无法使塑件从型芯（或型环）上旋下。当螺距不等或旋向不同时，就要采用两段型芯（或型环）组合在一起，成型后分别旋下（图 1-18b）。

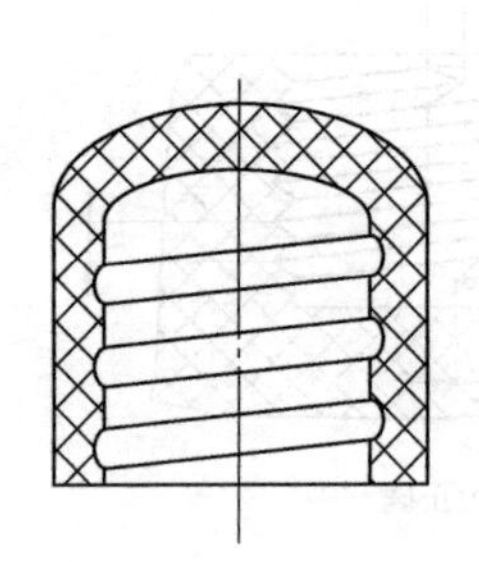

图 1-17　能强制脱模的圆牙螺纹

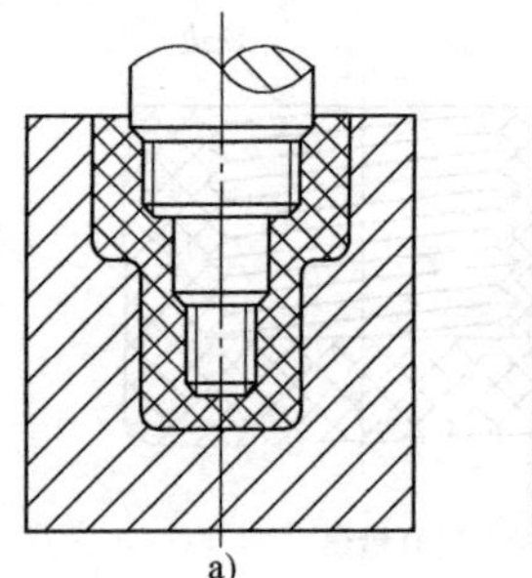

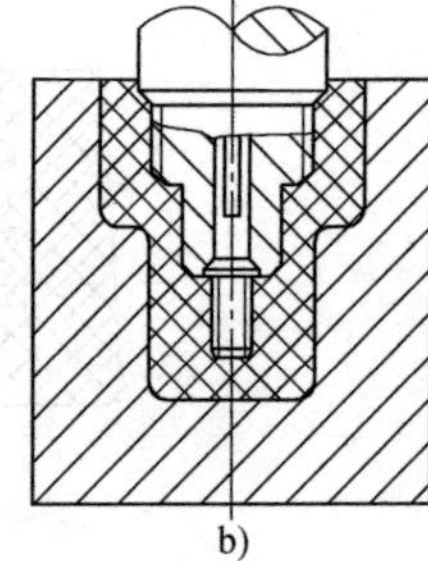

图 1-18　两段同轴螺纹的设计

9. 齿轮设计

塑料齿轮目前主要用于精度和强度不太高的传动机构，其主要特点是重量轻、传动噪声小。制作齿轮的塑料有尼龙、聚碳酸酯、聚甲醛、聚砜等。为了使塑料齿轮适应注射成型工艺，齿轮的轮缘、辐板和轮毂应有一定的厚度，如图 1-19 所示。齿轮各部分尺寸应有如下关系：

1）最小轮缘宽度 t_1 应为齿高 h 的 3 倍。

2）辐板厚度 H_1 应不大于轮缘厚度 H。

3）轮毂厚度 H_2 应不小于轮缘厚度 H。

4）最小轮毂外径 D_1 应为轴孔直径 D 的 1.5～3 倍。

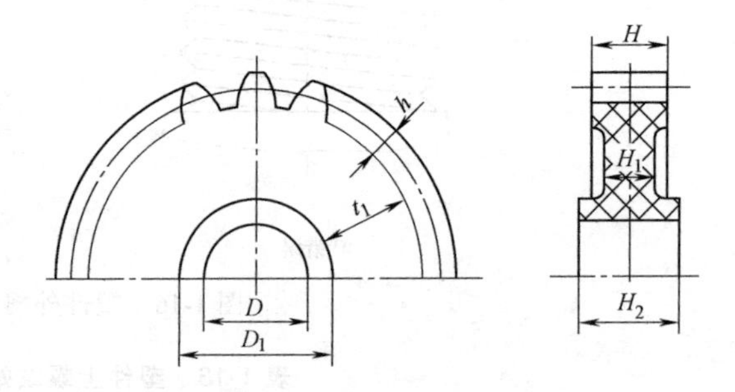

图 1-19　齿轮各部分尺寸

为了减少尖角处的应力集中及齿轮在成型时内应力的影响，应尽量避免截面的突然变化，尽可能加大圆角及过渡圆弧的半径。为了避免装配时产生内应力，轴与孔的配合应尽可能不采用过盈配合，而采用过渡配合。图 1-20 所示为轴与孔采用过渡配合的两种周向固定形式，其中用月形孔（图 1-20a）比用销孔固定（图 1-20b）好。

对于薄型齿轮，厚度不均匀会引起齿型歪斜，若用无轮毂无轮缘的齿轮可以很好地改善这种情况。但如在辐板上有大的孔时（图 1-21a），因孔在成型时很少向中心收缩，会使齿轮歪斜；若轮毂和轮缘之间采用薄肋（图 1-21b），则能保证轮缘向中心收缩。由于塑料的收缩率大，所以一般只宜用收缩率相同的塑料齿轮相互啮合。

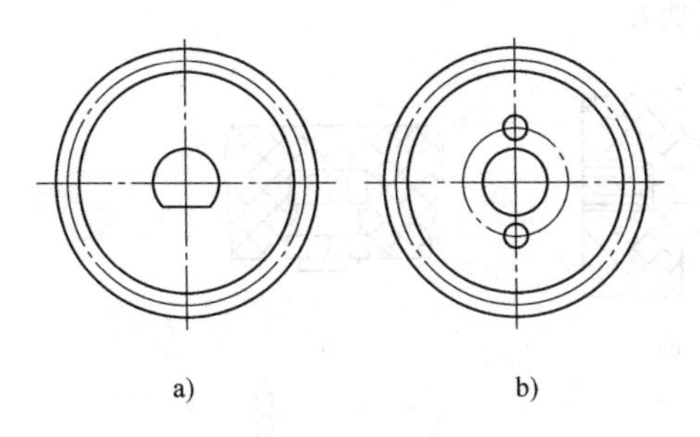

图 1-20　塑料齿轮的固定形式

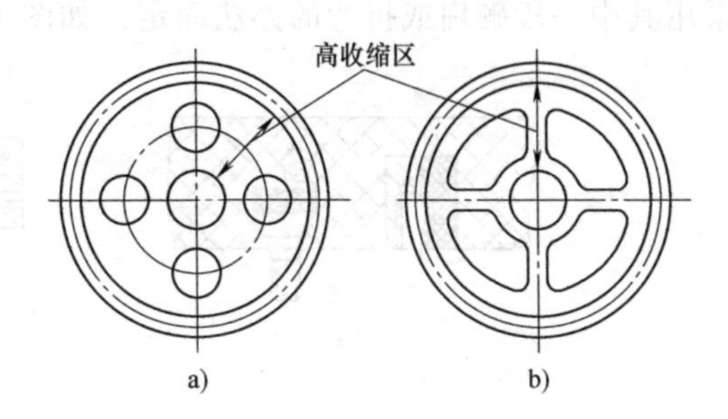

图 1-21　塑料齿轮的辐板结构

10. 嵌件设计

塑件中镶入嵌件的目的是提高塑件局部的强度、硬度、耐磨性、导电性、导磁性等。镶入嵌件还可以增加塑件尺寸和形状的稳定性，或降低塑料的消耗。嵌件的材料有金属、玻璃、木材和已成型的塑料等，其中金属嵌件的使用最为广泛，其结构如图 1-22 所示。图 1-22a为圆筒形嵌件，图 1-22b 为带台阶圆柱形嵌件，图 1-22c 为片状嵌件，图 1-22d 为细杆状贯穿嵌件（汽车方向盘即为特例）。

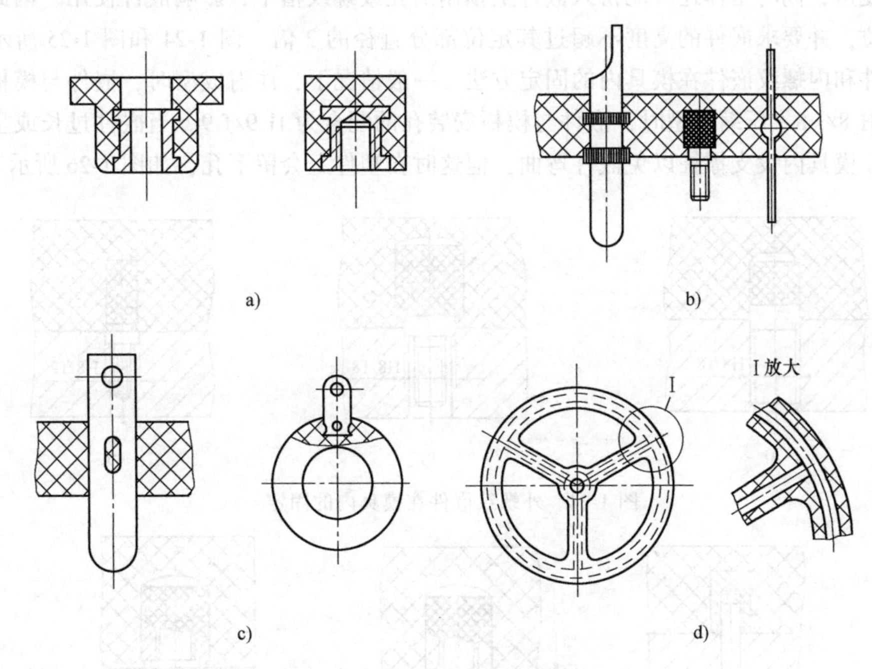

图 1-22　几种常见的金属嵌件

金属嵌件的设计原则如下。

（1）嵌件应牢固地固定在塑件中　为了防止嵌件受力时在塑件内转动或脱出，嵌件表面必须设计有适当的凸凹状。图 1-23a 所示为最常用的菱形滚花，其拉伸和抗扭强度都较大；

图 1-23b 所示为直纹滚花，这种滚花在嵌件较长时允许塑件沿轴向少许伸长，以降低这一方向的内应力，但在这种嵌件上必须开有环形沟槽，以免在受力时被拔出；图 1-23c 所示为六角形嵌件，因其尖角处易产生应力集中，故较少采用；图 1-23d 所示为用孔眼、切口或局部折弯来固定片状嵌件；薄壁管状嵌件也可用边缘折弯法固定，如图 1-23e 所示；针状嵌件可采用其中一段砸扁或折弯的办法固定，如图 1-23f 所示。

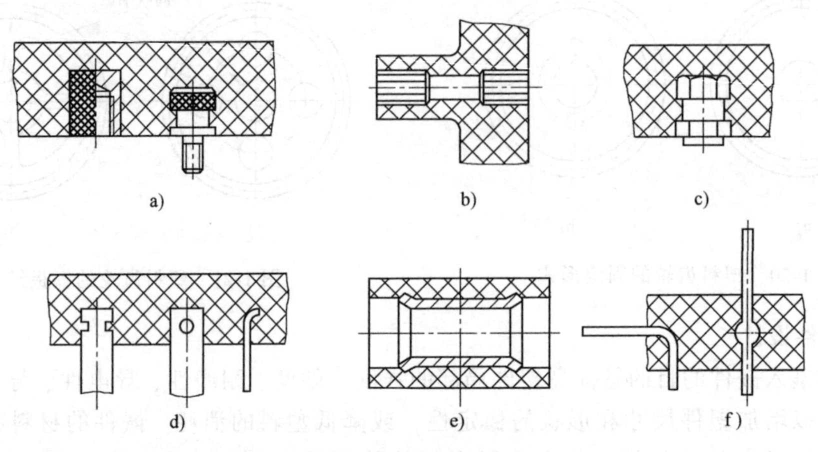

图 1-23　金属嵌件在塑件内的固定方式

（2）模具内嵌件应定位可靠　模具中的嵌件在成型时要受到高压熔体流的冲击，可能发生位移和变形，同时熔体还可能挤入嵌件上预制的孔或螺纹槽中，影响嵌件使用，因此嵌件必须可靠定位，并要求嵌件的高度不超过其定位部分直径的 2 倍。图 1-24 和图 1-25 所示分别为外螺纹嵌件和内螺纹嵌件在模具内的固定方法。一般情况下，注射成型时，嵌件与模板安装孔的配合为 H 8/f 8；压缩成型时，嵌件与模板安装孔的配合为 H 9/f 9。当嵌件过长或呈细长杆状时，应在模具内设支撑柱以免嵌件弯曲，但这时在塑件上会留下孔，如图 1-26 所示。

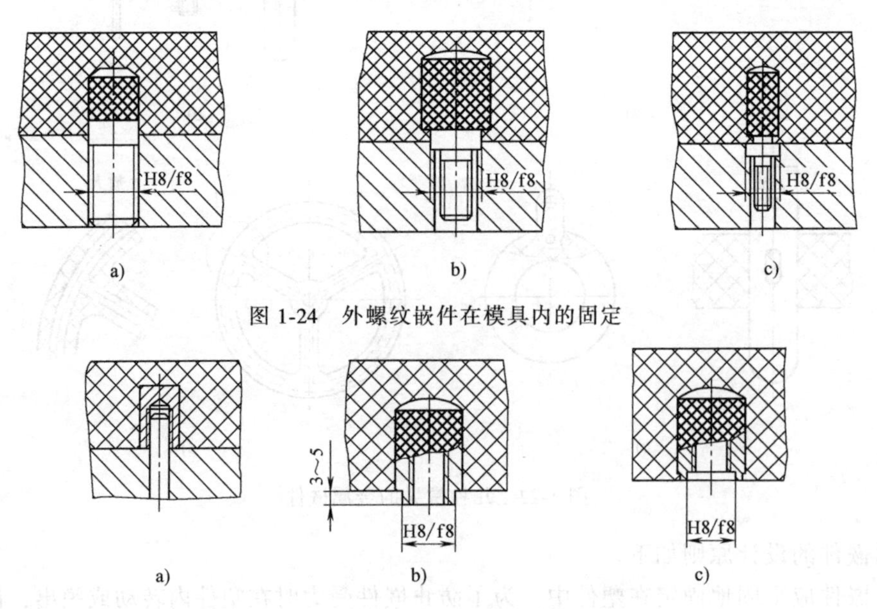

图 1-24　外螺纹嵌件在模具内的固定

图 1-25　内螺纹嵌件在模具内的固定

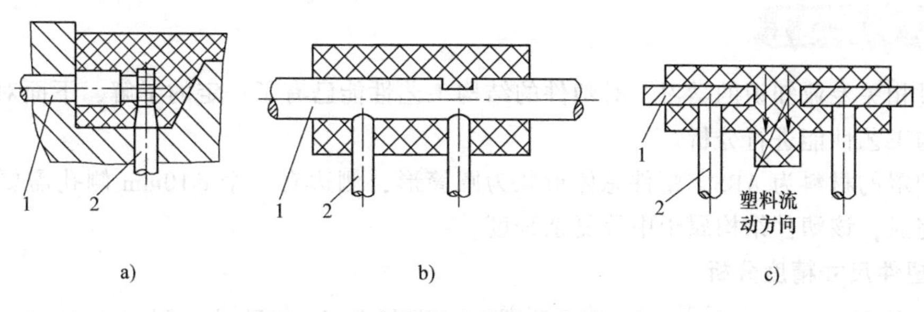

图 1-26　细长嵌件在模具内支撑固定

1—嵌件　2—支撑柱

（3）嵌件周围的壁厚应足够大　由于金属嵌件与塑件的收缩率相差较大，致使嵌件周围的塑料存在很大的内应力，如果设计不当，则会造成塑件的开裂，而保持嵌件周围适当的塑料层厚度可以减少塑件的开裂倾向。对于酚醛塑料及与之类似的热固性塑料，金属嵌件周围塑料层厚度可参见表 1-14。嵌件不应带有尖角，以减少应力集中。热塑性塑料注射成型时，应将大型嵌件预热到接近物料温度。对于应力难以消除的塑料，可在嵌件周围覆盖一层高聚物弹性体或在成型后进行退火。嵌件的顶部也应有足够的塑料层厚度，否则会出现鼓泡或裂纹。

成型带嵌件的塑件会降低生产率，使生产不易实现自动化，因此在设计塑件时应尽可能避免使用嵌件。

表 1-14　金属嵌件周围塑料层厚度　（单位：mm）

图例	金属嵌件直径 D	周围塑料层最小厚度 C	顶部塑料层最小厚度 H
C　D　H	≤4	1.5	0.8
	>4～8	2.0	1.5
	>8～12	3.0	2.0
	>12～16	4.0	2.5
	>16～25	5.0	3.0

11. 文字、图形标志

由于装潢或某些特殊要求，塑件上需要带有文字或图形符号的标志，如图 1-27 所示。标志应放在分型面的垂直方向上，并有适当的斜度以便脱模。塑件标志是凸的，在模具上即为凹的，加工较容易，文字可用刻字机刻制，图形等可采用手工雕或电加工等，但凸起的标志容易磨损。塑件标志是凹的，在模具上则为凸的，用一般的机械加工方法难以加工，可采用电火花、冷挤压或电铸等方法加工。位于凹处的凸形标志具有很多优点，在研磨、抛光或使用时也不易磨损破坏。

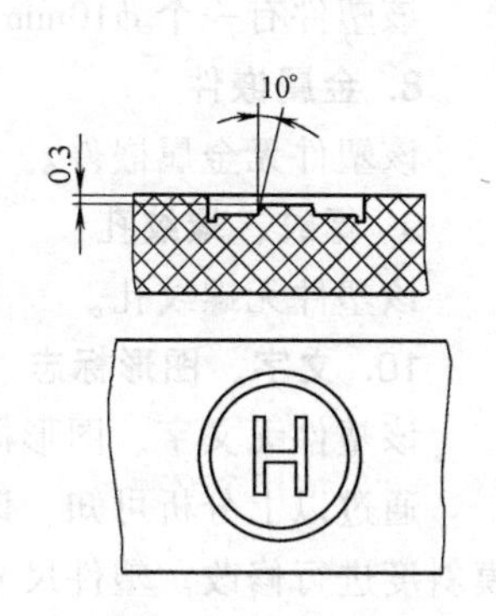

图 1-27　塑件上的标志

【任务实施】

通过相关专业知识的学习，对塑件的结构工艺性能已有了一定的了解，下面对防护罩塑件的结构工艺性能进行分析。

防护罩的材料为 ABS，塑件总体形状为圆筒形，侧边有一个 ϕ10mm 侧孔需要侧向抽芯机构来完成，该塑件结构属于中等复杂程度。

1. 塑件尺寸精度分析

该塑件尺寸 $\phi 36.8^{+0.26}_{0}$ mm、$\phi 40^{+0.26}_{0}$ mm 为标注公差尺寸，尺寸 ϕ10mm、R25mm、50mm、45mm、15mm 均为自由尺寸，查表 1-3 按 5 级公差等级选取，且按塑件尺寸偏差标注规定标注主要尺寸的公差如下

塑件外形尺寸：$\phi 40^{+0.26}_{0}$ mm → $\phi 40.26^{0}_{-0.26}$ mm、$R(25 \pm 0.25)$ mm → $R25^{0}_{-0.50}$ mm、$50^{0}_{-0.84}$ mm、$45^{0}_{-0.84}$ mm。

塑件内形尺寸：$\phi 36.8^{+0.26}_{0}$ mm、$15^{+0.58}_{0}$ mm。

塑件侧孔尺寸：$\phi 10^{+0.28}_{0}$ mm。

2. 塑件的表面粗糙度

该塑件表面粗糙度无要求，取为 Ra1.6μm，对应模具成型零件工作部分表面粗糙度应为 Ra0.4~0.8μm。

3. 壁厚

塑件壁厚大小一样，均为 1.6mm，比较均匀，有利于塑件的成型。

4. 脱模斜度

查表 1-6 可知，材料为 ABS 的塑件，其型腔脱模斜度一般为 35′~1°30′，型芯脱模斜度为 30′~40′。该塑件目前没有设定脱模斜度，为了脱模方便，在防护罩的直边都设定 1°的脱模斜度。

5. 加强肋

该塑件尺寸较小，壁厚适中，自身结构具有加强肋作用，强度足够。

6. 支承面和凸台

该塑件无整体支承面和凸台。

7. 侧孔和侧凹

该塑件有一个 ϕ10mm 侧孔，需要侧向抽芯机构来完成。

8. 金属嵌件

该塑件无金属嵌件。

9. 螺纹、螺纹孔

该塑件无螺纹孔。

10. 文字、图形标志

该塑件无文字、图形标记。

通过以上分析可知，该塑件结构属于中等复杂程度，结构工艺性合理，只需对塑件的脱模斜度进行修改。塑件尺寸精度中等偏上，对应的模具零件的尺寸加工容易保证。注射成型时在工艺参数控制得较好的情况下，塑件的成型要求可以得到保证。

【思考与练习】

1. 在编制塑料成型工艺规程和设计模具之前，为什么要认真分析塑件的工艺性能？塑件的工艺性能包括哪些内容？

2. 影响塑件尺寸精度的因素有哪些？在确定塑件尺寸精度时，为何要将其分为4个类别？

3. 试确定注射塑件上的孔类尺寸100mm（材料PC）、轴类尺寸50mm（材料PA1010）和中心距尺寸25mm（材料PP）的公差。

4. 塑件的表面质量受哪些因素影响？

5. 塑件上为何要设计脱模斜度？脱模斜度值的大小与哪些因素有关？

6. 塑件的壁厚过薄或过厚会使塑件产生哪些缺陷？

7. 为何要采用加强肋？设计时应遵守哪些规则？

8. 塑件转角处为何要采用圆弧过渡？哪些情况不宜设计为圆角？

9. 为什么要尽量避免塑件上有侧孔或侧凹？可强制脱模的侧凹的条件是什么？

10. 塑件上带有的螺纹，可用哪些方法获得？每种方法的优缺点如何？

11. 为什么有的塑件要设置嵌件？设计塑件的嵌件时需要注意哪些问题？

12. 完成图1-5所示灯座塑件的结构工艺性分析。

项目二　塑料成型工艺与设备的确定

任务一　确定塑料成型方式及工艺参数

【知识目标】

1. 掌握塑料注射成型的工作原理、工艺过程及工艺参数。
2. 了解其他各类塑料成型工艺的工作原理、工艺过程及工艺参数。
3. 了解温度、压力、时间对塑件质量的影响。

【能力目标】

1. 具有合理选择塑料成型工艺的初步能力。
2. 能够编制切实可行的塑件成型工艺流程。
3. 具有编制塑件成型工艺卡片的能力。

【任务引入】

塑件的成型方式有很多，确定塑件成型方式时应考虑所选塑料的品种、塑件的生产批量、模具的成本及不同成型方式的特点、应用范围，然后根据塑料的成型工艺特点确定塑件的成型工艺过程。本任务以图 1-1 所示的塑料防护罩为载体，合理确定该塑件的成型方式及工艺参数。

【相关知识】

塑料的种类很多，其成型方法也很多，有注射成型、压缩成型、压注成型、挤出成型、吹塑成型、泡沫成型等，其中前四种方法最为常用。

一、注射成型原理及工艺

1. 注射成型的原理及特点

注射成型原理如图 2-1 所示（以螺杆式注射机为例）。加入到料斗中的颗粒状或粉状的塑料被送至外侧安装电加热圈的机筒中塑化。每一次螺杆前进注射结束后，螺杆在机筒前端原地转动，被加热预塑的塑料在转动着的螺杆作用下通过螺旋槽被输送至机筒前端的喷嘴附近，螺杆的转动使塑料进一步塑化，料温在剪切摩擦热的作用下进一步提高并得以均匀化，

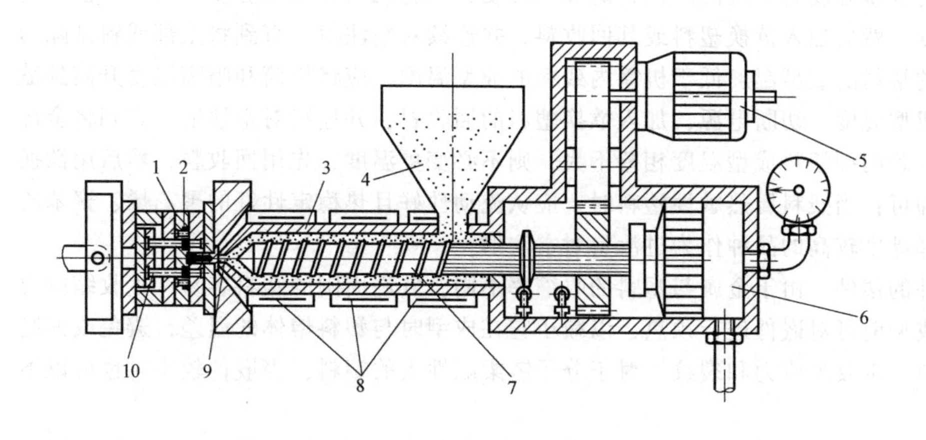

图 2-1　注射成型原理

1—模具　2—塑件　3—机筒　4—料斗　5—电动机　6—液压缸
7—螺杆　8—加热器　9—喷嘴　10—推出机构

当机筒前端的熔料堆积对螺杆产生一定的压力时（称为螺杆的背压），螺杆就在转动中后退，直至与调整好的行程开关接触，具有模具一次注射量的塑料预塑和储料（即机筒前部熔融塑料的储量）结束。接着注射液压缸开始工作，与液压缸活塞相连接的螺杆以一定的速度和压力将熔料通过机筒前端的喷嘴注入温度较低的闭合模具型腔中；保压一定时间，熔融塑料冷却固化即可保持模具型腔所赋予的形状和尺寸。开合模机构将模具打开，在推出机构的作用下，即可取出注射成型的塑件。

注射成型是热塑性塑料成型的一种重要方法。它具有成型周期短，能成型形状复杂、尺寸精确、带有金属或非金属嵌件的塑件，且注射成型的生产率高、易实现自动化生产。到目前为止，除氟塑料以外，几乎所有的热塑性塑料都可以采用注射成型的方法成型。因此，注射成型广泛应用于各种塑料制品的生产。注射成型的缺点是所用的注射设备价格较高，注射模具的结构复杂，生产成本高，生产周期长，不适合单件小批量的塑件生产。除了热塑性塑料外，一些流动性好的热固性塑料也可用注射方法成型，其生产率高，产品质量稳定。

2. 注射成型工艺

注射成型工艺包括成型前的准备、注射过程和塑件的后处理。

（1）成型前的准备　为了保证注射成型的正常进行和塑件质量，在注射成型前应做一定的准备。对塑料原料进行外观检验，如色泽、细度及均匀度等，必要时应对塑料的工艺性能进行测试。对于吸湿性强的塑料，如尼龙、聚碳酸酯、ABS 等，成型前应进行充分的预热、干燥以除去物料中过多的水分和挥发物，防止成型后塑件出现气泡和银纹等缺陷。

生产中，如需改变塑料品种、调换颜色，或发现成型过程中出现了热分解或降解反应，应对注射机机筒进行清洗。通常，柱塞式注射机机筒存量大，必须将机筒拆卸清洗。对于螺杆式注射机的机筒，可采用对空注射法清洗。采用对空注射法清洗螺杆式注射机机筒时，若欲更换的塑料的成型温度高于机筒内残料的成型温度，应将机筒和喷嘴温度升高到欲换塑料的最低成型温度，然后加入欲换塑料或其回收料，并连续对空注射，直到将全部残料排除为止；若欲更换的塑料的成型温度低于机筒内残料的成型温度，应将机筒和喷嘴温度升高到欲换塑料的最高成型温度，切断电源，加入欲换塑料的回收料，并连续对空注射，直到将全部残料排除为止；若两种塑料成型温度相差不大，则不必变更温度，先用回收料，然后用欲换塑料对空注射即可；当残料属热敏性塑料时，应从流动性好且热稳定性好的聚乙烯、聚苯乙烯等塑料中选择黏度较高的品种作为过渡料对空注射。

对于有嵌件的塑件，由于金属与塑料的收缩率不同，嵌件周围的塑料容易产生收缩应力和裂纹，因此成型前可对嵌件进行预热，以减小它在成型时与塑料熔体的温差，避免或抑制嵌件周围的塑料产生收缩应力和裂纹。对于分子链柔顺性大的塑料，当嵌件较小时也可以不预热。

为了使塑件容易从模具内脱出，有的模具型腔或模具型芯还需涂上脱模剂。常用的脱模剂有硬脂酸锌、液状石蜡和硅油等。

在成型前，有时还需对模具进行预热。

（2）注射过程　完整的注射过程包括加料、塑化、充模、保压、倒流、冷却、脱模等几个阶段。

1）加料。将粒状或粉状塑料加入注射机料斗，由柱塞或螺杆带入机筒进行加热。

2）塑化。成型塑料在注射机机筒内经过加热、压实及混料等作用以后，由松散的粉状颗粒或粒状固态转变成连续的均化熔体的过程。

3）充模。塑化好的塑料熔体在注射机柱塞或螺杆的推进作用下，以一定的压力和速度经过喷嘴和模具的浇注系统进入并充满模具型腔，这一阶段称为充模。

4）保压。充模结束后，在注射机柱塞或螺杆推动下，熔体仍然保持压力进行补料，使机筒中的熔体继续进入型腔，以补充型腔中塑料的收缩需要。保压时间应适当，过长的保压时间容易使塑件产生内应力，引起塑件翘曲或开裂。

5）倒流。保压结束后，柱塞或螺杆后退，型腔中的熔体压力解除，这时，型腔中的熔体压力将比浇口前方的压力高，如果此时浇口尚未冻结，就会发生型腔中熔体通过浇注系统倒流的现象，使塑件产生收缩、变形及质地疏松等缺陷。如果撤除注射压力时，浇口已经冻结，则倒流现象就不会发生。由此可见，倒流是否发生或倒流的程度如何，均与保压时间有关。一般来讲，保压时间较长时，压力对型腔内的熔体作用时间也长，倒流较小，塑件的收缩情况会有所减轻；而保压时间短时，情况则相反。

6）浇口冻结后的冷却。塑件在模具内的冷却过程是指从浇口处的塑料熔体完全冻结时起到塑件被推出型腔为止的全部过程。在此阶段，补缩或倒流均不再继续进行，型腔内的塑料继续冷却、硬化和定型。脱模时，塑件具有足够的刚度，不致产生翘曲和变形。随着冷却过程的进行，温度继续下降，型腔内塑料收缩，压力下降，到开模时，型腔内的压力下降到最低值，但不一定等于外界大气压。型腔内的压力与外界大气压的差值称为残余压力。残余压力的大小与塑件保压时间的长短有关。残余压力为正值时，脱模较困难，塑件易刮伤或崩裂；残余压力为负值时，塑件表面有缺陷或内部有空泡。所以，只有在残余压力接近零时，脱模比较便利，并能获得满意的塑件。

塑件的冷却速度应适中。如果冷却过快，或型腔与塑料熔体接触的各部分温度不同，则会导致冷却不均、收缩不一致，使塑件产生内应力，产生翘曲变形。

7）脱模。塑件冷却后即可开模，在推出机构的作用下，将塑件推出模外。

（3）塑件的后处理　由于塑化不均匀或由于塑料在型腔内的结晶、取向和冷却不均匀及金属嵌件的影响等原因，塑件内部不可避免地存在一些内应力，从而导致塑件在使用过程中产生变形或开裂。为了解决这些问题，可对塑件进行一些适当的后处理。常用的后处理方法有退火和调湿两种。

1）退火处理。退火是将塑件放在定温的加热介质（如热水、热油、热空气和液状石蜡等）中保温一段时间的热处理过程。利用退火时的热量，能加速塑料中大分子松弛，从而消除塑件成型后的残余应力。退火温度一般在塑件使用温度以上10~20℃至热变形温度以下10~20℃之间进行选择和控制。保温时间与塑料品种和塑件的厚度有关，一般可按每毫米约半小时计算。退火冷却时，冷却速度不应过快，否则会产生应力。

2）调湿处理。调湿处理是一种调整塑件含水量的后处理工序，主要用于吸湿性很强且又容易氧化的聚酰胺等塑件。它除了能在加热条件下消除残余应力外，还能使塑件在加热介质中达到吸湿平衡，以防止在使用过程中发生尺寸变化。调湿处理所用的介质一般为沸水或醋酸钾溶液（沸点为121℃），加热温度为100~121℃。塑件的热变形温度高时取上限，反之取下限。保温时间与塑件厚度有关，通常取2~9h。

3. 注射成型工艺参数

正确的注射成型工艺可以保证塑料熔体良好塑化，顺利充模、冷却与定型，从而生产出合格的塑件。温度、压力、时间是影响注射成型工艺的重要参数。

（1）温度　注射成型过程需控制的温度有机筒温度、喷嘴温度和模具温度等。前两种温度主要控制塑料的塑化和流动；后一种温度主要影响塑料的流动和冷却定型。

1）机筒温度。机筒温度的选择与诸多因素有关。凡是平均相对分子质量偏高、分布范围较窄的塑料，玻璃纤维增强塑料，采用柱塞式塑化装置的塑料和注射压力较低、塑件壁厚较小时，都应选择较高的机筒温度；反之，则选择较低的机筒温度。每一种塑料都有不同的黏流态温度θ_f（对于结晶态塑料即为θ_m），为了保证塑料熔体的正常流动，不使熔体产生变质分解，机筒最合适的温度应在黏流态温度θ_f和热分解温度θ_d之间。

机筒温度的分布一般应遵循前高后低的原则，即机筒的后端温度最低，喷嘴处的前端温度最高。机筒后段温度应比中段、前段温度低5~10℃。对于含水量偏高的塑料，也可使机筒后段温度偏高一些。采用螺杆式机筒时，为防止由于螺杆与熔体、熔体与熔体、熔体与机筒之间的剪切摩擦热而导致塑料热降解，可使机筒前段温度略低于中段温度。

螺杆式和柱塞式注射机由于塑化过程不同，因而选择的机筒温度也不同。在注射同一种塑料时，螺杆式机筒温度可比柱塞式机筒温度低10~20℃。

为了避免熔体在机筒里过热降解，除必须严格控制熔体的最高温度外，还必须控制熔体在机筒里的滞留时间。通常，提高机筒温度以后，都要适当缩短熔体在机筒里的滞留时间。

判断机筒温度是否合适，可采用对空注射法观察或直接观察塑件质量的好坏。对空注射时，如果料流均匀，光滑、无泡、色泽均匀，则说明料温合适；如果料流毛糙，有银丝或变色现象，则说明料温不合适。

2）喷嘴温度。喷嘴温度一般略低于机筒的最高温度，目的是防止熔体在喷嘴处产生流涎现象。但喷嘴温度不能太低，否则会使熔体产生早凝，其结果不是堵塞喷嘴孔，就是将冷料充入模具型腔，最终导致成品缺陷。

3）模具温度。模具温度直接影响熔体的充模、流动能力，塑件的冷却速度和成型后的塑件性能。模具温度的高低取决于塑料是否结晶和结晶程度，塑件的结构和尺寸，性能要求和其他工艺条件（熔体温度、注射速度、注射压力、成型周期等）。

提高模具温度可以改善熔体在模具型腔内的流动性，增加塑件的密度和结晶度，减小充模压力和塑件中的应力；但塑件的冷却时间会延长，收缩率和脱模后塑件的翘曲变形会增加，生产率也会因此下降。降低模具温度能缩短冷却时间，提高生产率，但在温度过低的情况下，熔体在模具型腔内的流动性会变差，使塑件产生较大的应力和明显的熔接痕等缺陷。此外，较高的模具温度对降低塑件的表面粗糙度值有一定的好处。

模具温度通常是由通入定温的冷却介质来控制的，也有靠熔体注入模具自然升温和自然散热达到平衡而保持一定的温度。在特殊情况下，也有用电阻丝加热和电阻棒加热保持模具的定温。不管采用什么方法对模具保持定温，对塑料熔体来说都是冷却，保持的定温都低于塑料的玻璃化温度或工业上常用的热变形温度，这样才能使塑料成型和脱模。

为了改变聚碳酸酯、聚砜和聚苯醚等高黏度塑料的流动性和充模性能，并力求使它们获得致密的组织结构，需要采用较高的模具温度。反之，对于黏度较小的聚乙烯、聚丙烯、聚氯乙烯、聚苯乙烯和聚酰胺等塑料，可采用较低的模具温度，这样可缩短冷却时间，提高生产率。

对于壁厚大的塑件，因充模和冷却时间较长，若温度过低，很容易使塑件内部产生空泡和较大的应力，所以不宜采用较低的模具温度。

为了缩短成型周期，确定模具温度时可采用两种方法。一种方法是把模具温度取得尽可能低，以加快冷却速度、缩短冷却时间。另一种方法则是使模具温度保持在比热变形温度稍低的状态下，以求在比较高的温度下将塑件脱模，然后由其自然冷却，这样做也可以缩短塑件在模具内的冷却时间。具体采用何种方法，需要根据塑料品种和塑件的复杂程度确定。

（2）压力　注射成型过程中的压力包括塑化压力和注射压力两种，它们直接影响塑料的塑化和塑件质量。

1）塑化压力。塑化压力又称背压，是指采用螺杆式注射机时，螺杆头部熔体在螺杆转动后退时所受到的压力。这种压力的大小是可以通过液压系统中的溢流阀来调整的。注射成型时，塑化压力的大小是随螺杆的设计、塑件质量的要求以及塑料的种类等不同而异的。如果这些情况和螺杆的转速都不变，则增加塑化压力会提高熔体的温度，使熔体的温度均匀、色料的混合均匀并排除熔体中的气体。但增加塑化压力会降低塑化速率、延长成型周期，甚至可能导致塑料的降解。一般操作中，塑化压力应在保证塑件质量的前提下越低越好，其具体数值是随所用塑料的品种而异的，一般为6MPa左右，通常很少超过20MPa。注射聚甲醛时，较高的塑化压力（也就是较高的熔体温度）会使塑件的表面质量提高，但也可能使塑料变色、塑化速率降低和流动性下降。对聚酰胺来说，塑化压力必须降低，否则塑化速率将很快降低，这是因为螺杆中逆流和漏流增加的缘故。如需增加熔体温度，则应采用提高机筒温度的方法。聚乙烯的热稳定性较高，提高塑化压力不会有降解的危险，有利于混料和混色，

但塑化速率会降低。

2）注射压力。注射机的注射压力是指柱塞或螺杆头部轴向移动时其头部对塑料熔体所施加的压力。在注射机上常用表压指示注射压力的大小，一般在40~130 MPa之间，可通过注射机的控制系统来调整。注射压力的作用是克服塑料熔体从机筒流向型腔的流动阻力，给予熔体一定的充型速率及对熔体进行压实等。

注射压力的大小取决于注射机的类型，塑料的品种，模具浇注系统的结构、尺寸与表面粗糙度，模具温度，塑件的壁厚及流程的大小等，关系十分复杂，目前难以做出具有定量关系的结论。在其他条件相同的情况下，柱塞式注射机的注射压力应比螺杆式的大，其原因在于塑料在柱塞式注射机机筒内的压力损耗比螺杆式的大。注射压力的另一个决定因素是塑料与模具浇注系统及型腔之间的摩擦因数和熔融黏度，摩擦因数和熔融黏度越大时，注射压力应越高。同一种塑料的摩擦因数和熔融黏度是随机筒温度和模具温度而变动的，此外，还与是否加有润滑剂有关。

型腔充满后，注射压力的作用在于对型腔内熔体的压实。在生产中，压实时的压力等于或小于注射时所用的注射压力。如果注射和压实时的压力相等，则可使塑件的收缩率减小，塑件的尺寸稳定性较好；缺点是会造成脱模时的残余压力过大和成型周期过长。但对结晶性塑料来说，成型周期不一定加长，因为压实压力大时可以提高塑料的熔点（例如聚甲醛，如果压力加大到50 MPa，则其熔点可提高90℃），脱模可以提前。

（3）时间（成型周期）　完成一次注射成型过程所需的时间即成型周期，它包括以下各部分：

1）注射时间。包括：①充模时间（柱塞或螺杆前进的时间）；②保压时间（柱塞或螺杆停留在前进位置的时间）。

2）冷却时间。柱塞后撤或螺杆转动后退的时间均在其中。

3）其他时间。指开模、脱模、喷涂脱模剂、安放嵌件和合模的时间。

成型周期直接影响劳动生产率和注射机使用率，因此生产中在保证质量的前提下应尽量缩短成型周期中各个阶段的时间。在整个成型周期中，注射时间和冷却时间最重要，它们对塑件的质量均有决定性影响。在生产中，充模时间一般为3~5s。注射时间中的保压时间就是对型腔内塑料的压实时间，在整个注射时间内所占的比例较大，一般为20~25s（特厚塑件可高达5~10min）。在熔体冻结浇口之前，保压时间的长短，对塑件密度和尺寸精度有影响。保压时间的长短不仅与塑件的结构尺寸有关，而且与料温、模温以及主流道和浇口的大小有关。如果主流道和浇口的尺寸合理、工艺条件正常，通常以塑件收缩率波动范围最小的保压时间为最佳值。

冷却时间主要取决于塑件的厚度、塑料的热性能和结晶性能以及模具温度等。冷却时间的长短应以脱模时塑件不引起变形为原则，一般在30~120s之间。冷却时间过长，不仅延长成型周期，降低生产率，对复杂塑件还将造成脱模困难。

成型周期中的其他时间与生产过程是否连续化和自动化以及两化的参与程度有关。

常用塑料的注射成型工艺参数可参考表2-1。

表 2-1　常用塑料的注射成型工艺参数

项目 \ 塑料	PE-LD	PE-HD	乙丙共聚 PP	PP	玻纤增强 PP	软质 PVC	未增塑 PVC	PS	PS-HI	ABS	高抗冲 ABS	耐热 ABS	电镀级 ABS	阻燃 ABS	透明 ABS	ACS
注射机类型	柱塞式	螺杆式	柱塞式	螺杆式	螺杆式	柱塞式	螺杆式	柱塞式	螺杆式	螺杆式	螺杆式	螺杆式	螺杆式	螺杆式	螺杆式	螺杆式
螺杆转速/(r/min)	—	30~60	—	30~60	30~60	—	20~30	—	30~60	30~60	30~60	30~60	20~60	20~50	30~60	20~30
喷嘴 形式	直通式	直通式	直通式	直通式	直通式	直通式	直通式	直通式	直通式	直通式	直通式	直通式	直通式	直通式	直通式	直通式
喷嘴 温度/℃	150~170	150~180	170~190	170~190	180~190	140~150	150~170	160~170	160~170	180~190	190~200	190~200	190~210	180~180	190~200	160~170
机筒温度/℃ 前段	170~200	180~190	180~200	180~260	190~200	160~190	170~190	170~190	170~190	200~210	200~210	200~220	210~230	190~200	200~220	170~180
机筒温度/℃ 中段	—	180~200	190~220	200~220	210~220	—	165~180	—	170~190	210~230	210~230	220~240	230~250	200~220	220~240	180~190
机筒温度/℃ 后段	140~160	140~160	150~170	160~170	160~170	140~150	160~170	140~160	140~160	180~200	180~200	190~200	200~210	170~190	190~200	160~170
模具温度/℃	30~45	30~60	50~70	40~80	70~90	30~40	30~60	20~60	20~50	50~70	50~80	60~85	40~80	50~70	50~70	50~60
注射压力/MPa	60~100	70~100	70~100	70~120	90~130	40~80	80~130	60~100	60~100	70~90	70~120	85~120	70~120	60~100	70~100	80~120
保压压力/MPa	40~50	40~50	40~50	50~60	40~50	20~30	40~60	30~40	30~40	50~70	50~70	50~80	50~70	30~60	50~60	40~50
注射时间/s	0~5	0~5	0~5	0~5	2~5	0~8	2~5	0~3	0~3	3~5	3~5	3~5	0~4	3~5	0~4	0~5
保压时间/s	15~60	15~60	15~60	20~60	15~40	15~40	15~40	15~40	15~40	15~30	15~30	15~30	20~50	15~30	15~40	15~30
冷却时间/s	15~60	15~60	15~50	15~50	15~40	15~30	15~40	15~30	10~40	15~30	15~30	15~30	15~30	10~30	10~30	15~30
成型周期/s	40~140	40~140	40~120	40~120	40~100	40~80	40~90	40~90	40~90	40~70	40~70	40~70	40~90	30~70	30~80	40~70

项目 \ 塑料	SNA (AS)	PMMA		PMMA /PC	氯化聚醚	均聚 POM	共聚 POM	PET	PBT	玻纤增强 PBT	PA6	玻纤增强 PA6	PA11	玻纤增强 PA11	PA12	PA66
注射机类型	螺杆式	螺杆式	柱塞式	螺杆式	螺杆式	螺杆式	螺杆式	螺杆式	螺杆式	螺杆式	螺杆式	螺杆式	螺杆式	螺杆式	螺杆式	螺杆式
螺杆转速/(r/min)	20~50	20~30	—	20~30	20~40	20~40	20~40	20~40	20~40	20~40	20~50	20~40	20~50	20~40	20~50	20~50
喷嘴 形式	直通式	直通式	直通式	直通式	直通式	直通式	直通式	直通式	直通式	直通式	直通式	直通式	直通式	直通式	直通式	自锁式
喷嘴 温度/℃	180~190	180~200	180~200	220~240	170~180	170~180	170~180	250~260	200~220	210~230	200~210	200~210	180~190	190~200	170~180	250~260
机筒温度/℃ 前段	200~210	180~210	210~240	230~250	180~200	170~190	170~190	260~270	230~240	230~240	220~230	220~240	185~200	200~220	185~220	255~265
机筒温度/℃ 中段	210~230	190~210	—	240~260	180~200	170~190	180~200	260~280	230~250	240~260	230~240	230~250	190~220	220~250	190~240	260~280
机筒温度/℃ 后段	170~180	180~200	180~200	210~230	180~190	170~180	180~200	240~260	200~220	210~220	200~210	200~210	170~180	180~190	160~170	240~250
模具温度/℃	50~70	40~80	40~80	60~80	80~110	90~120	90~100	100~140	60~70	65~75	60~100	80~120	60~90	60~90	70~110	60~120
注射压力/MPa	80~120	50~120	80~130	80~130	80~110	80~130	80~120	80~120	60~90	80~100	80~110	90~130	90~120	90~130	90~130	80~130
保压压力/MPa	40~50	40~60	40~60	40~60	30~40	30~50	30~50	30~50	30~40	40~50	30~50	30~50	30~50	40~50	50~60	40~50
注射时间/s	0~5	0~5	0~5	0~5	0~5	2~5	2~5	0~5	0~3	2~5	0~4	2~5	0~4	2~5	2~5	0~5
保压时间/s	15~30	20~40	20~40	20~40	15~50	20~80	20~90	20~50	10~30	10~20	15~50	15~40	15~50	15~40	20~60	20~50
冷却时间/s	15~30	20~40	20~40	20~40	20~50	20~60	20~60	20~30	15~30	15~30	20~40	20~40	20~40	20~40	20~40	20~40
成型周期/s	40~70	50~90	50~90	50~90	40~110	50~150	50~160	50~90	30~70	30~60	40~100	40~90	40~100	40~90	50~110	50~100

（续）

项目 \ 塑料	玻纤增强PA66	PA610	PA612	PA1010		玻纤增强PA1010		透明PA	PC		PC/PE		玻纤增强PC	PSU	改性PSU	玻纤增强PSU
注射机类型	螺杆式	螺杆式	螺杆式	螺杆式	柱塞式	螺杆式	柱塞式	螺杆式	螺杆式	柱塞式	螺杆式	柱塞式	螺杆式	螺杆式	螺杆式	螺杆式
螺杆转速/(r/min)	20~40	20~50	20~50	20~50	—	20~40	—	20~50	20~40	—	20~40	—	20~30	20~30	20~30	20~30
喷嘴 形式	直通式	自锁式	自锁式	自锁式	自锁式	直通式	直通式	直通式	直通式	直通式	直通式	直通式	直通式	直通式	直通式	直通式
喷嘴 温度/℃	250~260	200~210	200~210	190~200	190~210	180~190	180~190	220~240	230~250	240~250	220~230	230~240	240~260	280~290	250~260	280~300
机筒温度/℃ 前段	260~270	220~230	210~220	200~210	230~250	210~230	240~260	240~250	240~280	270~300	230~250	250~280	260~290	290~210	260~280	300~320
机筒温度/℃ 中段	260~290	230~250	210~230	220~240	—	230~260	—	250~270	260~290	—	240~260	—	270~310	300~330	280~300	310~330
机筒温度/℃ 后段	230~260	200~210	200~205	190~200	180~200	190~200	190~200	220~240	240~270	260~290	230~240	240~260	260~280	280~300	260~270	290~300
模具温度/℃	100~120	60~90	40~70	40~80	40~80	40~80	40~80	40~60	90~110	90~110	80~100	80~100	90~110	130~150	80~100	130~150
注射压力/MPa	80~130	70~110	70~120	70~100	70~120	90~130	100~130	80~130	80~130	110~140	80~120	80~130	100~140	100~140	100~140	100~140
保压压力/MPa	40~50	20~40	30~50	20~40	30~40	40~50	40~50	40~50	40~50	40~50	40~50	40~50	40~50	40~50	40~50	40~50
注射时间/s	3~5	0~5	0~5	0~5	0~5	2~5	2~5	0~5	0~5	0~5	0~5	0~5	2~5	0~5	0~5	2~7
保压时间/s	20~50	20~50	20~50	20~50	20~50	20~40	20~40	20~60	20~80	20~80	20~80	20~80	20~60	20~80	20~70	20~50
冷却时间/s	20~40	20~40	20~50	20~40	20~40	20~40	20~40	20~40	20~50	20~50	20~50	20~50	20~50	20~50	20~50	20~50
成型周期/s	50~100	50~100	50~110	50~100	50~100	50~90	50~90	50~110	50~130	50~130	50~140	50~140	50~110	50~140	50~130	50~110

项目 \ 塑料	聚芳砜	聚醚砜	PPE	改性PPE	聚芳酯	聚氨酯	聚苯硫醚	聚酰亚胺	醋酰纤维素	醋酸丁酸纤维素	醋酸丙酸纤维素	乙基纤维素	F46
注射机类型	螺杆式	螺杆式	螺杆式	螺杆式	螺杆式	螺杆式	螺杆式	螺杆式	柱塞式	柱塞式	柱塞式	柱塞式	螺杆式
螺杆转速/(r/min)	20~30	20~30	20~30	20~50	20~50	20~70	20~30	20~30	—	—	—	—	20~30
喷嘴 形式	直通式	直通式	直通式	直通式	直通式	直通式	直通式	直通式	直通式	直通式	直通式	直通式	直通式
喷嘴 温度/℃	380~410	240~270	250~280	220~240	230~250	170~180	280~300	290~300	150~180	150~170	160~180	160~180	290~300
机筒温度/℃ 前段	385~420	260~290	260~280	230~250	240~260	175~185	300~210	290~310	170~200	170~200	180~210	180~220	300~330
机筒温度/℃ 中段	345~385	280~310	260~290	240~270	250~280	180~200	320~340	300~330	—	—	—	—	270~290
机筒温度/℃ 后段	320~370	260~290	230~240	230~240	230~240	150~170	260~280	280~300	150~170	150~170	150~170	150~170	170~200
模具温度/℃	230~260	90~120	110~150	60~80	100~130	20~40	120~150	120~150	40~70	40~70	40~70	40~70	110~130
注射压力/MPa	100~200	100~140	100~140	70~110	100~130	80~100	80~130	100~150	60~130	80~130	80~120	80~130	80~130
保压压力/MPa	50~70	50~70	50~70	40~60	50~60	30~40	40~50	40~50	40~50	40~50	40~50	40~50	50~60
注射时间/s	0~5	0~5	0~5	0~8	2~8	2~6	0~5	0~5	0~3	0~5	0~5	0~5	0~8
保压时间/s	15~40	15~40	30~70	30~70	15~40	30~40	10~30	20~60	15~40	15~40	15~40	15~40	20~60
冷却时间/s	15~20	15~30	20~60	20~50	15~40	30~60	20~50	30~60	15~40	15~40	15~40	15~40	20~60
成型周期/s	40~50	40~80	60~140	60~130	40~90	70~110	40~90	60~130	40~90	40~90	40~90	40~90	50~130

二、压缩成型原理及工艺

压缩成型又称为压制成型、压塑成型、模压成型等。它的基本原理是将粉状或松散状的固态物料直接加入到模具型腔中，通过加热、加压的方法使它们逐渐软化熔融，然后根据型腔形状进行流动成型，最终经过固化转变为塑件。

1. 压缩成型的原理及特点

（1）压缩成型的原理　压缩成型的原理如图 2-2 所示。将粉状、粒状、碎屑状或纤维状的热固性塑料原料直接加入敞开的模具加料腔内，如图 2-2a 所示；然后合模加热，使塑料熔化，在合模压力的作用下熔融塑料充满型腔各处，如图 2-2b 所示；这时，型腔中的塑料发生化学交联反应，熔融塑料逐步转变为不熔的硬化定型的塑料制件；最后脱模，将塑件从模具中取出，如图 2-2c 所示。

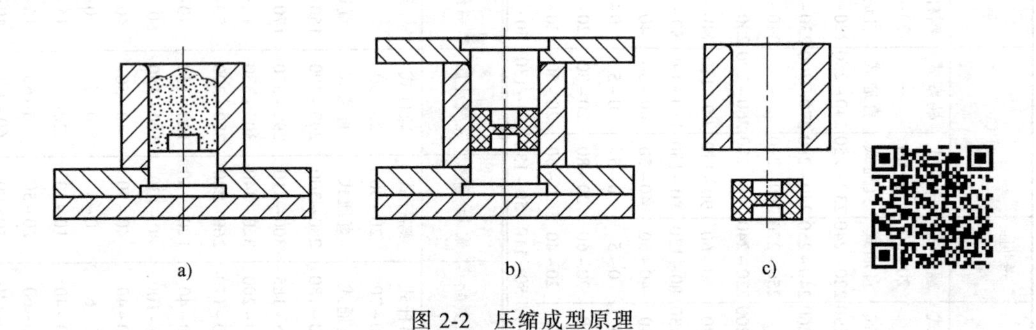

图 2-2　压缩成型原理

（2）压缩成型的特点　压缩成型主要用于热固性塑料制件的生产。与注射成型相比，其优点是可以使用普通压力机进行生产；压缩模没有浇注系统，结构比较简单；塑件内取向组织少，取向程度低，性能比较均匀；成型收缩率小等。利用压缩成型还可以生产一些带有碎屑状、片状或长纤维状填充剂，流动性很差且难于注射成型的塑件，以及面积很大、厚度较小的大型扁平塑件。其缺点是：成型周期长、劳动强度大、生产环境差、生产操作多用手工而不易实现自动化；塑件经常带有溢料飞边，高度方向的尺寸精度不易控制；模具易磨损，因此使用寿命较短。

2. 压缩成型工艺

（1）成型前的准备　热固性塑料比较容易吸湿，贮存时易受潮，所以在对塑料进行加工前应对其进行预热和干燥处理。同时，由于热固性塑料的比容比较大，因此为了使成型过程顺利进行，有时要先对塑料进行预压处理。

1）预热与干燥。在成型前，应对热固性塑料进行加热。加热的目的有两个，一是对塑料进行预热，以便为压缩模提供具有一定温度的热料，使塑料在模内受热均匀，缩短模压成型周期；二是对塑料进行干燥，防止塑料中带有过多的水分和低分子挥发物，确保塑件的成型质量。预热与干燥的常用设备是烘箱和红外线加热炉。

2）预压。预压是指塑料成型前，在室温或稍高于室温的条件下，将松散的粉状、粒状、碎屑状、片状或长纤维状的物料压实成重量一定、形状一致的塑料型坯，使其能比较容易地被放入压缩模加料腔。预压坯料的形状一般为圆片形或圆盘形，也可以压成与塑件相似的形状。预压压力通常可在 40～200MPa 范围内选择，经过预压后的坯料密度最好能达到塑

件密度的80%左右，以保证坯料有一定的强度。

(2) 压缩成型过程　模具装上压力机后要进行预热。若塑件带有嵌件，加料前应将预热嵌件放入模具型腔内。热固性塑料的模压过程一般可分为加料、合模、排气、固化和脱模等几个阶段。

1) 加料。加料就是在模具型腔中加入已预热的定量的物料。它是压缩成型生产的重要环节。加料是否准确，直接影响塑件的密度和尺寸精度。常用的加料方法有体积质量法、容量法和记数法三种。体积质量法需用衡器称量物料的体积、质量，然后加入模具内，采用该方法可以准确地控制加料量，但操作不方便。容量法是使用具有一定容积或带有容积标度的容器向模具内加料，这种方法操作简便，但加料量的控制不够准确。记数法适用于预压坯料。对于形状较大或较复杂的型腔，还应根据物料在型具中的流动情况和型腔中各部位用料量的多少，合理地堆放物料，以免造成塑件密度不均或缺料现象。

2) 合模。加料完成后进行合模，通过压力使模具内成型零件闭合成与塑件形状一致的型腔。当凸模尚未接触物料之前，应尽量使合模速度加快，以缩短成型周期、避免塑料过早固化和过多降解；而在凸模接触物料以后，合模速度应放慢，以避免模具中的嵌件和成型杆件发生位移和损坏，同时有利于空气的顺利排放，避免物料被空气排出模外而造成缺料。合模时间一般为几秒至几十秒不等。

3) 排气。压缩成型热固性塑料时，物料在型腔中会放出相当数量的水蒸气、低分子挥发物以及交联反应和体积收缩产生的气体，因此模具合模后有时还需卸压，以排除型腔中的气体，否则会延长物料传热过程，延长熔体固化时间，且塑件表面还会出现烧糊、烧焦和气泡等现象，表面光泽也不好。排气的次数和时间应按需要而定，通常为1~3次，每次时间为3~20s。

4) 固化。压缩成型热固性塑料时，塑料依靠交联反应固化定型的过程称为固化或硬化。热固性塑料的交联反应程度即固化程度不一定是100%，其固化程度的高低与塑料品种、模具温度及成型压力等因素有关，当这些因素一定时，固化程度主要取决于固化时间。最佳固化时间以固化程度适中时为准。固化速率不高的塑料，有时也不必将整个固化过程放在模内完成，只要塑件能够完整地脱模即可结束固化，因为拖长固化时间会降低生产率。提前结束固化时间的塑件需用后烘的方法完成固化。通常酚醛压缩塑件的后烘温度范围为90~150℃，时间由几小时至几十小时不等，视塑件的厚薄而定。模内固化时间取决于塑料的品种、塑件的厚度、物料的形状以及预热和成型的温度等。一般由30s至数分钟不等，需由实验方法确定，过长或过短对塑件的性能都不利。

5) 脱模。固化过程完成以后，压力机将卸载回程，并将模具开启，推出机构将塑件推出模外。带有侧向型芯或嵌件时，必须先用专用工具将它们拧脱，才能脱模。

热固性塑料制件与热塑性塑料制件的脱模条件不同。对于热塑性塑料制件，必须使其在模具中冷却到塑件自身具有一定强度和刚度之后，才能脱模。但对于热固性塑料制件，其脱模条件应以塑件在热模中的固化程度达到适中时为准。在大批生产中为了缩短成型周期，提高生产率，也可在塑件尚未达到固化程度适中的情况下进行脱模，但此时必须注意塑件应有足够的强度和刚度，以保证其在脱模过程中不发生变形和损坏。对于固化程度不足提前脱模的塑件，必须进行后烘处理。

(3) 塑件的压后处理　由于塑化不均匀或塑料在型腔内的结晶、取向和冷却不均匀，以及金属嵌件或二次加工不当等因素的影响，塑件内部不可避免地存在一些内应力，从而导致塑件在使用过程中产生变形或开裂，因此应消除塑件内部的应力。消除的方法有退火和调湿两种。

1）退火处理。退火处理是将塑件加热到一定温度，并保持一段时间，然后缓慢冷却。退火的温度一般控制在高于塑料的使用温度10~20℃或低于塑料的热变形温度10~20℃。温度不能过高，否则塑件会产生翘曲变形；温度也不能太低，否则达不到后处理的目的。

2）调湿处理。聚酰胺类塑件在高温下与空气接触时常会出现氧化变色。此外，在空气中使用或存放时，又易吸收水分而膨胀，需要经过较长时间才能得到稳定的尺寸。因此，可以将刚脱模的塑件放在热水中处理，以隔绝空气防止氧化，同时还可加快达到吸湿平衡，即调湿处理。适当的调湿处理还能对聚酰胺类塑料起到类似增塑的作用，从而改善塑件的柔性和韧性，使拉伸强度和冲击强度等力学性能指标均有所提高。

3. 压缩成型工艺参数

压缩成型的工艺参数主要是指压缩成型压力、压缩成型温度和压缩时间。

（1）压缩成型压力　压缩成型压力是指压缩成型时压力机通过凸模对塑料熔体在充满型腔和固化时在分型面单位投影面积上施加的力，简称成型压力，可采用以下公式进行计算

$$p=\frac{p_{\mathrm{b}}\pi D^2}{4A} \tag{2-1}$$

式中　p——成型压力（MPa），一般为15~30MPa；

p_{b}——压力机工作液压缸表压力（MPa）；

D——压力机主液压缸活塞直径（m）；

A——塑件与凸模接触部分在分型面上的投影面积（m^2）。

施加成型压力的目的是促使物料流动充模，提高塑件的密度和内在质量，克服塑料中的树脂在成型过程中因化学变化而释放的低分子物质及塑料中的水分等产生的胀模力，使模具闭合，保证塑件具有稳定的尺寸、形状，减少飞边和防止变形。但过大的成型压力会降低模具寿命。

压缩成型压力的大小与塑料品种、塑件结构及模具温度等因素有关。一般情况下，塑料的流动性越小，塑件越厚，塑件形状越复杂，塑料固化速度和压缩比越大，所需的成型压力也越大。

（2）压缩成型温度　压缩成型温度是指压缩成型时所需的模具温度。很显然，物料在模具温度作用下，必须经由玻璃态熔融成黏流态之后才能流动充模，最后还要经过交联才能固化定型为塑件，所以压缩成型过程中的模具温度对塑件成型过程和成型质量的影响，比注射成型显得更为重要。

压缩成型温度的高低影响模内塑料熔体能否顺利充模，也影响成型时的固化速度，进而影响塑件质量。随着温度的升高，塑料固体粉末逐渐熔融，黏度由大到小，开始交联反应，当其流动性随温度的升高而出现峰值时，迅速增大成型压力，使塑料在温度还不很高而流动性又较大时充满型腔的各部分。在一定温度范围内，模具温度升高，成型周期缩短，生产率高。如果模具温度太高，将使树脂和有机物分解，使塑件表面颜色暗淡，同时塑件外层首先固化，影响物料的流动，引起充模不满，特别是模压形状复杂、薄壁、深度大的塑件时最为明显。模具温度过高还将使水分和挥发物难以排除，塑件内应力大，模具开启时，塑件易发

生肿胀、开裂、翘曲等。如果模具温度过低，固化周期过长，固化不足时塑件表面无光，物理性能和力学性能下降。常用热固性塑料的压缩成型温度和压缩成型压力可参见表 2-2。

表 2-2　常用热固性塑料的压缩成型温度和压缩成型压力

塑料类型	压缩成型温度/℃	压缩成型压力/MPa
酚醛塑料(PF)	146~180	7~42
三聚氰胺-甲醛塑料(MF)	140~180	14~56
脲-甲醛塑料(UF)	135~155	14~56
聚酯塑料(UP)	85~150	0.35~3.5
邻苯二甲酸二烯丙酯塑料(PDAP)	120~160	3.5~14
环氧塑料(EP)	145~200	0.7~14
有机硅塑料(SI)	150~190	7~56

（3）压缩时间　热固性塑料压缩成型时，要在一定温度和一定压力下保持一定时间，才能使其充分地交联固化，成为物性优良的塑件，这一时间称为压缩时间。压缩时间与塑料的品种（树脂种类、挥发物含量等）、塑件形状、压缩成型的工艺条件（温度、压力）及操作步骤（是否排气、预压、预热）等有关。压缩成型温度升高，塑料固化速度加快，所需压缩时间减少，因而成型周期随模具温度提高而减少；压缩成型压力对压缩时间的影响不及压缩成型温度那么明显，但随压力增大，压缩时间也略有减少；由于预热减少了塑料充模和开模的时间，所以压缩时间比不预热时要短。通常压缩时间还随塑件厚度增大而增加。

压缩时间的长短对塑件的性能影响很大。压缩时间过短，塑料固化不足，塑件的外观性能差，力学性能下降，易变形。适当增加压缩时间，可以减小塑件收缩率，提高耐热性能和其他物理、力学性能。但如果压缩时间过长，不仅降低生产率，而且树脂交联过度会使塑件收缩率增加，产生内应力，使塑件力学性能下降，严重时会使塑件破裂。对于一般的酚醛塑料，压缩时间为 1~2min，对于有机硅塑料，压缩时间达 2~7min。酚醛塑料和氨基塑料的压缩成型工艺参数可参见表 2-3。

表 2-3　酚醛塑料和氨基塑料的压缩成型工艺参数

工艺参数	酚醛塑料			氨基塑料
	一般工业用①	高电绝缘用②	耐高频电绝缘用③	
压缩成型温度/℃	150~165	150~170	180~190	140~155
压缩成型压力/MPa	25~35	25~35	>30	25~35
压缩时间/(min/mm)	0.8~1.2	1.5~2.5	2.5	0.7~1.0

① 以苯酚-甲醛线型树脂和粉末为基础的压缩粉。
② 以甲酚-甲醛可溶性树脂的粉末为基础的压缩粉。
③ 以苯酚-苯胺-甲醛树脂和无机矿物为基础的压缩粉。

三、压注成型原理及工艺

压注成型又称传递成型，它是在压缩成型基础上发展起来的一种热固性塑料的成型方法。

1. 压注成型的原理及特点

压注成型原理如图 2-3 所示。压注成型时，先将塑料原料装入闭合模具的加料腔内，使其在加料腔内受热塑化，和压缩成型时一样，塑料原料为粉料或预压成锭的坯料，如图 2-3a 所示；在压力的作用下，熔融的塑料通过加料腔底部的浇注系统进入闭合的型腔，塑料在型腔内继续受热、受压而固化成型，如图 2-3b 所示；最后打开模具取出塑件，如图 2-3c 所示。

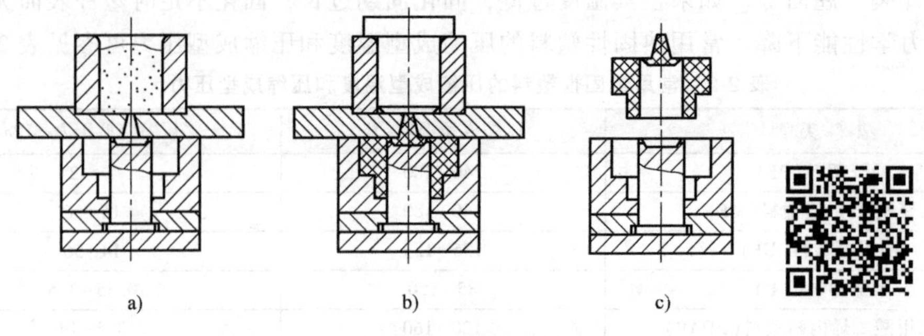

图 2-3　压注成型原理

与压缩成型相比，压注成型的塑料在进入型腔前已经塑化，因此能成型外形复杂、薄壁或壁厚变化很大、带有精细嵌件的塑件；塑料在模具内的保压固化时间较短，缩短了成型周期，提高了生产率；塑件的密度和强度也得到提高；由于塑料成型前模具完全闭合，分型面的飞边很薄，因而塑件精度容易保证，表面粗糙度值也较低。但压注成型后，总会有一部分余料留在加料腔内，原料消耗大；塑件上浇口痕迹的修整使工作量增大；压注成型的压力比压缩成型的压力大，压注模的结构也比压缩模的复杂；压注成型工艺条件较压缩成型要求更严格，操作难度大。

2. 压注成型工艺过程

压注成型工艺过程和压缩成型基本相似，它们的主要区别在于：压缩成型过程是先加料后合模，而压注成型则一般要求先合模后加料。

3. 压注成型工艺参数

压注成型的主要工艺参数包括成型压力、成型温度和成型周期等，它们均与塑料品种、模具结构、塑件情况等因素有关。

（1）成型压力　成型压力指压力机通过压柱或柱塞对加料腔内的熔体施加的压力。由于熔体通过浇注系统时有压力损失，故压注成型时的成型压力一般为压缩成型时的 2~3 倍。酚醛塑料粉和氨基塑料粉的成型压力通常为 50~80MPa，高者可达 100~200MPa；有纤维填料的塑料的成型压力为 80~160MPa；环氧树脂、硅酮等低压封装塑料的成型压力为 2~10MPa。

（2）成型温度　成型温度包括加料腔内的物料温度和模具本身的温度。为了保证物料具有良好的流动性，料温必须适当地低于交联温度 10~20℃。由于塑料通过浇注系统时能从中获取一部分摩擦热，故加料腔和模具的温度可低一些。压注成型的模具温度通常要比压缩成型时的低 15~30℃，一般为 130~190℃。

（3）成型周期　压注成型周期包括加料时间、充模时间、交联固化时间、脱模取件时间和清模时间等。压注成型的充模时间通常为 5~50s，而交联固化时间取决于塑料品种，塑件的大小、形状、壁厚，预热条件和模具结构等，通常可取 30~180s。

压注成型要求塑料在未达到固化温度以前应具有较大的流动性，而达到固化温度后又具有较快的固化速度。常用压注成型的材料有：酚醛塑料、三聚氰胺和环氧树脂等塑料。表 2-4是酚醛塑料压注成型的主要工艺参数。其他部分热固性塑料压注成型的工艺参数见表 2-5。

表 2-4　酚醛塑料压注成型的主要工艺参数

工艺参数＼模具类型	罐　式		柱　塞　式
	未 预 热	高 频 预 热	高 频 预 热
预热温度/℃	—	100~110	100~110
成型压力/MPa	160	80~100	80~100
充模时间/min	4~5	1~1.5	0.25~0.33
固化时间/min	8	3	3
成型周期/min	12~13	4~ 4.5	3.5

表 2-5　部分热固性塑料压注成型的主要工艺参数

塑　料	填　料	成型温度/℃	成型压力/MPa	压缩率(%)	成型收缩率(%)
环氧双酚A 模塑料	玻璃纤维	138~193	7~34	3.0~7.0	0.001~0.008
	矿物填料	121~193	0.7~21	2.0~3.0	0.0002~0.001
环氧酚醛模塑料	矿物和玻璃纤维	121~193	1.7~21	—	0.004~0.008
	矿物和玻璃纤维	190~196	2~17.2	1.5~2.5	0.003~0.006
	玻璃纤维	143~165	17~34	6~7	0.0002
三聚氰胺	纤维素	149	55~138	2.1~3.1	0.005~0.15
酚醛	织物和回收料	149~182	13.8~138	1.0~1.5	0.003~0.009
聚酯(BMC、TMC[①])	玻璃纤维	138~160	—	—	0.004~0.005
聚酯(SMC、TMC)	导电护套料[②]	138~160	3.4~14	1.0	0.0002~0.001
聚酯(BMC)	导电护套料	138~160			0.0005~0.004
醇酸树脂	矿物质	160~182	13.8~138	1.8~2.5	0.003~0.010
聚酰亚胺	50%玻璃纤维	199	20.7~69	—	0.002
脲醛塑料	α-纤维素	132~182	13.8~138	2.2~3.0	0.006~0.014

① TMC 指黏稠状模塑料。
② 在聚酯中添加导电性填料和增强材料的电子工业用护套料。

四、挤出成型原理及工艺

挤出成型是热塑性塑料重要的生产方法之一，主要用于生产管材、棒料、板材、片材、线材和薄膜等连续型材。

1. 挤出成型的原理及特点

热塑性塑料的挤出成型原理如图 2-4 所示（以管材的挤出为例）。首先将粒状或粉状塑料加入料斗中，在旋转的挤出机螺杆的作用下，加热的塑料沿螺杆的螺旋槽向前方输送，在此过程中，塑料不断地接受外加热和螺杆与塑料之间、塑料与塑料之间及塑料与机筒之间的剪切摩擦热，逐渐熔融呈黏流态；然后在挤压系统的作用下，塑料熔体通过具有一定形状的挤出模具（机头）口模以及一系列辅助装置（定径、冷却、牵引、切割等装置），最终获得截面形状一定的塑料型材。挤出成型主要用于成型热塑性塑件。

挤出成型所用的设备为挤出机，其所成型的塑件均为具有恒定截面形状的连续型材。挤出成型工艺还可以用于塑料的着色、造粒和共混等。挤出成型方法有以下特点。

1）连续成型，产量大，生产率高，成本低，经济效益显著。

2）塑件的几何形状简单，横截面形状不变，所以模具结构也较简单，制造维修方便。

3）塑件内部组织均匀紧密，尺寸比较稳定、准确。

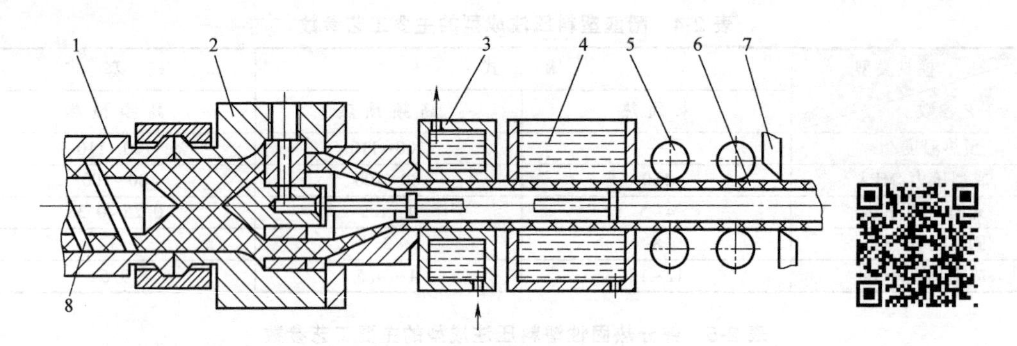

图 2-4 挤出成型原理

1—挤出机机筒 2—机头 3—定径装置 4—冷却装置 5—牵引装置 6—塑料管材 7—切割装置 8—螺杆

4）适应性强，除氟塑料外，所有的热塑性塑料都可采用挤出成型，部分热固性塑料也可采用挤出成型。变更机头口模，产品的截面形状和尺寸相应改变，可生产出不同规格的各种塑件。挤出工艺所用设备结构简单，操作方便，应用广泛。

2. 挤出成型的工艺过程

热塑性塑料的挤出成型工艺过程可分为以下三个阶段。

第一阶段为塑化。塑料原料在挤出机的机筒温度和螺杆的旋转压实的混合作用下由粉状或粒状转变成黏流态物质（常称为干法塑化）；或固体塑料在机外溶解于有机溶剂中而成为黏流态物质（常称为湿法塑化），然后加入挤出机的机筒中。通常采用干法塑化方式。

第二阶段为成型。黏流态塑料熔体在挤出机螺杆螺旋力的推挤作用下，通过具有一定形状的口模而得到截面与口模形状一致的连续型材。

第三阶段为定型。通过适当的处理方法，如定径处理、冷却处理等，使已挤出的塑料连续型材固化为塑件。

下面详细地介绍热塑性塑料的干法塑化挤出成型工艺过程。

（1）原料的准备 挤出成型用的原料大部分是粒状塑料，粉状塑料用得很少，因为粉状塑料含有较多的水分，将影响挤出成型的顺利进行，同时影响塑件的质量，例如气泡、表面灰暗无光、皱纹、流痕等，物理性能和力学性能也随之下降；而且粉状塑料的压缩比大，不利于输送。不论是粉状塑料还是粒状塑料，都会吸收一定的水分，所以在成型之前应进行干燥处理，将原料的水分控制在 0.5% 以下。原料的干燥一般在烘箱或烘房中进行。此外，在准备阶段还要尽可能除去塑料中存在的杂质。

（2）挤出成型 将挤出机预热到规定温度后，启动电动机带动螺杆旋转输送塑料，同时向机筒中加入塑料。机筒中的塑料在外加热和剪切摩擦热作用下熔融塑化，由于螺杆旋转时对塑料不断推挤，迫使塑料经过滤板上的过滤网，并由机头口模成型为一定截面形状的连续型材。

初期的挤出质量较差，外观也欠佳，要调整工艺条件及设备装置直到正常状态后才能投入正式生产。在挤出成型过程中，要特别注意温度和剪切摩擦热两个因素对塑件质量的影响。

（3）塑件的定型与冷却 热塑性塑件在离开机头口模以后，应该立即进行定型和冷却，

否则塑件在自重作用下会变形，出现凹陷或扭曲现象。大多数情况下，定型和冷却是同时进行的；只有在挤出各种棒料和管材时，才有一个独立的定径过程，而挤出薄膜、单丝等时无需定型，仅冷却便可。挤出板材与片材时，通过一对压辊压平，也有定型与冷却作用。管材的定型方法可采用定径套、定径环和定径板等，也可采用能通水冷却的特殊口模定径。

冷却一般采用空气冷却或水冷却。冷却速度对塑件性能有很大影响。硬质塑件（如聚苯乙烯、低密度聚乙烯和未增塑聚氯乙烯等）挤出成型时不能冷却过快，否则容易造成残余内应力，并影响塑件的外观质量；软质或结晶型塑件则要求及时冷却，以免塑件变形。

（4）塑件的牵引、卷取和切割　塑件自口模挤出后，一般都会因压力突然解除而发生离模膨胀现象，而冷却后又会发生收缩现象，从而使塑件的尺寸和形状发生改变。此外，由于塑件被连续不断地挤出，自重越来越大，如果不加以引导，会造成塑件停滞，使塑件不能顺利地挤出。因此，在冷却的同时，要连续均匀地将塑件引出，即牵引。

牵引过程由挤出机的辅机之一——牵引装置来完成。牵引速度要与挤出速度相适应，一般情况下牵引速度略大于挤出速度，以便消除塑件尺寸的变化，同时对塑件进行适当的拉伸可提高塑件质量。不同的塑件挤出成型时的牵引速度不同，通常薄膜和单丝可以快些，牵引速度大，塑件的厚度和直径减小，纵向拉断强度增高，拉断伸长率降低。挤出硬质塑件时的牵引速度则不能过大，通常需将牵引速度规定在一定范围内，并且应十分均匀，否则会影响塑件的尺寸均匀性和力学性能。

通过牵引的塑件可根据使用要求在切割装置上裁剪（如棒、管、板、片等），或在卷取装置上绕制成卷（如薄膜、单丝、电线电缆等）。此外，某些塑件（如薄膜等）有时还需进行后处理，以提高尺寸稳定性。

图 2-5 所示为常见的挤出工艺过程示意图。

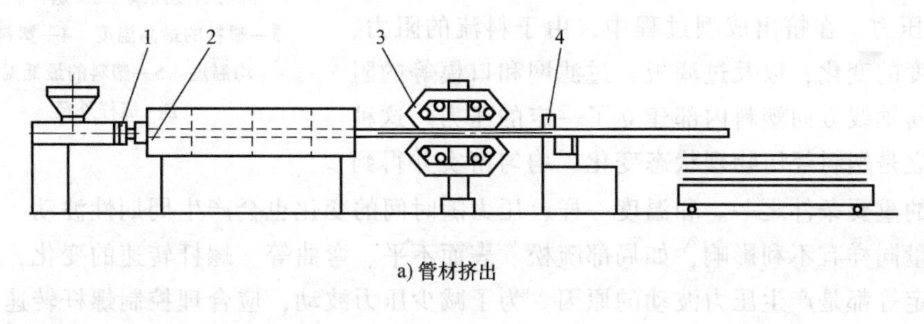

a) 管材挤出

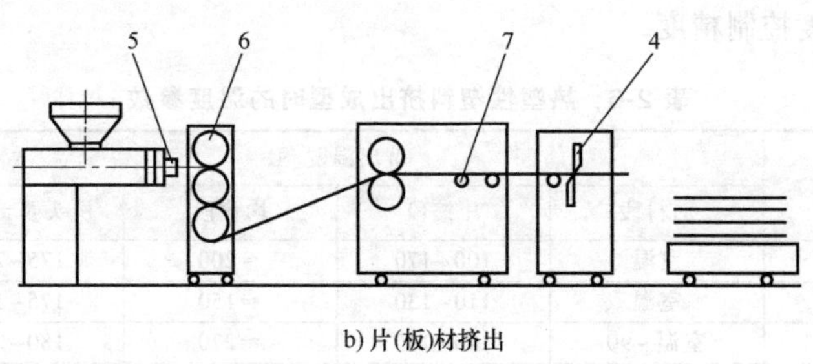

b) 片(板)材挤出

图 2-5　常见的挤出工艺过程示意图

1—挤管机头　2—定型与冷却装置　3—牵引装置　4—切断装置　5—片（板）材挤出机头
6—碾平与冷却装置　7—切边与牵引装置

3. 挤出成型工艺参数

挤出成型工艺参数包括温度、压力、挤出速度、牵引速度等。下面分别加以讨论。

（1）温度　温度是挤出过程得以顺利进行的重要条件之一。塑料从加入料斗到最后成为塑件经历了一个极为复杂的温度变化过程。图 2-6 所示为聚乙烯挤出成型的温度变化曲线，它是沿机筒轴线方向测得的。由图可知，机筒和塑料温度在螺杆各段是有差异的，要满足这种要求，机筒就必须具有加热、冷却和温度调节等一系列装置。一般来说，对挤出成型温度进行控制时，加料段的温度不宜过高，而压缩段和均化段的温度则可取高一些，具体的数值应根据塑料品种和塑件情况而定。机头和口模温度相当于注射成型时的模温，通常机头温度必须控制在塑料热分解温度以下，而口模处的温度可比机头温度稍低一些，但应保证塑料熔体具有良好的流动性。

图示的温度曲线只是挤出过程中温度的宏观表示。实际上，在挤出过程中即使是稳定挤出，每个测试点的温度还会随时间变化而产生波动，并且这种波动往往具有一定的周期性。习惯上把沿塑料流动方向上的温度波动称为轴向温度波动；在与塑料流动方向垂直的截面上，各点的温度值也是不同的，即有径向温差。

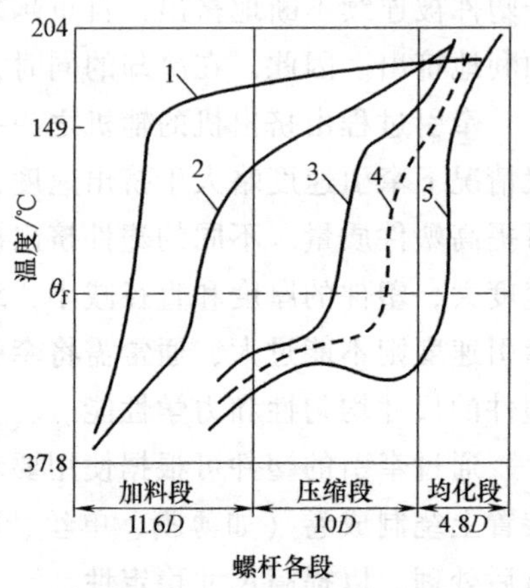

图 2-6　挤出成型温度曲线

1—机筒温度曲线　2—螺杆温度曲线　3—塑料的最高温度　4—塑料的平均温度　5—塑料的最低温度　D—螺杆外径

上述温度波动和温差都会给塑件质量带来十分不良的后果，使塑件产生残余应力，各点强度不均匀，表面灰暗无光。产生温度波动和温差的因素有很多，如加热、冷却系统不稳定，螺杆转速变化等，但螺杆设计和选用的影响最大。表 2-6 所列为几种热塑性塑料挤出成型时的温度参数。

（2）压力　在挤出成型过程中，由于料流的阻力，螺杆槽深度的变化，以及过滤板、过滤网和口模等的阻碍，沿机筒轴线方向塑料内部建立了一定的压力。这种压力的建立是塑料经历物理状态变化、均匀密实并得到成型塑件的重要条件之一。和温度一样，压力随时间的变化也会产生周期性波动，这种波动对塑件质量同样有不利影响，如局部疏松、表面不平、弯曲等。螺杆转速的变化，加热、冷却的不稳定等都是产生压力波动的原因。为了减少压力波动，应合理控制螺杆转速，保证加热和冷却装置的温度控制精度。

表 2-6　热塑性塑料挤出成型时的温度参数

塑料名称	挤出温度/℃				原料中的水分控制(%)
	加料段	压缩段	均化段	机头及口模段	
丙烯酸类聚合物	室温	100~170	≈200	175~210	≤0.025
醋酸纤维素	室温	110~130	≈150	175~190	<0.5
聚酰胺(PA)	室温~90	140~180	≈270	180~270	<0.3
聚乙烯(PE)	室温	90~140	≈180	160~200	<0.3
未增塑聚氯乙烯(PVC-U)	室温~60	120~170	≈180	170~190	<0.2
软质聚氯乙烯及氯乙烯共聚物	室温	80~120	≈140	140~190	<0.2
聚苯乙烯(PS)	室温~100	130~170	≈220	180~245	<0.1

(3) 挤出速度　挤出速度是指单位时间内从机头和口模中挤出的塑化好的塑料量或塑件长度，它表征挤出生产能力的高低。影响挤出速度的因素很多，如机头、螺杆和机筒的结构，螺杆转速，加热冷却系统的结构和塑料的性能等。在挤出机的结构、塑料品种及塑件类型已确定的情况下，挤出速度仅与螺杆转速有关，因此调整螺杆转速是控制挤出速度的主要措施。挤出速度在生产过程中也存在波动现象，对产品的形状和尺寸精度有显著的不良影响。为了保证挤出速度均匀，应设计与塑件相适应的螺杆结构和尺寸，严格控制螺杆转速，严格控制挤出温度，防止因温度改变而引起挤出压力和熔体黏度变化，从而导致挤出速度波动。

(4) 牵引速度　挤出成型主要生产长度连续的塑件，因此必须设置牵引装置。从机头和口模中挤出的塑料，在牵引力作用下将会发生拉伸倾向。拉伸倾向程度越高，塑件沿拉伸方向的拉伸强度也越大，但冷却后长度收缩也大。通常，牵引速度可与挤出速度相当。牵引速度与挤出速度的比值称为牵引比，其值必须等于或大于1。

表2-7所列为几种塑料管材的挤出成型工艺参数。

表2-7　几种塑料管材的挤出成型工艺参数

工艺参数＼塑料管材		未增塑聚氯乙烯(PVC-U)	软质聚氯乙烯(PVC-P)	低密度聚乙烯(PE-LD)	ABS	聚酰胺1010(PA 1010)	聚碳酸酯(PC)
管材外径/mm		95	31	24	32.5	31.3	32.8
管材内径/mm		85	25	19	25.5	25	25.5
管材厚度/mm		5	3	2	3	—	—
机筒温度/℃	后段	80~100	90~100	90~100	160~165	250~260	200~240
	中段	140~150	120~130	110~120	170~175	260~270	240~250
	前段	160~170	130~140	120~130	175~180	260~280	230~255
机头温度/℃		160~170	150~160	130~135	175~180	220~240	200~220
口模温度/℃		160~180	170~180	130~140	190~195	200~210	200~210
螺杆转速/(r/min)		12	20	16	10.5	15	10.5
口模内径/mm		90.7	32	24.5	33	44.8	33
芯模外径/mm		79.7	25	19.1	26	38.5	26
稳流定型段长度/mm		120	60	60	50	45	87
牵引比		1.04	1.2	1.1	1.02	1.5	0.97
真空定径套内径/mm		96.5	—	25	33	31.7	33
定径套长度/mm		300	—	160	250	—	250
定径套与口模间距/mm		—	—	—	25	20	20

五、气动成型原理及工艺

气动成型是借助压缩空气或抽真空来成型塑料瓶、罐、盒类塑件的方法，主要包括中空吹塑成型、真空成型及压缩空气成型。

1. 中空吹塑成型

中空吹塑成型时，先将处于塑性状态的塑料型坯置于模具型腔内，再将压缩空气注入型坯中将其吹胀，使之紧贴型腔壁，冷却定型后即得到一定形状的中空塑件。根据成型方法不同，中空吹塑成型可分为挤出吹塑成型、注射吹塑成型、注射拉伸吹塑成型等。

（1）挤出吹塑成型　挤出吹塑成型是成型中空塑件的主要方法，其工艺过程如图 2-7 所示。首先挤出机挤出管状型坯，如图 2-7a 所示；截取一段管坯并趁热将其放于模具中，闭合对开式模具的同时夹紧型坯上下两端，如图 2-7b 所示；然后利用吹管通入压缩空气，使型坯吹胀并贴于型腔表壁成型，如图 2-7c 所示；最后经保压和冷却定型，便可排出压缩空气并开模取出塑件，如图 2-7d 所示。挤出吹塑成型模具结构简单，投入少，操作容易，适于多种塑料的中空吹塑成型。缺点是塑件壁厚不易均匀，塑件需后加工以去除飞边。

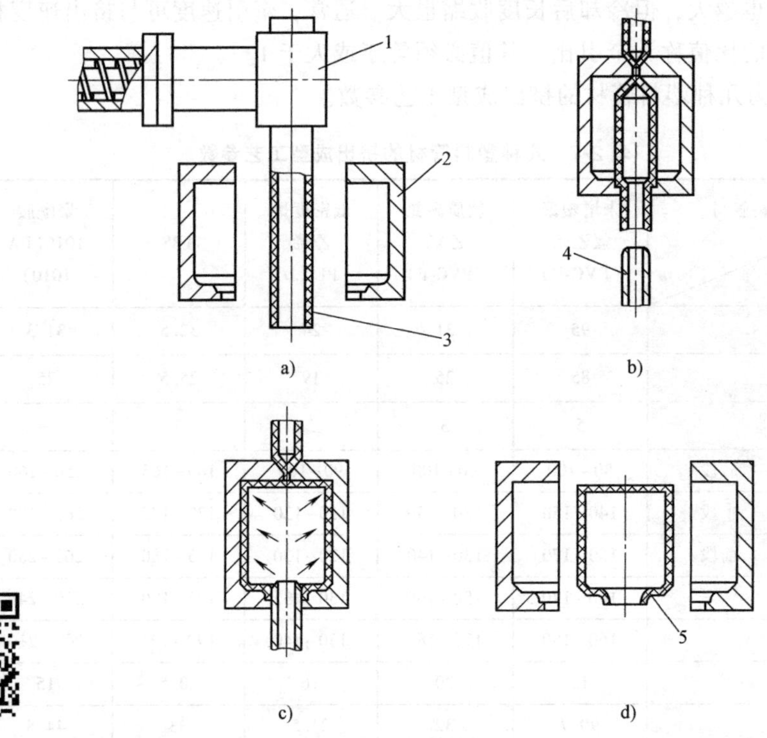

图 2-7　挤出吹塑成型原理

1—挤出机头　2—吹塑模　3—管状型坯　4—压缩空气吹管　5—塑件

（2）注射吹塑成型　注射吹塑成型的工艺过程如图 2-8 所示。首先注射机将熔融塑料注入注射模内形成管状型坯，型坯成型在周壁带有微孔的空心凸模上，如图 2-8a 所示；接着趁热将型坯及凸模移至吹塑模内，如图 2-8b 所示；然后从芯棒的管道内通入压缩空气，使型坯吹胀并贴于模具的型腔壁上，如图 2-8c 所示；最后经保压、冷却定型后放出压缩空气，便可开模取出塑件，如图 2-8d 所示。这种成型方法的优点是塑件壁厚均匀无飞边，不需后加工。由于注射型坯有底，故塑件底部没有拼合缝，强度高，生产率高，但设备与模具的投资较大，多用于小型塑件的大批量生产。

（3）注射拉伸吹塑成型　注射拉伸吹塑成型是将注射成型的有底型坯加热到熔点以下

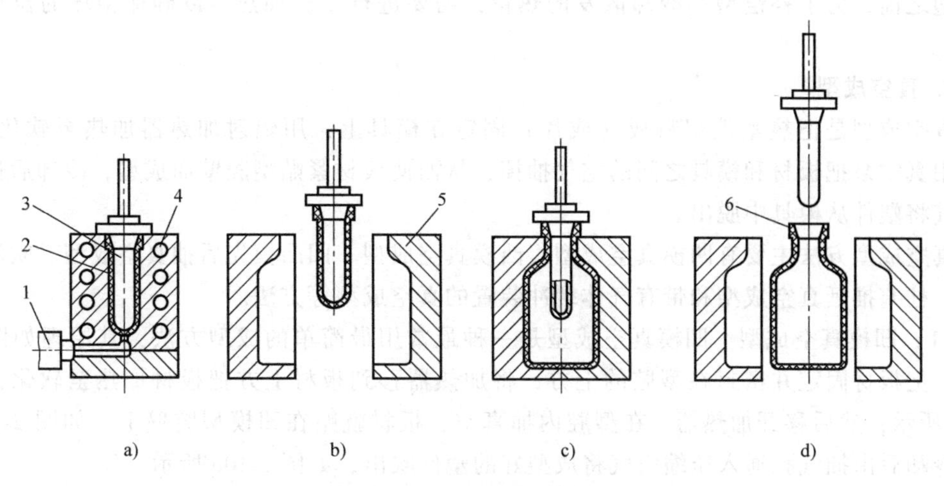

图 2-8　注射吹塑成型原理

1—注射机喷嘴　2—注射型坯　3—空心凸模　4—加热器　5—吹塑模　6—塑件

适当温度后置于模具内，先用拉伸杆进行轴向拉伸，再通入压缩空气吹胀成型的加工方法。经过注射拉伸吹塑的塑件，其透明度、冲击强度、表面硬度、刚度和气体阻透性能都有很大提高。注射拉伸吹塑最典型的产品是线性聚酯饮料瓶。

注射拉伸吹塑成型可分为热坯法和冷坯法两种成型方法。

热坯法注射拉伸吹塑成型工艺过程如图 2-9 所示。首先在注射工位注射成型一空心带底型坯，如图 2-9a 所示；然后打开注射模将型坯迅速移到拉伸和吹塑工位，进行拉伸和吹塑成型，如图 2-9b、c 所示；最后经保压、冷却后开模并取出塑件，如图 2-9d 所示。这种成型方法省去了冷型坯的再加热，所以节省能量，同时由于型坯的制取和拉伸吹塑在同一台设备上进行，占地面积小，生产易于连续进行，自动化程度高。

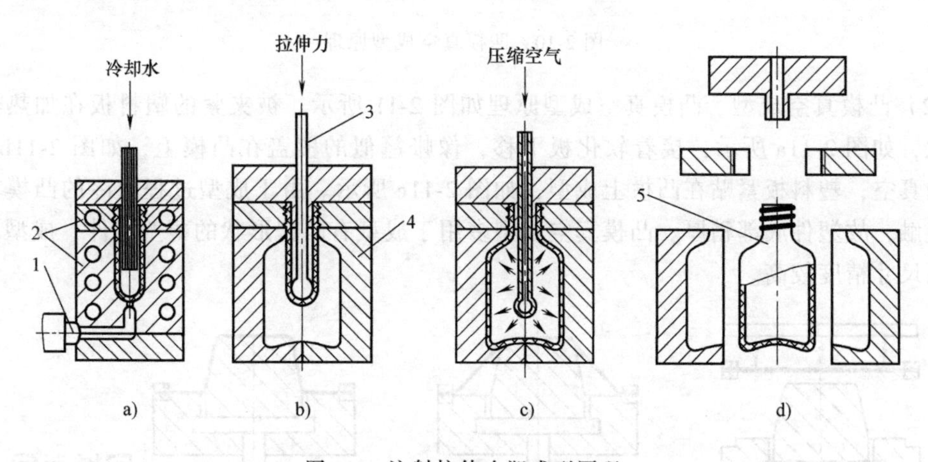

图 2-9　注射拉伸吹塑成型原理

1—注射机喷嘴　2—注射模　3—拉伸芯棒（吹管）　4—吹塑模　5—塑件

冷坯法是将注射好的型坯加热到合适的温度后再将其置于吹塑模中进行拉伸吹塑的成型方法。采用冷坯法成型时，型坯的注射和塑件的拉伸吹塑成型分别在不同设备上进行。在拉伸吹塑之前，为了补偿型坯冷却散发的热量，需要进行二次加热，以确保型坯的拉伸吹塑成型。

2. 真空成型

真空成型是把热塑性塑料板（或片）固定在模具上，用辐射加热器加热至软化温度，然后用真空泵把板材和模具之间的空气抽掉，从而使板材紧贴型腔壁而成型，冷却后借助压缩空气将塑件从模具中脱出。

真空成型方法主要有凹模真空成型、凸模真空成型、凹凸模先后抽真空成型、吹泡真空成型、柱塞推延真空成型和带有气体缓冲装置的真空成型等方法。

（1）凹模真空成型　凹模真空成型是一种最常用最简单的成型方法，其原理如图 2-10 所示。把板材固定并密封在型腔的上方，将加热器移到板材上方把板材加热至软化，如图 2-10a 所示；然后移开加热器，在型腔内抽真空，板材就贴在凹模型腔壁上，如图 2-10b 所示；冷却后由抽气孔通入压缩空气将成型好的塑件吹出，如图 2-10c 所示。

用凹模真空成型法成型的塑件外表面尺寸精度高，一般用于成型深度不大的塑件。塑件深度很大时，特别是小型塑件，其底部转角处会明显变薄。多型腔的凹模真空成型比同数量的凸模真空成型经济性好，因为凹模型腔间的距离可以较近，用同样面积的塑料板可以加工出更多的塑件。

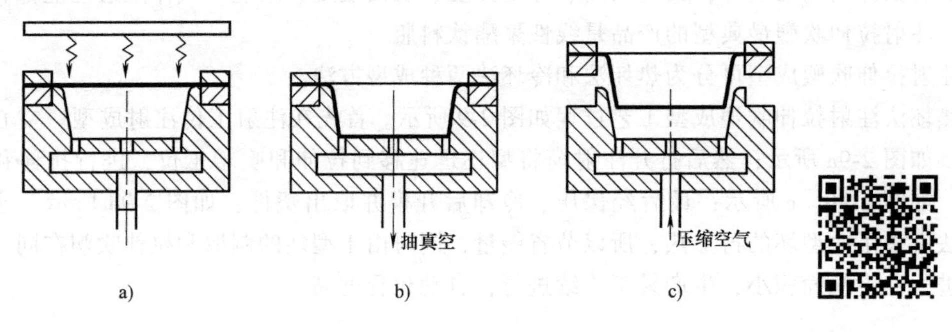

图 2-10　凹模真空成型原理

（2）凸模真空成型　凸模真空成型原理如图 2-11 所示。被夹紧的塑料板在加热器下加热软化，如图 2-11a 所示；接着软化板下移，像帐篷似的覆盖在凸模上，如图 2-11b 所示；最后抽真空，塑料板紧贴在凸模上成型，如图 2-11c 所示。由于成型过程中冷的凸模首先与板料接触，故塑件底部稍厚。凸模真空成型多用于成型有凸起形状的薄壁塑件，成型塑件的内表面尺寸精度较高。

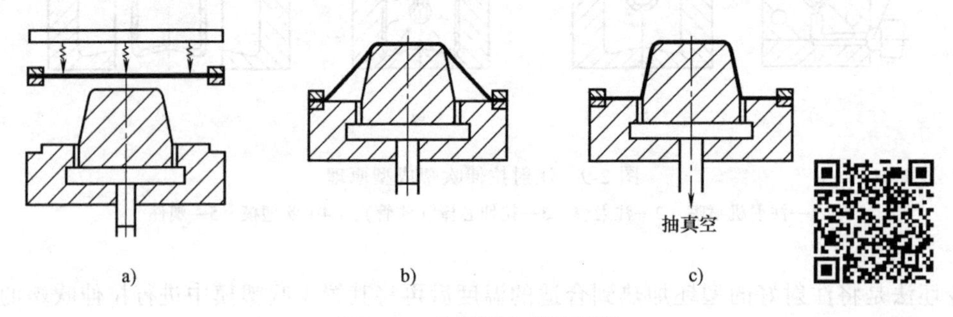

图 2-11　凸模真空成型原理

（3）凹凸模先后抽真空成型　凹凸模先后抽真空成型原理如图 2-12 所示。首先把塑料板紧固在凹模上并加热，如图 2-12a 所示；塑料板软化后将加热器移开，然后通过凸模吹入压缩空气，而凹模抽真空使塑料板鼓起，如图 2-12b 所示；最后凸模向下插入鼓起的塑料板中并且从中抽真空，同时凹模通入压缩空气，使塑料板贴附在凸模的外表面而成型，如图 2-12c 所示。由于将软化了的塑料板吹鼓，使板材延伸后再成型，故塑件壁厚比较均匀。这种成型方法可用于成型深型腔塑件。

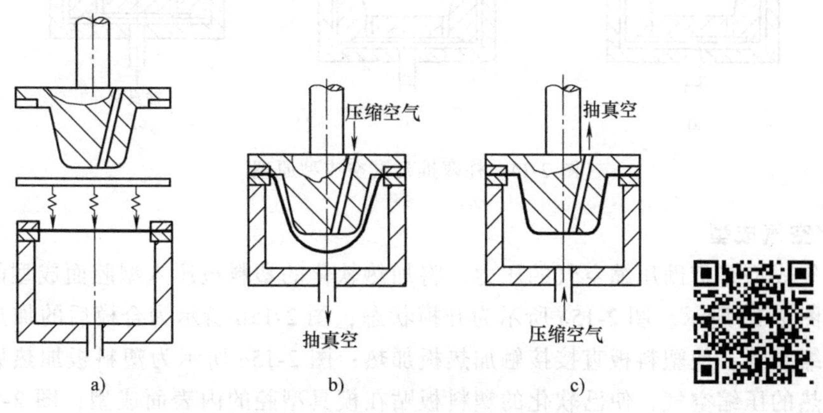

图 2-12　凹凸模先后抽真空成型原理

（4）吹泡真空成型　吹泡真空成型原理如图 2-13 所示。首先将塑料板紧固在模框上，并用加热器进行加热，如图 2-13a 所示；待塑料板加热软化后移开加热器，压缩空气通过凹模吹入，把塑料板吹鼓后再将凸模顶起，如图 2-13b 所示；停止吹气，凸模抽真空，塑料板贴附在凸模上成型，如图 2-13c 所示。这种成型方法的特点与凹凸模先后抽真空成型基本类似。

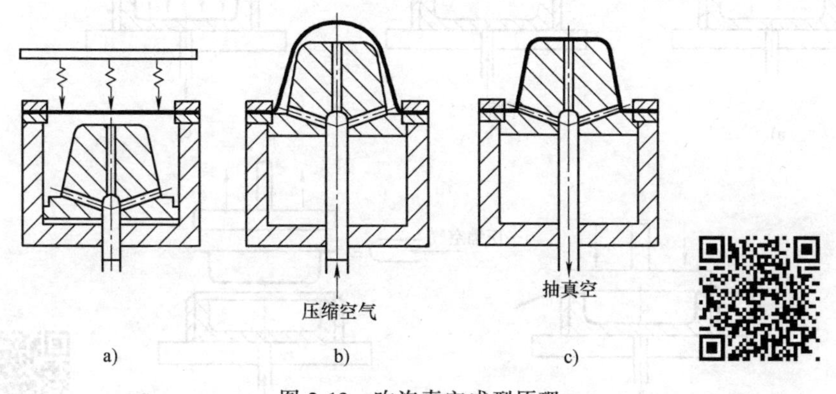

图 2-13　吹泡真空成型原理

（5）柱塞推延真空成型　柱塞推延真空成型原理如图 2-14 所示。首先将固定于凹模上的塑料板加热至软化状态，如图 2-14a 所示；接着移开加热器，用柱塞将塑料板推下，这时凹模里的空气被压缩，软化的塑料板由于柱塞的推力和型腔内封闭的空气移动而延伸，如图 2-14b 所示；然后凹模抽真空，塑料板紧贴型腔壁成型，如图 2-14c 所示。此成型方法使塑料板在成型前先延伸，壁厚变形均匀，主要用于成型深型腔塑件。此方法的缺点是在塑件上残留有柱塞痕迹。

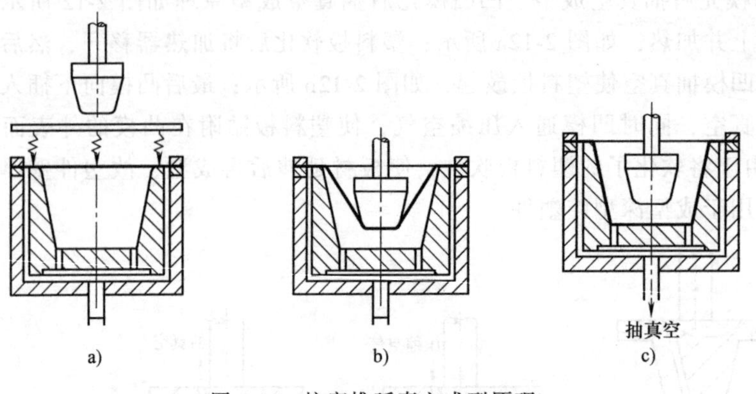

图 2-14　柱塞推延真空成型原理

3. 压缩空气成型

压缩空气成型是借助压缩空气的压力，将加热软化的塑料板压入型腔而成型的方法，其工艺过程如图 2-15 所示。图 2-15a 所示为开模状态；图 2-15b 所示为合模后的加热过程，从型腔通入压缩空气，使塑料板直接接触加热板加热；图 2-15c 所示为塑料板加热后，由模具上方通入预热的压缩空气，使已软化的塑料板贴在模具型腔的内表面成型；图 2-15d 所示为塑件在型腔内冷却定型后，加热板下降一小段距离，切除余料；图 2-15e 所示为加热板上升，最后借助压缩空气取出塑件。

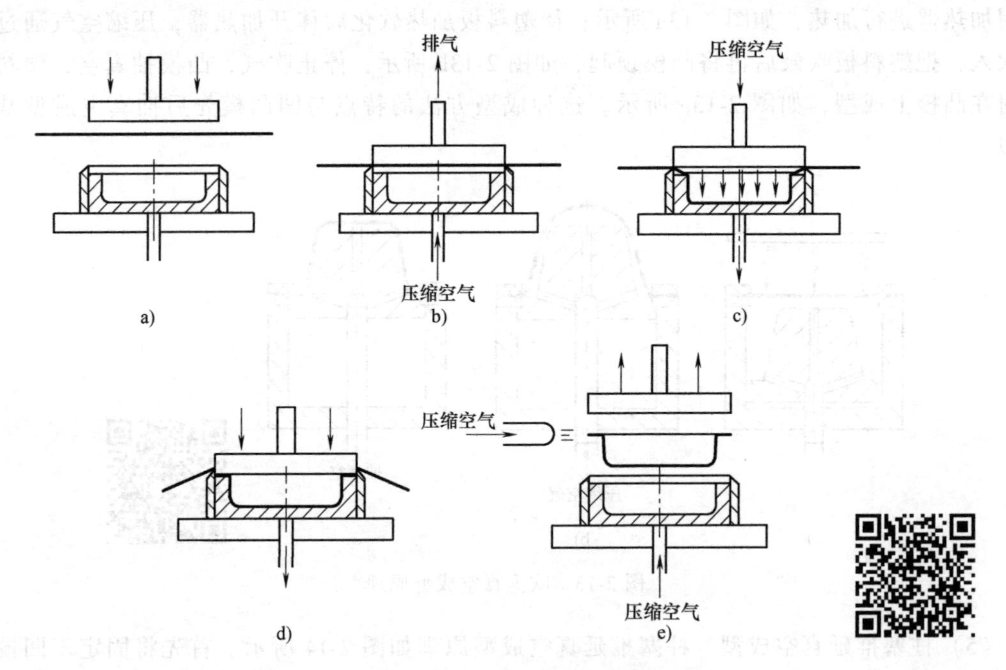

图 2-15　压缩空气成型原理

压缩空气成型的原理与真空成型相似，成型方法也包括凹模成型、凸模成型、柱塞加压成型等。两者不同之处在于前者主要依靠压缩空气成型塑件，而后者主要依靠真空吸附成型塑件。此外压缩空气成型采用加热板（可固定在上模座上）对模内板材加热，采用型刃切

除塑件周边余料。压缩空气成型时的压力约为 0.3~0.8MPa，必要时也可取 3MPa，所以能够成型厚度较大（1~5mm）的板材，且塑件精度、表面质量通常也比真空成型的塑件好。

【任务实施】

1. 防护罩塑件成型方式的选择

图 1-1 所示塑料防护罩的材料选择 ABS 工程塑料，属于热塑性塑料。制品需要大批量生产，虽然注射成型模具结构比较复杂，成本较高，但塑件成型周期短、效率高，容易实现自动化生产，大批量生产时模具成本对于单件制品成本影响不大。而压缩成型、压注成型主要用于生产热固性塑件和小批量生产热塑性塑件；挤出成型主要用于成型具有恒定截面形状的连续型材；气动成型用于生产中空的塑料瓶、罐、盒、箱类塑件。防护罩塑件应选择注射成型生产。

2. 防护罩塑件成型工艺规程

一个完整的注射成型工艺过程包括成型前准备、注射过程及塑件后处理三个过程。

（1）成型前的准备

1）对 ABS 原料进行外观检验：检查原料的色泽、粒度均匀度等，要求色泽均匀、颗粒均匀。

2）生产开始后如需改变塑料品种、调换颜色或发现成型过程中出现了热分解或降解反应，则应对注射机机筒进行清洗。

3）由于 ABS 吸湿性较大，成型前必须干燥处理，除去物料中过多的水分和挥发物，以防止成型后塑件出现银丝、气泡及强度显著下降现象。湿度应小于 0.03%，建议干燥条件为 80~85℃，干燥时间为 2~3h。

4）为了使塑件容易从模具内脱出，模具型腔或模具型芯还需涂上脱模剂。根据生产现场实际条件，脱模剂选用硬脂酸锌、液状石蜡或硅油等。

（2）注射过程　塑件在注射机机筒内经过加热、塑化达到流动状态后，由模具的浇注系统进入模具型腔成型，注射过程一般包括加料、塑化、充模、保压补缩、冷却定型和脱模等步骤。

（3）塑件后处理　由于塑件壁厚较薄，精度要求不高，在夏季塑件不需要进行后处理，在冬季湿潮环境下有个别塑件发生翘曲变形，可采用退火处理。经退火的产品从热液体拿出后应平放并自然冷却，不可以采取用冷水速冷的方法。退火处理可采用以下工艺中的任一种：

1）热水。将水加热到 50~80℃，将产品放入其中 15~20min。

2）烘箱。把产品放入红外线烘箱里，烘箱温度调节到 70~90℃，处理时间为15~20min。

3. 编制塑件的注射成型工艺卡片

注射成型工艺条件的选择可查表 2-1。初选 G54-S200/400 螺杆式塑料注射机，螺杆转速为 30~60r/min。原料预干燥时间为 2h 以上。

（1）温度

1）机筒温度：后段 150~170℃，中段 165~180℃，前段 180~200℃。

2）喷嘴温度：170~180℃。

3）模具温度：50~80℃。

(2) 压力　注射压力：60~100MPa；保压压力：40~60MPa。

(3) 时间（成型周期）　注射时间：20~90s；保压时间：0~5s；冷却时间：20~150s。

(4) 后处理　零件较简单，成型后的尺寸稳定，变形量小，不需要进行后处理。

防护罩注射成型工艺卡片见表 2-8。

表 2-8　防护罩注射成型工艺卡片

<table>
<tr><td>车　间</td><td></td><td colspan="3">塑料注射成型工艺卡片</td><td>资料编号</td><td></td></tr>
<tr><td>零件名称</td><td>防护罩</td><td colspan="2">材料牌号</td><td>ABS</td><td>共　页</td><td></td></tr>
<tr><td>装配图号</td><td></td><td colspan="2">材料定额</td><td></td><td>设备型号</td><td>G54-S200/400</td></tr>
<tr><td>零件图号</td><td></td><td colspan="2">单件质量</td><td>10.14g</td><td>每模制件数</td><td>2 件</td></tr>
<tr><td colspan="4" rowspan="14">R25
50
φ10
45
15
φ36.8 $^{+0.26}_{0}$
φ40 $^{+0.26}_{0}$</td><td rowspan="3">材料干燥</td><td>设备</td><td>红外线烘箱</td></tr>
<tr><td>温度/℃</td><td>80~85</td></tr>
<tr><td>时间/h</td><td>2~3</td></tr>
<tr><td rowspan="3">机筒温度/℃</td><td>后段</td><td>150~170</td></tr>
<tr><td>中段</td><td>165~180</td></tr>
<tr><td>前段</td><td>180~200</td></tr>
<tr><td colspan="2">喷嘴温度/℃</td><td>170~180</td></tr>
<tr><td colspan="2">模具温度/℃</td><td>50~80</td></tr>
<tr><td rowspan="3">成型时间/s</td><td>注射时间</td><td>20~90</td></tr>
<tr><td>保压时间</td><td>0~5</td></tr>
<tr><td>冷却时间</td><td>20~150</td></tr>
<tr><td rowspan="3">压力/MPa</td><td>注射压力</td><td>60~100</td></tr>
<tr><td>保压压力</td><td>40~60</td></tr>
<tr><td>塑化压力</td><td>2~4</td></tr>
<tr><td rowspan="2">后处理</td><td>温度/℃</td><td colspan="2"></td><td rowspan="2">时间定额 /min</td><td>辅助</td><td>0.5</td></tr>
<tr><td>时间/min</td><td colspan="2"></td><td>单件</td><td>1~1.5</td></tr>
<tr><td>检验</td><td colspan="6"></td></tr>
<tr><td>编制</td><td>校对</td><td>审核</td><td>组长</td><td>车间主任</td><td>检验组长</td><td>主管工程师</td></tr>
<tr><td></td><td></td><td></td><td></td><td></td><td></td><td></td></tr>
</table>

【思考与练习】

1. 试比较常用塑料成型方式的特点。

2. 简述注射成型过程及注射成型的特点、注射成型前的准备工作。

3. 简述压缩成型工艺过程。

4. 简述压注成型工艺过程。

5. 以日常生活中的塑料制品为例，根据塑料品种、塑件结构等说明其成型方式、成型工艺过程，并简述成型原理。

6. 注射成型需要控制的温度有哪些？如何确定？
7. 注射成型过程中的成型周期包括哪几个部分？如何确定？
8. 注射成型过程中的压力包括哪些？如何确定？
9. 合理确定图 1-5 所示灯座塑件的成型方式及工艺参数。

任务二　初步选择注射成型设备

【知识目标】

1. 了解注射机的分类、工作原理及技术参数。
2. 掌握注射模与注射成型设备的关系。

【能力目标】

1. 具有合理选择注射成型设备的能力。
2. 会初步判定所选择注射成型设备与模具的适应性。

【任务引入】

合理选择注射成型设备需要了解注射机的结构、分类和主要参数等方面的内容，使所设计的模具与注射机相互适应。

本任务以图 1-1 所示塑料防护罩为载体，训练学生合理选择注射成型设备的能力。

【相关知识】

一、注射机的结构

注射成型模具是安装在注射机上使用的。在设计模具时，除了应掌握注射成型工艺过程外，还应对所选用注射机的有关技术参数有全面的了解，以保证设计的模具与使用的注射机相适应。

注射机是生产热塑性塑料制件的主要设备，近年来在成型热固性塑料制件中也得到应用。按其外形可分为立式、卧式和角式三种，应用较多的是卧式注射机，如图 2-16 所示。

各种注射机尽管外形不同，但基本上都由合模系统与注射系统组成。工作时模具安装在移动模板及固定模板上，由合模系统合模并将模具锁紧；注射系统将塑料原料送到机筒中加热到塑化温度，再将熔融的塑料注入模具。注射机设有电加热和水冷却系统，以调节模具温度。塑料在模具中成型后需冷却到一定温度，之后开模，并由推出机构将塑件推出。较先进的注射机用计算机控制，可实现自动化操作。

二、注射机的分类

1. 卧式注射机

卧式注射机是注射系统与合模系统轴线都呈水平布置的注射机。这类注射机重心低、稳定，操作维修方便，塑件推出后可自行下落，便于实现自动化生产。注射系统有柱塞式和螺

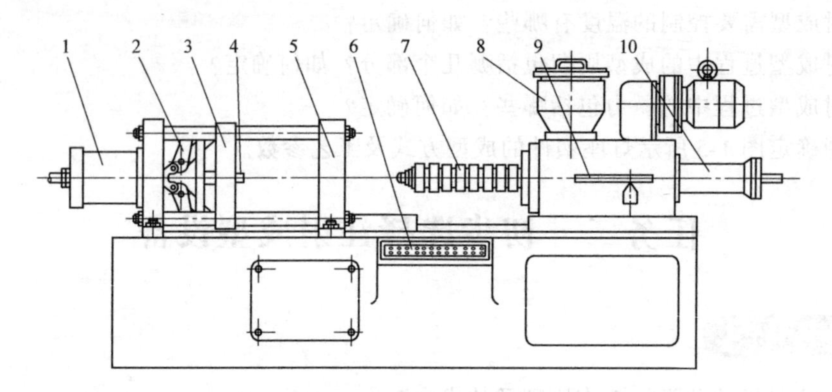

图 2-16　卧式注射机

1—锁模液压缸　2—锁模机构　3—移动模板　4—顶杆　5—固定模板　6—控制台
7—机筒及加热器　8—料斗　9—定量供料装置　10—注射液压缸

杆式两种结构，适合加工大、中型塑件；其主要缺点是模具安装较困难。常用的卧式注射机型号有：XS-ZY-30、XS-ZY-60、XS-ZY-125、XS-ZY-500、XS-ZY-1000 等。型号中字母、数字的含义为：XS——塑料成型机；Z——注射机；Y——螺杆式；30、125 等——注射机的最大注射量（cm^3）。

2. 立式注射机

立式注射机的注射系统与合模系统轴线呈铅垂线排列。这类注射机占地面积较小，模具装卸方便，动模侧安放嵌件便利；缺点是重心高、不稳定，加料较困难，推出的塑件需人工取出，不易实现自动化生产。注射系统一般为柱塞结构，注射量小于 60g。

3. 角式注射机

角式注射机的注射系统与合模系统轴线相互垂直或呈一锐角排列。常见的角式注射机是沿水平方向合模，沿铅垂方向注射。这类注射机结构简单，可利用开模时的丝杠转动对有螺纹的塑件实现自动脱卸；注射系统一般为柱塞结构，采用齿轮齿条传动或液压传动。缺点是机械传动无法保证准确可靠的注射压力、保压压力及锁模力，模具受冲击和振动较大。

三、注射机有关工艺参数的校核

1. 型腔数量的确定和校核

对于多型腔注射模，其型腔数量与注射机的塑化速率、最大注射量及锁模力等参数有关，此外还受塑件的精度和生产的经济性等因素影响。下面介绍根据注射机性能参数确定型腔数量的几种方法，这些方法也可用来校核初选的型腔数量能否与注射机规格相匹配。

（1）按注射机的最大注射量进行校核

$$nm \leqslant \frac{KMt}{3600} - m_1 \tag{2-2}$$

$$nm \leqslant Km_N - m_1 \tag{2-3}$$

式中　K——注射机最大注射量的利用系数，一般取 0.8；

M——注射机的额定塑化量（g/h 或 cm^3/h）；

t——成型周期（s）；

m_1——浇注系统所需塑料质量或体积（g或cm^3）；

m——单个塑件的质量或体积（g或cm^3）；

n——型腔的数量；

m_N——注射机允许的最大注射量（g或cm^3）。

（2）按注射机的额定锁模力进行校核

$$n \leqslant \frac{F_p - pA_1}{pA} \tag{2-4}$$

式中 F_p——注射机的额定锁模力（N）；

A——单个塑件在模具分型面上的投影面积（mm^2）；

A_1——浇注系统在模具分型面上的投影面积（mm^2）；

p——塑料熔体对型腔的成型压力（MPa），其大小一般是注射压力的80%，注射压力可参见表2-1。

按上述方法确定或校核型腔数量时，还必须考虑塑件的尺寸精度、生产的经济性及注射机安装模板的大小。一般来说，型腔数量越多，塑件的精度越低（经验认为，每增加一个型腔，塑件的尺寸精度便降低4%~8%），模具的制造成本也越高，但生产率显著提高。

2. 最大注射量的校核

最大注射量是注射机一次注射塑料的容量。设计模具时，应保证塑件所需的总注射量小于所选注射机的最大注射量，即

$$nm + m_1 \leqslant 0.8m_N \tag{2-5}$$

因聚苯乙烯塑料的密度是1.05g/cm^3，近似于1g/cm^3，因此规定柱塞式注射机的允许最大注射量是以一次注射聚苯乙烯的最大克数为标准。螺杆式注射机是以体积表示最大注射量的，与塑料的品种无关。

3. 锁模力的校核

当高压的塑料熔体充满模具型腔时，会产生使模具分型面胀开的力，这个力的大小等于塑件和浇注系统在分型面上的投影面积之和乘以型腔压力，它应小于注射机的锁模力F，才能保证注射时不发生溢料现象，即

$$F_Z = p(nA + A_1) < F \tag{2-6}$$

式中 F_Z——熔融塑料在分型面上的胀开力。

型腔压力约为注射机注射压力的80%，通常取20~40MPa。常用塑料注射成型时所选用的型腔压力可参见表2-9。

表2-9 常用塑料注射成型时所选用的型腔压力

塑料品种	高压聚乙烯(PE)	低压聚乙烯(PE)	PS	AS	ABS	POM	PC
型腔压力/MPa	10~15	20	15~20	30	30	35	40

4. 注射压力的校核

塑料成型所需要的注射压力是由塑料品种、注射机类型、喷嘴形式、塑件形状和浇注系统的压力损失等因素决定的。对于黏度较大的塑料，形状细薄、流程长的塑件，注射压力应取大些。柱塞式注射机的压力损失较螺杆式大，注射压力也应取大些。注射压力的校核是核定注射机的额定注射压力是否大于成型时所需的注射压力。

5. 模具与注射机安装部分相关尺寸的校核

为了使注射模能顺利地安装在注射机上并生产出合格的塑件，在设计模具时必须校核注射机上与模具安装有关的尺寸。一般情况下设计模具时应校核的尺寸包括喷嘴尺寸、定位圈尺寸、模具的最大和最小厚度、模板上的安装螺孔尺寸等。

（1）喷嘴尺寸　设计模具时，主流道始端的球面必须比注射机喷嘴头部球面半径略大一些，如图 2-17 所示，R 比 r 大 1~2 mm。主流道小端直径要比喷嘴直径略大。即 D 比 d 大 0.5~1mm，以防止主流道口部积存凝料而影响脱模。角式注射机喷嘴多为平面，模具的相应接触处也是平面。

（2）定位圈尺寸　为了使模具主流道的中心线与注射机喷嘴的中心线相重合，模具定模板上凸出的定位圈应与注射机固定模板上的定位孔呈较松动的间隙配合。

（3）模具的最大、最小厚度　在模具设计时，应使模具的总厚度位于注射机可安装模具的最大模厚与最小模厚之间。同时应校核模具的外形尺寸，使得模具能从注射机的拉杆之间装入。

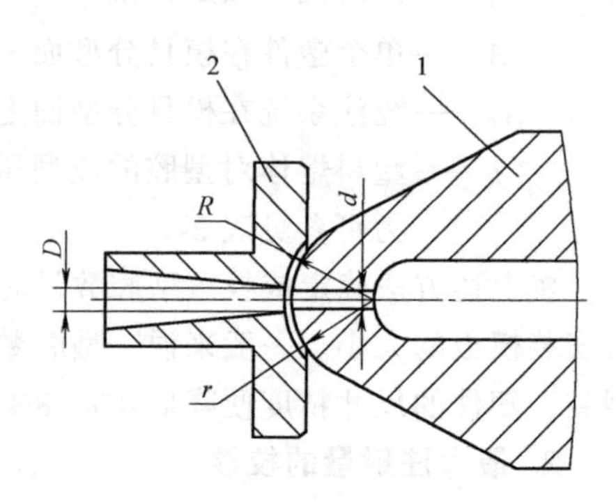

图 2-17　主流道与喷嘴

1—注射机喷嘴　2—浇口套

（4）安装螺孔尺寸　注射模动模和定模底板上的螺孔尺寸应分别与注射机动模安装板和定模安装板上的螺孔尺寸相适应。模具在注射机上的安装方法有两种：一种是用螺钉直接固定，另一种是用螺钉、压板固定。采用螺钉直接固定时，模具底板与注射机模板上的螺孔应完全吻合；而用压板固定时，只要在模具底板需安放压板的外侧附近有螺孔就能紧固，因此压板固定具有较大的灵活性。对于重量较大的大型模具，采用螺钉直接固定则较为安全。

6. 开模行程的校核

注射机的开模行程是有限制的，塑件从模具中取出时所需的开模距离必须小于注射机的最大开模行程，否则塑件无法从模具中取出。由于注射机的锁模机构不同，开模行程可按下面三种情况校核。

（1）注射机的最大开模行程与模具厚度无关　当注射机采用液压和机械联合作用的锁模机构时，最大开模行程由连杆机构的最大行程决定，并不受模具厚度的影响。对于图 2-18 所示的单分型面注射模具，开模行程可按下式校核

$$s \geqslant H_1 + H_2 + (5 \sim 10)\text{mm} \tag{2-7}$$

式中　s——注射机最大开模行程；

H_1——推出距离（脱模距离）；

H_2——包括浇注系统在内的塑件高度。

对于双分型面注射模，如图 2-19 所示，为了保证开模后既能取出塑件又能取出流道内的凝料，需要在开模距离中增加定模板与中间板之间的分开距离 a，a 的大小应保证可以方便地取出流道内的凝料，此时

$$s \geqslant H_1 + H_2 + a + (5 \sim 10)\text{mm} \tag{2-8}$$

（2）注射机的最大开模行程与模具厚度有关　对于采用全液压式锁模机构的注射机和

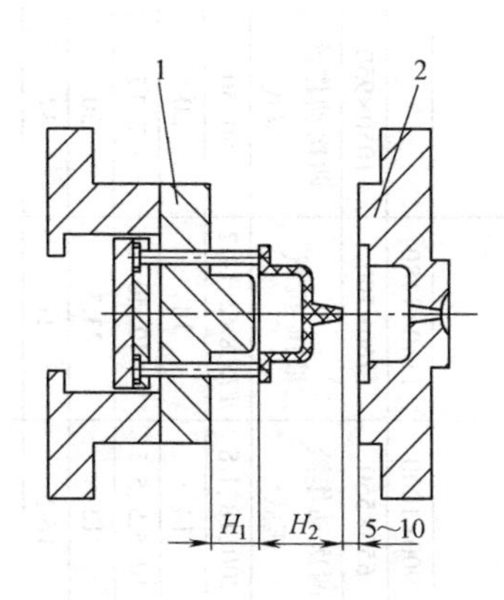

图 2-18　单分型面注射模开模行程

1—动模板　2—定模座板

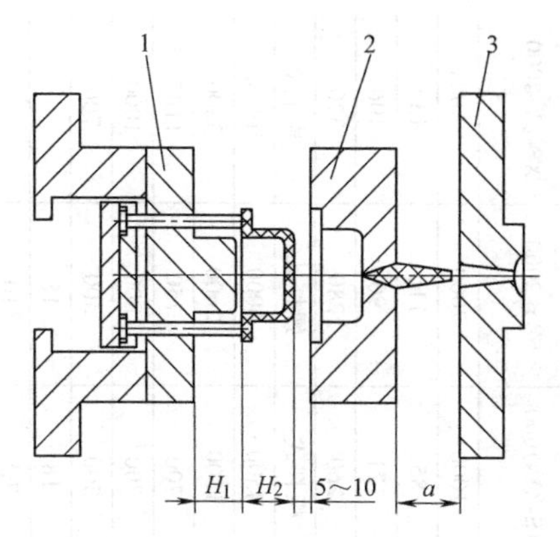

图 2-19　双分型面注射模开模行程

1—动模板　2—中间板　3—定模座板

带有丝杠开模锁模机构的直角式注射机，最大开模行程受模具厚度的影响。此时最大开模行程等于注射机动模安装板与定模安装板之间的最大距离 s 减去模具厚度 H_m。对于单分型面注射模，校核公式为

$$s \geqslant H_m + H_1 + H_2 + (5 \sim 10)\,\mathrm{mm} \tag{2-9}$$

对于双分型面注射模，校核公式为

$$s \geqslant H_m + H_1 + H_2 + a + (5 \sim 10)\,\mathrm{mm} \tag{2-10}$$

（3）具有侧向抽芯机构时的最大开模行程　当模具需要利用开模动作完成侧向抽芯时，开模行程的校核应考虑侧向抽芯所需的开模行程，如图 2-20 所示。若为完成侧向抽芯所需的开模行程为 H_c，当 $H_c \leqslant H_1 + H_2$ 时，H_c 对开模行程没有影响，仍用上述各公式进行校核。当 $H_c > H_1 + H_2$ 时，可用 H_c 代替前述校核公式中的 $H_1 + H_2$ 进行校核。

7. 推出装置的校核

各种型号注射机的推出装置和最大推出距离不尽相同，设计时，应使模具的推出机构与注射机相适应。通常是根据合模系统推出装置的推出形式、推杆直径、推杆间距和推出距离等校核模具内的推杆位置是否合理，推杆长度能否达到使塑件脱模的要求。国产注射机的推出装置大致可分以下几类：

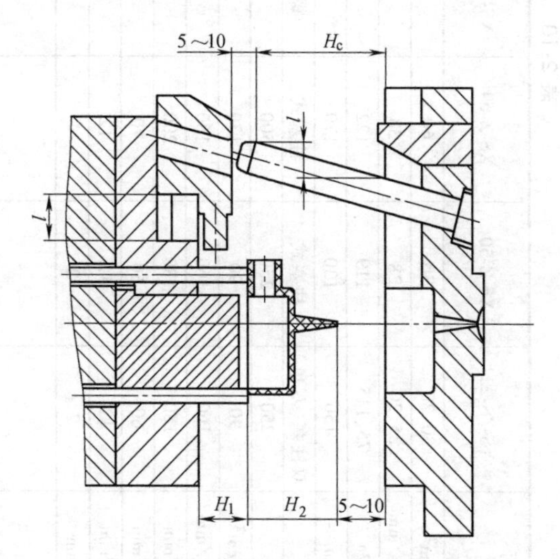

图 2-20　有侧向抽芯时的开模行程

（1）中心顶杆机械推出装置　如卧式 XS-Z-60、立式 SYS-30、直角式 SYS-45 等。

（2）两侧双顶杆机械推出装置　如卧式 XS-ZY-125 等。

（3）中心顶杆液压推出与两侧双顶杆机械推出联合作用的推出装置　如卧式 XS-ZY-250、XS-ZY-500 等。

（4）中心顶杆液压推出与其他开模辅助液压缸联合作用　如卧式 XS-ZY-1000 等。

表 2-10 是常用国产注射机的规格和性能，供设计模具时参考。

表 2-10　常用国产注射机的规格和性能

项目 \ 型号	XS-ZS-22	XS-Z-30	XS-Z-60	XS-ZY-125	G54-S200/400	SZY-300	XS-ZY-500	XS-ZY-1000	SZY-2000	XS-ZY-4000
额定注射量/cm^3	30、20	30	60	125	200~400	320	500	1000	2000	4000
螺杆（柱塞）直径/mm	25、20	28	38	42	55	60	65	85	110	130
注射压力/MPa	75、115	119	122	120	109	77.5	145	121	90	106
注射行程/mm	130	130	170	115	160	150	200	260	280	370
注射方式	双柱塞（双色）	柱塞式	柱塞式	螺杆式	螺杆式	螺杆式	螺杆式	螺杆式	螺杆式	螺杆式
锁模力/kN	250	250	500	900	2540	1500	3500	4500	6000	10000
最大成型面积/cm^2	90	90	130	320	645		1000	1800	2600	3800
最大开合模行程/mm	160	160	180	300	260	340	500	700	750	1100
模具最大厚度/mm	180	180	200	300	406	355	450	700	800	1000
模具最小厚度/mm	60	60	70	200	165	285	300	300	500	700
喷嘴圆弧半径/mm	12	12	12	12	18	12	18	18	18	
喷嘴孔直径/mm	2	2	4	4	4		3、5、6、8	7.5	10	
推出形式	四侧设有顶杆，机械推出	四侧设有顶杆，机械推出	中心设有顶杆，机械推出	两侧设有顶杆，机械推出	动模板设推板，开模时模具推杆固定板上的推杆通过动模板与推板相碰，机械推出塑件	中心及上、下两侧设有顶杆，机械推出	中心液压推出，推出距100mm，两侧顶杆机械推出	中心液压推出，两侧顶杆机械推出	中心液压推出，推出距125mm，两侧顶杆机械推出	中心液压推出，两侧机械推出
动、定模固定板尺寸/mm	250×280	250×280	330×440	428×458	532×634	620×520	700×850	900×1000	1180×1180	
拉杆空间/mm	235	235	190×300	260×290	290×368	400×300	540×440	650×550	760×700	1050×950
合模方式	液压-机械	液压-机械	液压-机械	液压-机械	液压-机械	液压-机械	液压-机械	两次动作液压式	液压-机械	两次动作液压式
液压泵 流量/（L/min）	50	50	70、12	100、12	170、12	103.9、12.1	200、25	200、18、1.8	175.8×2、14.2	50、50
液压泵 压力/MPa	6.5	6.5	6.5	6.5	6.5	7.0	6.5	14	14	20
电动机功率/kW	5.5	5.5	11	11	18.5	17	22	40、5.5、5.5	40、40	17、17
螺杆驱动力/kN				4	5.5	7.8	7.5	13	23.5	30
加热功率/kW	1.75		2.7	5	10	6.5	14	16.5	21	37
机器外形尺寸/mm	2340×800×1460	2340×850×1460	3160×850×1550	3340×750×1550	4700×1400×1800	5300×940×1815	6500×1300×2000	7670×1740×2380	10908×1900×3430	11500×3000×4500

【任务实施】

初选注射机规格通常依据注射机允许的最大注射量、锁模力及塑件外观尺寸等因素确定。习惯上以其中一个作为设计依据，其他都作为校核依据。本任务以防护罩塑件为载体，选择成型所需注射机规格。

1. 依据最大注射量初选设备

通常保证塑件及浇注系统凝料所用的塑料量不能超过注射机允许最大注射量的80%。

（1）计算单个塑件的体积

$$V=9.848\text{cm}^3\text{（过程略）}$$

（2）计算单个塑件的质量　计算塑件的质量是为了选择注射机及确定模具型腔数。由手册查得ABS塑料的密度$\rho=1.03\text{g/cm}^3$，所以塑件的质量为

$$M_i=V\rho=9.848\times1.03\text{g}=10.14\text{g}$$

由于塑件形状简单，尺寸、质量较小，生产量较大，可采取一模多腔的结构形式。同时，考虑塑件的侧面有一个ϕ10mm的圆孔，需侧向抽芯，所以该塑件成型采用一模两腔的模具结构，需加上浇注系统凝料的质量（初步估算为12g）。

（3）塑件成型每次需要的注射量

$$M=2M_i+12\text{g}=(2\times10.14+12)\text{g}=32.3\text{g}$$

根据注射量，查表2-10或模具设计手册初选螺杆式注射机G54-S200/400，满足注射量小于或等于注射机允许的最大注射量的80%的要求。G54-S200/400型号注射机主要参数见表2-11。

表2-11　G54-S200/400型注射机主要技术参数

项　目	设备参数	项　目	设备参数
额定注射量/cm^3	200~400	最大开模行程/mm	260
螺杆直径/mm	55	最大模厚/mm	406
注射压力/MPa	109	最小模厚/mm	165
注射行程/mm	160	喷嘴圆弧半径/mm	18
锁模力/kN	2540	喷嘴孔直径/mm	4
拉杆空间/mm×mm	290×368	定位圈直径/mm	125

2. 依据最大锁模力初选设备

当熔体充满型腔时，注射压力在型腔内所产生的作用力会使模具沿分型面胀开，为此，注射机的锁型力必须大于型腔内熔体对动模的作用力，以避免发生溢料和胀模现象。

（1）计算单个塑件在分型面上的投影面积A_1

$$A_1=\pi R^2=3.14\times20^2\text{mm}^2=1256\text{mm}^2$$

（2）计算成型时熔体塑料在分型面上的投影面积A　由于塑件形状简单，尺寸、质量较小，生产量较大，可采取一模多腔的结构形式。同时，考虑到塑件的侧面有一个Φ10mm的圆孔，需侧向抽芯，所以该塑件成型采用一模两腔的模具结构。初步估算浇注系统凝料在分型面上的投影面积约为300mm²，则

$$A=2\times A_1+A_{凝}=(2\times1256+300)\text{mm}^2=2812\text{mm}^2$$

(3) 计算成型时熔体塑料对动模的作用力 F　根据式（2-6）计算，查表 2-9 可知成型 ABS 塑件型腔所需的平均成型压力 $p=30\text{MPa}$，取安全系数 $K=1.2$，则

$$F=KpA=1.2\times30\times2812\times10^{-3}\text{kN}=101.2\text{kN}$$

(4) 初选注射机　根据锁模力必须大于型腔内熔体对动模的作用力的原则查表 2-10，初选 G54-S200/400 卧式螺杆式注射机，主要参数见表 2-11。

【思考与练习】

1. 注射机分为哪几类？各自有何特点？
2. 注射机由哪几部分组成？各组成部分的作用是什么？
3. 注射机的主要技术参数有哪些？选用时应注意哪些问题？
4. 一般情况下，在注射机上安装注射模时，模具厚度应满足什么条件？
5. 注射模是否与所使用注射机相互适应，应该从哪几个方面进行校核？
6. 试合理选择图 1-5 所示灯座塑件成型所需的注射机规格。

项目三　注射成型模具设计

任务一　认识注射成型模具的基本结构与分类

【知识目标】

1. 掌握典型注射成型模具的基本结构、组成和特点。
2. 熟悉注射成型模具零部件的功能。
3. 掌握典型注射成型模具的工作原理。

【能力目标】

1. 能够读懂经典注射成型模具装配图。
2. 掌握注射成型模具的结构特点。

【任务引入】

塑料的注射成型生产中使用的模具叫作注射成型模具，简称注射模，主要用于热塑性塑料制件的成型，近年来在热固性塑料制件成型方面的应用也日趋广泛。由于塑料注射成型工艺优点显著，所以注射成型模具在塑料成型模具中所占的比重很大。

塑料注射成型模具结构的选择对塑件成型有极其关键的作用。选择的模具要求结构合理、成型可靠、制造可行、操作简便、经济实用。

下面就针对图 1-1 所示塑料防护罩的成型，学习典型塑料注射成型模具（注射模）的结构特点的相关知识。

【相关知识】

一、注射模的结构组成

注射模由动模和定模两部分组成，定模部分安装在注射机的固定模板上，动模部分安装在注射机的移动模板上。在注射成型过程中，动模随注射机上的合模系统运动，同时动模部分与定模部分由导柱导向而闭合，构成浇注系统和型腔，塑料熔体从注射机喷嘴经模具浇注系统进入型腔。冷却后开模时，动模与定模分离，即可取出塑件。

根据模具上各个部分所起的作用，塑料注射模包括以下几个组成部分，如图 3-1 所示。

1. 成型部分

成型部分由型芯、凹模、嵌件和镶块等组成。型芯形成塑件的内表面形状，凹模型腔形成塑件的外表面形状。合模后型芯和凹模便构成了模具的型腔。图 3-1 所示的模具中，型腔是由动模板 1、定模板 2 和型芯 7 等组成的。

2. 浇注系统

熔融塑料从注射机喷嘴进入模具型腔所流经的通道称为浇注系统。浇注系统由主流道、分流道、浇口及冷料穴等组成。

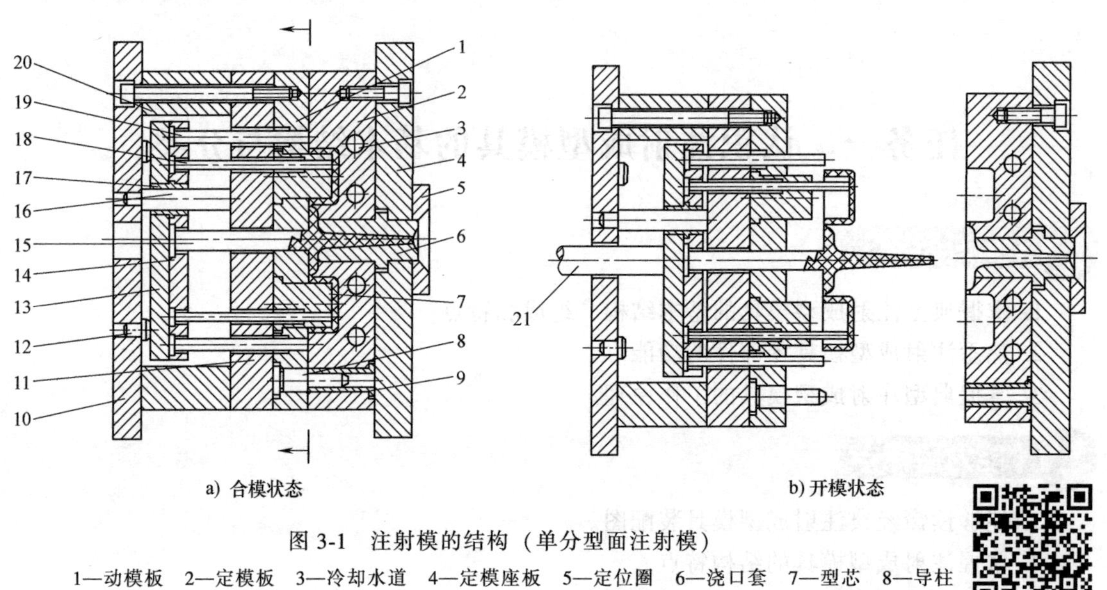

图 3-1 注射模的结构（单分型面注射模）

1—动模板 2—定模板 3—冷却水道 4—定模座板 5—定位圈 6—浇口套 7—型芯 8—导柱 9—导套 10—动模座板 11—支承板 12—支承柱 13—推板 14—推杆固定板 15—拉料杆 16—推板导柱 17—推板导套 18—推杆 19—复位杆 20—支承块 21—注射机顶杆

3. 导向机构

导向机构分为动模与定模之间的导向和推出机构的导向。为了确保动模、定模之间的正确导向与定位，需要在动模、定模部分采用导柱、导套（图 3-1 的件 8、件 9）或在动模、定模部分设置互相吻合的内外锥面导向。推出机构的导向通常由推板导柱和推板导套（图 3-1 的件 16、件 17）所组成。

4. 侧向抽芯机构

塑件上的侧面如有凹凸形状的孔或凸台，就需要由侧型芯成型。在塑件被推出之前，必须先拔出侧型芯，方能顺利脱模。使侧型芯移动的机构称为侧向抽芯机构。

5. 推出机构

推出机构是指模具分型后将塑件从模具中推出的装置。一般情况下，推出机构由推杆、复位杆、推杆固定板、推板、主流道拉料杆、推板导柱和推板导套等所组成。图 3-1 中的推出机构由推板 13、推杆固定板 14、拉料杆 15、推板导柱 16、推板导套 17、推杆 18 和复位杆 19 组成。

6. 温度调节系统

为了满足注射工艺对模具的温度要求，必须对模具的温度进行控制，所以模具常常设有

冷却或加热系统。冷却系统一般是在模具上开设冷却水道（图 3-1 中的件 3），加热系统则是在模具内部或四周安装加热元件。

7. 排气系统

在注射成型过程中，为了将型腔内的气体排出模外，常常需要开设排气系统。排气系统通常是在分型面上有目的地开设几条排气沟槽；许多模具的推杆或活动型芯与模板之间的配合间隙可起排气作用。小型塑件成型时的排气量不大，可直接利用分型面排气。

8. 支承零部件

用来安装固定或支承成型零件及前述的各部分机构的零部件均称为支承零部件。支承零部件组装在一起，可以构成注射模的基本骨架。

根据注射模中各零部件与塑料的接触情况，上述八大部分功能结构也可以分为成型零件和结构零部件两大类。其中，成型零件系指与塑料接触并构成模具型腔的各种零件；结构零部件则包括支承、导向、排气、推出机构、侧向分型与抽芯、温度调节等功能构件。在结构零部件中，合模导向机构与支承零部件合称为基本结构零部件，因为二者组装起来可以构成注射模架（已标准化）。设计注射模时，可以标准化的模架为基础，再根据需要添加成型零件和其他必要的功能结构件。

二、注射模的分类

1）按其所用注射机的类型，注射模可分为卧式注射机用模具、立式注射机用模具和角式注射机用模具。

2）按注射成型工艺特点，注射模可分为单型腔注射模、多型腔注射模、普通流道注射模、热流道注射模、热固性塑料注射模、低发泡注射模和精密注射模等。

3）按总体结构特征，注射模可分为单分型面注射模、双分型面注射模、斜导柱（弯销、斜导槽、斜滑块、齿轮齿条）侧向分型与抽芯注射模、带有活动镶件的注射模、定模带有推出装置的注射模和自动卸螺纹注射模等。

三、典型注射模的结构及特点

1. 单分型面注射模

单分型面注射模也称两板式注射模，它是注射模中最简单的一种结构形式。这种模具只有一个分型面，其典型结构如图 3-1 所示。根据需要，单分型面注射模既可以设计成单型腔注射模，也可以设计成多型腔注射模，应用十分广泛。

（1）工作原理　合模时，在导柱 8 和导套 9 的导向定位下，动模和定模闭合。型腔由定模板 2 上的凹模与固定在动模板 1 上的型芯构成，并由注射机合模系统提供的锁模力锁紧。然后注射机开始注射，塑料熔体经定模上的浇注系统进入型腔，待熔体充满型腔并经过保压、补缩和冷却定型后开模。开模时，注射机合模系统带动动模后退，模具从动模和定模分型面分开，塑件包在型芯 7 上随动模一起后退，同时拉料杆 15 将浇注系统的凝料拉出。当动模移动一定距离后，注射机的顶杆 21 接触推板 13，推出机构开始动作，使推杆 18 和拉料杆 15 分别将塑件及浇注系统凝料从型芯 7 和冷料穴中推出，塑件与浇注系统凝料一起从模具中落下，至此完成一次注射过程。合模时，推出机构靠复位杆复位并准备下一次注射。

(2) 设计注意事项

1) 分型面上开设分流道，既可开设在动模一侧或定模一侧，也可以开设在动模、定模分型面的两侧，视塑件的具体形状而定。如果开设在动模、定模分型面的两侧，必须注意合模时的对中拼合。

2) 由于推出机构一般设置在动模一侧，所以应尽量使塑件在分型后留在动模一侧，便于推出，这时要考虑塑件对型芯的包紧力。塑件注射成型后对型芯包紧力的大小往往用型芯被塑件所包住的侧面积的大小来衡量，一般将包紧力大的型芯设置在动模一侧，包紧力小的型芯设置在定模一侧。

3) 为了让主流道凝料在分型时留在动模一侧，动模一侧必须设有拉料杆。拉料杆有“Z”形、球形等。用“Z”形拉料杆时，拉料杆固定在推杆固定板上；用球形拉料杆时，拉料杆固定在动模板上，而且球形拉料杆仅用于采用推件板推出机构的模具。

4) 推杆的复位有多种方法，如弹簧复位或复位杆复位等，常用的是复位杆复位。

单分型面注射模是一种最基本的注射模结构。根据具体塑件的实际要求，单分型面注射模也可增添其他部件，如嵌件、螺纹型芯或活动型芯等，因此在这种基本形式的基础上可演变出其他各种复杂的结构。

2. 双分型面注射模

双分型面注射模有两个分型面，如图 3-2 所示。*A*—*A* 为第一分型面（*A* 分型面），分型后浇注系统凝料由此脱出；*B*—*B* 为第二分型面（*B* 分型面），分型后塑件由此脱出。与单分型面注射模相比，双分型面注射模在定模部分增加了一块可以局部移动的中间板，所以也叫三板式（动模板、中间板、定模板）注射模，它常用于点浇口进料的单型腔或多型腔的注射模。开模时，中间板在定模的导柱上与定模板作定距离分离，以便在两模板之间取出浇注系统凝料。

(1) 分型脱模原理　开模时，注射机开合模系统带动动模部分后移，由于弹簧 7 的作用，模具首先在 *A* 分型面分型，中间板 13 随动模一起后移，主流道凝料随之被拉出。当动模部分移动一定距离后，固定在中间板 13 上的限位销 6 与定距拉板 8 左端接触，使中间板 13 停止移动。动模继续后移，*B* 分型面分型，因塑件包紧在型芯 9 上，这时浇注系统凝料在浇口处自行拉断，然后在 *A* 分型面之间自行脱落或由人工取出。动模部分继续后移，当注射机的顶杆接触推板 17 时，推出机构开始工作，推件板 4 在推杆 15 的推动下将塑件从型芯上推下，塑件在 *B* 分型面之间自行落下。

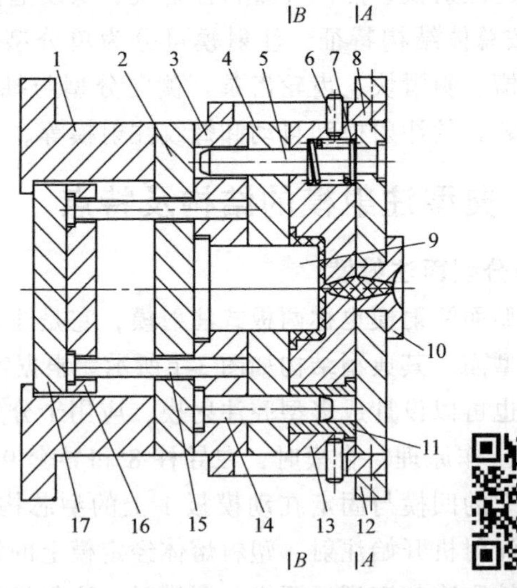

图 3-2　双分型面注射模

1—支架　2—支承板　3—型芯固定板　4—推件板　5—导柱　6—限位销　7—弹簧　8—定距拉板　9—型芯　10—浇口套　11—导套　12—定模板　13—中间板　14—导柱　15—推杆　16—推杆固定板　17—推板

（2）设计注意事项

1）双分型面注射模使用的浇口一般为点浇口，横截面面积较小，通道直径只有0.5～1.5mm。直径过小，浇口不易加工；直径过大，则浇口不容易自动拉断，且拉断后会影响塑件的表面质量。

2）分型面A的分型距离应保证浇注系统凝料能顺利取出，一般分型距为

$$s=s'+(3\sim5)\,\text{mm} \tag{3-1}$$

式中　s——A分型面分型距离；

s'——浇注系统凝料在合模方向上的长度。

3）一般的注射模中，动、定模之间的导柱既可设置在动模一侧，也可设置在定模一侧，视具体情况而定，通常设置在型芯凸出分型面最长的那一侧。而对于双分型面注射模，为了中间板在工作过程中的导向和支承，在定模一侧一定要设置导柱，如该导柱同时对动模部分导向，则导柱导向部分的长度应按下式计算

$$L\geqslant s+H+h+(8\sim10)\,\text{mm} \tag{3-2}$$

式中　L——导柱导向部分长度；

s——A分型面分型距离；

H——中间板厚度；

h——型芯凸出分型面的高度。

如果定模部分的导柱仅对中间板支承和导向，则动模部分还应设置导柱，用于对中间板的导向，这样，动模、定模部分才能合模导向。如果动模部分采用推件板脱模，则动模部分一定要设置导柱，用以对推件板进行支承和导向。

4）双分型面注射模两次分型的方法较多，图3-2所示模具采用弹簧定距拉板式两次分型机构，此方法适合于一些中小型的模具。两次分型机构中的弹簧应布置3～4个，弹簧的两端应并紧且磨平，弹簧的高度应一致，并尽可能对称布置于A分型面上模板的四周，以保证分型时中间板受到的弹力均匀，移动时不被卡死。定距拉板一般采用两块，对称布置于模具两侧。

（3）其他形式两次分型的双分型面注射模　两次分型的结构形式除了上述介绍的弹簧定距拉板式外，还有许多形式，如定距拉杆式、定距导柱式和摆钩式等。

1）定距拉杆式两次分型。图3-3所示是弹簧定距拉杆式双分型面注射模，其工作原理与弹簧定距拉板式双分型面注射模基本相同，只是定距方式不同，拉杆式定距采用拉杆端部的螺母来限定

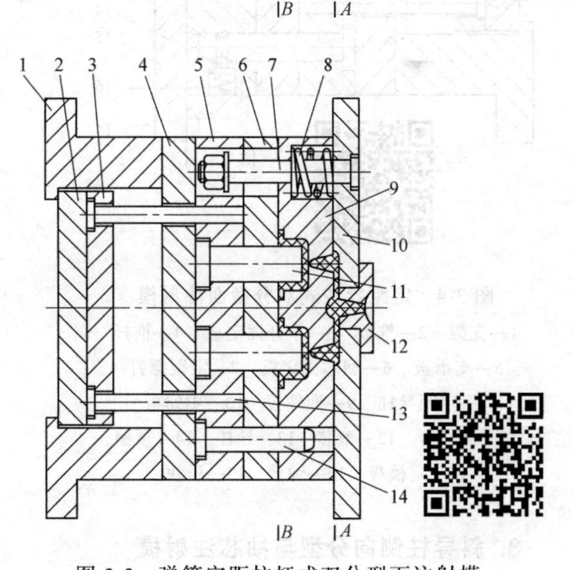

图3-3　弹簧定距拉杆式双分型面注射模

1—支架　2—推板　3—推杆固定板　4—支承板　5—型芯固定板　6—推件板　7—限位拉杆　8—弹簧　9—中间板　10—定模板　11—型芯　12—浇口套　13—推杆　14—导柱

中间板的移动距离。

2）定距导柱式两次分型。图 3-4 所示是定距导柱式双分型面注射模。开模时，由于弹簧 16 的作用使顶销 14 压紧在导柱 13 的半圆槽内，以便模具在 *A* 分型面分型。当定距导柱 8 上的凹槽与定距螺钉 7 相碰时，中间板停止移动，强迫顶销 14 退出导柱 13 的半圆槽，模具在 *B* 分型面分型。继续开模时，在推杆 4 的作用下，推件板 9 将塑件推出。这种定距导柱既是中间板的支承和导向，又是动模、定模的导向，使模板面上的杆孔大为减少。对尺寸比较紧凑的小型模具来说，这种结构是经济合理的。

3）摆钩式两次分型。图 3-5 所示是摆钩螺钉定距式双分型面注射模。两次分型的机构由挡块 1、摆钩 2、压块 4、弹簧 5 和限位螺钉 12 等组成。开模时，由于固定在中间板 7 上的摆钩 2 拉住支承板 9 上的挡块，模具从 *A* 分型面分型。开模到一定距离后，摆钩 2 在压块 4 的作用下产生摆动而脱钩，同时中间板 7 在限位螺钉 12 的限制下停止移动，*B* 分型面分型。设计时，摆钩和压块等零件应对称布置在模具的两侧，摆钩 2 拉住动模上挡块 1 的角度应取 1°~3°为宜。

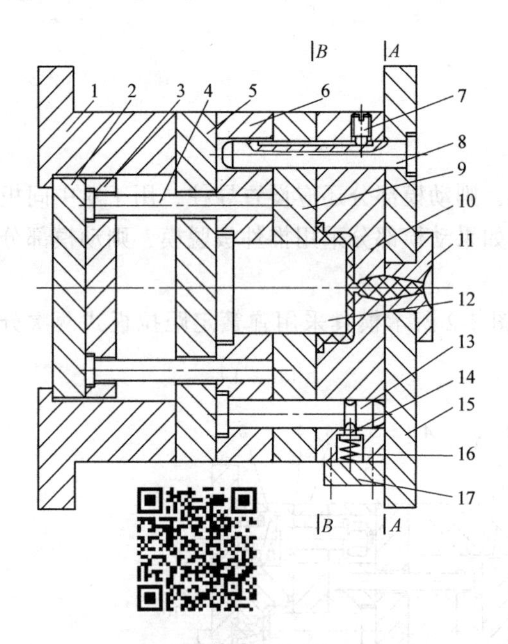

图 3-4 定距导柱式双分型面注射模

1—支架 2—推板 3—推杆固定板 4—推杆 5—支承板 6—型芯固定板 7—定距螺钉 8—定距导柱 9—推件板 10—中间板 11—浇口套 12—型芯 13—导柱 14—顶销 15—定模板 16—弹簧 17—压块

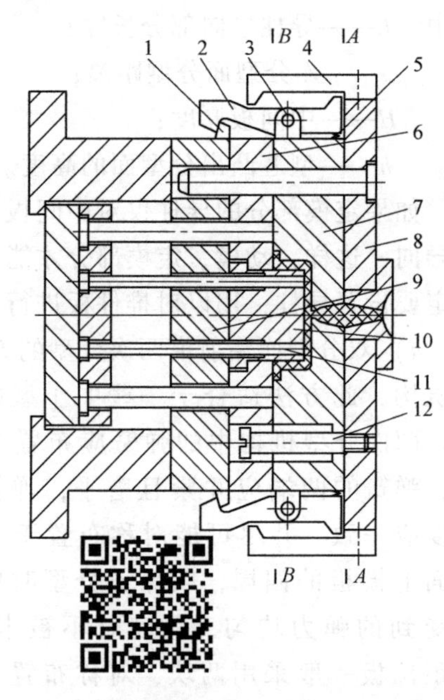

图 3-5 摆钩螺钉定距式双分型面注射模

1—挡块 2—摆钩 3—转轴 4—压块 5—弹簧 6—型芯固定板 7—中间板 8—定模板 9—支承板 10—型芯 11—推杆 12—限位螺钉

3. 斜导柱侧向分型与抽芯注射模

当塑件侧壁有通孔、凹穴或凸台时，其成型零件必须制成可侧向移动的，否则塑件无法脱模。带动型芯滑块侧向移动的整个机构称为侧向分型与抽芯机构。图 3-6 所示为斜导柱侧向抽芯注射模，其中的侧向抽芯机构是由斜导柱 10 和侧型芯滑块 11 组成，此外还有楔紧块 9、挡块 5、滑块拉杆 8、弹簧 7 等一些辅助零件。

开模时，动模部分向后移动，开模力通过斜导柱 10 作用于侧型芯滑块 11 上，迫使其在型芯固定板 4 的导滑槽内向外滑动，直至滑块与塑件完全脱开，完成侧向抽芯动作。这时塑件包在型芯 12 上随动模继续后移，直到注射机顶杆与模具推板接触，推出机构开始工作，推杆 17 将塑件从型芯 12 上推出。合模时，复位杆使推出机构复位，斜导柱 10 使侧型芯滑块 11 向内移动复位，最后由楔紧块 9 锁紧。

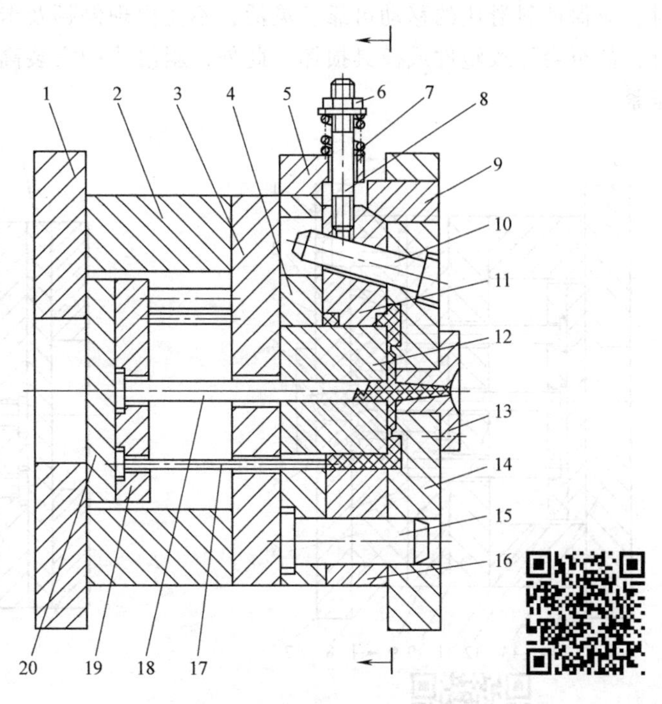

图 3-6　斜导柱侧向抽芯注射模

1—动模座板　2—垫块　3—支承板　4—型芯固定板　5—挡块　6—螺母　7—弹簧　8—滑块拉杆　9—楔紧块　10—斜导柱　11—侧型芯滑块　12—型芯　13—浇口套　14—定模座板　15—导柱　16—动模板　17—推杆　18—拉料杆　19—推杆固定板　20—推板

斜导柱侧向抽芯结束后，侧型芯滑块 11 应有准确的定位，以便在合模时斜导柱 10 能顺利地插入滑块的斜导孔中使滑块复位。图 3-6 所示模具的定位装置是由挡块 5、滑块拉杆 8、螺母 6 和弹簧 7 组成的。楔紧块 9 是防止注射时熔体压力使侧型芯滑块 11 产生位移而设置的，楔紧块上面的斜面应与侧型芯滑块上的斜面的斜度一致，并在设计时留有一定的修正余量，以便装配时修正。

4. 斜滑块侧向分型与抽芯注射模

斜滑块侧向分型与抽芯注射模和斜导柱侧向分型与抽芯注射模一样，也是用来成型带有侧向凹凸塑件的一类模具，所不同的是，其侧向分型与抽芯动作是由可斜向移动的斜滑块来完成的，常常用于侧向分型与抽芯距离较短的场合。

图 3-7 所示是斜滑块侧向分型注射模。开模时，动模部分向左移动，塑件包在型芯 5 上一起随动模左移，拉料杆 9 将主流道凝料从浇口套 4 中拉出，当注射机顶杆与推板 12 接触时，推杆 7 将斜滑块 3 及塑件从动模板 6 中推出，斜滑块 3 在推出的同时在动模板的斜导槽内向两侧移动分型，塑件从滑块中脱出。合模时，定模座板 2 迫使斜滑块 3 推动推出机构复位。

图 3-8 所示为靠斜导柱斜向移动的斜滑块侧向抽芯注射模。开模时，动模部分向左移动，带动紧包在型芯上的塑件和斜滑块 14 一起运动；当注射机顶杆与推板 1 接触时，推出机构开始工作，推杆 17 将塑件及斜滑块 14 从动模型芯 10 上推出，斜滑块 14 在推出的同时沿斜导柱 13 向两侧移动，将固定于滑块上的侧型芯 7 抽出，塑件随之落下。斜导柱 13 始终在斜滑块 14 中。合模时，定模板迫使斜滑块复位。

斜滑块侧向分型与抽芯的特点是：塑件从动模型芯上被推出的动作是与斜滑块的分型与抽芯动作同时进行的，但抽芯距比斜导柱抽芯机构的抽芯距短。在设计、制造这类注射模时，应保证斜滑块的移动可靠、灵活，不能出现停顿及卡死的现象，否则抽芯将不能顺利进行，甚至会导致塑件或模具损坏。此外，斜滑块的安装高度应略高于动模板，以利于合模时压紧。

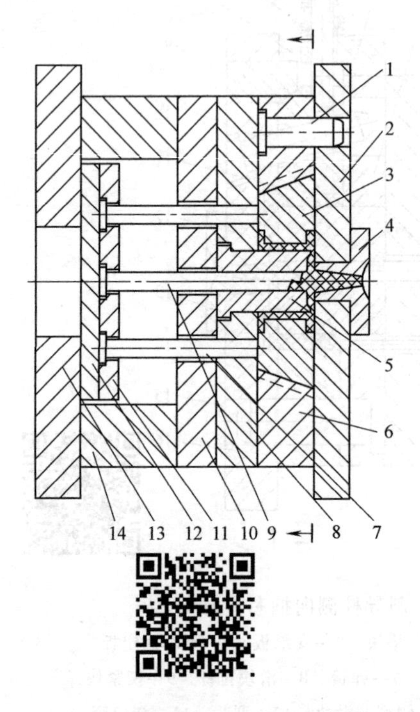

图 3-7　斜滑块侧向分型注射模

1—导柱　2—定模座板　3—斜滑块　4—浇口套
5—型芯　6—动模板　7—推杆　8—型芯固定板
9—拉料杆　10—支承板　11—推杆固定板
12—推板　13—动模座板　14—垫块

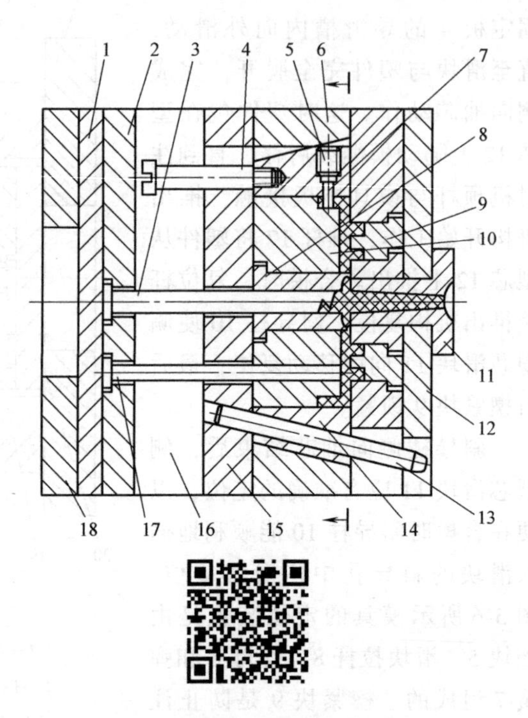

图 3-8　斜滑块侧向抽芯注射模

1—推板　2—推杆固定板　3—拉料杆　4—限位螺钉
5—螺塞　6—动模板　7—侧型芯　8—动模镶件
9—定模镶件　10—动模型芯　11—浇口套
12—定模座板　13—斜导柱　14—斜滑块
15—支承板　16—垫块　17—推杆　18—动模座板

5. 带有活动镶件的注射模

有些塑件上虽然有侧向的通孔及凹凸形状，但是由于塑件的特殊要求，模具上需要设置螺纹型芯或螺纹型环等，有时很难利用侧向抽芯机构实现侧向抽芯。为了简化模具结构，可不采用斜导柱、斜滑块等机构，而是在型腔的局部设置活动镶件。开模时，这些活动镶件不能简单地沿开模方向与塑件分离，而必须在塑件脱模时连同塑件一起移出模外，然后通过手工或专门工具将其与塑件分离；在下一次合模注射之前，再重新将其放入模内。

采用活动镶件结构形式的模具，其优点是不仅省去了斜导柱、斜滑块等复杂结构的设计与制造，使模具外形缩小，大大降低了模具的制造成本，更主要的是在某些场合下无法设置斜滑块等结构，必须采用活动镶件形式。采用活动镶件的缺点是操作时安全性差，生产率较低。

图 3-9 所示是带有活动镶件的注射模。开模时，塑件紧包在型芯 4 和活动镶件 3 上随动模部分向左移动而脱离定模板 1；分型到一定距离后，推出机构开始工作，设置在活动镶件 3 上的推杆 9 将活动镶件连同塑件一起推出型芯，由人工将活动镶件从塑件上取下。合模时，推杆在弹簧 8 的作用下复位，推杆复位后动模板停止移动，然后人工将活动镶件重新插

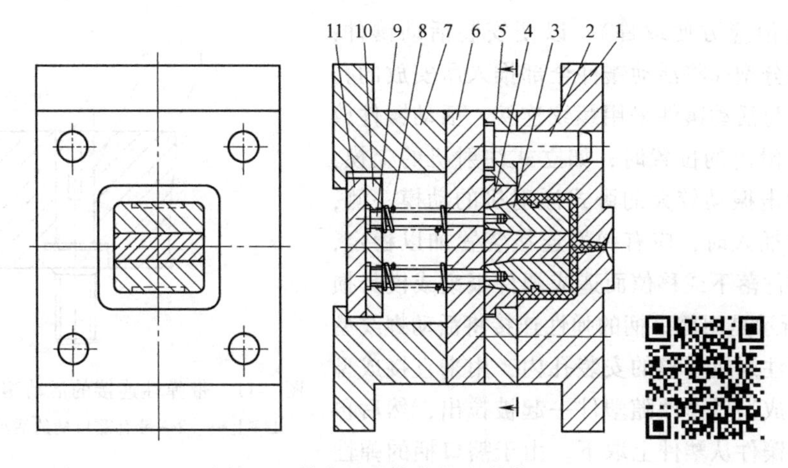

图 3-9　带有活动镶件的注射模（一）

1—定模板　2—导柱　3—活动镶件　4—型芯　5—动模板　6—支承板　7—支架　8—弹簧　9—推杆　10—推杆固定板　11—推板

入定位孔中，继续合模后进行下一次的注射。

图 3-10 所示是另一种形式的带有活动镶件的注射模，该模具是采用点浇口的双分型面注射模。塑件的内侧有一局部圆环，无法设置斜导柱或斜滑块，故采用活动镶件 11，合模前人工将镶件定位于动模板 15 中。为了便于安装镶件，应使推出机构先复位，为此在四个复位杆上安装了四个弹簧。

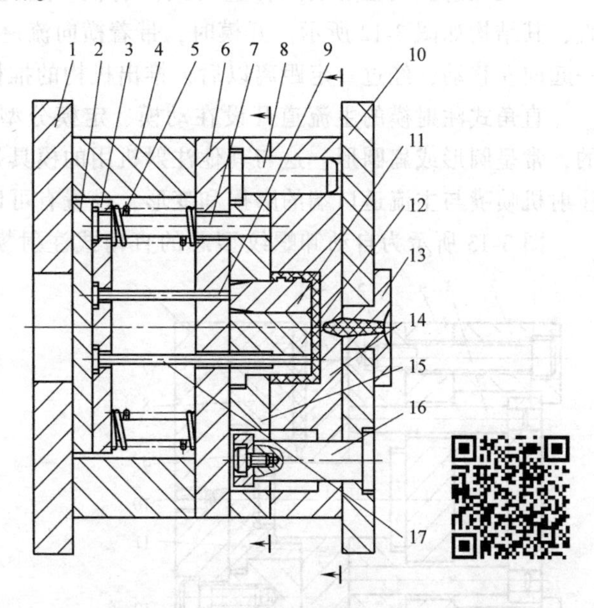

图 3-10　带有活动镶件的注射模（二）

1—动模座板　2—推板　3—推杆固定板　4—垫块　5—弹簧　6—支承板　7—复位杆　8—导柱　9—推杆　10—定模座板　11—活动镶件　12—型芯　13—浇口套　14—定模板　15—动模板　16—定距导柱　17—推杆

对于成型带螺纹塑件的注射模，可以采用螺纹型芯或螺纹型环，螺纹型芯或螺纹型环实质也是活动镶件。开模时，活动螺纹型芯或螺纹型环随塑件一起被推出机构推出模外，然后采用手工或专用工具将螺纹型芯或螺纹型环从塑件中旋出，再将其放入型腔中进行下一次注射成型。

设计带有活动镶件的注射模时应注意：活动镶件在模具中应有可靠的定位，它和安装孔的配合面一般应设计成 3°~5°的斜面，以保证配合间隙。由于脱模工艺的需要，有些模具在活动镶件的下面需要设置推杆；开模时将活动镶件推出模外后，为了下一次安放活动镶件，推杆必须预先复位，否则活动镶件就无法放入安装孔内，图 3-9 中的弹簧 8 和图 3-10 中的弹簧 5 便能起到使推出机构预先复位的作用。也可以将活动镶件设计成合模时一部分与定模分型面接触，推杆将其推出时并不全部推出安装孔，而是留一部分在孔内（但应方便取件），以便安装活动镶件；合模时由定模分型面将活动镶件全部推入所安放的孔内，通常推杆与活动镶件采用螺纹连接。活动镶件放在模具中容易滑落的位置时，如立式注射机的上模，或合模时受冲击振动较大的卧式注射机的动模一侧，当有活动镶件插入时，应有弹性连接装置加以稳定，以免合模时镶件落下或移位而造成塑件报废或模具损坏。图 3-11 所示是用豁口柄的弹性连接将活动螺纹型芯安装在立式注射机上模的安装孔内，用来直接成型内螺纹塑件，成型后镶件随塑件一起被拉出，然后再用专用工具将镶件从塑件上取下。由于豁口柄的弹性连接力较弱，所以此种弹性安装形式适合于直径小于 8mm 的镶件。为了防止因活动镶件没有完全到位而发生事故、损坏型腔，活动镶件的硬度应略低于型腔的硬度。

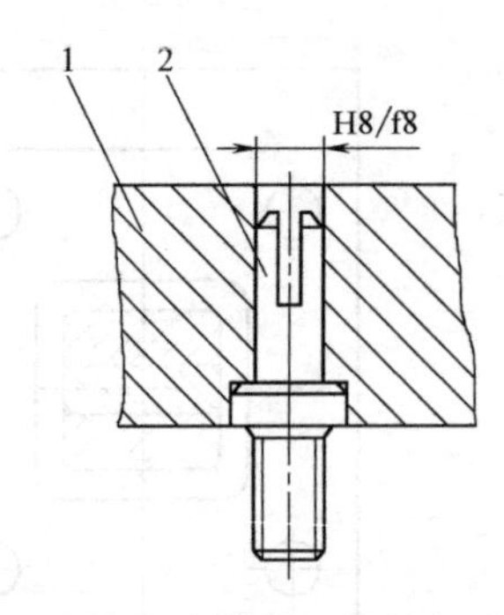

图 3-11　带弹性连接的活动镶件安装形式

1—上模　2—带有豁口柄的活动螺纹型芯

6. 角式注射机用注射模

角式注射机用注射模又称直角式注射模。这类模具在成型时进料的方向与开模方向垂直，其结构如图 3-12 所示。开模时，带着横向流道凝料的塑件紧包在型芯 10 上与动模部分一起向左移动，经过一定距离以后，推出机构的推杆 3 推动推件板 11 将塑件从型芯上脱下。

直角式注射模的主流道开设在动模、定模分型面的两侧，且它的截面面积通常是不变的，常呈圆形或扁圆形，这与其他注射机用的模具是有区别的。在主流道的端部，为了防止注射机喷嘴与主流道口端的磨损和变形，设置有可以更换的淬火镶块，如图 3-12 中的件 7。

图 3-13 所示为自动卸螺纹型芯的直角式注射模。开模时，*A* 分型面分型，同时螺纹型

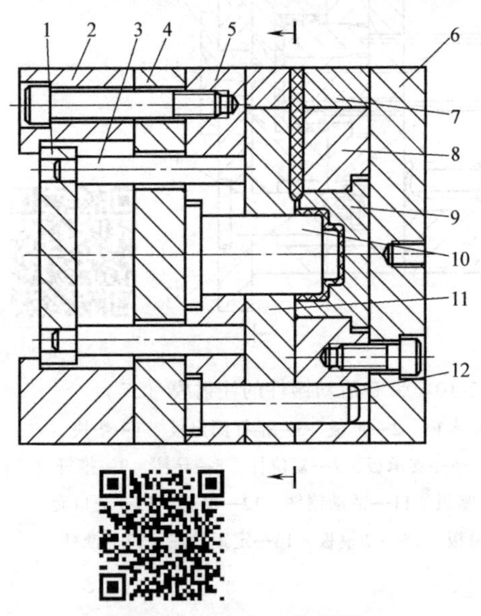

图 3-12　直角式注射模

1—推板　2—支架　3—推杆　4—支承板
5—型芯固定板　6—定模座板　7—流道镶块
8—定模板　9—凹模　10—型芯
11—推件板　12—导柱

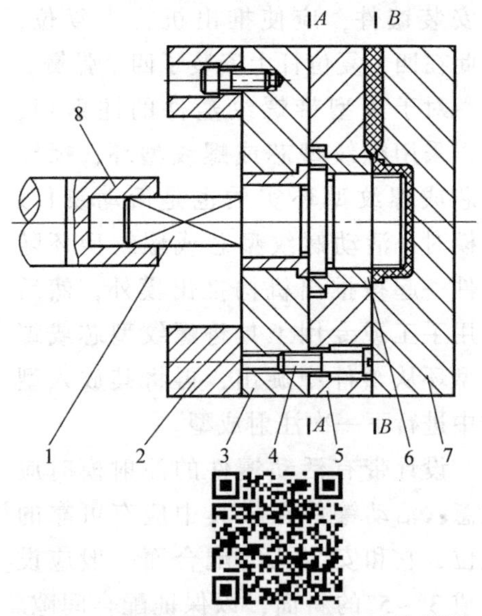

图 3-13　自动卸螺纹型芯的直角式注射模

1—螺纹型芯　2—支架　3—支承板
4—定距螺钉　5—动模板　6—衬套
7—定模座板　8—注射机开合模丝杠

芯 1 随着注射机开合模丝杠 8 的后退而自动旋转，此时螺纹塑件由于定模座板 7 的止转而并不移动，仍然留在型腔内。当 *A* 分型面分开一段距离，螺纹型芯在塑件内还有最后一牙时，定距螺钉 4 拉动动模板 5 使 *B* 分型面分型，此时塑件随着型芯一起离开定模型腔，然后从 *B* 分型面两侧的空间取出。

这类注射模在设计时应注意：螺纹型芯的后端需铣成方轴，并插入角式注射机开合模丝杠的方孔内，开模时，由于方轴的连接，螺纹型芯随着开合模丝杠的旋转而退出塑件。螺纹型芯在衬套中不应太紧或太松，同时要考虑热膨胀的因素，防止型芯和衬套胶合粘连。如模温过高，可用冷却水冷却。为了使型芯转动时脱出塑件，塑件的外侧或端部必须有防止转动的相应措施。为了提高生产率，可设计成一模多腔的自动脱螺纹角式注射模，把分布在同一圆周上的各螺纹型芯的一端设计成从动齿轮，然后与插入注射机开合模丝杠方孔内的主动齿轮啮合，工作时，由开合模丝杠带动主动齿轮旋转，使从动齿轮（即螺纹型芯）自动地从塑件中脱出。

【任务实施】

通过注射成型模具基本结构及其分类知识的学习，对此类模具的典型结构已有了一定的了解。塑料注射成型模具的结构选择对塑件的成型有极其关键的作用。选择的模具要求结构合理、成型可靠、制造可行、操作简便、经济实用。

由于塑料注射成型模具的结构与分型面设计、浇注系统设计及标准模架选择等相关内容还需在后面任务中学习，图 1-1 所示塑料防护罩注射模结构选择的任务实施，将在任务七(结构零部件设计）中完成。

【思考与练习】

1. 注射模按其各零部件所起的作用，一般由哪几部分组成？
2. 点浇口进料的双分型面注射模，定模部分为什么要增设一个分型面？其分型距离是如何确定的？定模定距顺序分型有哪几种形式？
3. 点浇口进料的双分型面注射模如何设置导柱？
4. 斜导柱侧向分型与抽芯机构由哪些零部件组成？各部分的作用是什么？
5. 简述斜滑块侧向分型与抽芯注射模的工作原理。
6. 设计带有活动镶件的注射模时应注意哪些问题？

任务二 注射模分型面与浇注系统的设计

【知识目标】

1. 掌握型腔数量的确定方法与分布原则。
2. 掌握注射模浇注系统、排气系统的设计方法。

【能力目标】

1. 会确定型腔数目。

2. 具有合理选择分型面的能力。
3. 具有设计浇注系统的能力。
4. 会设计排气系统。

【任务引入】

一副注射模分成动模和定模两个部分，这两个部分由导向机构（导柱与导套）导向与定位。动模和定模的接触面称为分型面，在一般情况下，模具分型后，可由分型面取出塑件和浇注系统凝料（点浇口浇注系统凝料除外）。分型面确定后，塑件在模具中的位置也就确定了。浇注系统是指熔融塑料从注射机喷嘴射入注射模型腔所流经的通道。浇注系统分为普通浇注系统和热流道浇注系统。普通浇注系统包括主流道、分流道和浇口等。通过浇注系统，塑料熔体充填模具型腔并且将注射压力传递到型腔的各个部位，使塑件密实和防止缺陷的产生。通常浇注系统的分流道开设在分型面上，因此分型面的选择与浇注系统的设计是密切相关的，在设计注射模时应同时加以考虑。

本任务通过对确定型腔数目、模具分型面、浇注系统和排气系统相关知识的学习，以图1-1所示塑料防护罩为载体，训练学生的相关设计能力。

【相关知识】

一、分型面的选择

分型面是决定模具结构形式的一个重要因素，它与模具的整体结构、浇注系统的设计、塑件的脱模方式和模具的制造工艺等有关，因此分型面的选择是注射模设计中的一个关键。

1. 分型面的形式

注射模有的只有一个分型面，有的有多个分型面。在多个分型面的模具中，将脱模时取出塑件的分型面称为主分型面。分型面的形式如图3-14所示。图3-14a为平直分型面；图3-14b为倾斜分型面；图3-14c为阶梯分型面；图3-14d为曲面分型面；图3-14e为瓣合分型面，也称垂直分型面。

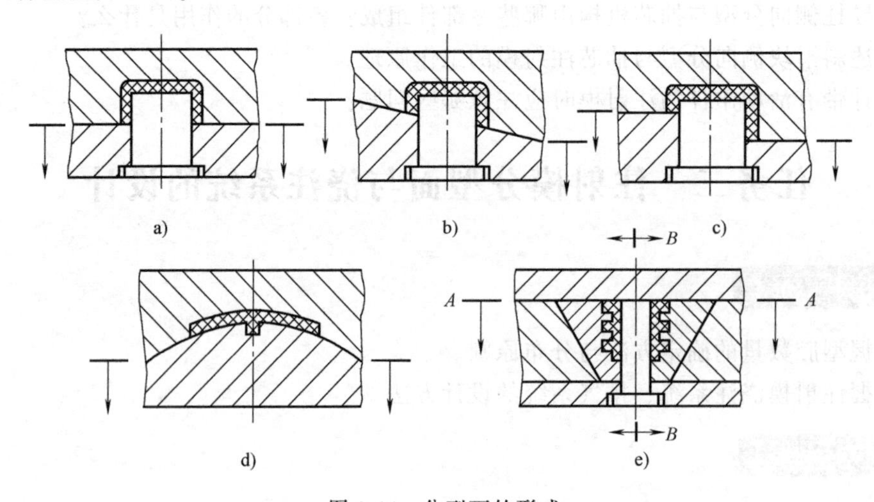

图3-14　分型面的形式

在模具的装配图上，分型面的标识一般采用如下方法：当模具分型时，若分型面两边的模板都移动，用“←|→”表示；若其中一方不动，另一方移动，用“|→”表示，箭头指向移动的方向；多个分型面应按分型的先后次序，标出“*A*”“*B*”“*C*”等。

2. 分型面的设计原则

分型面受到塑件在模具中的成型位置、浇注系统设计、塑件结构工艺性及尺寸精度、嵌件的位置、塑件的推出及排气系统设计等多种因素的影响，因此在选择分型面时应综合分析比较，以选出较为合理的方案。选择分型面时，应遵循以下几项基本原则。

(1) 分型面应选在塑件外形最大轮廓处　在动模、定模的方位确定后，其分型面应选在塑件外形的最大轮廓处，否则塑件无法从型腔中脱出，这是最基本的选择原则。

(2) 分型面的选择应有利于塑件的顺利脱模　由于注射机的顶出装置在动模一侧，所以分型面的选择应尽可能使塑件在开模后留在动模一侧，这样有助于设置在动模部分的推出机构工作。否则，在定模内设置推出机构会增加模具的复杂程度。如图 3-15a 所示，塑件在分型后由于收缩包紧在型芯上而留在定模，这样就必须在定模部分设置推出机构，增加了模具复杂性；若按图 3-15b 分型，分型后塑件留在动模，可利用注射机的顶出装置和动模部分的推出机构推出塑件。

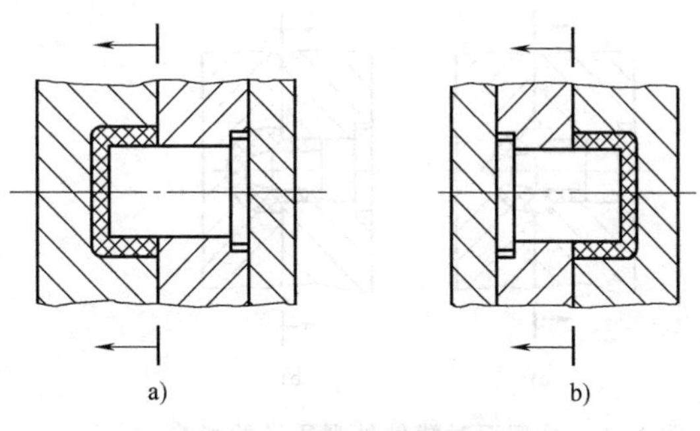

图 3-15　分型面对脱模的影响

(3) 分型面的选择应保证塑件的精度要求　与分型面垂直的塑件尺寸，若该尺寸与分型面有关，由于分型面在注射成型时有胀开的趋势，故该尺寸的精度会受到影响。如图 3-16 所示，假若塑件的尺寸 L 精度要求较高，那么图 3-16a 所示的分型面选择就不如图 3-16b 所示的分型面选择合理。对于同轴度要求较高的塑件外形或内孔，为了保证其精度，应尽量将塑件设置在同一半模具的型腔内。如图 3-17a 所示的塑料双联齿轮，分别在分型面两侧的动模板和定模板内成型，由于制造精度和合模精度的影响，两齿轮的同轴度得不到保证；若按图 3-17b 所示选择分型面，塑件在同一侧型腔内成型，制造精度得以保证，合模精度不受影响，保证了双联齿轮的同轴度。

(4) 分型面的选择应满足塑件的外观质量要求　在分型面处会不可避免地在塑件上留

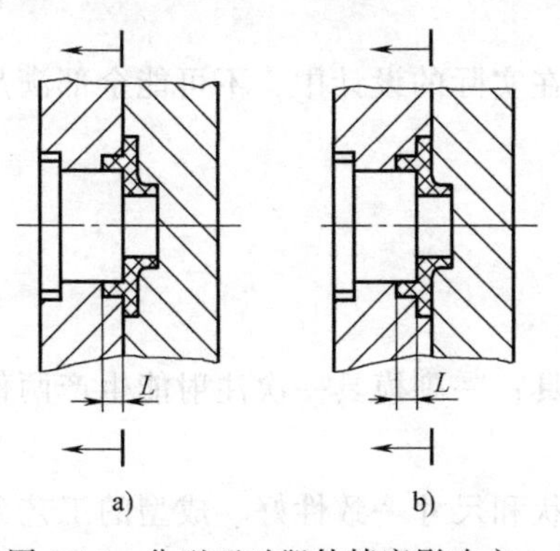

图 3-16　分型面对塑件精度影响之一

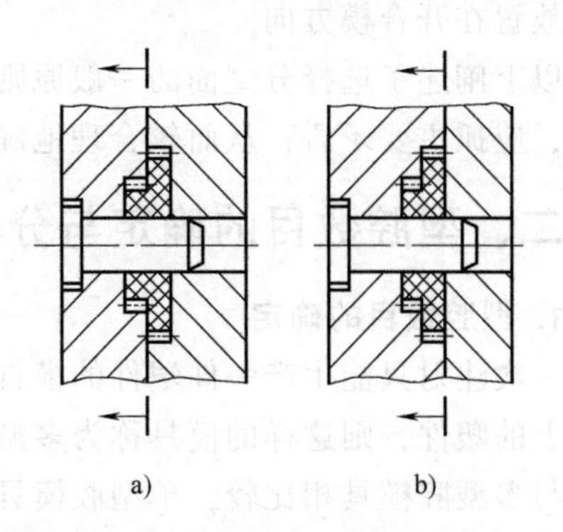

图 3-17　分型面对塑件精度影响之二

下溢流飞边的痕迹，因此分型面最好不要设在塑件光亮平滑的外表面或带圆弧的转角处，以免对塑件外观质量产生不利的影响。如图 3-18 所示塑件，按图 3-18a 分型，则在圆弧和圆柱面交接处产生的飞边不易清除且会影响塑件的外观；若按图 3-18b 分型，分型面正好位于大圆柱面与小圆柱面的交接处，不影响塑件的外观。

（5）分型面的选择要便于模具的加工制造　通常在模具设计中，选择平直分型面较多。但为了便于模具的制造，应根据模具的实际情况选择合理的分型面。如图 3-19 所示塑件，图 3-19a 采用平直分型面，推管的端部制出塑件下部的阶梯形状，这种推管制造困难，另外在合模时，推管会与定模型腔配合接触，制造难度也大。如果采用图 3-19b 所示的阶梯分型面，则推管制造加工方便。

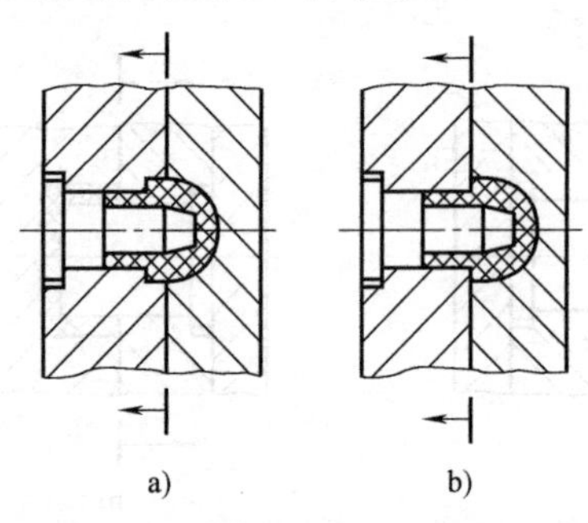

图 3-18　分型面对塑件外观质量的影响

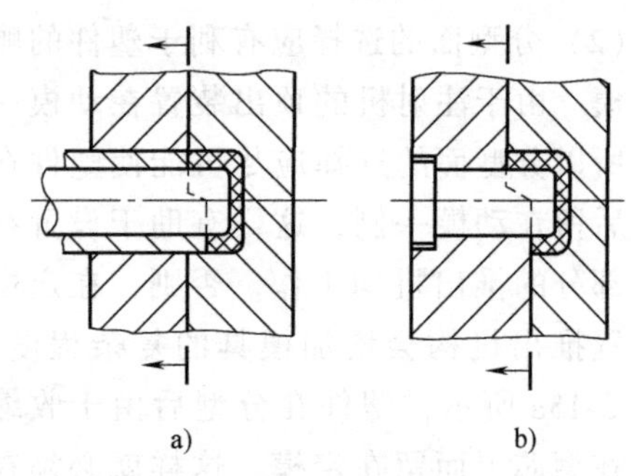

图 3-19　分型面对模具制造的影响

（6）分型面的选择应有利于排气　在设计分型面时应尽量使充填型腔的塑料熔体料流末端在分型面上，这样有利于排气。图 3-20a 所示结构，料流的末端被封死，故其排气效果较差；图 3-20b 所示结构在注射过程中对排气有利，分型较合理。

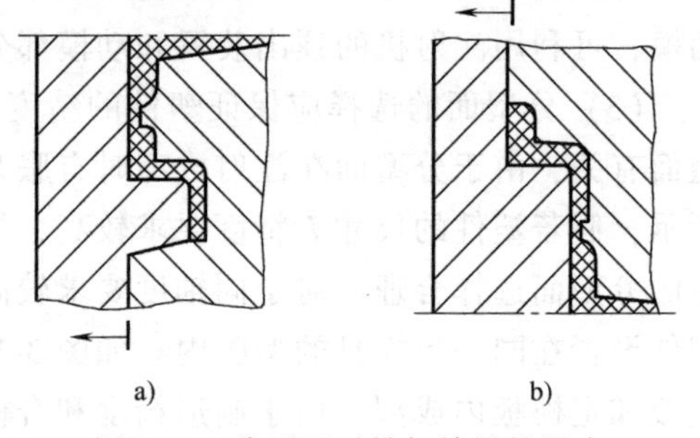

图 3-20　分型面对排气效果的影响

除了上述基本原则以外，分型面的选择还要考虑型腔在分型面上投影面积的大小，以避免因接近或超过所选用注射机的最大注射面积而产生溢流现象；为了保证侧型芯的放置及抽芯机构的动作顺利，应以浅的侧向凹孔或短的侧向凸台作为侧向抽芯方向，而将较深的凹孔或较高的凸台放置在开合模方向。

以上阐述了选择分型面的一般原则及部分示例。在实际的设计中，不可能全部满足上述原则，应抓主要矛盾，从而较合理地确定分型面。

二、型腔数目的确定与分布

1. 型腔数目的确定

一次注射只能生产一件塑件的模具称为单型腔模具；一副模具一次注射能生产两件或两件以上的塑件，则这样的模具称为多型腔模具。

与多型腔模具相比较，单型腔模具具有塑件的形状和尺寸一致性好、成型的工艺条件容易控制、模具结构简单紧凑、模具制造成本低和周期短等特点。但是，在大批量生产的情况

下，多型腔模具则是更为合适的形式，它可以提高生产率，降低塑件整体成本。

在多型腔模具的实际设计中，有的首先确定注射机的型号，再根据注射机的技术参数和塑件的技术经济要求，计算出要求选取型腔的数目；也有先根据生产率的要求和塑件的精度要求确定型腔的数目，然后再选择注射机或对现有的注射机进行校核。一般可以按下面几点对型腔的数目进行确定。

（1）按注射机的最大注射量确定型腔的数目　型腔数目 n 根据式（2-3）可得

$$n \leqslant \frac{Km_{\mathrm{N}} - m_1}{m} \tag{3-3}$$

式中　K——注射机最大注射量的利用系数，一般取 0.8；

m_{N}——注射机最大注射量（cm^3或 g）；

m_1——浇注系统凝料量（cm^3或 g）；

m——单个塑件的体积或质量（cm^3或 g）。

（2）按注射机的额定锁模力确定型腔数目　型腔数目 n 根据式（2-4）可得

$$n \leqslant \frac{F_{\mathrm{p}} - pA_1}{pA} \tag{3-4}$$

式中　F_{p}——注射机的额定锁模力（N）；

p——塑料熔体在型腔中的成型压力（MPa）；

A_1——浇注系统在分型面上的投影面积（mm^2）；

A——单个塑件在分型面上的投影面积（mm^2）。

（3）按塑件的精度要求确定型腔的数目　生产经验认为，每增加一个型腔，塑件的尺寸精度将降低 4%。成型高精度塑件时，型腔不宜过多，通常不超过 4 腔，因为多型腔难以使型腔的成型条件一致。

（4）按经济性确定型腔数目　根据总成型加工费用最小的原则，并忽略准备时间和试生产原料费用，仅考虑模具费用和成型加工费。

模具费用为
$$X_{\mathrm{m}} = nC_1 + C_2$$

式中　C_1——每一型腔的模具费用（元）；

C_2——与型腔数无关的费用（元）。

成型加工费为
$$X_{\mathrm{j}} = N\left(\frac{Yt}{60n}\right)$$

式中　N——需要生产塑件的总数；

Y——每小时注射成型加工费（元/h）；

t——成型周期（min）。

总的成型加工费为 $X = X_{\mathrm{m}} + X_{\mathrm{j}} = nC_1 + C_2 + N\dfrac{Yt}{60n}$

为了使成型加工费最小，令 $\dfrac{\mathrm{d}x}{\mathrm{d}n} = 0$，则得

$$n = \sqrt{\frac{NYt}{60C_1}} \tag{3-5}$$

根据上述各点所确定的型腔数目，既在技术上充分保证了产品的质量，又保证了最佳的

生产经济性。

2. 型腔的排布

对于单型腔模具，塑件在模具中的位置如图 3-21 所示。图 3-21a 为塑件全部在定模中的结构；图 3-21b 为塑件全部在动模中的结构；图 3-21c、d 为塑件同时在定模和动模中的结构。对于多型腔模具，由于型腔的排布与浇注系统密切相关，在模具设计时应综合加以考虑。型腔的排布应使每个型腔都能通过浇注系统从总压力中均等地分得所需的足够压力，以保证塑料熔体能同时均匀地充填每一个型腔，从而使各个型腔的塑件内在质量均一稳定。

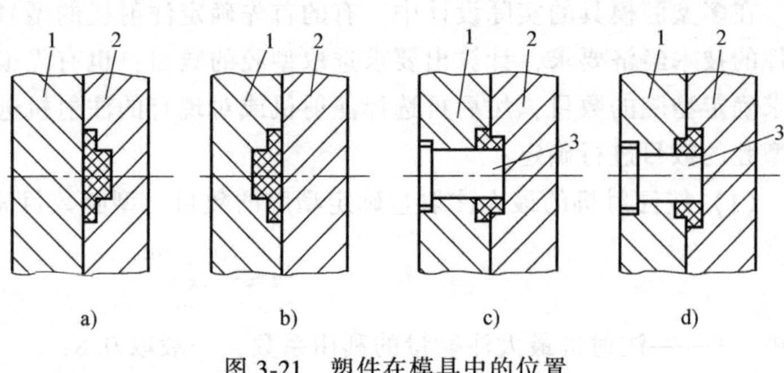

图 3-21　塑件在模具中的位置

1—动模板　2—定模板　3—动模型芯

多型腔模具的型腔在模具分型面上的排布形式如图 3-22 所示。图 3-22a～c 的形式称为平衡式布置，其特点是从主流道到各型腔浇口的分流道的长度、截面形状与尺寸均相同，可实现各型腔均匀进料和同时充满型腔的目的。图 3-22d～f 的形式称为非平衡式布置，其特点是从主流道到各型腔浇口的分流道的长度不同，因而不利于均衡进料，但可以明显缩短分流道的长度，节约塑件的原材料。为了达到同时充满型腔的目的，往往各浇口的截面尺寸要制造得不相同。在实际的多型腔模具的设计与制造中，对于精度要求高、物理与力学性能要求均衡稳定的塑件，应尽量选用平衡式布置的形式。

应当指出，多型腔模具最好成型同一形状和尺寸精度要求的塑件，不同形状的塑件最好不采用同一副多型腔模具生产。但是在生产实践中，有时为了节约和同步生产，往往将成型配套塑件的模具设计成多型腔模具。但是，采用这种形式难免会引起一些缺陷，如塑件发生翘曲及不可逆应变等。

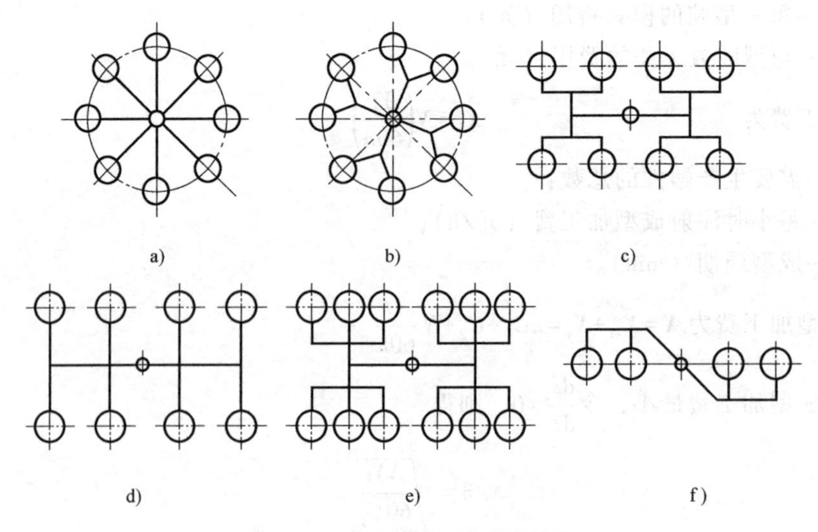

图 3-22　多型腔模具型腔的排布

三、普通浇注系统设计

1. 普通浇注系统的组成

浇注系统是指模具中由注射机喷嘴到型腔之间的进料通道。普通浇注系统一般由主流道、分流道、浇口和冷料穴四部分组成。图 3-23 所示为安装在卧式或立式注射机上的注射模的浇注系统，也称为直浇口式浇注系统，因其主流道轴线垂直于模具分型面。图 3-24 所示为安装在角式注射机上的注射模的浇注系统，也称为横浇口式浇注系统，其主流道轴线平行于分型面。

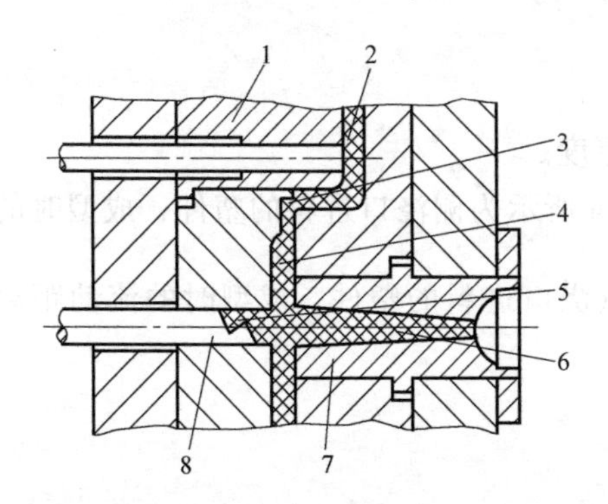

图 3-23　卧式或立式注射机用模具的浇注系统

1—型芯　2—塑件　3—浇口　4—分流道　5—冷料穴　6—主流道　7—浇口套　8—拉料杆

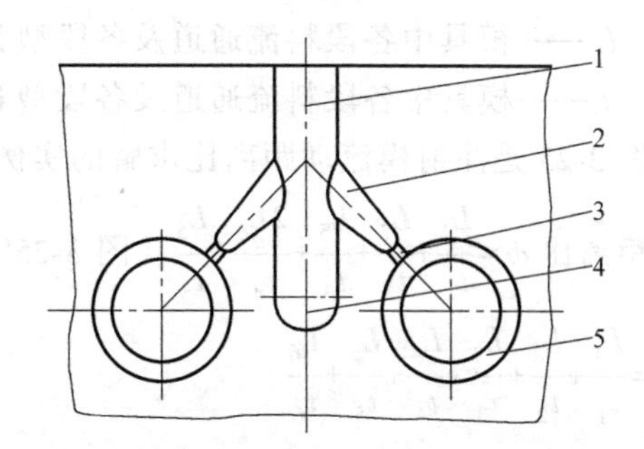

图 3-24　角式注射机用模具的浇注系统

1—主流道　2—分流道　3—浇口　4—冷料穴　5—型腔

2. 普通浇注系统的设计原则

浇注系统的设计是模具设计的一个重要环节，设计得合理与否对塑件的性能、尺寸精度、内外在质量及模具的结构、塑料的利用率等有较大影响。设计浇注系统时，一般应遵循如下基本原则。

（1）了解塑料的成型性能　注射成型时注射机机筒中的塑料已成熔融状态（黏流态），因此了解塑料熔体的流动特性，温度、剪切速率对黏度的影响等十分重要。设计的浇注系统一定要与所用塑料的成型性能相适应，以保证成型塑件的质量。

（2）尽量避免或减少熔接痕　在选择浇口位置时，应注意避免熔接痕的产生。熔体流动时应尽量减少分流的次数，有分流必然有汇合，熔体汇合之处必然会产生熔接痕，尤其是在流程长、温度低时，对塑件熔接强度的影响就更大。

（3）有利于型腔中气体的排出　浇注系统应能顺利地引导塑料熔体充满型腔的各个部位，使浇注系统及型腔中原有的气体能有序地排出，避免充型过程中产生紊流或涡流，也不因气体积存而引起凹陷、气泡、烧焦等成型缺陷。

（4）防止型芯变形和嵌件移位　设计浇注系统时应尽量避免塑料熔体直冲细小型芯和嵌件，以防止熔体的冲击力使细小型芯变形或嵌件移位。

（5）尽量采用较短的流程充满型腔　在选择浇口位置的时候，对于较大的模具型腔，一定要力求以较短的流程充满型腔，将塑料熔体的压力损失和热量损失减小到最低，以保持较理想的流动状态和有效地传递最终压力，进而保证塑件良好的成型质量。为此，应选择合理的浇口位置，减少流道的折弯，降低流道的表面粗糙度值，这样就能缩短充型时间，避免因流程长、压力损失和热量损失大而引起型腔充填不满等成型缺陷。

（6）流动距离比和流动面积比的校核　对于大型或薄壁塑件，塑料熔体有可能因流动距离过长或流动阻力太大而无法充满整个型腔。为此，在模具设计过程中，除了考虑采用较短的流程外，还应对注射成型时的流动距离比或流动面积比进行校核，以避免型腔充填不足现象的发生。

流动距离比简称流动比，它是指塑料熔体在模具中进行最长距离的流动时，截面厚度相同的各段料流通道及各段型腔的长度与其对应截面厚度之比值的总和，即

$$\phi = \sum \frac{L_i}{t_i} \tag{3-6}$$

式中　ϕ——流动距离比；

L_i——模具中各段料流通道及各段型腔的长度；

t_i——模具中各段料流通道及各段型腔的截面厚度。

图 3-25 是注射模流动距离比求解的实例。图 3-25a 所示为侧浇口进料的塑件，成型时的流动距离比 $\phi=\frac{L_1}{t_1}+\frac{L_2}{t_2}+\frac{L_3}{t_3}+\frac{2L_4}{t_4}+\frac{L_5}{t_5}$；图 3-25b 所示为点浇口进料的塑件，成型时的流动距离比 $\phi=\frac{L_1}{t_1}+\frac{L_2}{t_2}+\frac{L_3}{t_3}+\frac{L_4}{t_4}+\frac{L_5}{t_5}+\frac{L_6}{t_6}$。

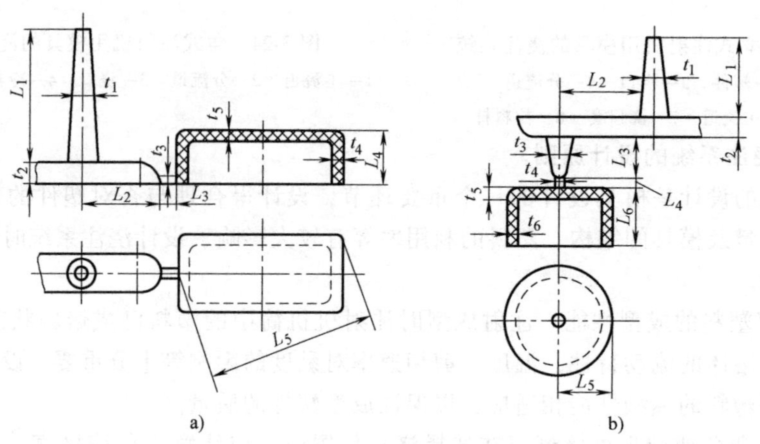

图 3-25　流动距离比计算实例

表 3-1　部分塑料的注射压力与流动距离比

塑料品种	注射压力/MPa	流动距离比	塑料品种	注射压力/MPa	流动距离比
聚乙烯(PE)	49	140~100	聚苯乙烯(PS)	88.2	300~260
	68.6	240~200			
	147	280~250	聚甲醛(POM)	98	210~110
聚丙烯(PP)	49	140~100	尼龙 6	88.2	320~200
	68.6	240~200			
	117.6	280~240			
聚碳酸酯(PC)	88.2	130~90	尼龙 66	88.2	130~90
	117.6	150~120			
	127.4	160~120		127.4	160~130
软质聚氯乙烯(PVC-P)	68.6	240~160	未增塑聚氯乙烯(PVC-U)	68.6	110~70
	88.2	280~200		88.2	140~100
				117.6	160~120
				127.4	170~130

在生产中影响流动距离比的因素较多，其中主要影响因素是塑料的品种和注射压力，此外还有熔体的温度、模具的温度和流道及型腔的表面粗糙度等，需经大量试验才能确定。表3-1所列的数值可供设计模具时参考。如果设计时计算出的流动距离比 ϕ 大于表中数值，则注射成型时在同样的压力条件下模具型腔有可能产生充填不足的现象。

流动面积比是指浇注系统中料流通道截面厚度与塑件表面面积的比值，即

$$\psi=\frac{t}{A} \tag{3-7}$$

式中　ψ——流动面积比（mm^{-1}）；

t——浇注系统中料流通道截面厚度（mm）；

A——塑件的表面积（mm^2）。

流动面积比可作为表面积较大的塑件能否成型的依据，但试验资料很少。已知的聚苯乙烯允许使用的最小流动面积比约为 $(1\sim3)\times10^{-4}\sim(1\sim3)\times10^{-5}mm^{-1}$。

3. 主流道和分流道设计

（1）主流道设计　主流道是指浇注系统中从注射机喷嘴与模具接触处开始到分流道为止的塑料熔体的流动通道，是熔体最先流经模具的部分。主流道的形状与尺寸对塑料熔体的流动速度和充模时间有较大的影响，因此，其设计原则是必须使熔体的热量损失和压力损失最小。

在卧式或立式注射机上使用的模具中，主流道轴线垂直于分型面。主流道通常设计在模具的浇口套中，如图3-26所示。为了主流道凝料能顺利地从浇口套中被拔出，主流道设计成圆锥形，锥角 α 为2°~6°；小端直径 d 比注射机喷嘴直径 d_1 大0.5~1mm；小端的前面是球面，其深度 h 为3~5mm，注射机喷嘴的球面与模具接触并且贴合，因此要求主流道前端球面半径 SR 比喷嘴球面半径 SR_1 大1~2mm。主流道的表面粗糙度 $Ra\leqslant0.8\mu m$。浇口套（主流道衬套）一般采用碳素工具钢（如T8A、T10A等）制造，热处理淬火硬度为53~57HRC。

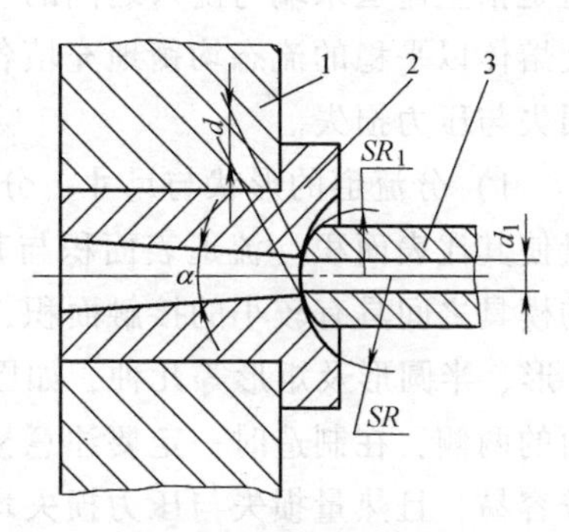

图3-26　主流道形状及其与注射机喷嘴的关系

1—定模板　2—浇口套　3—注射机喷嘴

浇口套的结构形式如图3-27所示，图3-27a为浇口套与定位圈设计成整体的形式，用螺钉固定于定模座板上，一般只用于小型注射模；图3-27b、c为浇口套与定位圈设计成两个零件的形式，通过台阶固定在定模座板上，其中图3-27c所示为浇口套穿过定模座板与定模板的形式。

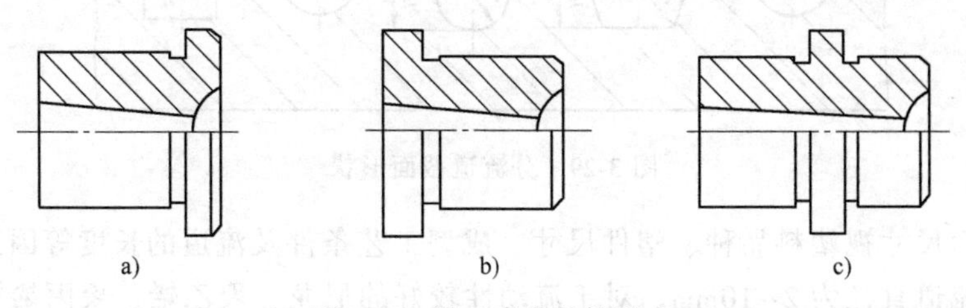

图3-27　浇口套的结构形式

浇口套与模板配合固定的形式如图3-28所示。浇口套与模板间的配合采用H7/m6过渡

配合，浇口套与定位圈采用 H9/f9 配合。定位圈在模具安装调试时插入注射机定模板的定位孔内，用于模具与注射机的安装定位。定位圈外径比注射机定模板上的定位孔小 0.2mm 以下。

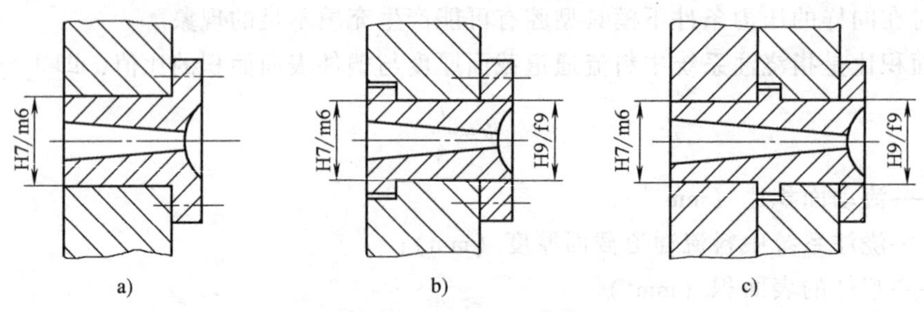

图 3-28　浇口套的固定形式

在角式注射机用的模具中（图 3-24），主流道轴线平行于分型面，并且开设在分型面的两侧，主流道设计成圆柱形，模具分型后与塑件一起留在动模，推出机构工作时与塑件一起被推出模外。主流道与注射机的喷嘴接触处设计成平面或球面。为了减少注射过程中的变形与磨损，可在分型面两侧的动模板、定模板上镶入淬火镶块。

（2）分流道设计　在多型腔或者多浇口的单型腔的浇注系统中，应设置分流道。分流道是指主流道末端与浇口之间的一段塑料熔体的流动通道。分流道的作用是改变熔体流向，使熔体以平稳的流态均衡地充填各个型腔。设计分流道时应注意尽量减少流动过程中的热量损失与压力损失。

1）分流道的形状与尺寸。分流道可开设在分型面的两侧或任意一侧，其截面形状应尽量使其比表面积（流道表面积与其体积之比）小，使温度较高的塑料熔体和温度相对较低的模具之间具有较小的接触面积，以减少热量损失。常用的分流道截面形状有圆形、梯形、U 形、半圆形及矩形等几种，如图 3-29 所示。圆形截面的比表面积最小，但需开设在分型面的两侧，在制造时一定要注意模板上两部分形状对中吻合；梯形及 U 形截面分流道加工较容易，且热量损失与压力损失均不大，为常用的形式；半圆形截面分流道需用球头铣刀加工，其比表面积比梯形和 U 形截面分流道略大，在设计中也有采用；矩形截面分流道因其比表面积较大，且流动阻力也大，故在设计中不常采用。

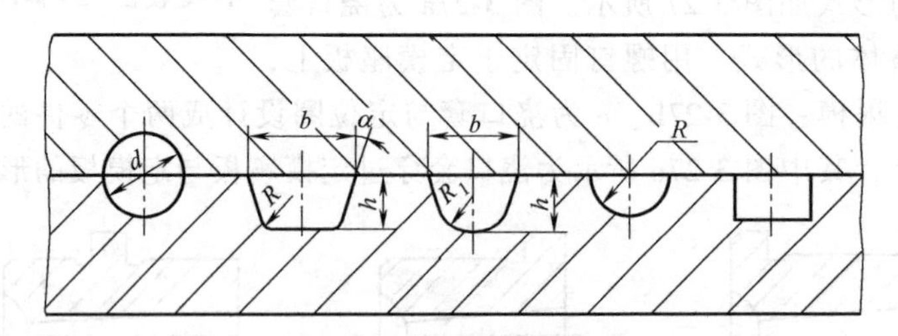

图 3-29　分流道截面形状

分流道截面尺寸视塑料品种、塑件尺寸、成型工艺条件及流道的长度等因素来确定。通常圆形截面分流道直径为 2~10mm。对于流动性较好的尼龙、聚乙烯、聚丙烯等塑料，在分流道长度很短时，直径可小到 2mm；对于流动性较差的聚碳酸酯、聚砜等，分流道直径可大至 10mm；对于大多数塑料，分流道截面直径常取 5~6mm。

梯形截面分流道的尺寸可按下面经验公式确定

$$b = 0.2654\sqrt{m}\sqrt[4]{L} \tag{3-8}$$

$$h = \frac{2}{3}b \tag{3-9}$$

式中　b——梯形大底边宽度（mm）；

m——塑件的质量（g）；

L——分流道的长度（mm）；

h——梯形的高度（mm）。

梯形的侧面斜角 α 常取 5°～10°，底部以圆角相连。式（3-8）的适用范围为塑件壁厚为 3.2mm 以下，塑件质量小于 200g，且计算结果 b 应在 3.2～9.5mm 范围内。按照经验，根据成型条件不同，b 可在 5～10mm 内选取。

U 形截面分流道的宽度 b 也可在 5～10mm 内选取，半径 $R_1 = 0.5b$，深度 $h = 1.25R_1$。

2）分流道的长度。根据型腔在分型面上的排布情况，分道流可分为一次分流道、二次分流道甚至三次分流道。分流道的长度要尽可能短，且弯折少，以减少压力损失和热量损失，节约塑料原材料和减少能耗。图 3-30 所示为分流道长度的设计参数尺寸，其中 $L_1 = 6 \sim 10$mm，$L_2 = 3 \sim 6$mm，$L_3 = 6 \sim 10$mm，L 的尺寸根据型腔的多少和型腔的大小而定。

3）分流道的表面粗糙度。由于分流道中与模具接触的外层塑料迅速冷却，只有内部的熔体流动状态比较理想，因此分流道的表面粗糙度值不要求太低，一般 Ra 取 1.6μm 左右，这样可增加对外层塑料熔体的流动阻力，使外层塑料冷却固定，形成绝热层。

4）分流道在分型面上的布置形式。分流道在分型面上的布置形式与型腔在分型面上的布置形式密切相关。如果型腔呈圆形分布，则分流道呈辐射状布置；如果型腔呈矩形分布，则分流道一般采用“非”字状布置。虽然分流道有多种不同的布置形式，但应遵循两个原则：一个是排列应尽量紧凑，以缩小模板尺寸；另一个是流程尽量短，对称布置，使胀模力的中心与注射机锁模力的中心一致。分流道常用的布置形式有平衡式和非平衡式两种，这与多型腔的平衡式与非平衡式布置是一致的。

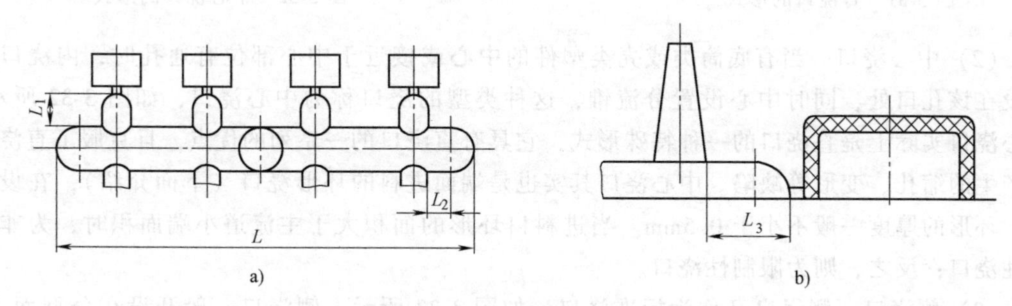

图 3-30　分流道的长度

4. 浇口设计

浇口又称进料口，是连接分流道与型腔的熔体通道。浇口的设计与位置的选择恰当与否，直接关系到塑件能否被完好、高质量地注射成型。

浇口可分成限制性浇口和非限制性浇口两大类。限制性浇口是整个浇注系统中截面尺寸最小的部位，通过截面面积的突然变化使分流道送来的塑料熔体产生突变的流速增加，提高

剪切速率，降低黏度，使其成为理想的流动状态，从而迅速均衡地充满型腔。对于多型腔模具，调节浇口的尺寸还可以使非平衡布置的型腔达到同时进料的目的，有利于塑件质量均一。另外，限制性浇口还起着较早固化防止型腔中熔体倒流的作用。非限制性浇口是整个浇注系统中截面尺寸最大的部位，它主要对中大型筒类、壳类塑件型腔起引料和进料后的施压作用。

按浇口的结构形式和特点，常用的浇口可分成以下几种形式。

(1) 直浇口　直浇口又称主流道型浇口，它属于非限制性浇口，如图 3-31 所示。塑料熔体由主流道的大端直接进入型腔，因而具有流动阻力小、流动路程短及补缩时间长等特点。由于注射压力直接作用在塑件上，易在进料处产生较大的残余应力而导致塑件翘曲变形。这种形式的浇口截面大，去除较困难，去除后会留有较大的浇口痕迹，影响塑件的美观。这类浇口大多用于注射成型大、中型长流程深型腔筒形或壳形塑件，尤其适用于如聚碳酸酯、聚砜等高黏度塑料。另外，这种形式的浇口只适用于单型腔模具。

在设计直浇口时，为了减小与塑件接触处的浇口面积，防止该处产生缩孔、变形等缺陷，一方面应尽量选用较小的主流道锥角 α（$\alpha=2°\sim4°$），另一方面尽量减小定模板和定模座板的厚度。

采用直浇口的浇注系统有着良好的熔体流动状态，塑料熔体从型腔底面中心部位流向分型面，有利于消除深型腔处气体不易排出的缺点，排气通畅。采用直浇口时，塑件和浇注系统在分型面上的投影面积最小，模具结构紧凑，注射机受力均匀。

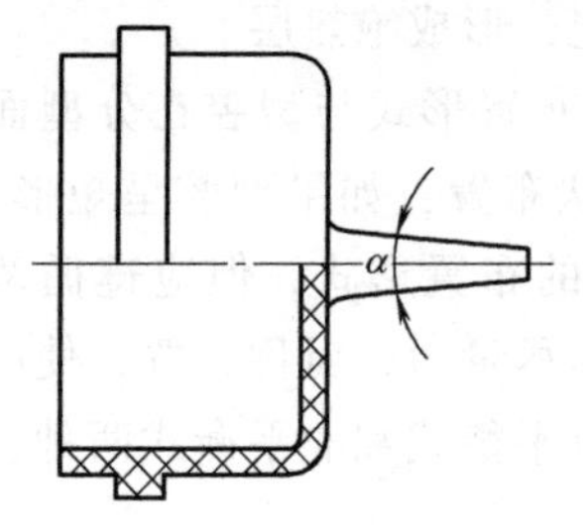

图 3-31　直浇口的形式

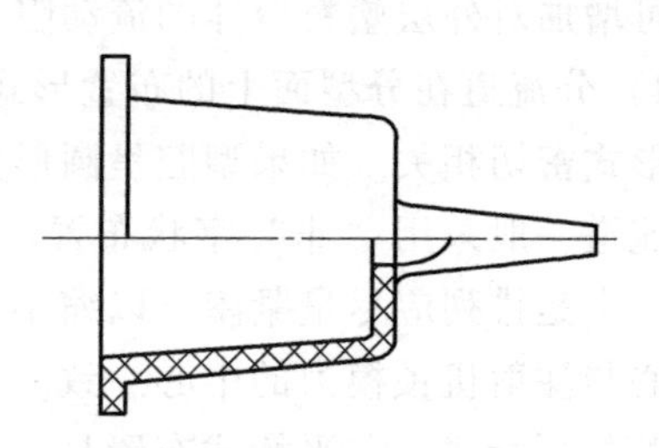
图 3-32　中心浇口的形式

(2) 中心浇口　当有底筒类或壳类塑件的中心或接近于中心部位有通孔时，内浇口就开设在该孔口处，同时中心设置分流锥，这种类型的浇口称为中心浇口，如图 3-32 所示。中心浇口实际上是直浇口的一种特殊形式，它具有直浇口的一系列的优点，且克服了直浇口易产生的缩孔、变形等缺陷。中心浇口其实也是端面进料的环形浇口（下面介绍），在设计时，环形的厚度一般不小于 0.5mm。当进料口环形的面积大于主流道小端面积时，为非限制性浇口；反之，则为限制性浇口。

(3) 侧浇口　侧浇口又称为标准浇口，如图 3-33 所示。侧浇口一般开设在分型面上，塑料熔体从内侧或外侧充填模具型腔，其截面形状多为矩形（扁槽），改变浇口的宽度与厚度可以调节熔体的剪切速度及浇口的冻结时间。这类浇口可以根据塑件的形状特征选择其位置，加工和修整方便，因此它是应用较广泛的一种浇口形式，普遍用于中小型塑件的多型腔模具，且对各种塑料的成型适应性均较强。由于浇口截面小，减少了浇注系统塑料的消耗量，同时去除浇口容易，且不留明显痕迹。但这种浇口成型的塑件往往有熔接痕存在，且注射压力损失较大，对深型腔塑件排气不利。

图 3-33a 为分流道、浇口与塑件在分型面同一侧的形式，从塑件侧向进料；图 3-33b 为分流道、浇口与塑件在分型面两侧的形式，浇口搭接在塑件上，从塑件端面进料；图 3-33c 为分流道与浇口、塑件在分型面两侧的形式，浇口搭接在分流道上，从塑件侧向进料。设计时选择侧向进料还是端面进料，要根据塑件的使用要求而定。

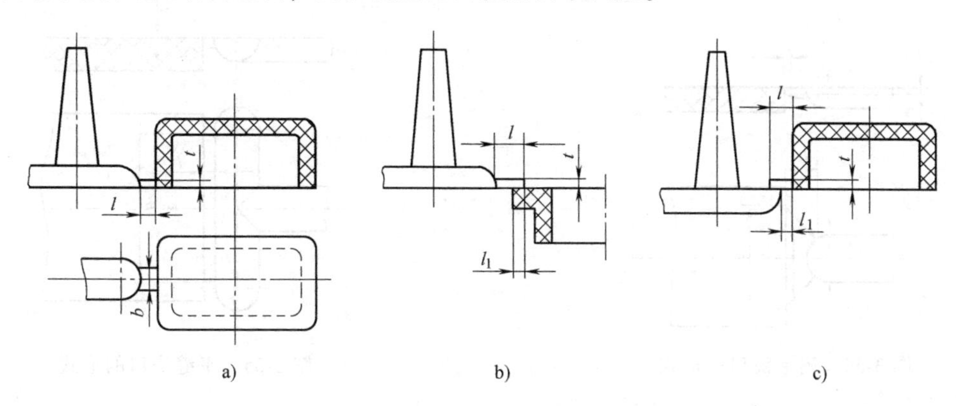

图 3-33　侧浇口的形式

侧浇口尺寸计算的经验公式如下

$$b=\frac{(0.6\sim0.9)}{30}\sqrt{A} \tag{3-10}$$

$$t=(0.6\sim0.9)\delta \tag{3-11}$$

式中　b——侧浇口的宽度（mm）；

A——塑件的外侧表面积（mm^2）；

t——侧浇口的厚度（mm）；

δ——浇口处塑件的壁厚（mm）。

采用侧向进料的侧浇口（图 3-33a）时，对于中小型塑件，一般侧浇口的厚度 $t=0.5\sim2.0$mm（或取塑件壁厚的 1/3～2/3），宽度 $b=1.5\sim5.0$mm，侧浇口的长度 $l=0.7\sim2.0$mm；采用端面进料的搭接式侧浇口（图 3-33b）时，搭接部分的长度 $l_1=(0.6\sim0.9)\text{mm}+b/2$，浇口长度 l 可适当加长，取 $l=2.0\sim3.0$mm；采用侧向进料的搭接式侧浇口（图 3-33c）时，侧浇口长度的选择可参考端面进料的搭接式侧浇口。

侧浇口有两种变异的形式，即扇形浇口和平缝浇口，下面分别介绍。

1）扇形浇口。扇形浇口是一种沿浇口方向宽度逐渐增加、厚度逐渐减小，呈扇形的侧浇口，如图 3-34 所示，常用于扁平而较薄的塑件，如盖板、标卡和托盘类等。通常在与型腔接合处形成长 $l=1\sim1.3$mm、厚 $t=0.25\sim1.0$mm 的进料口，进料口的宽度 b 视塑件大小而定，一般取 6mm 至浇口处型腔宽度的 1/4，整个扇形的长度 L 可取 6mm 左右。采用扇形浇口，使塑料熔体在宽度方向上的流动得到更均匀的分配，塑件的内应力因之较小，还可避免流纹及定向效应所带来的不良影响，减少带入空气的可能性，但浇口痕迹较明显。

2）平缝浇口。平缝浇口又称薄片浇口，如图 3-35 所示。这类浇口宽度很大，厚度很小，几何上成为一条窄缝，与特别开设的平行流道相连。熔体通过平行流道与平缝浇口得到均匀分配，以较低的线速度平稳均匀地流入型腔，降低了塑件的内应力，减少了因取向而造成的翘曲变形。这类浇口的宽度 b 一般取塑件宽度的 25%~100%，厚度 t=0.2~1.5mm，长度 l=1.2~1.5mm。这类浇口主要用于成型面积较大的扁平塑件，但浇口的去除比扇形浇口更困难，浇口在塑件上的痕迹也更明显。

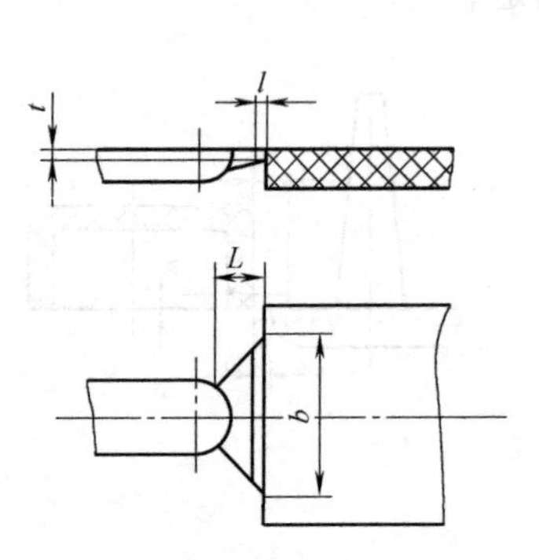

图 3-34 扇形浇口的形式

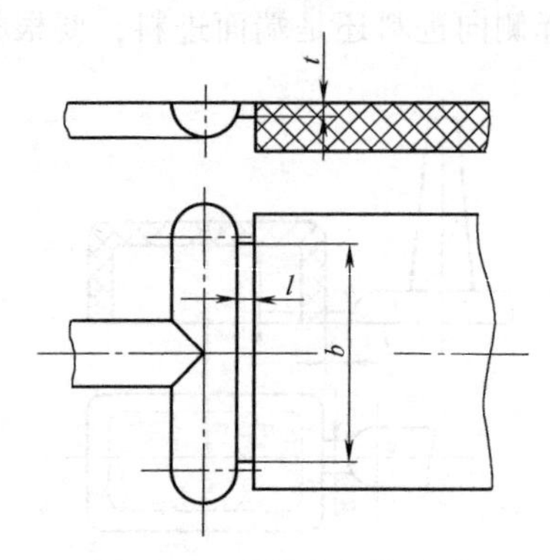

图 3-35 平缝浇口的形式

（4）环形浇口 对型腔充填采用圆环形进料形式的浇口称环形浇口，如图 3-36 所示。环形浇口的特点是进料均匀，圆周上各处流速大致相等，熔体流动状态好，型腔中的空气容易排出，熔接痕基本避免。图 3-36a 所示为内侧进料的环形浇口，浇口设计在型芯上，浇口的厚度 t=0.25~1.6mm，长度 l=0.8~1.8mm；图 3-36b 所示为端面进料的搭接式环形浇口，搭接长度 l_1=0.8~1.2mm，总长 l 可取 2~3mm；图 3-36c 所示为外侧进料的环形浇口，浇口尺寸可参考内侧进料的环形浇口。实质上，前述的中心浇口也是一种端面进料的环形浇口。环形浇口主要用于成型圆筒形无底塑件，但浇注系统耗料较多，浇口去除较难，浇口痕迹明显。

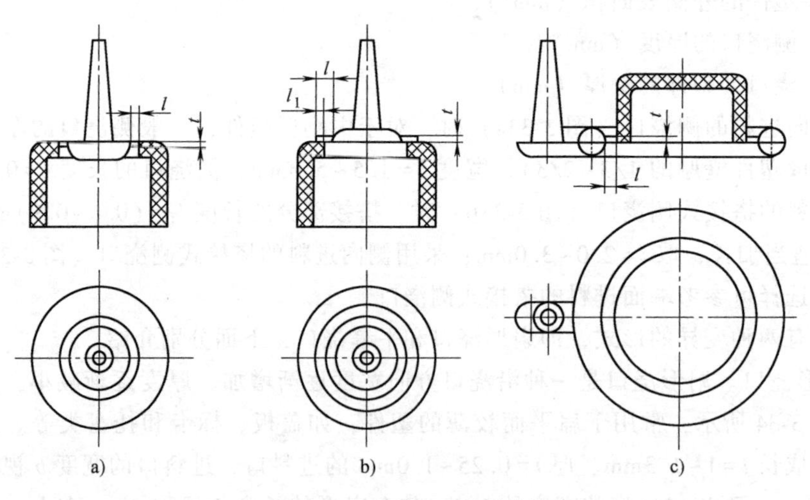

图 3-36 环形浇口的形式

（5）轮辐浇口 轮辐浇口是在环形浇口基础上改进而成的，由原来的圆周进料改为几小段圆弧进料，浇口尺寸与侧浇口类似，如图 3-37 所示。这种形式的浇口耗料比环形浇口少得多，且去除浇口容易。这类浇口在生产中比环形浇口应用广泛，多用于成型底部有大孔的圆筒形或壳型塑件。缺点是增加了熔接痕，从而影响塑件的强度。

（6）爪形浇口　爪形浇口如图 3-38 所示。它可在型芯的头部开设流道，如图 3-38a 所示；也可在主流道下端开设，如图 3-38b 所示，但加工较困难，通常采用电火花成形。型芯又用作分流锥，其头部与主流道有自动定心的作用（型芯头部有一段与主流道下端大小一致），从而避免了塑件弯曲变形或同轴度差等成型缺陷。其缺点与轮辐浇口类似，主要用于成型内孔较小且同轴度要求较高的细长管状塑件。

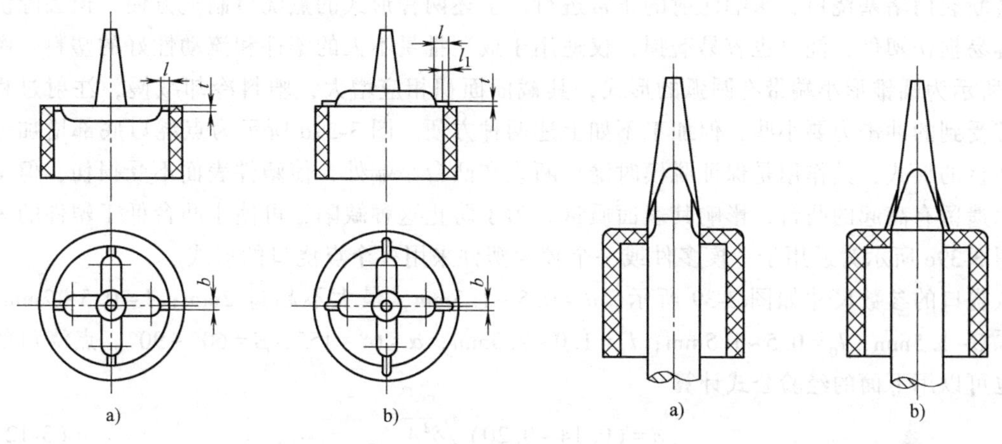

图 3-37　轮辐浇口的形式

图 3-38　爪形浇口的形式

（7）点浇口　点浇口又称针点浇口或菱形浇口，是一种截面尺寸很小的浇口，俗称小浇口，如图 3-39 所示。这类浇口由于前后两端存在较大的压力差，能较大地增大塑料熔体的剪切速率并产生较大的剪切热，从而导致熔体的表观黏度下降，流动性增加，有利于型腔的充填，因而对于薄壁塑件以及诸如聚乙烯、聚丙烯等表观黏度随剪切速率而敏感改变的塑

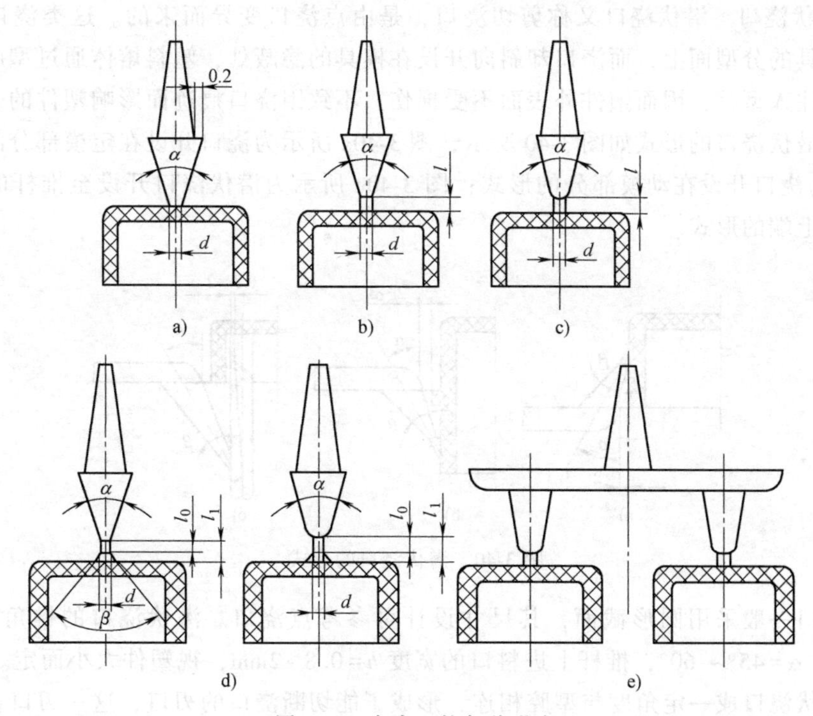

图 3-39　点浇口的各种形式

料成型有利，但不利于成型流动性差及热敏性塑料，也不利于成型平薄易变形及形状非常复杂的塑件。

点浇口的设计形式有多种，图3-39a所示为直接式，直径为d的圆锥形的小端直接与塑件相连。图3-39b所示为点浇口的另一种形式，圆锥形的小端有一段直径为d、长度为l的浇口与塑件相连。这种形式的浇口直径d不能太小，浇口长度l不能太长，否则脱模时浇口凝料会断裂而堵塞浇口，影响注射的正常进行。上述两种形式的点浇口制造方便，但去除浇口时容易损伤塑件，浇口也容易磨损，仅适用于成型批量不大的塑件和流动性好的塑料。图3-39c所示为圆锥形小端带有圆弧的形式，其截面面积相应增大，塑料冷却减慢，注射过程中型芯受到的冲击力要小些，但加工不如上述两种方便。图3-39d所示为点浇口底部增加一个小凸台的形式，其作用是保证脱模时浇口断裂在凸台小端处，使塑件表面不受损伤，但塑件表面遗留有高起的凸台，影响其表面质量。为了防止这种缺陷，可使小凸台低于塑件的表面。图3-39e所示为适用于一模多件或一个较大塑件采用多个点浇口的形式。

点浇口的参数尺寸如图3-39所示。$d=0.5\sim1.5$mm，最大不超过2mm；$l=0.5\sim2$mm，常取$1.0\sim1.5$mm；$l_0=0.5\sim1.5$mm；$l_1=1.0\sim2.5$mm；$\alpha=6°\sim15°$，$\beta=60°\sim90°$。点浇口的直径也可以用下面的经验公式计算

$$d=(0.14\sim0.20)\sqrt[4]{\delta^2 A} \tag{3-12}$$

式中 d——点浇口直径（mm）；

δ——塑件在浇口处的壁厚（mm）；

A——型腔表面积（mm^2）。

采用点浇口进料的浇注系统，在定模部分必须增加一个分型面，用于取出浇注系统凝料。

（8）潜伏浇口　潜伏浇口又称剪切浇口，是由点浇口变异而来的。这类浇口对应的分流道位于模具的分型面上，而浇口却斜向开设在模具的隐蔽处，塑料熔体通过型腔的侧面或推杆的端部注入型腔，因而塑件外表面不受损伤，不致因浇口痕迹而影响塑件的表面质量与美观效果。潜伏浇口的形式如图3-40所示，图3-40a所示为浇口开设在定模部分的形式；图3-40b所示为浇口开设在动模部分的形式；图3-40c所示为潜伏浇口开设至推杆的上部而进料口在推杆上端的形式。

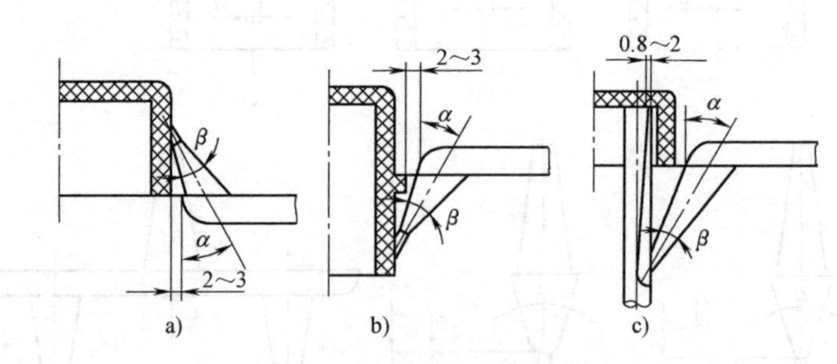

图3-40　潜伏浇口的形式

潜伏浇口一般采用圆形截面，其尺寸设计可参考点浇口。潜伏浇口的锥角β取$10°\sim20°$，倾斜角$\alpha=45°\sim60°$，推杆上进料口的宽度$b=0.8\sim2$mm，视塑件大小而定。

由于潜伏浇口成一定角度与型腔相连，形成了能切断浇口的刃口，这一刃口在脱模或分

型时形成的剪切力将浇口自动切断，但成型较强韧的塑料时不宜采用。

综上所述，不同的浇口形式对塑料熔体的充填特性、成型质量及塑件的性能会产生不同的影响。各种塑料因其性能的差异而对不同形式的浇口有不同的适应性，设计模具时可参考表 3-2 选择常用塑料所适用的浇口形式。

需要指出的是，表 3-2 只是生产经验的总结，实际生产过程中如果能处理好塑料的性能、成型工艺条件及塑件的使用要求，即使采用表中所列不适用的浇口，仍有可能实现注射成型。

表 3-2　常用塑料所适用的浇口形式

浇口形式 塑料种类	直浇口	侧浇口	平缝浇口	点浇口	潜伏浇口	环形浇口
未增塑聚氯乙烯(PVC-U)	O	O				
聚乙烯(PE)	O	O		O		
聚丙烯(PP)	O	O		O		
聚碳酸酯(PC)	O	O		O		
聚苯乙烯(PS)	O	O		O	O	
橡胶改性苯乙烯					O	
聚酰胺(PA)	O	O			O	
聚甲醛(POM)	O	O	O	O	O	O
丙烯腈-苯乙烯	O	O		O		
ABS	O	O	O	O	O	O
丙烯酸酯	O	O				

注："O" 表示塑料适用的浇口形式。

5. 浇口位置的选择与浇注系统的平衡

（1）浇口位置的选择　如前所述，浇口的形式很多，但无论采用什么形式的浇口，其开设的位置对塑件的成型性能及成型质量影响很大，因此，合理选择浇口的开设位置是提高塑件质量的一个重要设计环节。另外，浇口位置的不同还会影响模具的结构。选择浇口位置时，需要考虑塑件的结构与工艺特征和成型的质量要求，并分析塑料原材料的工艺性能与塑料熔体在模具内的流动状态、成型工艺条件，综合进行考虑。

1）尽量缩短流动距离。浇口位置的选择应保证塑料熔体迅速和均匀地充填模具型腔，尽量缩短熔体的流动距离，这对大型塑件更为重要。

2）避免熔体破裂现象引起塑件的缺陷。小的浇口如果正对着一个宽度和厚度较大的型腔，则熔体经过浇口时，由于受到很高的剪切应力将产生喷射和蠕动等熔体破裂现象。有时塑料熔体直接从型腔的一端喷射到型腔的另一端，造成折叠，在塑件上产生波纹状痕迹或其他表面缺陷。为克服这种现象，可适当地加大浇口的截面尺寸，或采用浇口对着大型芯等冲击型浇口，避免熔体破裂现象的产生。

3）浇口应开设在塑件厚壁处。当塑件的壁厚相差较大时，若将浇口开设在薄壁处，则塑料熔体进入型腔后，不但流动阻力大，而且还易冷却，影响熔体的流动距离，难以保证充满整个型腔。从收缩角度考虑，塑件厚壁处往往是熔体最晚固化的地方，如果浇口开设在薄壁处，则厚壁处因熔体收缩得不到补缩而会形成表面凹陷或缩孔。为了保证塑料熔体顺利充填型腔，使注射压力得到有效传递，且在熔体收缩时又能得到充分的补缩，一般浇口的位置应开设在塑件的厚壁处。

4）考虑分子定向的影响。塑料熔体在充填模具型腔期间，会在其流动方向上出现聚合物分子和填料的取向。垂直于流向和平行于流向的塑料的强度和应力开裂倾向是有差别的，往往垂直于流向的方位强度低、容易产生应力开裂，在选择浇口位置时，应充分注意这一点。图 3-41a 所示塑件，底部圆周带有一金属环形嵌件，如果浇口开设在 *A* 处（直浇口或点浇口），则此塑件使用不久就会开裂，因为塑料与金属环形嵌件的线膨胀系数不同，嵌件周围的塑料层有很大的周向应力；若浇口开设在 *B* 处（侧浇口），由于聚合物分子沿嵌件圆周方向定向，使应力开裂现象大为减少。图 3-41b 所示塑件为一带有铰链的聚丙烯盒体，为了使铰链达到几千上万次弯折而不断裂，就要求塑料在铰链处高度定向。为此，将两点浇口开设在图示位置，有意识地让铰链处高度定向。

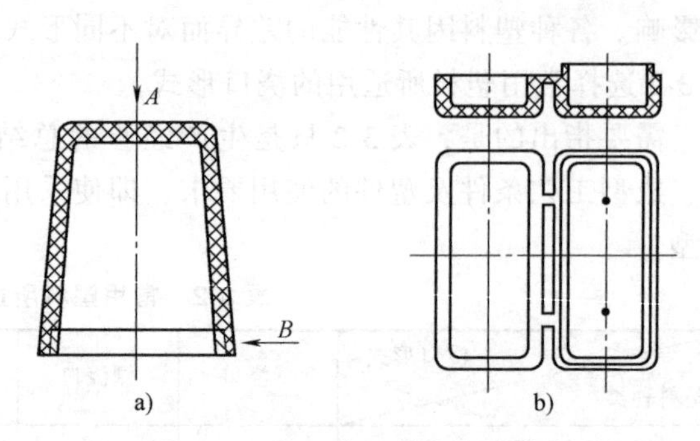

图 3-41　浇口位置对定向的影响

5）减少熔接痕、提高熔接强度。由于浇口位置的原因，塑料熔体充填型腔时会造成两股或两股以上的熔体料流的汇合。汇合之处料流前端是气体，且温度最低，在塑件上就会形成熔接痕。熔接痕会降低塑件的熔接强度，影响塑件外观，在成型玻璃纤维增强塑件时尤其严重。如无特殊需要最好不要开设一个以上的浇口，以免增加熔接痕，如图 3-42 所示。环形浇口流动状态好，无熔接痕，而轮辐浇口有熔接痕，如图 3-43 所示，且轮辐越多，熔接痕越多。

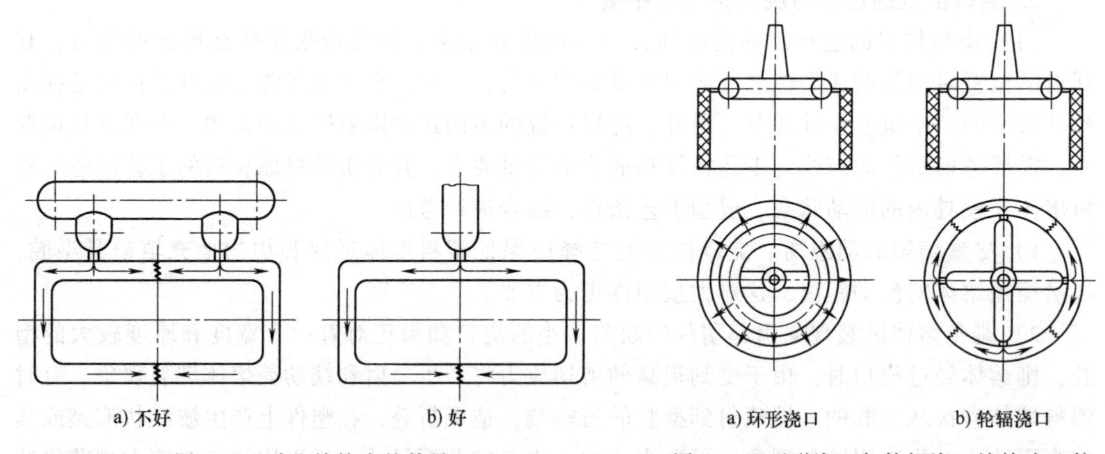

图 3-42　减少熔接痕的数量

图 3-43　环形浇口与轮辐浇口熔接痕比较

为了提高熔接的强度，可以在料流汇合处的外侧或内侧设置冷料穴（溢流槽），将料流前端的冷料引入其中，如图 3-44 所示。

此外，浇口位置的选择应注意到实际塑料型腔的排气问题、塑件外观的质量问题等。

（2）浇注系统的平衡　为了提高生产率，降低成本，小型（包括部分中型）塑件往往

采取一模多腔的结构形式。在这种结构形式中，浇注系统的设计应使所有的型腔能同时得到塑料熔体均匀的充填。换句话说，应尽量采用从主流道到各个型腔分流道的形状及截面尺寸相同的设计，即型腔平衡式布置的形式。倘若根据某种需要设计成型腔非平衡式布置的形式，则需要通过调节浇口尺寸，使各浇口的熔体流量及成型工艺条件达到一致，即浇注系统的平衡，又称浇口的平衡。

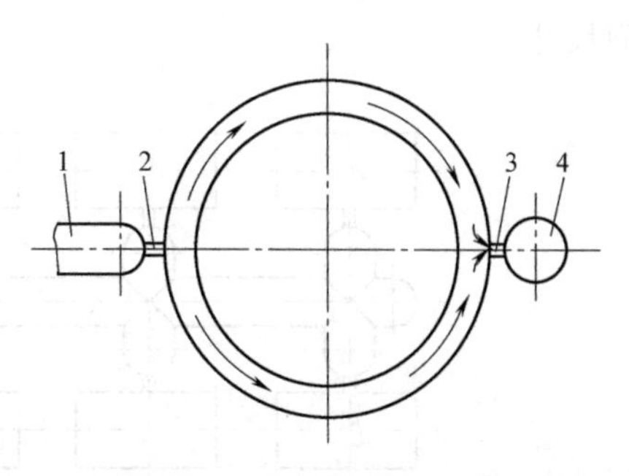

图 3-44　开设冷料穴提高熔接强度
1—分流道　2—浇口　3—溢流槽　4—冷料穴

浇口的平衡是通过计算多型腔模具各个浇口的 BGV（Balanced Gate Value，浇口平衡值）进行判断或计算的。浇口平衡时，BGV 值应符合下述要求：相同塑件的多型腔，各浇口计算出的 BGV 值必须相等；不同塑件的多型腔，各浇口计算出的 BGV 值必须与其型腔的充填量成正比。

相同塑件多型腔成型的 BGV 值可用下式表示

$$BGV=\frac{A_G}{\sqrt{L_R}\,L_G} \tag{3-13}$$

式中　A_G——浇口的截面面积（mm^2）；

L_R——从主流道中心至浇口的流动通道的长度（mm）；

L_G——浇口的长度（mm）。

不同塑件多型腔成型的 BGV 值可用下式表示

$$\frac{W_a}{W_b}=\frac{BGV_a}{BGV_b}=\frac{A_{Ga}\sqrt{L_{Rb}}\,L_{Gb}}{A_{Gb}\sqrt{L_{Ra}}\,L_{Ga}} \tag{3-14}$$

式中　W_a、W_b——分别为型腔 a、b 的充填量（熔体质量或体积）；

A_{Ga}、A_{Gb}——分别为型腔 a、b 的浇口截面面积（mm^2）；

L_{Ra}、L_{Rb}——分别为从主流道中心到型腔 a、b 的流动通道的长度（mm）；

L_{Ga}、L_{Gb}——分别为型腔 a、b 的浇口长度（mm）。

在一般多型腔注射模浇注系统设计中，浇口通常采用矩形或圆形截面的点浇口，浇口截面面积 A_G 与分流道截面面积 A_R 的比值应取

$$A_G : A_R=0.07\sim0.09 \tag{3-15}$$

矩形截面浇口的截面宽度 b 为其厚度 t 的 3 倍，即 $b=3t$，各浇口的长度均相等。在上述前提下进行浇口的平衡计算。

[例]　图 3-45 所示为相同塑件 10 个型腔的模具流道分布简图，各浇口为矩形窄浇口，各段分流道直径相等，分流道 $d_R=6$mm，各浇口的长度 $L_G=1.25$mm，为保证各浇口平衡进料，试确定浇口截面的尺寸。

解：从图 3-45 的型腔排布可看出，A_2、B_2、A_4、B_4 型腔对称布置，流道的长度相同；A_3、B_3、A_5、B_5 对称布置；A_1、B_1 对称布置。为了避免两端浇口和中间浇口的截面相差过大，可以 A_2、B_2、A_4、B_4 为基准，先求出这两组浇口的截面尺寸，再求另外三组浇口的截

面尺寸。

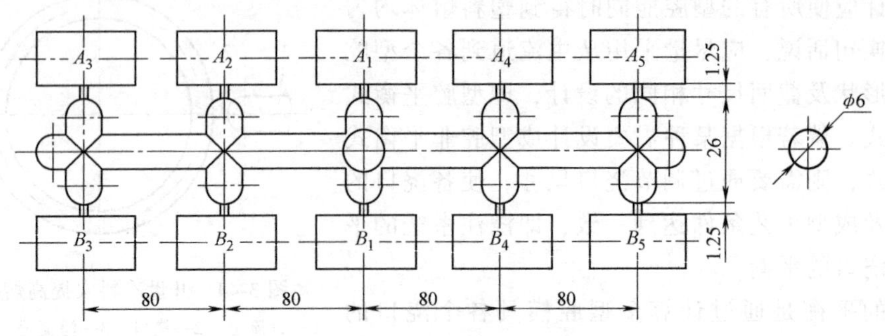

图 3-45　浇口平衡计算实例

1）分流道截面面积 A_R

$$A_R=\frac{d_R^2}{4}\pi=\frac{6^2}{4}\pi mm^2=28.26mm^2$$

2）基准浇口 A_2、B_2、A_4、B_4 这两组浇口截面尺寸（取 $A_G=0.07A_R$）

由 $A_{G2,4}=0.07A_R=3t_{2,4}^2=0.07\times28.26mm^2=1.98mm^2$

求得 $t_{2,4}=0.81mm$；$b_{2,4}=3t_{2,4}=2.43mm$

3）其他三组浇口的截面尺寸

根据 BGV 值相等原则

$$BGV=\frac{A_{G1}}{\sqrt{\frac{26}{2}}\times1.25}=\frac{A_{G3,5}}{\sqrt{\left(80\times2+\frac{26}{2}\right)}\times1.25}=\frac{1.98}{\sqrt{\left(80+\frac{26}{2}\right)}\times1.25}=0.16$$

$$A_{G1}=3t_1^2=0.72mm^2\quad t_1=0.49mm\quad b_1=3t_1=1.47mm$$

$$A_{G3,5}=3t_{3,5}^2=2.63mm^2\quad t_{3,5}=0.94mm\quad b_{3,5}=3t_{3,5}=2.82mm$$

上述计算结果列于表 3-3 中。

表 3-3　平衡后的各浇口尺寸　（单位：mm）

浇口尺寸＼型腔	A_1、B_1	A_2、B_2	A_3、B_3	A_4、B_4	A_5、B_5
长度 L_G	1.25	1.25	1.25	1.25	1.25
宽度 b	1.47	2.43	2.82	2.43	2.82
厚度 t	0.49	0.81	0.94	0.81	0.94

在实际的注射模设计与生产中，常采用试模的方法来达到浇口的平衡。

1）首先将各浇口的长度、宽度和厚度加工成对应相等的尺寸。

2）试模后检验每个型腔的塑件的质量，检查后充满的型腔成型的塑件是否产生补缩不足的缺陷。

3）将后充满、塑件有补缩不足缺陷的型腔的浇口宽度略微修大。尽可能不改变浇口厚度，因为浇口厚度的改变对压力损失较为敏感，浇口冷却固化的时间也不一致。

4）重复上述步骤直至塑件质量满意为止。

在上述试模的整个过程中，注射压力、熔体温度、模具温度、保压时间等成型工艺条件应与正式批量生产时的工艺条件一致。

6. 冷料穴和拉料杆的设计

冷料穴是浇注系统的结构组成之一。主流道下端的冷料穴和角式注射机用模具的冷料穴分别如图3-23和图3-24所示；多型腔模具冷料穴在分型面的设置形式如图3-46所示。冷料穴的作用是容纳浇注系统流道中料流的前锋冷料，以免这些冷料注入型腔，既影响熔体充填的速度，又影响成型塑件的质量。主流道末端的冷料穴除了上述作用外，还便于在该处设置主流道拉料杆。注射结束模具分型时，在拉料杆的作用下，主流道凝料从定模浇口套中被拉出，最后推出机构开始工作，将塑件和浇注系统凝料一起推出模外。这里需要指出的是，采用点浇口形式浇注系统的三板式模具，在主流道末端是不允许设置拉料杆的，否则模具将无法工作。

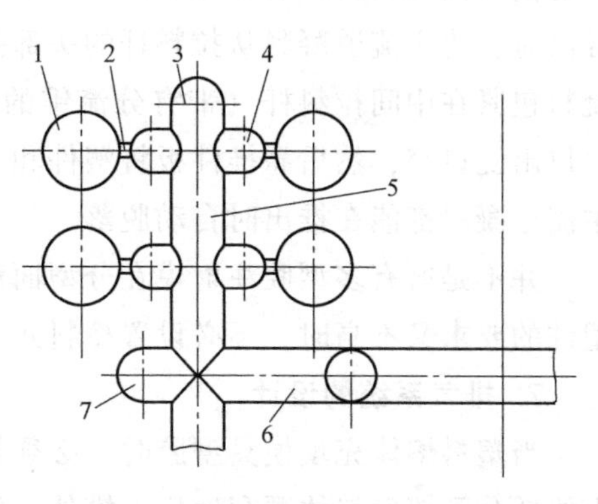

图3-46　多型腔模具分型面上的冷料穴

1—型腔　2—浇口　3、7—冷料穴　4—三次分流道　5—二次分流道　6—一次分流道

主流道拉料杆有两种基本形式。一种是推杆形式的拉料杆，固定在推杆固定板上，Z形拉料杆是其典型的结构形式，如图3-47a所示。图3-47b、c所示分别为在动模板上开设反锥度冷料穴和浅圆环槽冷料穴的形式，冷料穴下端设置推杆。Z形拉料杆是最常用的一种形式，工作时依靠Z形钩将主流道凝料拉出浇口套，推出后由于钩子的方向性而不能自动脱落，需要人工取出。对于图3-47b、c所示形式，分型时靠动模板上的反锥度穴和浅圆环槽

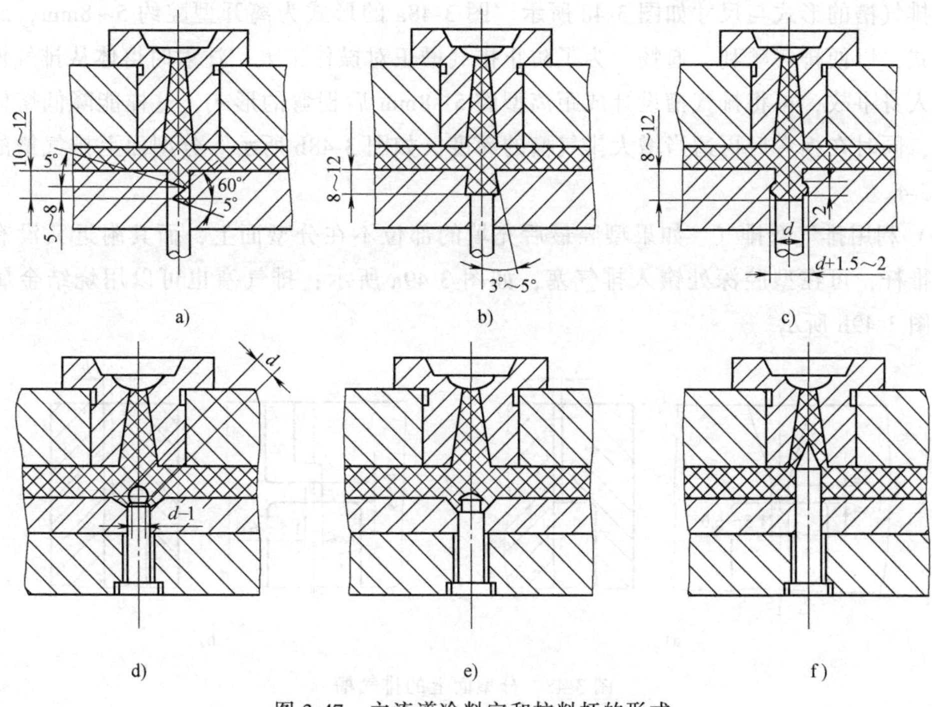

图3-47　主流道冷料穴和拉料杆的形式

的作用将主流道凝料拉出浇口套，然后靠下端的推杆强制地将其推出。另一种是仅适用于推件板脱模的拉料杆，典型的是球头拉料杆，固定在动模板上，如图 3-47d 所示。图 3-47e 所示为菌形头拉料杆，它是靠头部凹下去的部分将主流道凝料从浇口套中拉出来，然后推件板推出时，将主流道凝料从拉料杆的头部强制推出。图 3-47f 是靠塑料的收缩包紧力使主流道凝料包紧在中间拉料杆（带有分流锥的型芯）上，并靠环形浇口与塑件的连接将主流道凝料拉出浇口套，然后靠推件板将塑件和主流道凝料一起推出模外。图 3-47b～f 所示的形式，主流道凝料都能在推出时自动脱落。

并不是所有多型腔注射模在分型面都要设计冷料穴，当塑料性能和成型工艺控制较好、塑件的要求又不高时，不必设置冷料穴。

7. 排气系统的设计

当塑料熔体充填模具型腔时，必须将浇注系统和型腔内的空气以及塑料在成型过程中产生的低分子挥发气体顺利地排出模外。如果因各种原因型腔内产生的气体不能被排除干净，塑件上就会形成气泡、熔接不牢、表面轮廓不清晰及充填不满等成型缺陷；另外气体的存在还会产生反压力而降低充填速度，因此设计模具时必须考虑型腔的排气问题。由于排气不畅而造成型腔局部充填困难时，除了设计排气系统外，还可以考虑开设溢流槽，用于容纳冷料的同时也容纳一部分气体，有时采用这种措施是十分有效的。

注射模通常以如下三种方式排气。

（1）利用配合间隙排气　对于简单型腔的小型模具，可以利用推杆、活动型芯、活动镶件及双支点固定的型芯端部与模板的配合间隙进行排气。这种类型的排气形式，配合间隙不能超过 0.05mm，一般为 0.03～0.05mm，视成型塑料的流动性好坏而定。

（2）在分型面上开设排气槽　分型面上开设排气槽是注射模排气的主要形式。分型面上开设排气槽的形式与尺寸如图 3-48 所示。图 3-48a 的形式为离开型腔约 5～8mm，成开放的燕尾式，以便排气顺利、通畅。为了防止排气槽正对操作工人，注射时熔体从排气槽喷出而引发人身事故，可将排气槽设计成距离型腔 5～8mm 后拐弯的形式，这样能降低熔体溢出的动能，同时在拐弯后再适当增大排气槽的深度，如图 3-48b 所示。分型面上排气槽的深度 h 见表 3-4。

（3）利用排气塞排气　如果型腔最后充填的部位不在分型面上，而其附近又没有活动型芯或推杆，可在型腔深处镶入排气塞，如图 3-49a 所示；排气塞也可以用烧结金属块制成，如图 3-49b 所示。

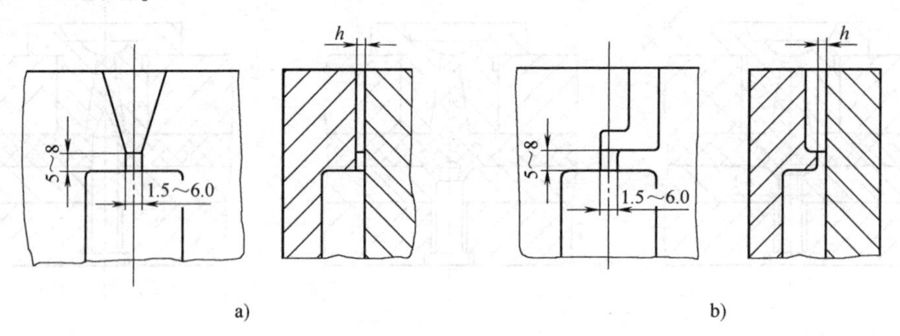

图 3-48　分型面上的排气槽

表 3-4　分型面上排气槽的深度

塑料品种	深度 h/mm	塑料品种	深度 h/mm
聚乙烯(PE)	0.02	聚酰胺(PA)	0.01
聚丙烯(PP)	0.01~0.02	聚碳酸酯(PC)	0.01~0.03
聚苯乙烯(PS)	0.02	聚甲醛(POM)	0.01~0.03
ABS	0.03	丙烯酸共聚物	0.03

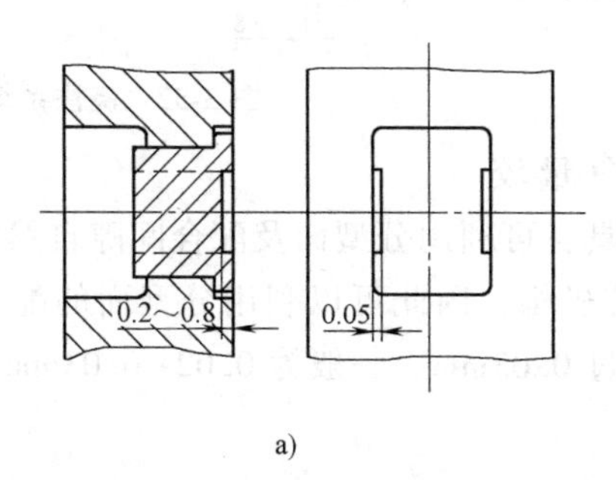

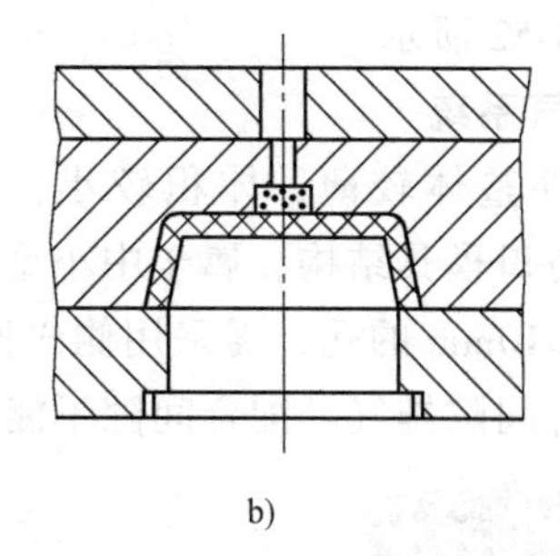

图 3-49　利用排气塞排气

【任务实施】

结合前面所学知识完成本任务的实施部分，包括确定型腔数目及布置，选择分型面，设计浇注系统，设计排气系统。

1. 型腔布置

塑件形状较简单、质量较小、生产批量较大，所以采用多型腔注射模。考虑到塑件的侧面有直径为 ϕ10mm 的圆孔，需侧向抽芯，所以模具采用一模两腔、平衡布置。这样模具尺寸较小，制造加工方便，生产率高，塑件成本较低。型腔布置如图 3-50 所示。

2. 确定分型面

塑件分型面的选择应保证塑件的质量要求，本塑件的分型面有多种选择，如图 3-51 所示。图 3-51a 中的分型面选择在轴线上，这种选择会使塑件表面留下拼缝痕迹，影响塑件表面质量；同时这种分型面也使侧向抽芯较困难。图 3-51b 中的分型面选择在下端面，塑件的外表面可以在整体凹模型腔内成型，塑件大部分外表面光滑，仅在侧向抽芯处留有拼缝痕迹；同时侧向抽芯容易，而且塑件脱模方便。因此选择如图 3-51b 所示的分型面。

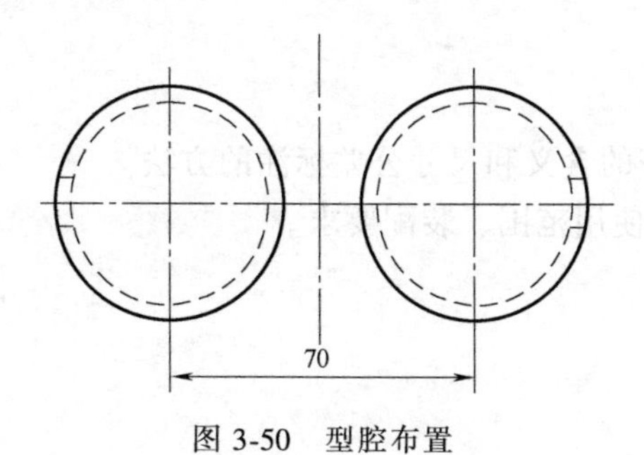

图 3-50　型腔布置

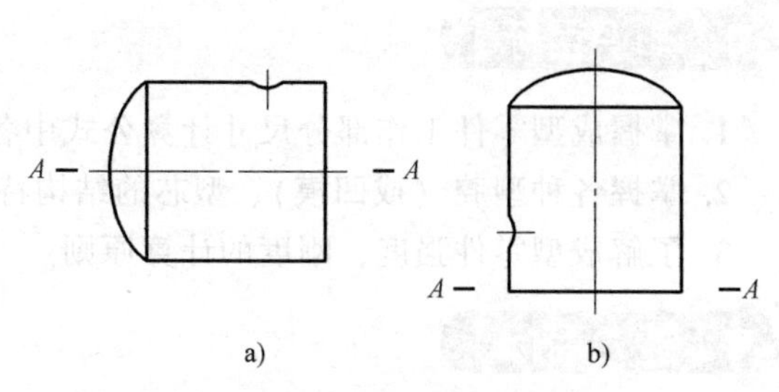

图 3-51　分型面的选择

3. 设计浇注系统

根据ABS的成型特点，塑件采用点浇口成型，点浇口直径为0.8mm，点浇口长度为1mm，分流道与点浇口过渡部分半径取2mm。分流道采用半圆截面流道，其半径 R 取3.5mm。主流道为圆锥形，锥角 α 为6°；主流道上部与注射机喷嘴相配合，上部直径取4.5mm，下部直径取8mm。最终设计的浇注系统如图3-52所示。

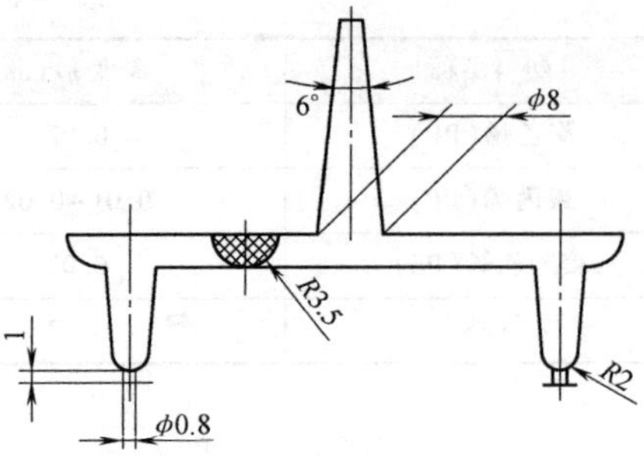

图3-52　浇注系统

4. 设计排气系统

由于该塑件整体较薄，体积较小，排气量较少，且采用点浇口模具结构，属于中小型模具，可利用分型面及配合间隙自然排气。塑件侧面有一直径为 ϕ10mm的孔，需采用侧向抽芯机构，因此可以利用分型面的配合间隙、侧型芯与模板的配合间隙排气，配合间隙不能超过0.03mm，一般为0.02~0.03mm。

【思考与练习】

1. 确定型腔数目的方法有哪些？如何优化确定？
2. 型腔布置时应注意哪些问题？
3. 什么叫分型面？其基本形式有哪几种？选择分型面的一般原则是什么？
4. 注射模的普通浇注系统由哪几部分组成？各部分的作用是什么？
5. 如何设计普通浇注系统的主流道？为什么主流道部分要单独设计主流道衬套？
6. 分流道的截面形状有哪些？常用的是哪几种？
7. 浇口的形式有哪些？各有什么特点？分别适用于什么情况？浇口位置的选择一般应考虑哪些问题？
8. 冷料穴的作用是什么？带拉料杆的冷料穴有哪些结构形式？
9. Z形拉料杆和球头拉料杆的安装和使用有什么不同？
10. 注射模的排气装置有什么作用？有哪几种排气形式？
11. 结合项目一、二的训练，继续完成图1-5所示灯座塑件注射模的设计，即确定型腔数目及布置、选择分型面、设计浇注系统、设计排气系统。

任务三　注射模成型零件设计

【知识目标】

1. 掌握成型零件工作部分尺寸计算公式中各字符的含义和尺寸公差标注的方法。
2. 掌握各种型腔（或凹模）、型芯的结构特点、使用范围、装配要求。
3. 了解成型零件强度、刚度的计算原则。

【能力目标】

1. 会设计成型零件结构。

2. 会计算成型零件工作部分尺寸，并标注尺寸公差。

3. 会分析型腔壁和底板的受力情况，会通过公式计算和查表，确定型腔壁厚和底板厚度。

【任务引入】

构成塑料模具型腔的零件统称为成型零件。成型零件工作时，直接与塑料熔体接触，承受熔体料流的高压冲刷、脱模摩擦等。因此，成型零件不仅要求有正确的几何形状、较高的尺寸精度和较低的表面粗糙度值，而且还要求有合理的结构，较高的强度、刚度及较好的耐磨性。

设计注射模的成型零件时，应根据塑料的性能、塑件的使用要求和几何结构，并结合分型面和浇口位置的选择、脱模方式和排气位置的考虑来确定型腔的总体结构，根据塑件的尺寸计算成型零件的尺寸，确定型腔的组合方式，确定成型零件的机械加工、热处理、装配等要求，还要对关键的部位进行强度和刚度校核。

本任务将以图 1-1 所示塑料防护罩为载体完成注射模成型零件的设计。

【相关知识】

一、成型零件结构设计

成型零件决定塑件的几何形状和尺寸。成型零件通常包括：凹模、型芯、镶块、成型杆和成型环等。

1. 凹模的结构设计

凹模是成型塑件外表面的主要零件，按结构不同可分为整体式和组合式两种。

（1）整体式凹模　整体式凹模如图 3-53 所示，它是在整块金属模板上加工而成的，其特点是牢固、不易变形，不会使塑件产生拼接痕迹。但是由于加工困难，热处理不方便，整体式凹模常用于形状简单的中、小型模具上。

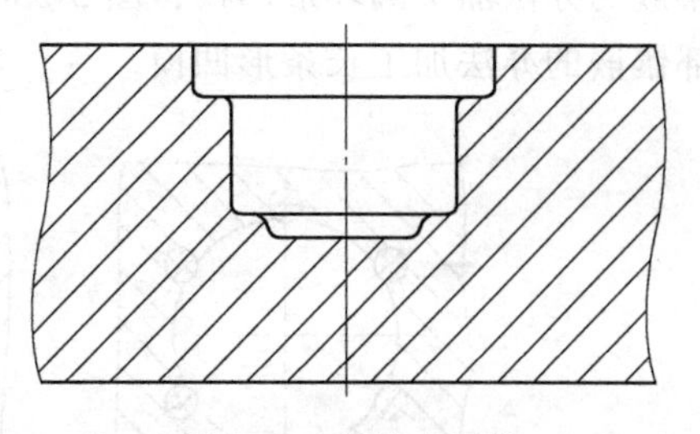

图 3-53　整体式凹模

（2）组合式凹模　组合式凹模是指型腔由两个以上的零部件组合而成。按组合方式不同，可分为整体嵌入式、局部镶嵌式、底部镶拼式、侧壁镶拼式和四壁拼合式等形式。

1）整体嵌入式凹模。整体嵌入式凹模如图 3-54 所示。小型塑件采用多型腔模具成型时，各单个型腔采用机械加工、冷挤压、电加工等到方法制成，然后压入模板中。这种结构加工效率高，装拆方便，可以保证各个型腔的形状、尺寸一致。图 3-54a~c 所示均为通孔台肩式，凹模带有台肩，从模板下面嵌入模板，再用垫板、螺钉紧固。如果凹模镶件是回转体，而型腔是非回转体，则需要用销或键止转定位。图 3-54b 所示为采用销定位，结构简单，装拆方便；图 3-54c 所示为采用键定位，接触面积大，止转可靠。图 3-54d 所示为通孔无台肩式，凹模嵌入模板内并用螺钉与垫板固定。图 3-54e 所示为盲孔式，凹模嵌入固定板后直接用螺钉固定，在固定板下部设计有装拆凹模用的工艺通孔，这种结构可省去垫板。

2）局部镶嵌式凹模。局部镶嵌式凹模如图 3-55 所示。为了加工方便或由于型腔的某一部分容易损坏，需要经常更换，应采用局部镶嵌的办法。图 3-55a 所示的异形凹模，先钻周

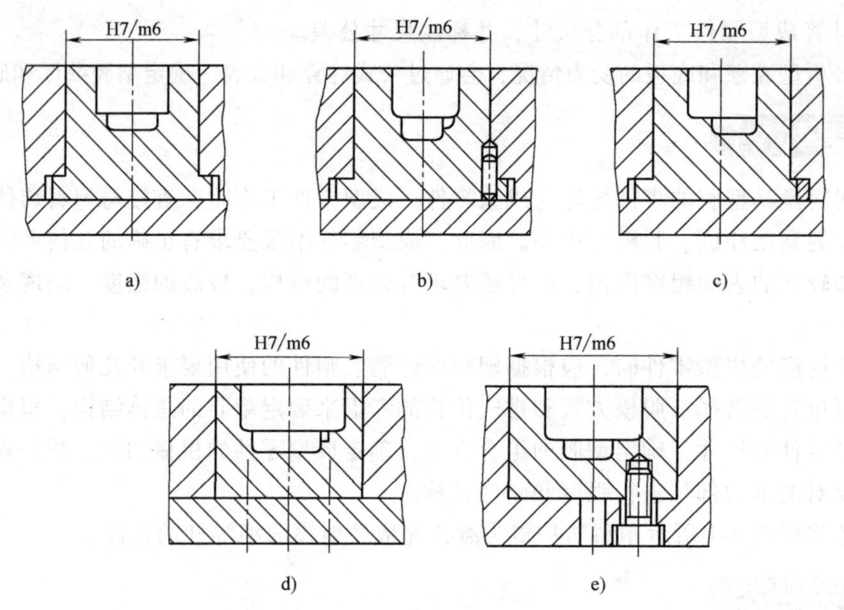

图 3-54 整体嵌入式凹模

围的小孔，再在小孔内镶入芯棒并加工大孔，加工完毕后将芯棒取出，再将型芯镶入小孔，与大孔组成型腔；图 3-55b 所示凹模内有局部凸起，可将此凸起部分单独加工，再把加工好的镶块利用圆形槽（也可用 T 形槽、燕尾槽等）镶在圆形凹模内；图 3-55c 所示是利用局部镶嵌的办法加工圆环形凹模；图 3-55d 所示是在凹模底部局部镶嵌；图 3-55e 所示是利用局部镶嵌的办法加工长条形凹模。

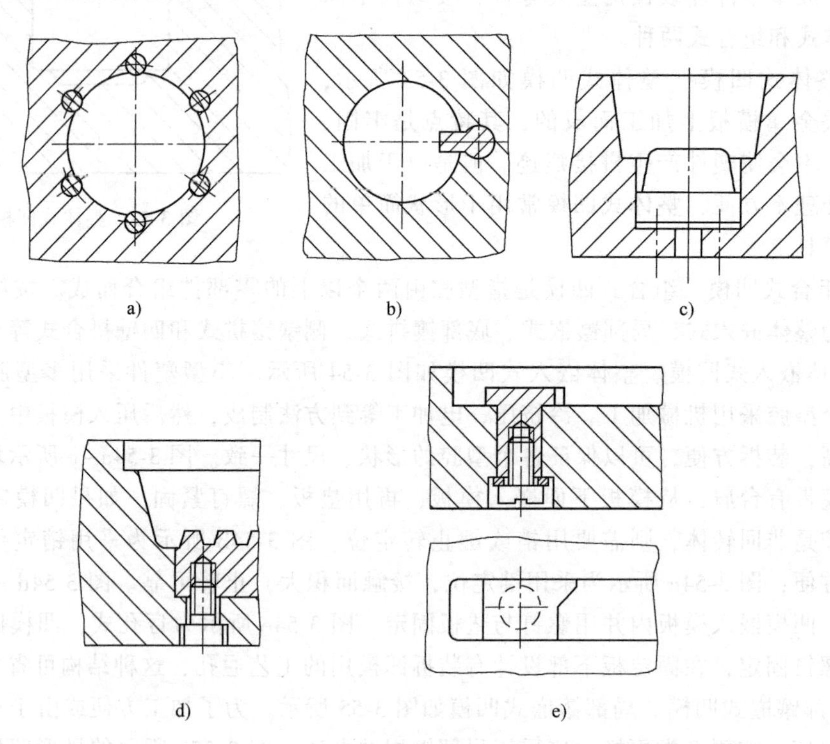

图 3-55 局部镶嵌式凹模

3）底部镶拼式凹模。为了机械加工、研磨、抛光、热处理方便，形状复杂的型腔底部可以设计成镶拼式，如图3-56所示。图3-56a所示形式镶拼比较简单，但结合面磨平、抛光时应仔细，保证接合处的锐棱（不能带圆角），以免影响脱模；底板还应有足够的厚度，以免因变形而楔入塑料。图3-56b、c所示结构制造稍麻烦，但圆柱形配合面不易楔入塑料。图3-56d所示结构与图3-56a所示结构相似，只是前者为底部台阶镶拼，而后者为底部大块镶拼。

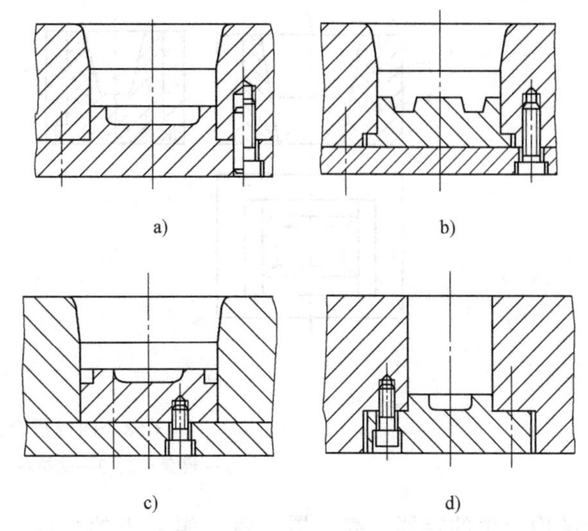

图3-56 底部镶拼式凹模

4）侧壁镶拼式凹模。侧壁镶拼式凹模如图3-57所示。这种结构便于加工和抛光，但是一般很少采用，因为在成型时，塑料成型压力会使螺钉和销产生变形，从而达不到产品的要求。图3-57a中螺钉在成型时将受到拉伸力；图3-57b中螺钉和销在成型时将受到剪切力。

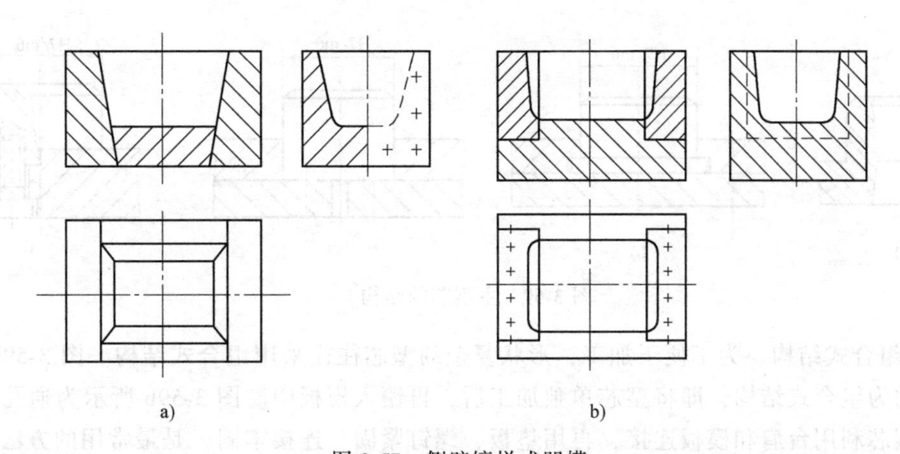

图3-57 侧壁镶拼式凹模

5）四壁拼合式凹模。四壁拼合式凹模如图3-58所示。对于大型和形状复杂的凹模，可以将四壁和底板分别加工，经研磨后压入模套中，如图3-58a所示；在图3-58b中，为了保证装配的准确性，侧壁之间采用锁扣连接，连接处外壁留有0.3~0.4mm的间隙，以使内侧接缝紧密，减少塑料的挤入。

综上所述，采用组合式凹模简化了复杂凹模的加工工艺，减少了热处理变形，同时拼合处有间隙，利于排气，便于模具的维修，节省了贵重的模具钢。为了保证组合后型腔尺寸的精度和装配牢固，减少塑件上的镶拼痕迹，镶块的尺寸公差、几何公差要求较高，且组合结构必须牢固，镶块的机械加工工艺性要好。因此，选择合理的组合镶拼结构是非常重要的。

2. 型芯的结构设计

成型塑件内表面的零件称为型芯，主要有主型芯、小型芯、螺纹型芯和螺纹型环等。对

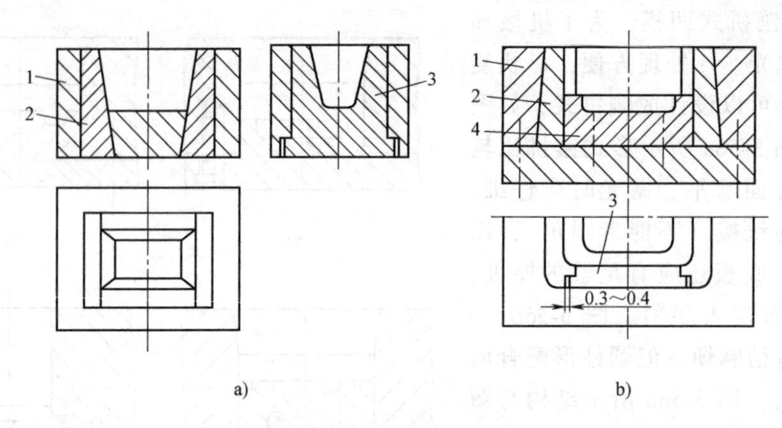

图 3-58　四壁拼合式凹模

1—模套　2、3—侧拼块　4—底拼块

于结构简单的容器、壳、罩、盖、帽之类的塑件，成型其主体部分内表面的零件称为主型芯，而将成型其他小孔的型芯称为小型芯或成型杆。

（1）主型芯的结构设计　按结构主型芯可分为整体式和组合式两种。

1）整体式结构。图 3-59a 所示为整体式结构，结构牢固，但不便加工，消耗的模具钢多，主要用于工艺试验或小型模具上的形状简单的型芯。

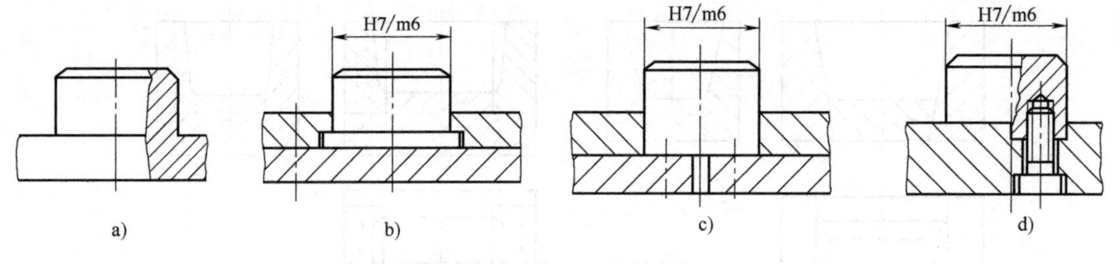

图 3-59　主型芯的结构

2）组合式结构。为了便于加工，形状复杂的型芯往往采用组合式结构。图 3-59b～d 所示的结构为组合式结构，即将型芯单独加工后，再镶入模板中。图 3-59b 所示为通孔台肩式结构，型芯利用台肩和模板连接，再用垫板、螺钉紧固，连接牢固，是最常用的方法。对于固定部分是圆柱面而型芯有方向性的场合，可采用销或键定位。图 3-59c 所示为通孔无台肩式结构；图 3-59d 所示为盲孔式的结构。

组合式型芯的优缺点和组合式凹模的基本相同。设计和制造这类型芯时，必须注意结构合理，应保证型芯和镶块的强度，防止热处理时变形，应避免尖角与壁厚突变。图 3-60a 中的小型芯靠得太近，热处理时薄壁部位易开裂，应采用图 3-60b 所示结构，将大的型芯制成整体式再镶入小的型芯。在设计型芯结构时，还要注意塑料的溢料飞边不应影响脱模取件。图 3-61a 所示结构的溢料飞边的方向与塑件脱模方向相垂直，影响塑件的取出，而采用图 3-61b所示结构时，溢料飞边的方向与脱模方向一致，便于脱模。

（2）小型芯的结构设计　小型芯用于成型塑件上的小孔或槽。小型芯单独制造后，再嵌入模板中。图 3-62 所示为小型芯常用的几种固定方法。图 3-62a 是用台肩固定的形式，下面用垫板压紧；图 3-62b 中固定板太厚，可在固定板上减少配合长度，同时细小型芯制成台

阶的形式；图 3-62c 是型芯细小而固定板太厚的形式，型芯镶入固定板后在下端用圆柱垫垫平；图 3-62d 所示结构用于固定板厚而无垫板的场合，在型芯的下端用螺塞紧固；图 3-62e 是型芯镶入模板后在另一端采用铆接固定的形式。

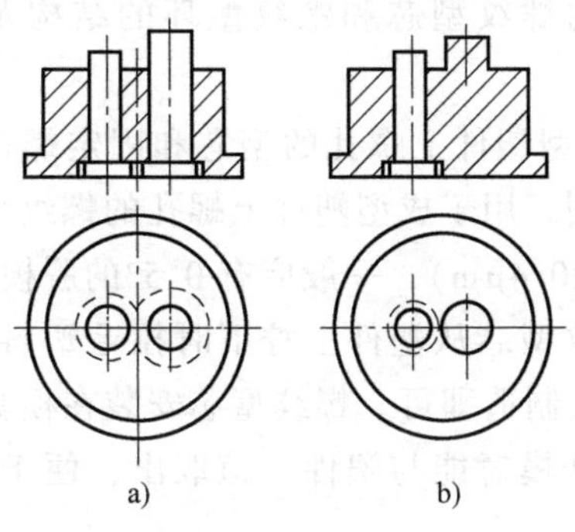

图 3-60　相近两型芯的镶拼组合结构

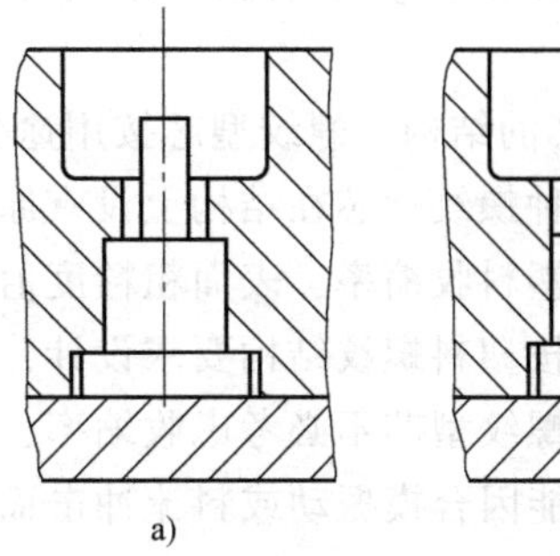

图 3-61　便于脱模的镶拼型芯组合结构

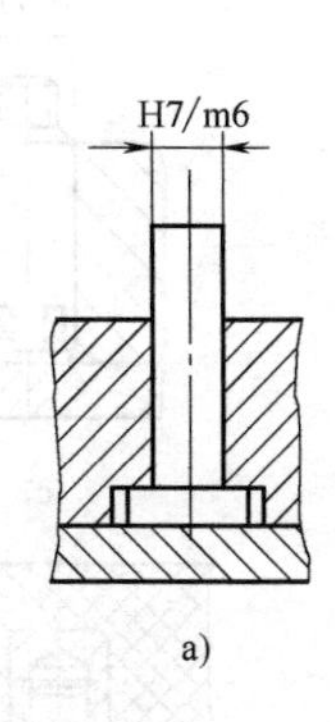

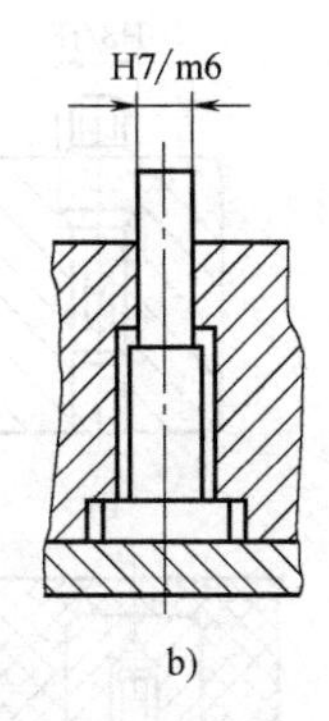

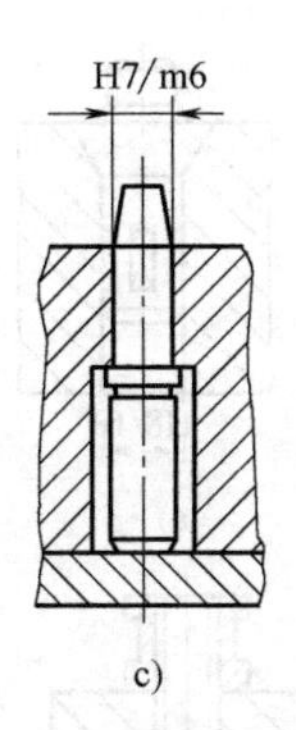

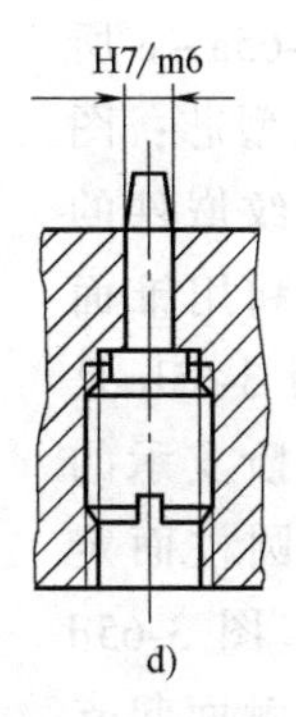

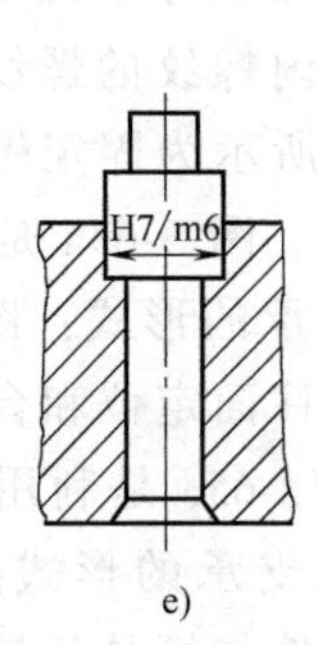

图 3-62　小型芯的固定方法

对于异形型芯，为了制造方便，常将型芯设计成两段，型芯的连接固定段制成圆形，并用台肩和模板连接，如图 3-63a 所示；也可以用螺母紧固，如图 3-63b 所示。

对于多个互相靠近的小型芯，用台肩固定时，如果台肩发生重叠干涉，可将台肩相碰的一面磨去，将型芯固定板的台阶孔加工成大圆台阶孔或长腰圆形台阶孔，然后再镶入型芯，如图 3-64a、b 所示。

图 3-63　异形型芯的固定

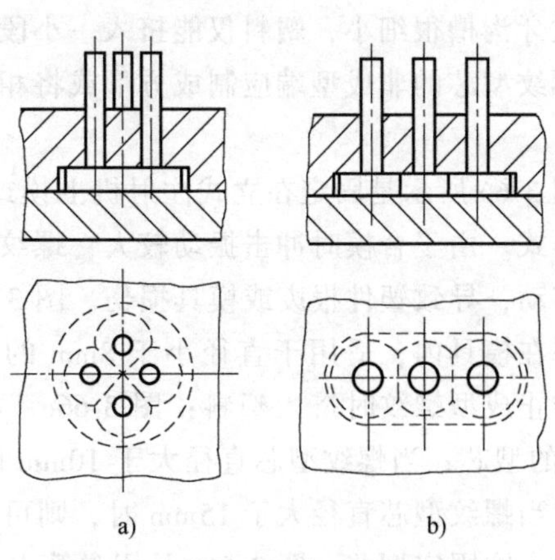

图 3-64　多个互相靠近型芯的固定

(3) 螺纹型芯和螺纹型环结构设计　螺纹型芯和螺纹型环分别是用于成型塑件上内螺纹和外螺纹的活动镶件。另外，螺纹型芯和螺纹型环还可以用于固定带螺纹的孔和螺杆嵌件。塑件成型后，螺纹型芯和螺纹型环的脱卸方法有两种，一种是模内自动脱卸，另一种是模外手动脱卸。这里仅介绍模外手动脱卸的螺纹型芯和螺纹型环的结构及固定方法。

1) 螺纹型芯的结构。螺纹型芯按用途分为直接成型塑件上螺孔的型芯和固定螺母嵌件的型芯两种。两种螺纹型芯在结构上没有原则上的区别。用于成型塑件上螺孔的螺纹型芯在设计时必须考虑塑料收缩率，表面粗糙度值要小（$Ra<0.4\mu m$），一般应有 0.5°的脱模斜度，螺纹始端和末端按塑料螺纹结构要求设计，以防止螺纹型芯从塑件上拧下时拉毛塑料螺纹。固定螺母嵌件的螺纹型芯不必考虑收缩率，按普通螺纹制造即可。螺纹型芯安装在模具上时要可靠定位，不能因合模振动或料流冲击而移动，且开模时能与塑件一道取出，便于装卸。螺纹型芯与模板安装孔的配合采用 H8/f8。

螺纹型芯在模具上安装的形式如图 3-65 所示。图 3-65a～c 所示为成型内螺纹的螺纹型芯；图 3-65d、e 所示为固定螺纹嵌件的螺纹型芯。图 3-65a 是利用锥面定位和支承的形式；图 3-65b 是利用大圆柱面定位和台阶支承的形式；图 3-65c 是利用圆柱面定位和垫板支承的形式；图 3-65d 是利用嵌件与模具的接触面起支承作用，以防止型芯受压下沉；图 3-65e 是将嵌件下端以锥面镶入模板中，以增加嵌件的稳定性，并防止塑料挤入嵌件的螺孔中。图 3-65f 是将小直径螺纹嵌件直接插入固定在模具上的光杆型芯上，因螺纹牙沟槽很细小，塑料仅能挤入一小段，并不妨碍使用，这样可省去模外脱卸螺纹的操作。螺纹型芯的非成型端应制成方形或将相对两边磨成两个平面，以便在模外用工具将型芯旋下。

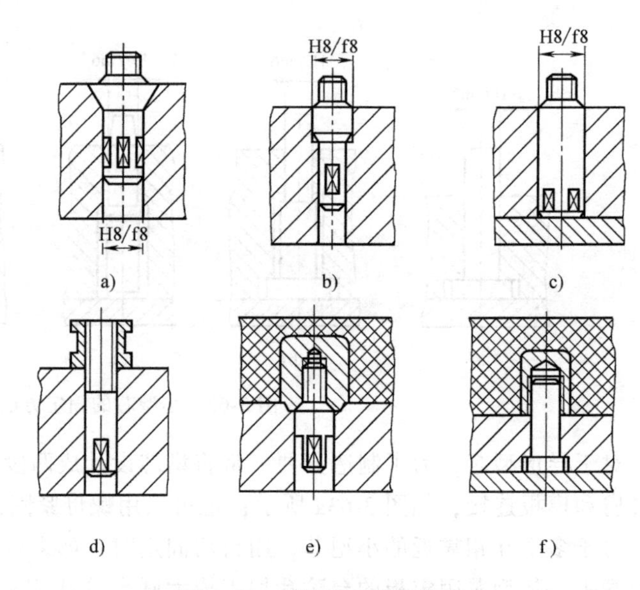

图 3-65　螺纹型芯的安装形式

图 3-66 所示是固定在立式注射机上模或卧式注射机动模部分的带弹性连接的螺纹型芯安装形式。由于合模时冲击振动较大，螺纹型芯插入时应有弹性连接装置，以免造成型芯脱落或移动，导致塑件报废或模具损伤。图 3-66a 所示为带豁口柄的结构，豁口柄的弹力将型芯支撑在模具内，适用于直径小于 8mm 的型芯；图 3-66b 所示结构利用台阶起定位作用，并能防止成型螺纹时挤入塑料；图 3-66c、d 所示结构用弹簧钢丝定位，常用于直径为 5～10mm 的型芯；当螺纹型芯直径大于 10mm 时，可采用图 3-66e 所示的结构，用钢球、弹簧固定；当螺纹型芯直径大于 15mm 时，则可将钢球和弹簧放置在型芯杆内；图 3-66f 所示为用弹簧卡圈固定型芯；图 3-66g 是用弹簧夹头固定型芯的结构。

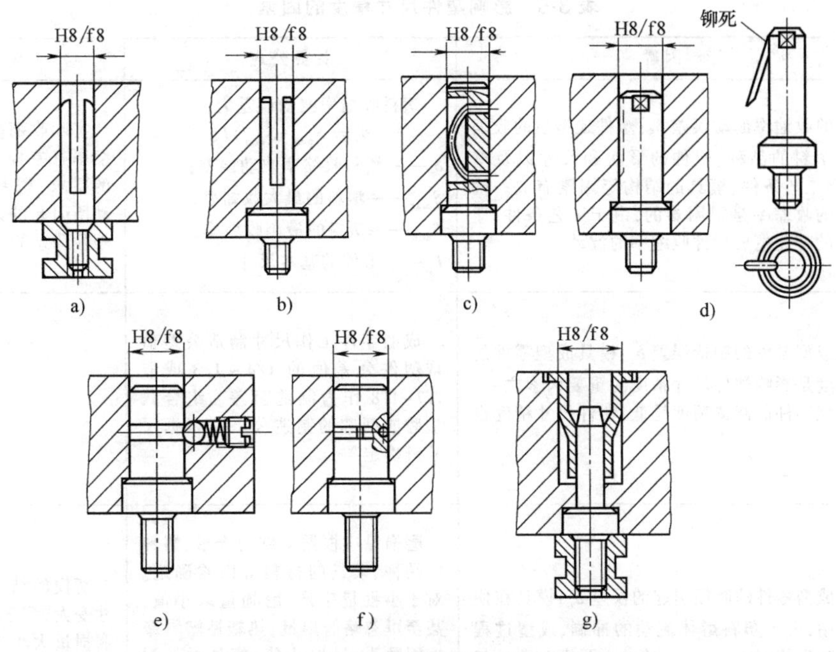

图 3-66　带弹性连接的螺纹型芯安装形式

2）螺纹型环的结构。螺纹型环常见的结构如图 3-67 所示。图 3-67a 所示为整体式的螺纹型环，型环与模板的配合采用 H8/f8，配合段长 3～5mm；为了安装方便，配合段以外制出 3°～5°的斜度；型环下端可铣削成方形，以便用扳手将其从塑件上拧下。图 3-67b 所示为组合式型环，型环由两瓣拼合而成，两瓣中间用导向销定位。塑件成型后用尖劈状卸模器楔入型环两边的楔形槽撬口内，使螺纹型环分开。组合式型环卸螺纹快而省力，但是在成型的塑料外螺纹上会留下难以修整的拼合痕迹，因此这种结构只适用于精度要求不高的粗牙螺纹的成型。

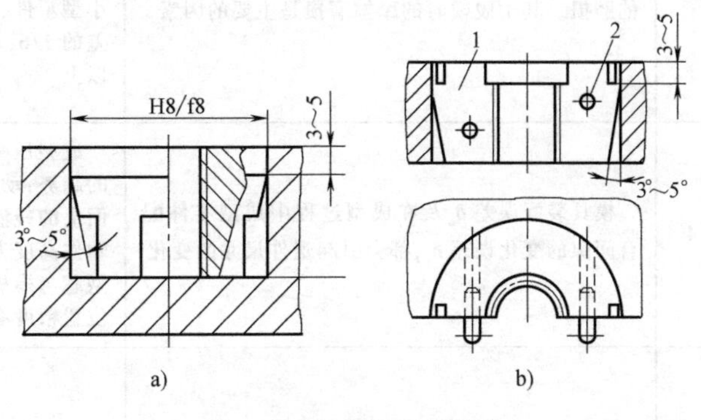

图 3-67　螺纹型环的结构
1—螺纹型环　2—导向销

二、成型零件工作尺寸的计算

成型零件的工作尺寸是指直接用于构成塑件型面的尺寸，例如型腔和型芯的径向尺寸、深度和高度、孔间距离、孔或凸台至某成型表面的距离、螺纹成型零件的径向尺寸和螺距等。

影响塑件尺寸精度的因素很多，概括地说，有塑料品种、塑件结构、成型工艺、模具结构、模具制造和装配、模具使用中的磨损等因素，见表 3-5。塑料品种方面的因素主要是指收缩率的影响。在模具设计时应根据塑件的材料、几何形状、尺寸精度及影响因素等进行设计计算。

表 3-5　影响塑件尺寸精度的因素

序号	影响因素	计算公式	备 注
1	塑料的收缩率波动误差 δ_S：塑件成型后的收缩变化与塑料的品种、塑件的形状和尺寸以及壁厚、成型工艺条件、模具的结构等因素有关。确定准确的收缩率是很困难的，由于工艺条件、塑料批号的变化造成塑件收缩率的波动	塑料收缩率波动误差为： $\delta_s=(S_{max}-S_{min})L_S$ δ_s——塑料收缩率波动误差； S_{max}——塑料的最大收缩率； S_{min}——塑料的最小收缩率； L_S——塑件的基本尺寸	实际收缩率与计算收缩率有差异。按照一般的要求，塑料收缩率波动所引起的误差应小于塑件公差的 1/3
2	模具成型零件的制造误差 δ_z：模具成型零件的制造精度是影响塑件尺寸精度的重要因素之一。模具成型零件的制造精度越低，塑件尺寸精度也越低	成型零件工作尺寸制造公差值取塑件公差值的 1/4～1/3 或取 IT7～IT8 作为制造公差。组合式型腔或型芯的制造公差应根据尺寸链确定	
3	模具成型零件的磨损引起的误差 δ_c：模具在使用过程中，由于塑料熔体流动的冲刷、成型过程中可能产生的腐蚀性气体的锈蚀、脱模时塑件与模具的摩擦，以及由于上述原因造成的成型零件表面粗糙度值加大而重新打磨抛光等原因，均造成成型零件尺寸的变化，这种变化称为成型零件的磨损。其中脱模时的摩擦磨损是主要的因素	磨损量应根据塑件的产量、塑料的品种、模具的材料等因素确定。对于小批量生产，磨损量取小值，甚至可忽略磨损量；热塑性塑料摩擦因数小，可取小值；模具材料耐磨性好，如表面进行镀铬、氮化处理，可取小值；但是增强塑料，如玻璃纤维等，磨损量取大值。对于中小型塑件，最大磨损量可取塑件公差的 1/6；对于大型塑件，应取 1/6 以上	磨损的结果使型腔尺寸变大，型芯尺寸变小。磨损量大小与塑料品种和模具材料及热处理有关。为简化计算，凡与脱模方向垂直的表面不考虑磨损；与脱模方向平行的表面应考虑磨损
4	模具装配误差 δ_a 及在成型过程中成型零件配合间隙的变化误差 δ_j，都会引起塑件尺寸的变化	成型压力使模具分型面有胀开的趋势；动、定模分型面间隙，分型面上的残渣或模板平面度误差，对塑件高度方向的尺寸有影响；活动型芯与模板配合间隙过大，对孔的位置精度有影响	模具成型零件配合间隙的变化会引起塑件尺寸的变化
5	水平飞边的波动		压缩模飞边厚度受成型工艺条件变化的影响，从而影响塑件的高度尺寸，而压注模和注射模的飞边较小

塑件在成型过程中产生的尺寸误差是表 3-5 所述各种误差的总和，即

$$\delta=\delta_z+\delta_c+\delta_s+\delta_j+\delta_a \tag{3-16}$$

式中　δ——塑件的成型误差；

δ_z——模具成型零件的制造误差；

δ_c——模具成型零件的磨损引起的误差；

δ_s——塑料收缩率波动引起的误差；

δ_j——模具成型零件配合间隙的变化误差；

δ_a——模具装配误差。

由此可见，塑件的尺寸误差为累积误差，由于影响因素多，塑件的尺寸精度往往较低。

设计塑件时，其尺寸精度的选择不仅要考虑塑件的使用和装配要求，而且要考虑塑件在成型过程中可能产生的误差，使塑件规定的公差值 Δ 大于或等于以上各项因素引起的累积误差 δ，即 $\Delta \geqslant \delta$。

在一般情况下，收缩率的波动、模具制造公差和成型零件的磨损是影响塑件尺寸精度的主要原因。并不是塑件的任何尺寸都与以上几个因素有关，例如用整体式凹模成型塑件时，其径向尺寸（或长与宽）只受 δ_s、δ_z、δ_c、δ_j的影响，而高度尺寸则受 δ_s、δ_z和 δ_j的影响。另外所有的误差同时偏向最大值或同时偏向最小值的可能性是非常小的。

从表 3-5 中收缩率波动误差 δ_s 的计算公式可以看出，因收缩率的波动引起的塑件尺寸误差随塑件尺寸的增大而增大。因此生产大型塑件时，收缩率波动对塑件尺寸误差影响较大，单靠提高模具制造精度来提高塑件精度是困难和不经济的，应稳定成型工艺条件和选择收缩率波动较小的塑料；生产小型塑件时，模具制造误差和成型零件的磨损是影响塑件尺寸精度的主要因素，因此应提高模具制造精度和减少磨损。

计算模具成型零件尺寸最基本的公式为

$$L_M = L_S(1+S) \tag{3-17}$$

式中　L_M——模具成型零件在常温下的实际尺寸；

L_S——塑件在常温下的实际尺寸；

S——塑料的计算收缩率。

以上是仅考虑塑料收缩率时计算模具成型零件工作尺寸的公式。若考虑其他因素时，则模具成型零件工作尺寸的计算公式就有不同形式。下面介绍一种常用的以平均收缩率、平均磨损量和平均制造公差为基准的计算方法。从有关手册中可查到常用塑料的最大收缩率 S_{max} 和最小收缩率 S_{min}，该塑料的平均收缩率为

$$\overline{S} = \frac{S_{max} - S_{min}}{2} \times 100\% \tag{3-18}$$

在以下的计算中，塑料的收缩率均为平均收缩率。

这里首先说明，在型腔、型芯径向尺寸以及其他各类工作尺寸计算公式的导出过程中，所涉及的无论是塑件尺寸和成型零件尺寸，其尺寸的标注都是按以下规定标注：凡孔都是按基孔制，下极限偏差为零，公差等于上极限偏差；凡轴都是按基轴制，上极限偏差为零，公差等于下极限偏差。如图 3-68 所示。

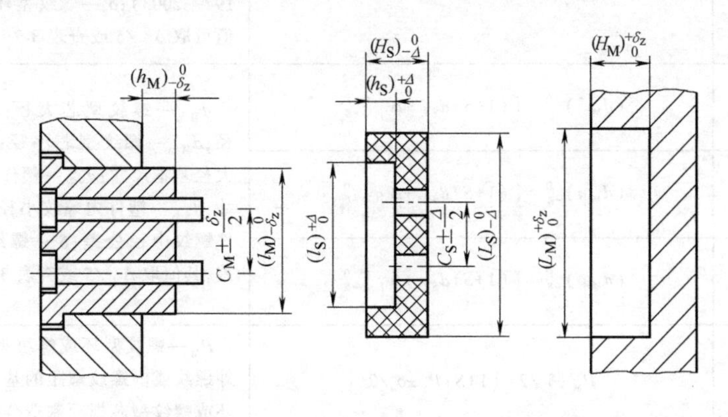

图 3-68　模具零件工作尺寸与塑件尺寸的关系

成型零件的工作尺寸主要包括型芯和型腔的径向尺寸、型腔深度和型芯高度、中心距及螺纹型环和螺纹型芯的工作尺寸。其计算公式见表 3-6。

表 3-6 成型零件工作尺寸计算公式

尺寸类型		计算公式	备注
径向尺寸	型芯径向尺寸	$(l_M)_{-\delta_z}^{\ 0}=[(1+\bar{S})l_S+x\Delta]_{-\delta_z}^{\ 0}$	式中 Δ 前的系数 x：在塑件尺寸较大、精度较低时，δ_z 和 δ_c 可忽略不计，$x=0.5$；当塑件尺寸较小、精度较高时，δ_c 可取 $\Delta/6$、δ_z 可取 $\Delta/3$，此时，$x=0.75$
	型腔径向尺寸	$(L_M)_{0}^{+\delta_z}=[(1+\bar{S})L_S-x\Delta]_{0}^{+\delta_z}$	对于带有嵌件的塑件，在计算收缩率时，L_S 值应为塑件外形尺寸减去嵌件外形尺寸
型腔深度		$(H_M)_{0}^{+\delta_z}=[(1+\bar{S})H_S-x\Delta]_{0}^{+\delta_z}$	式中修正系数 $x=1/2\sim1/3$，当塑件尺寸较大、精度要求低时取小值；反之取大值
型芯高度		$(h_M)_{-\delta_z}^{\ 0}=[(1+\bar{S})h_S+x\Delta]_{-\delta_z}^{\ 0}$	由于型腔的底面或型芯的端面磨损很小，所以可以不考虑磨损量
中心距		$C_M\pm\delta_z/2=(1+\bar{S})C_S\pm\delta_z/2$	塑件上凸台之间、凹槽之间或凸台与凹槽之间的中心线的距离称为中心距。由于中心距的公差都是双向等值公差，同时磨损的结果不会使中心距尺寸发生变化，在计算时不必考虑磨损量 模具的中心距由成型孔或安装型芯的孔的中心距所决定
普通螺纹型环工作尺寸	大径	$(D_{M大})_{0}^{+\delta_z}=[(1+\bar{S})D_{S大}-\Delta_{中}]_{0}^{+\delta_z}$	为了使螺纹塑件与标准金属螺纹较好地配合，提高成型后塑件螺纹的旋入性能，适当缩小螺纹型环的径向尺寸和增大螺纹型芯的径向尺寸 $D_{M大}$—螺纹型环大径基本尺寸；$D_{M中}$—螺纹型环中径基本尺寸；$D_{M小}$—螺纹型环小径基本尺寸；$D_{S大}$—塑件外螺纹大径基本尺寸；$D_{S中}$—塑件外螺纹中径基本尺寸；$D_{S小}$—塑件外螺纹小径基本尺寸；$\bar{S}$—塑料平均收缩率；$\Delta_{中}$—塑件螺纹中径公差（目前我国尚无专门的塑件螺纹公差标准，可参照金属螺纹公差标准中精度最低者选用，其值可查表 GB/T 197—2003）；δ_z—螺纹型环中径制造公差，其值可取 $\Delta_{中}/5$ 或查表 3-7
	中径	$(D_{M中})_{0}^{+\delta_z}=[(1+\bar{S})D_{S中}-\Delta_{中}]_{0}^{+\delta_z}$	
	小径	$(D_{M小})_{0}^{+\delta_z}=[(1+\bar{S})D_{S小}-\Delta_{中}]_{0}^{+\delta_z}$	
普通螺纹型芯工作尺寸	大径	$(d_{M大})_{-\delta_z}^{\ 0}=[(1+\bar{S})d_{S大}+\Delta_{中}]_{-\delta_z}^{\ 0}$	$d_{M大}$—螺纹型芯大径；$d_{M中}$—螺纹型芯中径；$d_{M小}$—螺纹型芯小径；$d_{S大}$—塑件内螺纹大径基本尺寸；$d_{S中}$—塑件内螺纹中径基本尺寸；$d_{S小}$—塑件内螺纹小径基本尺寸；$\Delta_{中}$—塑件螺纹中径公差；δ_z—螺纹型芯中径制造公差，其值取 $\Delta_{中}/5$ 或查表 3-7
	中径	$(d_{M中})_{-\delta_z}^{\ 0}=[(1+\bar{S})d_{S中}+\Delta_{中}]_{-\delta_z}^{\ 0}$	
	小径	$(d_{M小})_{-\delta_z}^{\ 0}=[(1+\bar{S})d_{S小}+\Delta_{中}]_{-\delta_z}^{\ 0}$	
螺纹型环和螺纹型芯螺距		$P_M\pm\delta_z/2=(1+\bar{S})P_S\pm\delta_z/2$	P_M—螺纹型环或螺纹型芯螺距；P_S—塑件外螺纹或内螺纹螺距的基本尺寸；δ_z—螺纹型环或螺纹型芯螺距制造公差，可查表 3-8

表 3-7 螺纹型环和螺纹型芯的直径制造公差 （单位：mm）

粗牙螺纹	螺纹直径	M3～M12	M14～M33	M36～M45	M46～M68
	中径制造公差	0.02	0.03	0.04	0.05
	大、小径制造公差	0.03	0.04	0.05	0.06
细牙螺纹	螺纹直径	M4～M22	M24～M52	M56～M68	
	中径制造公差	0.02	0.03	0.04	
	大、小径制造公差	0.03	0.04	0.05	

表 3-8 螺纹型环和螺纹型芯螺距的制造公差 （单位：mm）

螺纹直径	配合长度 L	制造公差 δ_z
3～10	<12	0.01～0.03
12～22	12～20	0.02～0.04
24～68	>20	0.03～0.05

在螺纹型环或螺纹型芯螺距的计算中，由于考虑到塑料的收缩，计算所得到的螺距带有不规则的小数，加工这种特殊螺距的螺纹很困难，可采用如下办法解决这一问题。

用收缩率相同或相近的塑件外螺纹与塑件内螺纹相配合时，计算螺距尺寸可以不考虑收缩率；当塑件螺纹与金属螺纹配合时，如果螺纹配合长度 $L<\dfrac{0.432\Delta_{中}}{\overline{S}}$ 时，可不考虑收缩率；一般在小于 7～8 牙的情况下，也可以不计算螺距的收缩率，因为在螺纹型芯中径尺寸中已考虑到了增加中径间隙来补偿塑件螺距的累积误差。

当螺纹配合牙数较多、螺纹螺距收缩累计误差很大时，必须计算螺距的收缩率。加工带有不规则小数的特殊螺距的螺纹型环或型芯，可以采用在车床上配置特殊齿数的交换齿轮等方法。

【任务实施】

图 1-1 所示塑料防护罩材料为 ABS，塑件总体形状为圆筒形，侧面有一直径为 ϕ10mm 的圆孔，需要侧向抽芯机构来完成，该塑件结构属于中等复杂程度。

1. 模具成型零件设计

（1）型腔结构　如图 3-69 所示，型腔由定模板 4、定模镶块 26 和侧型芯滑块 19 三部分组成。定模板和侧型芯滑块成型塑件的侧壁，定模镶块成型塑件的顶部，且点浇口开在定模镶块上，零件加工比较方便，有利于型腔的抛光。定模镶块可以更换，提高了模具的使用寿命。

（2）型芯结构　如图 3-69 所示，型芯 22 由动模板 16 上的孔固定。型芯与推件板 18 采用锥面配合，以保证较高的配合精度，防止塑件产生飞边。另外，锥面配合可以减少推件板在推出塑件时与型芯之间的磨损。型芯中心开有冷却水孔，通入冷却水可强制冷却型芯。

（3）侧向抽芯机构　如图 3-69 所示，采用斜导柱侧向抽芯机构，斜导柱 21 安装在定模板 4 上，侧型芯滑块 19 安装在推件板 18 上。

（4）模具的导向结构　为了保证模具的闭合精度，模具的定模部分与动模部分之间采

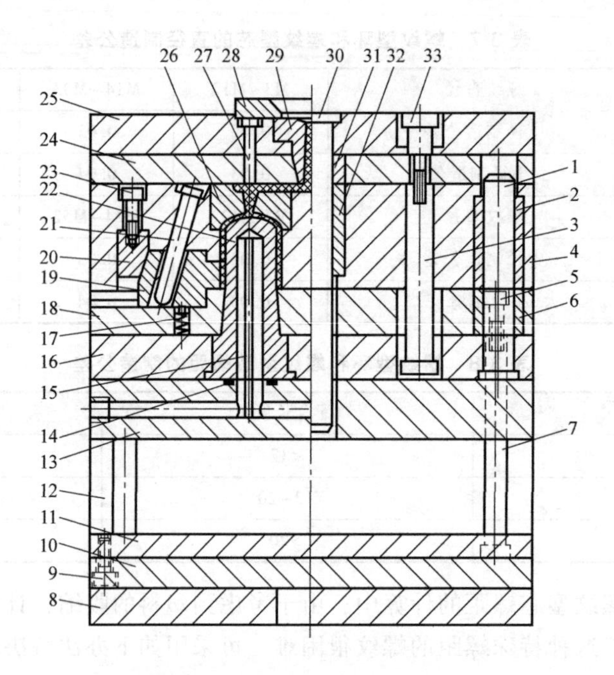

图 3-69 防护罩注射模具装配图

1、30—导柱 2、6、31、32—导套 3—定距拉杆 4—定模板 5、9、23—螺钉 7—复位杆 8—动模座板 10—推板 11—推杆固定板 12—垫块 13—支承板 14—密封圈 15—隔水板 16—动模板 17—弹簧 18—推件板 19—侧型芯滑块 20—楔紧块 21—斜导柱 22—型芯 24—中间板 25—定模座板 26—定模镶块 27—拉料杆 28—定位圈 29—浇口套 33—限位螺钉

用导柱 1 和导套 2 导向定位，如图 3-69 所示。推件板 18 上装有导套 6，推出塑件时，导套 6 在导柱 1 上运动，以保证推件板的运动精度。定模座板 25 上装有导柱 30，为中间板 24 和定模板 4 的运动导向。

2. 成型零件工作尺寸计算

塑件尺寸如图 1-1 所示，塑件未注公差按 GB/T 14486—2008 中规定的 MT5 级精度公差值选取。塑件材料为 ABS，取平均收缩率为 0.6%；模具最大磨损量取塑件公差 Δ 的 1/6；模具的制造公差 $\delta_z=\Delta/3$。型腔、型芯主要工作尺寸计算见表 3-9。

表 3-9 型腔、型芯主要工作尺寸计算

类别	尺寸名称	塑件尺寸/mm	计算公式	工作尺寸/mm
型腔	径向尺寸	$\phi 40.26_{-0.26}^{0}$	$(L_M)_0^{+\delta_z}=[(1+\bar{S})L_S-x\Delta]_0^{+\delta_z}$ (取 $x=0.75$)	$\phi 40.31_{0}^{+0.09}$
		$R25_{-0.50}^{0}$		$R24.78_{0}^{+0.17}$
	深度尺寸	$50_{-0.84}^{0}$	$(H_M)_0^{+\delta_z}=[(1+\bar{S})H_S-x\Delta]_0^{+\delta_z}$ (取 $x=0.5$)	$49.88_{0}^{+0.28}$
		$45_{-0.84}^{0}$		$44.85_{0}^{+0.28}$
型芯	径向尺寸	$\phi 36.8_{0}^{+0.26}$	$(l_M)_{-\delta_z}^{0}=[(1+\bar{S})l_S+x\Delta]_{-\delta_z}^{0}$ (取 $x=0.75$)	$\phi 37.22_{-0.09}^{0}$
		$\phi 10_{0}^{+0.28}$		$\phi 10.27_{-0.09}^{0}$
	高度尺寸	$48.4_{0}^{+0.64}$	$(h_M)_{-\delta_z}^{0}=[(1+\bar{S})h_S+x\Delta]_{-\delta_z}^{0}$ (取 $x=0.5$)	$49.01_{-0.21}^{0}$
		$15_{0}^{+0.58}$		$15.38_{-0.19}^{0}$

【思考与练习】

1. 何谓凹模（型腔）和型芯？绘出整体组合式凹模或型芯的三种基本结构，并标上配合精度。

2. 常用小型芯的固定方法有哪几种？分别适用于什么场合？

3. 螺纹型芯在结构设计上应注意哪些问题？

4. 在设计组合式螺纹型环时应注意哪些问题？

5. 根据图 3-70 所示的塑件形状与尺寸，分别计算出型腔和型芯的有关尺寸（塑料收缩率取 0.005，δ_z 取 $\Delta/3$）。

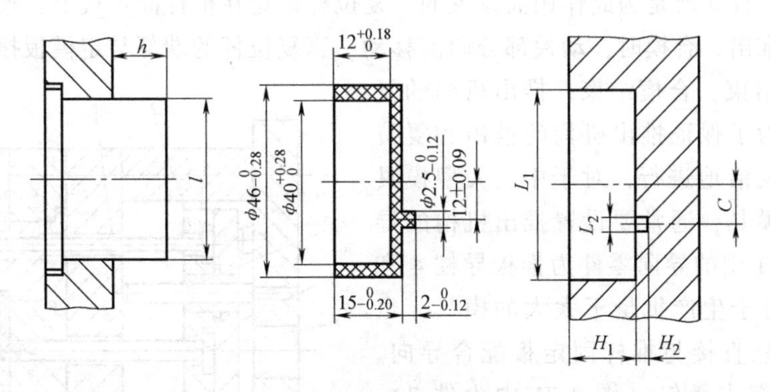

图 3-70　练习题图例

6. 结合前面项目的训练，继续完成图 1-5 所示灯座塑件注射模成型零件的设计。

任务四　注射模推出机构设计

【知识目标】

1. 掌握各种简单推出机构的类型及动作原理。

2. 了解注射模推出机构的结构、分类、设计原则和应用范围。

3. 了解注射模制件推出力的计算。

4. 了解注射模推出机构的结构特点。

【能力目标】

1. 能看懂各种推出机构的示意图。

2. 掌握注射模推杆推出机构设计。

3. 能够合理选择各类推出机构。

【任务引入】

将注射成型后的塑件及浇注系统凝料从模具中脱出的机构称为推出机构。推出机构的动作通常由安装在注射机上的顶杆或液压缸来完成。

结合前面及本任务相关知识的学习，设计图 1-1 所示塑料防护罩的注射模推出机构。

【相关知识】

一、推出机构的结构组成与分类

1. 推出机构的结构组成

推出机构一般由推出、复位和导向三大部件组成。在如图 3-71 所示的模具中，推出零件由推杆 1、拉料杆 6 组成，它们固定在推杆固定板 2 上；为了推出时推杆有效工作，在推杆固定板后需设置推板 5，两者之间用螺钉连接。推出机构执行推出动作后，在下次注射前必须复位，复位杆 8 就是为此作用而设置的。复位杆固定在推杆固定板上，推出机构工作时复位杆也跟随推出；合模时，动模部分向前移动，当复位杆的端部与定模板接触时，推出机构的复位动作结束，合模结束，推出机构的复位动作结束。为了保证推出机构的推出和复位动作能平稳、灵活地进行，对于中、大型模具或推杆很多的模具，通常要设置推出机构的导向装置。图 3-71 中的导向零件为推板导柱 4 和推板导套 3。对于生产批量不太大的模具，也可采用推板导柱直接与推杆固定板配合导向。有的模具还设有支承钉（图 3-71 中为件 7），小型模具需 4 个，中、大型模具需 6~8 个。支承钉使推板与动模座板间形成间隙，易保证平面度，并有利于废料、杂物的去除，另外还可以通过调节支承钉厚度来调整推杆工作端的装配位置。

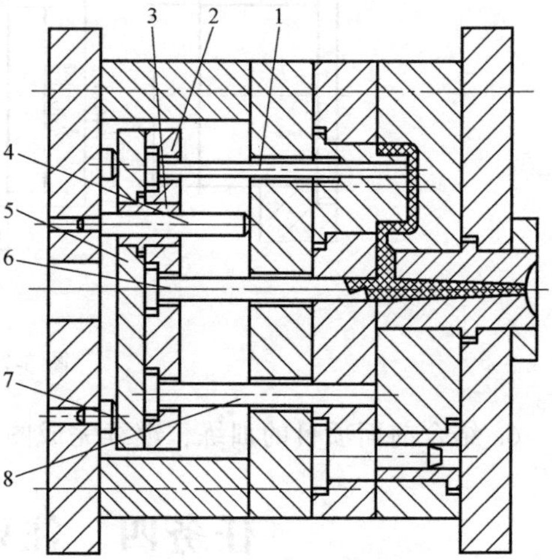

图 3-71　推出机构示例

1—推杆　2—推杆固定板　3—推板导套　4—推板导柱　5—推板　6—拉料杆　7—支承钉　8—复位杆

2. 推出机构的分类

推出机构按其推出动作的动力来源可分为手动推出机构、机动推出机构和液压与气动推出机构等。手动推出机构是指模具开模后，由人工操作推出机构推出塑件，它可分为模内手工推出和模外手工推出两种。模内手工推出机构常用于塑件滞留在定模一侧的情况。机动推出机构依靠注射机的开模动作驱动模具上的推出机构，实现塑件自动脱模。液压与气动推出机构是指利用设置在注射机上的专用液压或气动装置，通过模具上的推出机构将塑件推出模外或将塑件吹出模外。

推出机构按照模具的结构特征可分为一次推出机构、定模推出机构、二次推出机构、浇注系统推出机构、带螺纹的推出机构等，本任务按结构特征分类介绍推出机构的设计。

3. 推出机构的设计要求

（1）推出机构设计时应尽量使塑件留在动模一侧　由于推出机构的动作是通过注射机动模一侧的顶杆或液压缸来驱动的，所以一般情况下模具的推出机构设在动模一侧。正是由于这种原因，在考虑塑件在模具中的位置和分型面的选择时，应尽量使模具分型后塑件留在动模一侧，这就要求动模部分所设置的型芯被塑件包住的侧面积之和要比定模部分的大。

（2）塑件在推出过程中不发生变形和损坏　为了使塑件在推出过程中不发生变形和损坏，设计模具时应进行塑件对模具包紧力和黏附力大小的分析与计算，合理地选择推出方式、推出的位置、推出零件的数量和推出面积等。

（3）不损坏塑件的外观质量　对于外观质量要求较高的塑件，塑件的外部表面尽量不选作推出位置，即推出塑件的位置尽量设在塑件内部。对于塑件内外表面均不允许存在推出痕迹时，应改变推出机构的形式或设置推出专用的工艺塑料块，在推出后再与塑件分离。

（4）合模时应使推出机构正确复位　设计推出机构时，应考虑合模时推出机构的复位，在采用斜导杆和斜导柱侧向抽芯及其他特殊的情况下还应考虑推出机构的先复位问题。

（5）推出机构应动作可靠　推出机构结构应尽量简单，制造容易；在推出与复位的过程中，动作应可靠、灵活。

二、推出力的计算

塑件注射成型后在模内冷却定形，由于体积收缩，对型芯产生包紧力；塑件从模具中推出时，就必须克服因包紧力而产生的摩擦力。对于底部无孔的筒、壳类塑件，脱模推出时还要克服大气压力。型芯的成型端部，一般均要设计脱模斜度。另外还必须明白，塑件刚开始脱模时，所需的推出力最大，其后，推出力的作用仅仅用于克服推出机构移动的摩擦力。

图3-72所示为塑件在脱模时型芯的受力分析。由于推出力 F_t 的作用，使塑件对型芯的总压力（塑件收缩引起）降低了 $F_t\sin\alpha$，因此推出时的摩擦力 F_m 为

$$F_m=(F_b-F_t\sin\alpha)\mu \tag{3-19}$$

式中　F_m——脱模时型芯受到的摩擦阻力；

F_b——塑件对型芯的包紧力；

F_t——推出力（脱模力）；

α——脱模斜度；

μ——塑件与型芯（模具钢）之间的摩擦因数，约为0.1~0.3。

根据力的平衡原理，列出平衡方程式

$$\sum F_x=0$$

故

$$F_m\cos\alpha-F_t-F_b\sin\alpha=0 \tag{3-20}$$

联列式（3-19）和式（3-20），经整理后得

$$F_t=\frac{F_b(\mu\cos\alpha-\sin\alpha)}{1+\mu\cos\alpha\sin\alpha} \tag{3-21}$$

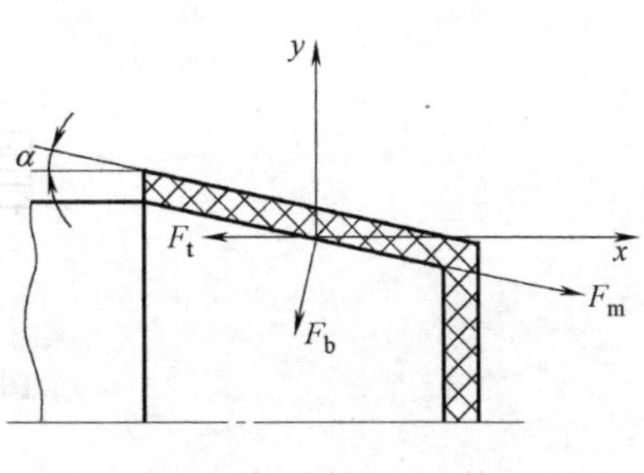

图3-72　型芯受力分析

因实际上摩擦因数 μ 较小，$\sin\alpha$ 更小，$\cos\alpha$ 也小于1，故忽略 $\mu\cos\alpha\sin\alpha$，式（3-21）简化为

$$\begin{aligned}F_t&=F_b(\mu\cos\alpha-\sin\alpha)\\&=Ap(\mu\cos\alpha-\sin\alpha)\end{aligned} \tag{3-22}$$

式中　A——塑件包住型芯的面积；

p——塑件对型芯单位面积上的包紧力，一般情况下，对于模外冷却的塑件，p 取 $(2.4\sim3.9)\times10^7$Pa；对于模内冷却的塑件，p 取 $(0.8\sim1.2)\times10^7$Pa。

从式（3-22）可以看出，推出力（脱模力）的大小随着塑件包住型芯的面积的增加而

增大，随着脱模斜度的增大而减小，同时也和塑料与钢（型芯材料）之间的摩擦因数有关。实际上，影响推出力的因素很多，型芯的表面粗糙度、成型的工艺条件、大气压力及推出机构本身在推出运动时的摩擦阻力等都会影响推出力的大小。另外，同一型腔中几个凸起（如型芯）或几个凹下之间由于相对位置引起的塑料收缩应力而造成的脱模阻力，以及塑件与模具型腔之间的黏附力在推出力计算过程中有时也不可忽略。

三、一次推出机构

一次推出机构又称简单推出机构，它是指开模后在动模一侧用一次推出动作完成塑件推出的机构。一次推出机构包括推杆推出机构、推管推出机构、推件板推出机构、活动镶块及凹模推出机构和多元联合推出机构等，这几类推出机构最常见，应用也最广泛。

1. 推杆推出机构

由于设置推杆的自由度较大，而且推杆截面大部分为圆形，制造、修配方便，容易达到推杆与模板或型芯上推杆孔的配合精度；推杆推出时运动阻力小，推出动作灵活可靠；推杆损坏后也便于更换，因此推杆推出机构是推出机构中最简单、最常见的形式。

（1）推杆的形状及固定形式　常用推杆的基本形状如图 3-73 所示，图 3-73a 所示为直通式推杆，尾部采用台肩固定，是最常用的形式；图 3-73b 所示为阶梯式推杆，由于工作部分比较细，故在其后部加粗以提高刚度，一般直径小于 2.5～3mm 时采用；图 3-73c 所示为顶盘式推杆，也称锥面推杆，推杆加工比较困难，装配时与其他推杆不同，需从动模型腔插入，端部用螺钉固定在推杆固定板上，适用于深筒形塑件的推出。

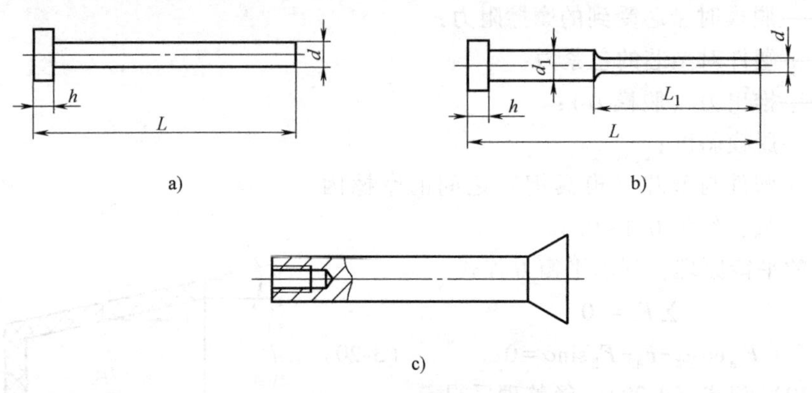

图 3-73　推杆的基本形状

推杆工作端面的形状如图 3-74 所示。最常用的是圆形，其次是矩形。推杆工作端面形状的选择是根据不同塑件的不同特点确定的，但不管何种形状，在设计时应考虑有足够的刚度，以承受推出力，否则可能在推出时变形。

推杆在模具中的固定形式如图 3-75 所示。图 3-75a 所示为最常用的形式，即直径为 d 的推杆，在推杆固定板上的孔径应为 d+1mm，推杆台肩部分的直径常为 d+5mm，推杆固定板上的台阶孔径为 d+6mm。图 3-75b 所示为采用垫块或垫圈代替图 3-75a 中推杆固定板上台阶孔的形式，这种结构加工方便。图 3-75c 所示为推杆底部采用螺塞拧紧的形式，适用于推杆固定板较厚的场合。图 3-75d 所示为较粗的推杆镶入推杆固定板，并采用螺钉固定的形式。

推杆工作部分与模板或型芯上推杆孔的配合常采用 H8/f7 或 H8/f8 的间隙配合，视推杆

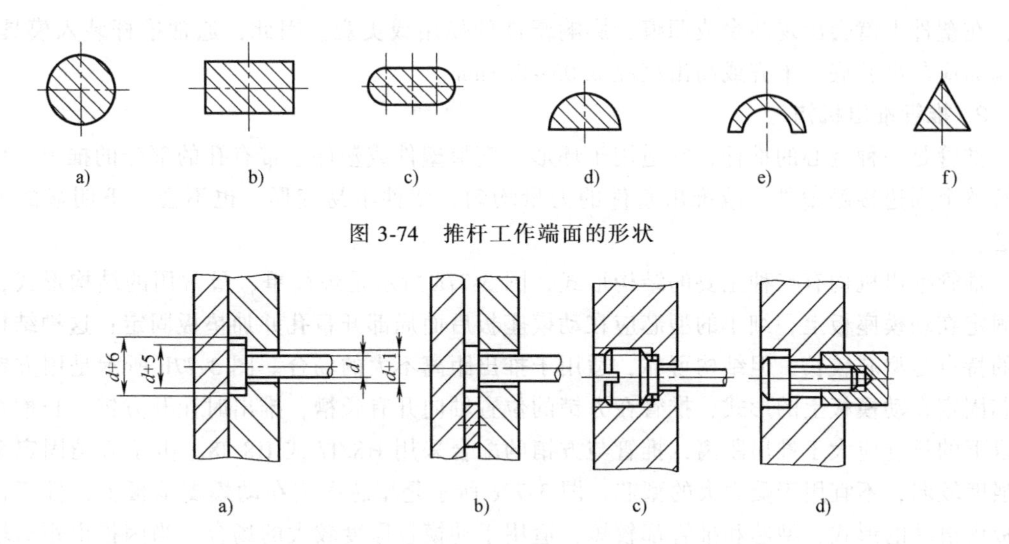

图 3-74 推杆工作端面的形状

图 3-75 推杆的固定形式

直径的大小与塑料品种的不同而定。

推杆的材料常采用 T8A、T10A 等碳素工具钢或 65Mn 弹簧钢等，前者的热处理要求硬度为 50 ~54 HRC，后者的热处理要求硬度为 46~50HRC；自制推杆常采用前者，市场上出售的推杆标准件以后者居多。推杆工作端配合部分的表面粗糙度值 *Ra* 一般取 0. 8μm。

（2）推杆位置的选择 推杆的位置应选择在脱模阻力最大的地方。如图 3-76a 所示的模具，因塑件对型芯的包紧力在四周最大，可在塑件内侧附近设置推杆；如果塑件深度较大，还应在塑件的端部设置推杆。有些塑件在型芯或型腔内有较深且脱模斜度较小的凸起，因收缩应力的原因会产生较大的脱模阻力，在该处就必须设置推杆，如图 3-76b 所示。

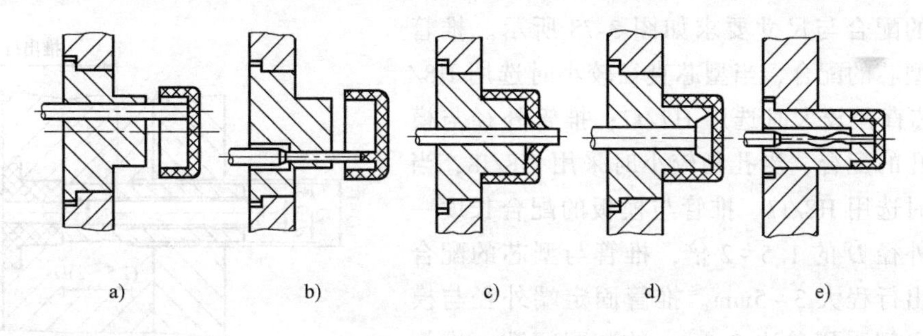

图 3-76 推杆的位置选择

选择推杆位置时，应注意当塑件各处的脱模阻力相同时推杆需均匀布置，以保证塑件推出时受力均匀，推出平稳和不变形。

选择推杆位置时，还应注意塑件本身的强度和刚度，位置尽可能地选择在厚壁和凸缘等处，尤其是薄壁塑件，否则很容易使塑件变形甚至损坏，如图 3-76c 所示。在必要时，可通过增大推杆工作端的横截面积降低塑件单位面积上所受的推出力，如图 3-76d 所示采用顶盘式推杆。

推杆位置的选择还应考虑推杆本身的刚度。当细长推杆承受较大脱模力时，推杆就会失稳变形，如图 3-76e 所示，这时就必须增大推杆的直径或增加推杆的数量。

推杆的工作端面在合模注射时是型腔底面的一部分，推杆的端面如果低于或高于型腔底

面，在塑件上就会出现凸台或凹痕，影响塑件的使用或美观。因此，通常推杆装入模具后，其端面应与型腔底面平齐或高出型腔 0.05~0.1mm。

2. 推管推出机构

推管是一种空心的推杆，它适用于环形、筒形塑件或塑件上带有孔的部分的推出。由于推管整个周边接触塑件，故推出塑件的力量均匀，塑件不易变形，也不会留下明显的推出痕迹。

推管推出机构有三种主要的结构形式，图 3-77a 所示是最简单、最常用的结构形式，型芯固定在动模座板上，细小的型芯应在动模座板后面局部开盲孔并加垫板固定；这种结构形式的特点是型芯较长，但结构可靠，适用于推出距离不大的场合。图 3-77b 所示是用方销将型芯固定在动模板上的形式，推管在方销的位置轴向开有长槽，推出时让开方销，长槽在方销以下的长度应大于推出距离，推管与方销的配合采用 H8/f7 或 H8/f8。由于方销固定型芯的强度较弱，不宜用于受力大的型芯。图 3-77c 所示是型芯固定在动模支承板上、推管在动模板内滑动的形式，型芯和推管都较短，适用于动模板厚度较大的场合。当因推出距离较大而需增加动模板厚度来满足推出机构的工作要求时，采用这种结构显然是不经济的。

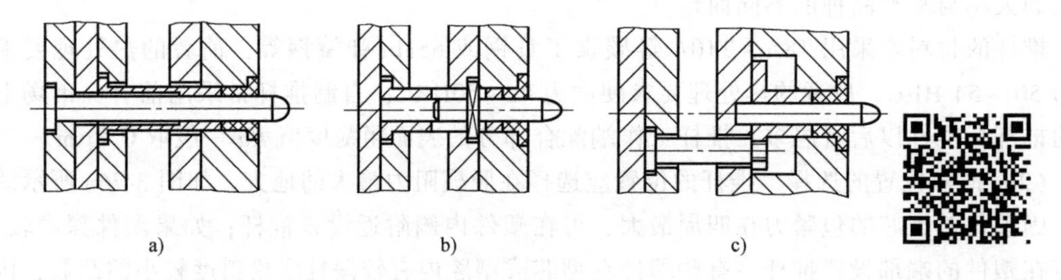

图 3-77　推管推出机构

推管的配合与尺寸要求如图 3-78 所示。推管的内径与型芯的配合，当型芯直径较小时选用 H8/f7，当型芯直径较大时选用 H7/f7；推管外径与模板上安装孔的配合，当孔径较小时采用 H8/f8，当孔径较大时选用 H8/f7。推管与模板的配合长度一般取推管外径 D 的 1.5~2 倍，推管与型芯的配合长度比推出行程大 3~5mm。推管固定端外径与模板安装孔之间采用单边 0.5mm 的装配间隙。推管的材料、热处理硬度要求及配合部分的表面粗糙度要求与推杆相同。

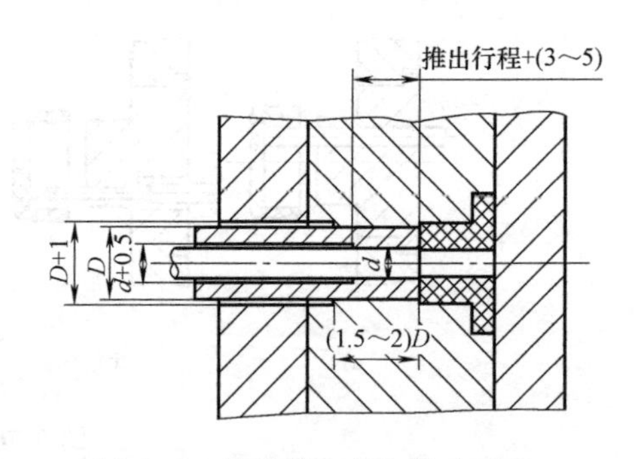

图 3-78　推管的配合与尺寸要求

3. 推件板推出机构

推件板推出机构由一块与型芯按一定配合精度相配合的模板和推杆（可起复位杆作用）所组成，随着推出机构开始工作，推杆推动推件板，进而推件板从塑件的端面将塑件从型芯上推出，因此推出力的作用面积大而均匀，推出平稳，塑件上没有推出的痕迹。

图 3-79 所示为推件板推出机构的几种结构形式。图 3-79a 所示为推杆与推件板用螺纹连接的形式，在推出过程中，可以防止推件板从导柱上脱落。图 3-79b 所示为推杆与推件板无固定连接的形式，为了防止推件板从导柱上脱落，固定在动模部分的导柱要足够长，并且要

控制好推出行程。图 3-79c 所示为注射机上的顶杆直接作用在推件板上的形式，模具结构与图 3-79a 相似，只是适当增加了推件板的长度，以便注射机上的顶杆与之接触，因此仅适用于两侧有顶杆的注射机。图 3-79d 所示为推件板镶入动模板内的形式，推杆端部采用螺纹与推件板连接，并且与动模板导向配合，推出机构工作时，推件板除了与型芯配合外，还依靠推杆进行支承与导向；这种推出机构结构紧凑，推件板在推出过程中也不会掉下。

推件板和型芯的配合精度与推管和型芯的配合相同，即 H7/f7 或 H8/f7。

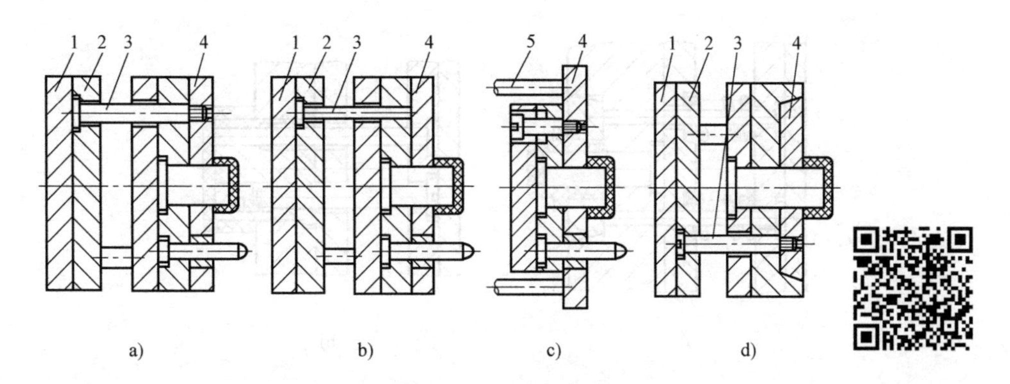

图 3-79　推件板推出机构（一）

1—推板　2—推杆固定板　3—推杆　4—推件板　5—注射机顶杆

在推件板推出机构中，为了减少推件板与型芯的摩擦，可采用如图 3-80 所示的结构，即推件板与型芯间留 0.20~0.25mm 的间隙，并采用锥面配合。

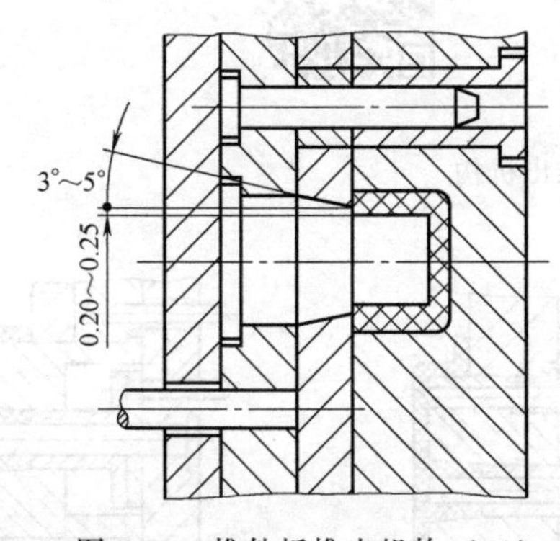

图 3-80　推件板推出机构（二）

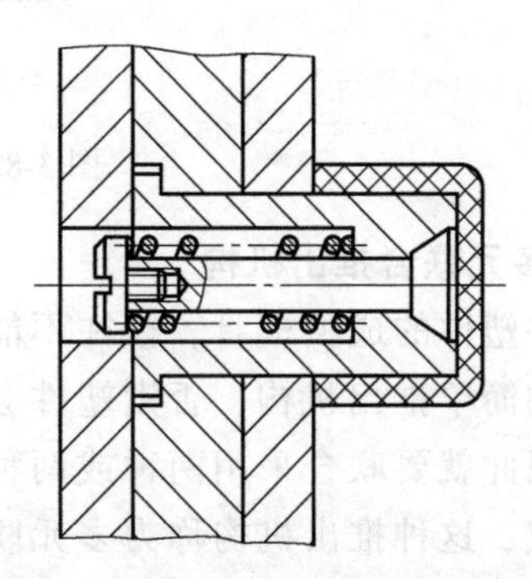

图 3-81　推件板推出机构的进气装置

对于大中型深型腔有底塑件，推件板推出时很容易形成真空，造成脱模困难或塑件撕裂，为此应增设进气装置。图 3-81 所示结构是靠大气压力的推出机构，通过中间的进气阀进气，塑件就能顺利地从型芯上推出。

推件板的常用材料为 45 钢、3Cr2Mo、5CrNiMo 等，热处理要求硬度为 28~32HRC。

4. 活动镶件及凹模推出机构

活动镶件就是活动的成型零件。某些塑件因结构原因不宜采用前述推出机构，则可利用活动镶件或凹模将塑件推出。图 3-82a 所示机构利用螺纹型环（即活动镶块）作推出零件，工作时，推杆将螺纹型环连同塑件一起推出模外，然后手工或用专用工具将塑件取出，因活动镶件后端设置推杆，故采用弹簧先复位。图 3-82b 所示为活动镶块与推杆采用螺纹连接的形式，推出后镶件和塑件不会自动掉下，故需手工将塑件从活动镶块上取下。图 3-82c 所示为利用凹模型腔板将塑件从型芯上推出的形式，推出后，需手工或用其他专用工具将塑件从凹模型腔中取出，这种形式的推出机构实质上就是推件板上有型腔的推出机构，不过在设计时要注意，推件板上的型腔不能太深，脱模斜度不能太小，否则开模后人工难以将塑件取下；另外推杆一定要与凹模型腔板采用螺纹连接，否则取塑件时，凹模型腔板会从动模导柱上滑出。

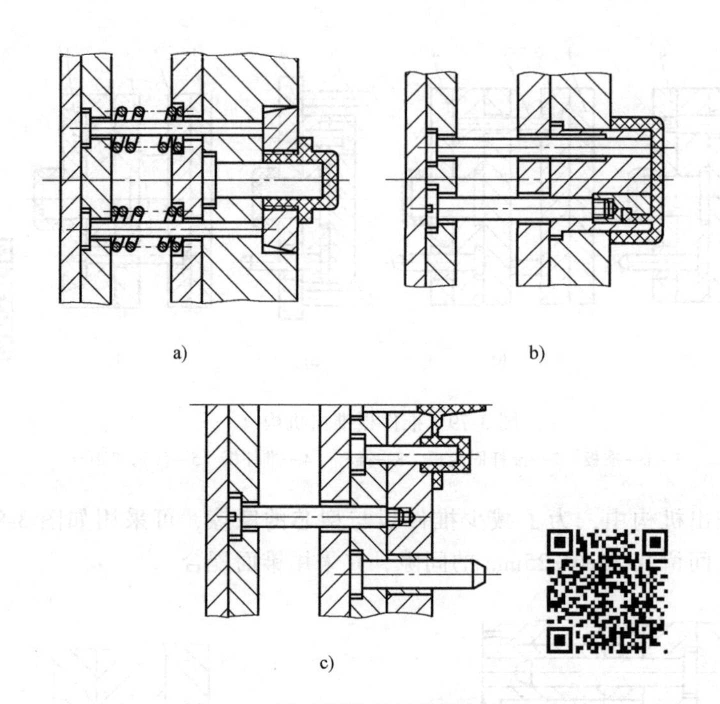

图 3-82　活动镶件及凹模推出机构

5. 多元联合推出机构

有些塑件的成型模具，往往不能采用上述单一的简单推出机构，否则塑件会变形或损坏，因此就要联合采用两种或两种以上的推出形式，这种推出机构称为多元联合推出机构。图 3-83a 所示为推杆与推管联合推出机构；图 3-83b 所示为推件板与推管联合推出机构。

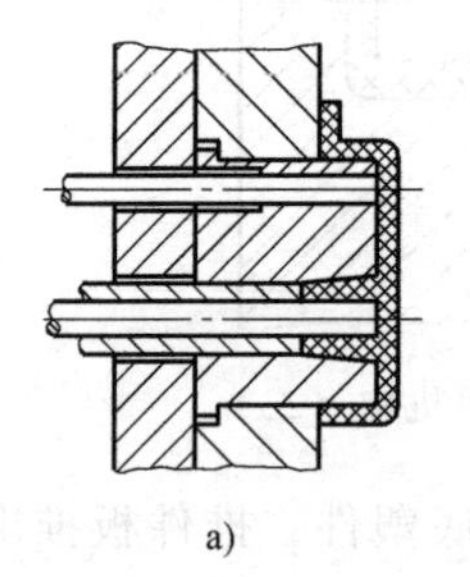

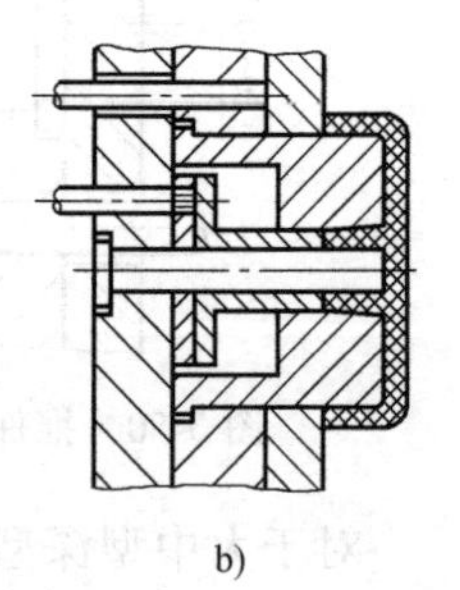

图 3-83　多元联合推出机构

6. 推出机构的导向与复位

推出机构在注射模工作时，每开合模一次，就往复运动一次，除了推杆和复位杆与模板的滑动配合处外，其余部分均处于浮动状态。推杆固定板与推杆的重量不应作用在推杆上，而应该由导向零件支承，尤其是大中型注射模。另外，为了使推出机构往复运动灵活和平稳，必须设计推出机构的导向装置。在开模推出塑件后，为了下一次的注射成型，就必须使推出机构复位。

(1) 推出机构的导向　推出机构的导向装置通常由推板导柱和推板导套组成；对于简

单的小模具，导向装置也可以由推板导柱直接与推杆固定板上的孔组成；对于型腔简单、推杆数量少的小模具，还可以利用复位杆进行导向。

常用的导向装置如图3-84所示。图3-84a所示为推板导柱固定在动模座板上的形式，推板导柱也可以固定在支承板上。图3-84b所示的推板导柱的一端固定在支承板上，另一端固定在动模座板上，适用于大型注射模。图3-84c中推板导柱固定在支承板上，且直接与推杆固定板上的孔配合导向。前两种形式的导柱除了起导向作用外，还支承着动模支承板，大大提高了支承板的刚度，从而改善了支承板的受力状况。当模具较大时，或者型腔在分型面上的投影面积较大时，最好采用这两种形式。第三种形式的推板导柱不起支承作用，适用于批量较小的小型模具。对于中小型模具，推板导柱可以设置2根；对于大型模具则需设置4根。

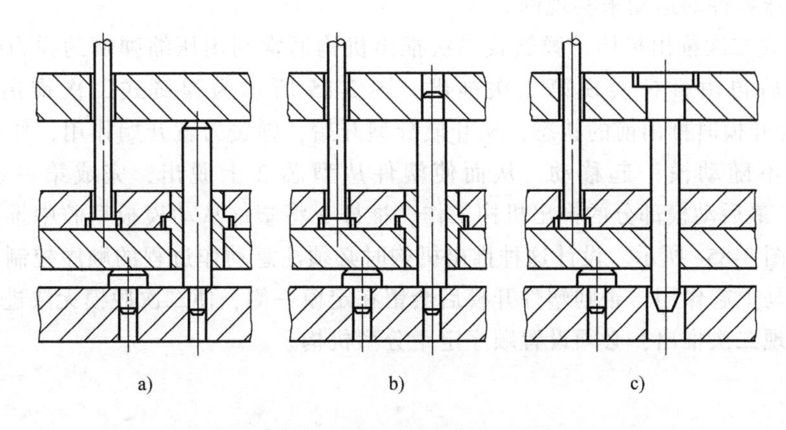

图3-84　推出机构的导向装置

（2）推出机构的复位　使推出机构复位的最简单、最常用的方法是在推杆固定板上同时安装复位杆。复位杆为圆形截面，每副模具一般设置4根复位杆，其位置应对称设在推杆固定板的四周，以便推出机构在合模时能平稳复位。装配后复位杆的端面应与动模分型面齐平，推出机构推出后，复位杆便高出分型面一定距离（即推出行程）。合模时，复位杆先于推杆与定模分型面接触，在动模向定模逐渐合拢的过程中，推出机构被复位杆顶住，从而与动模产生相对移动，直至分型面合拢时，推出机构回复到原来的位置。这种结构中合模和复位是同时完成的。在推件板推出机构中，推杆端面与推件板接触，可起到复位作用，故在推件板推出机构中不必再另行设置复位杆。有些塑件的推杆，其端面一部分顶在塑件的端面上，其余部分顶在定模分型面上，此时推杆既可用于推出塑件，又可兼作复位杆。当然，兼作复位杆用的推杆，应尽量分布在推杆固定板的四周，以便复位能平稳进行，如果不能满足要求，则还需设置复位杆。

另一种推出机构的复位装置采用弹簧复位。弹簧复位是利用压缩弹簧的回复力使推出机构复位，其复位先于合模动作完成。在活动镶件后端设置推杆时，为了在合模前安放活动镶件，常采用弹簧先复位。弹簧设置在推杆固定板与支承板之间，设计时应防止推出后推杆固定板把弹簧压死，或者弹簧已被压死而推出还未到位。设计时还应注意，弹簧应对称安装在推杆固定板的四周，一般为4个，常常安装在复位杆上，也可采用簧柱对称设置在推杆固定板上，此外，还可设置在推板导柱上。在斜导柱固定在定模、侧型芯滑块安装在动模的侧向

抽芯机构中，当因侧型芯投影面下设置推杆而发生所谓“干涉”现象时，常常采用弹簧进行推出机构先复位。

四、二次推出机构

当塑件形状特殊或生产自动化需要，在一次脱模推出动作后，塑件仍难于从型腔中取出或不能自动脱落时，必须再增加一次脱模推出动作，才能使塑件脱模。有时为了避免一次脱模推出使塑件受力过大，也采用二次脱模推出，以保证塑件质量，这类推出机构称为二次推出机构。

1. 单推板二次推出机构

单推板二次推出机构是指在推出机构中只设置了一组推板和推杆固定板，而另一次推出则是靠一些特殊零件的运动来实现的。

（1）弹簧式二次推出机构　弹簧式二次推出机构通常利用压缩弹簧的弹力作用实现第一次推出，然后再由推杆实现第二次推出。图 3-85 所示为弹簧式二次推出机构示例。图 3-85a所示为开模时推出前的状态；从开模分型开始，弹簧力就开始作用，使动模板（凹模型腔板）4 不随动模一起移动，从而使塑件从型芯 2 上脱出，完成第一次推出，如图 3-85b所示；最后动模部分的推出机构工作，推杆 3 将塑件从动模板型腔中推出，完成第二次推出，如图 3-85c 所示。设计这种推出机构时必须注意动作过程的顺序控制，即刚开模时，弹簧不能马上起作用，否则塑件开模后会留在定模一侧，使二次脱模无法进行，推出无法实现。要实现二次推出，必须设置顺序定距分型机构。

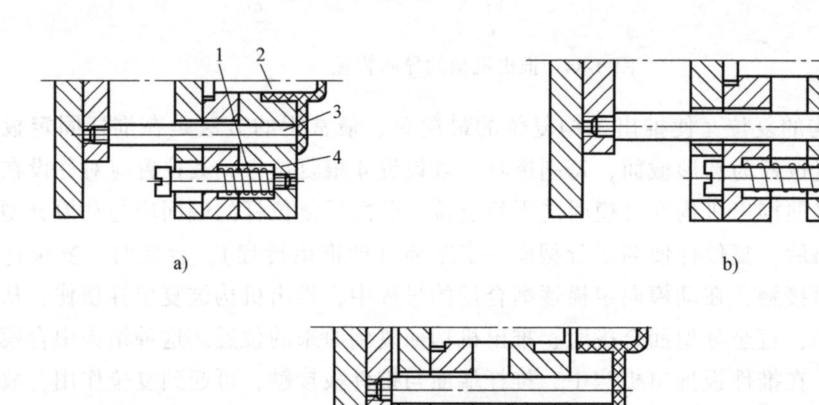

图 3-85　弹簧式二次推出机构

1—弹簧　2—型芯　3—推杆　4—动模板

（2）斜楔滑块式二次推出机构　图 3-86 所示为斜楔滑块式二次推出机构，利用斜楔 6 驱动滑块 4 来完成第二次推出。图 3-86a 所示是开模后推出机构尚未工作的状态；当动模后移一定距离后，注射机顶杆开始工作，推杆 8 和中心推杆 10 同时推出，塑件从型芯上脱下，但仍留在凹模型腔板 7 内，与此同时，斜楔 6 与滑块 4 接触，使滑块向模具中心滑动，如图

3-86b 所示，第一次推出结束；滑块继续滑动，推杆 8 后端落入滑块的孔中，接下来的分模过程中，推杆 8 不再具有推出作用，而中心推杆 10 仍在推着塑件，从而使塑件从凹模型腔内脱出，完成第二次推出，如图 3-86c 所示。

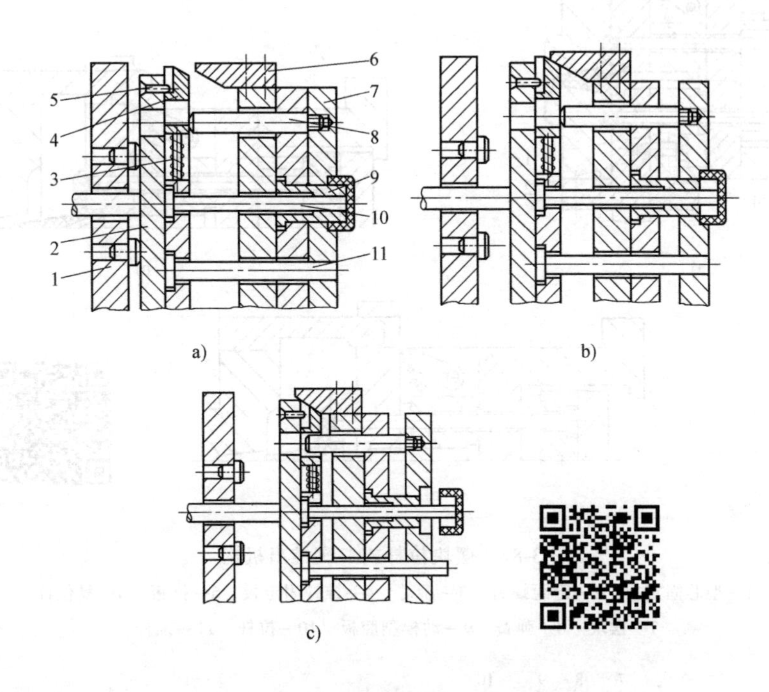

图 3-86　斜楔滑块式二次推出机构

1—动模座板　2—推板　3—弹簧　4—滑块　5—销钉　6—斜楔

7—凹模型腔板　8—推杆　9—型芯　10—中心推杆　11—复位杆

（3）摆块拉杆式二次推出机构　摆块拉杆式二次推出机构是由固定在动模的摆块和固定在定模的拉杆来实现二次推出的，如图 3-87 所示。图 3-87a 所示为注射结束后的合模状态；开模后，固定在定模一侧的拉杆 10 拉住安装在动模一侧的摆块 7，使摆块 7 推起动模型腔板 9，使塑件从型芯 3 上脱出，完成第一次推出，如图 3-87b 所示；动模继续后移，推杆 11 将塑件从动模型腔中推出，完成第二次推出，如图 3-87c 所示。图中弹簧 8 的设置是使摆块与动模型腔板始终接触。

（4）U 形限制架式二次推出机构　图 3-88 所示为 U 形限制架式二次推出机构。U 形限制架 4 固定在动模座板的两侧，摆杆 3（左右摆杆）一端用转动销 6 固定在推板上，圆柱销 1 固定在动模型腔板 10 上。图 3-88a 所示为合模状态，摆杆 3 夹在 U 形限制架 4 内，其上端顶在圆柱销 1 上。模具开模时，注射机顶杆推动推板，推出开始时由于限制架的限制，摆杆 3 只能向前运动，推动圆柱销 1 使动模型腔板 10 和推杆 7 同时推出，塑件脱离型芯 8，完成第一次推出，如图 3-88b 所示。当摆杆 3 脱离限制架 4 时，限位螺钉 9 阻止动模型腔板继续向前移动，同时圆柱销 1 将摆杆 3 分开，弹簧 2 拉住摆杆 3 使其紧靠在圆柱销 1 上；注射机顶杆继续推出，推杆 7 推动塑件从动模型腔板内脱出，完成第二次推出，如图 3-88c 所示。

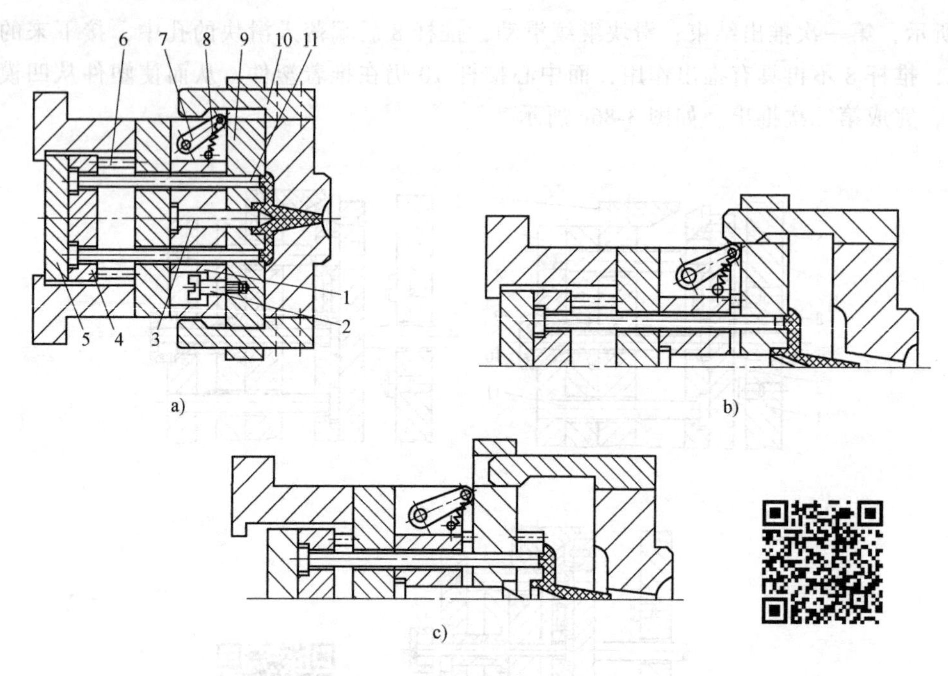

图 3-87 摆块拉杆式二次推出机构

1—型芯固定板 2—定距螺钉 3—型芯 4—推杆固定板 5—推板 6—复位杆 7—摆块 8—弹簧 9—动模型腔板 10—拉杆 11—推杆

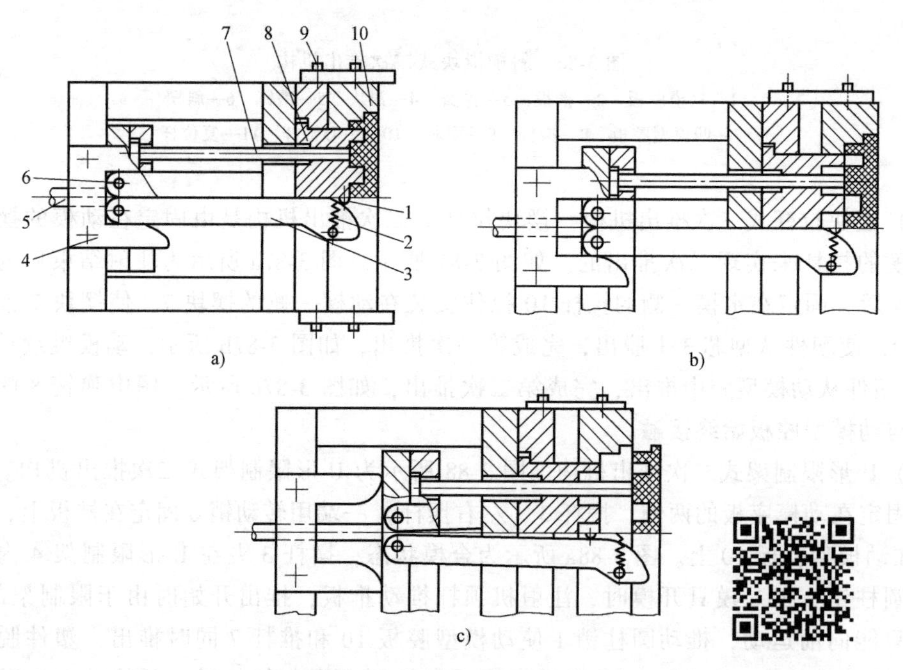

图 3-88 U 形限制架式二次推出机构

1—圆柱销 2—弹簧 3—摆杆 4—U 形限制架 5—注射机顶杆 6—转动销 7—推杆 8—型芯 9—限位螺钉 10—动模型腔板

（5）滑块式二次推出机构　这种推出机构如图 3-89 所示。滑块 2 设置在推杆固定板 1

的导滑槽内，斜导柱 3 固定在动模支承板 4 内，模具中心设置了带有弹簧自动复位的中心推杆 6。图 3-89a 所示为刚分模状态；当注射机顶杆工作时，推杆 9 推动动模型腔板 8 移动一定距离，使塑件脱离型芯 7，同时，斜导柱 3 驱动滑块 2 向内移动一定距离，完成第一次推出，如图 3-89b 所示；注射机顶杆继续推出，滑块斜面将中心推杆 6 顶上斜面，使中心推杆 6 推出距离比推杆 9 超前，因而塑件被中心推杆 6 从动模型腔板 8 内推出，完成第二次推出，如图 3-89c 所示。

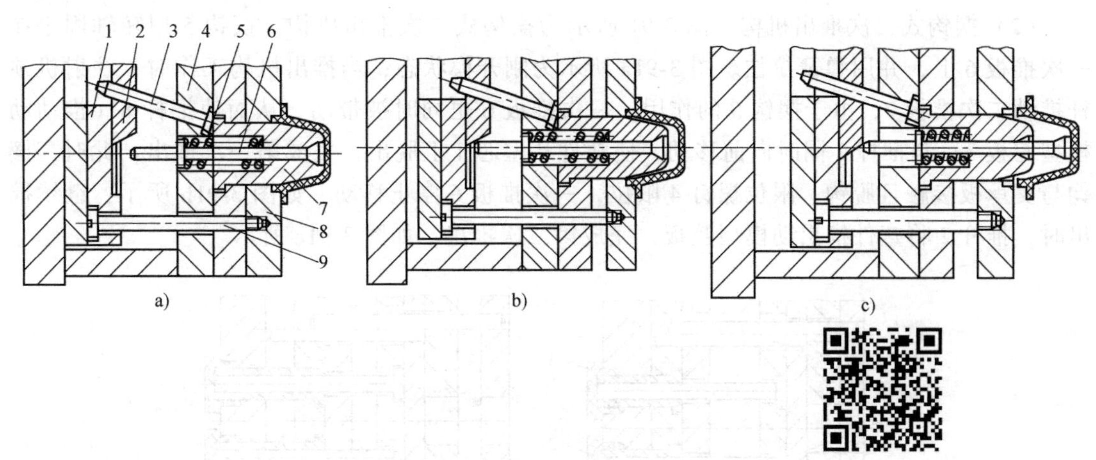

图 3-89　滑块式二次推出机构

1—推杆固定板　2—滑块　3—斜导柱　4—动模支承板　5—弹簧　6—中心推杆　7—型芯　8—动模型腔板　9—推杆

2. 双推板二次推出机构

双推板二次推出机构在模具中设置有两组推板，它们分别带动一组推出零件实现塑件二次脱模的推出动作。

（1）三角滑块式二次推出机构　图 3-90 所示为三角滑块式二次推出机构。该机构中三

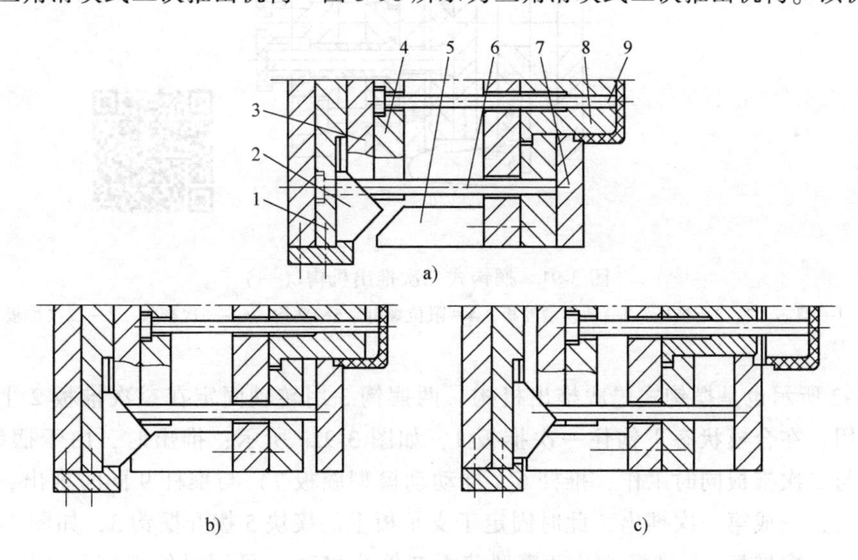

图 3-90　三角滑块式二次推出机构

1—一次推板　2—三角滑块　3—二次推板　4—推杆固定板　5—斜楔杆　6、9—推杆　7—动模型腔板　8—型芯

角滑块 2 安装在一次推板 1 的导滑槽内，斜楔杆 5 固定在动模支承板上。图 3-90a 所示为刚分模状态；注射机顶杆开始工作后，推杆 6、9 及动模型腔板 7 一起向前推出，使塑件从型芯 8 上脱下，完成第一次推出，此时斜楔杆 5 与三角滑块 2 开始接触，如图 3-90b 所示；推出继续进行，由于三角滑块在斜楔杆斜面作用下向上移动，使其另一侧斜面推动二次推板 3，使推杆 9 推出距离超前于动模型腔板 7，从而将塑件从型腔板中推出，完成第二次推出，如图 3-90c 所示。

（2）摆钩式二次推出机构　图 3-91 所示为摆钩式二次推出机构。摆钩 5 用转轴固定在一次推板 6 上，并用弹簧拉住。图 3-91a 所示为刚开模状态；当推出机构工作时，注射机顶杆推动二次推板 7，由于摆钩 5 的作用，一次推板 6 也同时被带动，从而使推杆 8（推动动模型腔板 3）与推杆 2 同时向前移动，使塑件从型芯 1 上脱出，完成第一次推出，此时，摆钩与支承板接触且脱钩，限位螺钉 4 限位，一次推板 6 停止移动，如图 3-91b 所示；继续推出时，推杆 2 将塑件推出动模型腔板，完成第二次推出，如图 3-91c 所示。

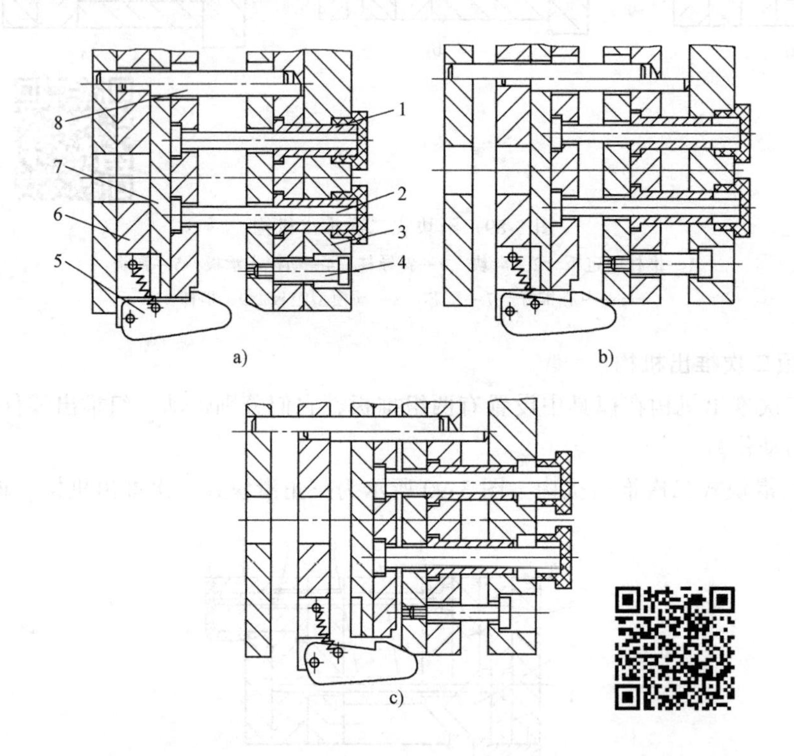

图 3-91　摆钩式二次推出机构（一）

1—型芯　2、8—推杆　3—动模型腔板　4—限位螺钉　5—摆钩　6—一次推板　7—二次推板

图 3-92 所示也是摆钩式二次推出机构。两摆钩 3 用转轴固定在二次推板 2 上，由于弹簧 4 的作用，在合模状态下钩住一次推板 1，如图 3-92a 所示；推出时，由于摆钩的作用，一次推板与二次推板同时工作，推杆 6（推动动模型腔板 7）与推杆 9 同时推出，塑件从型芯 8 上脱出，完成第一次推出，此时固定于支承板上的楔块 5 拨开摆钩 3，如图 3-92b 所示；继续推出，一次推板 1、推杆 6 及动模型腔板 7 停止移动（可用限位螺钉限位），推杆 9 将塑件从动模型腔内推出，完成第二次推出，如图 3-92c 所示。

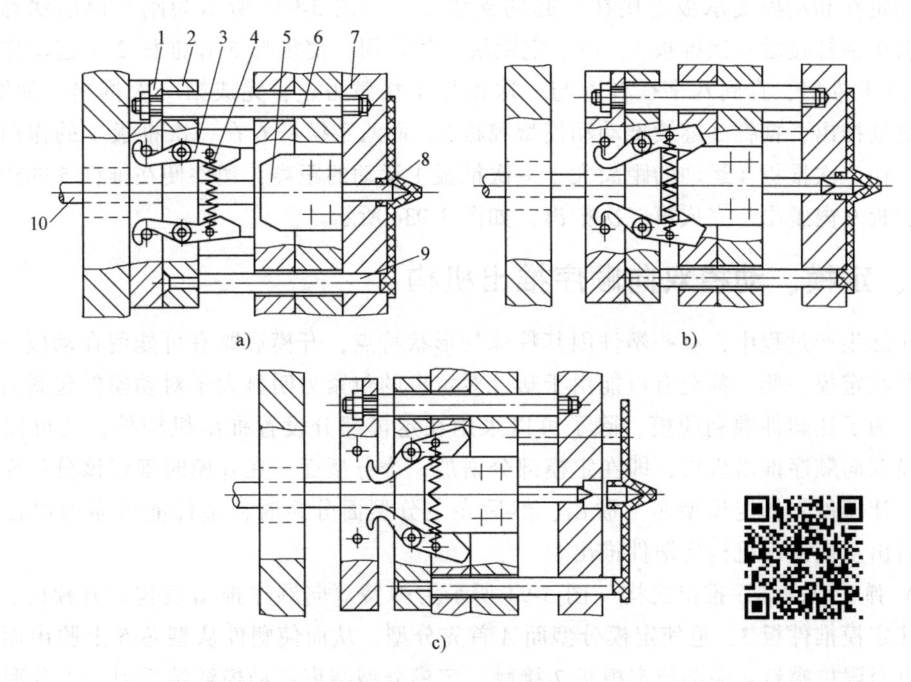

图 3-92　摆钩式二次推出机构（二）

1—一次推板　2—二次推板　3—摆钩　4—弹簧　5—楔块　6、9—推杆　7—动模型腔板　8—型芯　10—注射机顶杆

（3）八字摆杆式二次推出机构　图 3-93 所示是八字摆杆式二次推出机构，八字摆杆 6

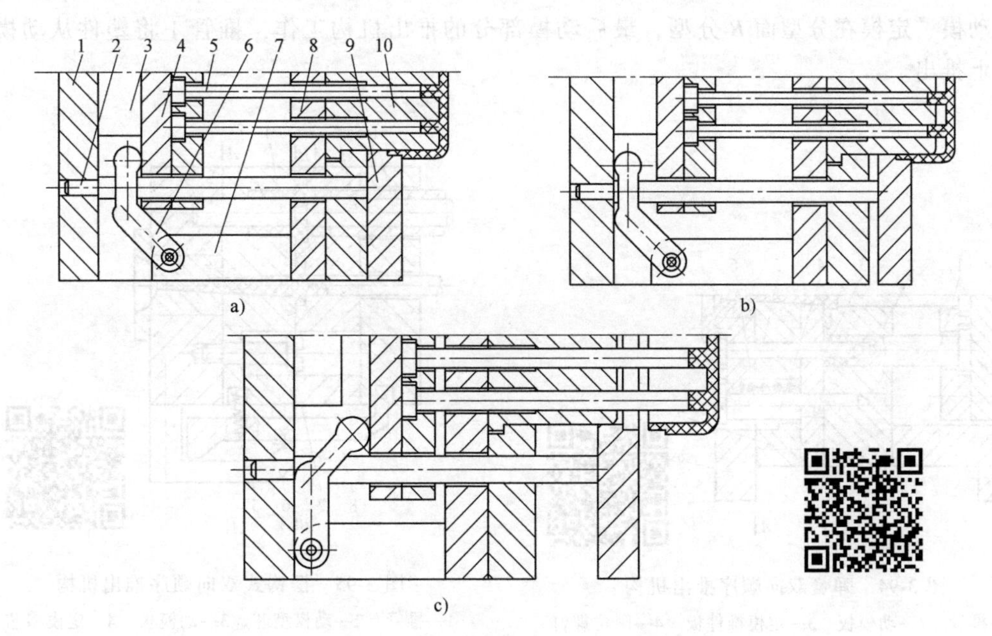

图 3-93　八字摆杆式二次推出机构

1—一次推板　2、5—推杆　3—定距块　4—二次推板　6—八字摆杆　7—支块　8—支承板　9—动模型腔板　10—型芯

用转轴固定在和动模支承板连接在一起的支块 7 上。图 3-93a 所示为刚开模的状态；推出时，注射机顶杆接触一次推板 1，由于定距块 3 的作用，使推杆 5 和推杆 2 一起动作将塑件从型芯 10 上推出，直到八字摆杆 6 与一次推板 1 相碰为止，完成第一次推出，如图 3-93b 所示；继续推出，推杆 2 继续推动动模型腔板 9，而八字摆杆 6 在一次推板 1 的作用下绕支点转动，使二次推板 4 运动的距离大于一次推板 1 运动的距离，塑件便在推杆 5 的作用下从动模型腔板 9 内脱出，完成第二次推出，如图 3-93c 所示。

五、定模、动模双向顺序推出机构

在实际生产过程中，有些塑件因其特殊的形状特点，开模后既有可能留在动模一侧，也有可能留在定模一侧，甚至有可能由于塑件对定模的包紧力明显大于对动模的包紧力而会留在定模。为了让塑件顺利脱模，除了可以采用在定模部分设置推出机构外，还可以采用定模、动模双向顺序推出机构，即在定模部分增加一个分型面，在开模时确保该分型面首先定距打开，让塑件先从定模型芯上脱出，然后在主分型面分型时，塑件能可靠地留在动模部分，最后由动模推出机构将塑件推出。

（1）弹簧双向顺序推出机构　图 3-94 所示为弹簧双向顺序推出机构。开模时，弹簧 6 始终压住定模推件板 3，迫使定模分型面 *A* 首先分型，从而使塑件从型芯 5 上脱出而留在动模内，直至限位螺钉 4 端部与定模板 7 接触，定模分型结束；动模继续后退，主分型面 *B* 分型，直至推出机构工作，推管 1 将塑件从动模型腔内推出。

（2）摆钩式双向顺序推出机构　图 3-95 所示为摆钩式双向顺序推出机构。开模时，由于摆钩 8 的作用使分型面 *A* 分型，从而使塑件从定模型芯 4 上脱出；分型一段距离后，由于压板 6 的作用，使摆钩 8 脱钩，然后限位螺钉 7 限位，定模部分分型面 *A* 分型结束；继续开模，动模、定模在分型面 *B* 分型，最后动模部分的推出机构工作，推管 1 将塑件从动模型芯 2 上推出。

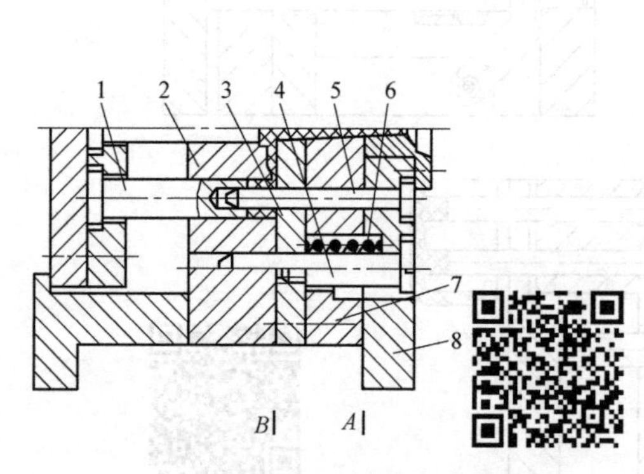

图 3-94　弹簧双向顺序推出机构

1—推管　2—动模板　3—定模推件板　4—限位螺钉　5—型芯　6—弹簧　7—定模板　8—定模座板

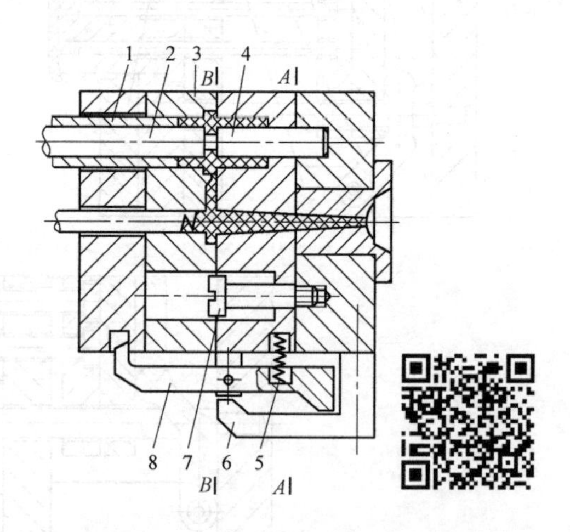

图 3-95　摆钩式双向顺序推出机构

1—推管　2—动模型芯　3—动模板　4—定模型芯　5—弹簧　6—压板　7—限位螺钉　8—摆钩

摆钩式双向顺序推出的形式有多种。在图 3-96a 所示的形式中，滚轮代替了图 3-95 中的压板，定距螺钉换了方向安装；在图 3-96b 所示的形式中，压板上的孔与模板上的圆柱销用于定距限位。

(3) 滑块式双向顺序推出机构　图 3-97 所示为滑块式双向顺序推出机构。开模时，由于拉钩 2 钩住滑块 3，定模板 5 与定模座板 7 在分型面 *A* 先分型，塑件从定模型芯上脱出；随后压块 1 压动滑块 3 内移而使拉钩 2 脱开滑块 3，由于限位拉板 6 的定距作用，分型面 *A* 分型结束；继续开模，主分型面分型 *B*，塑件因包在动模型芯上留在动模，最后推出机构工作，推杆将塑件从动模型芯上推出。

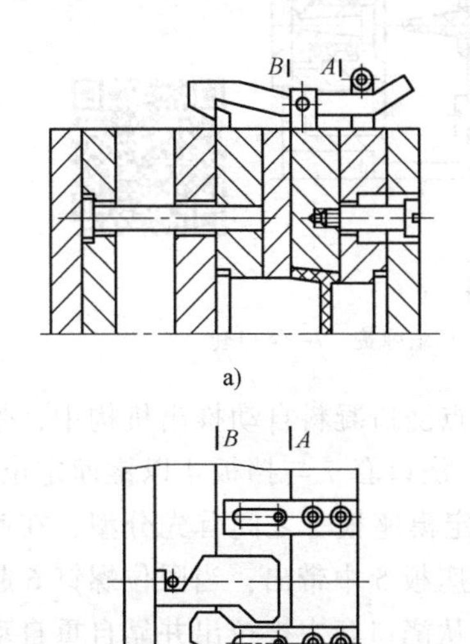

图 3-96　摆钩式双向顺序推出机构的其他形式

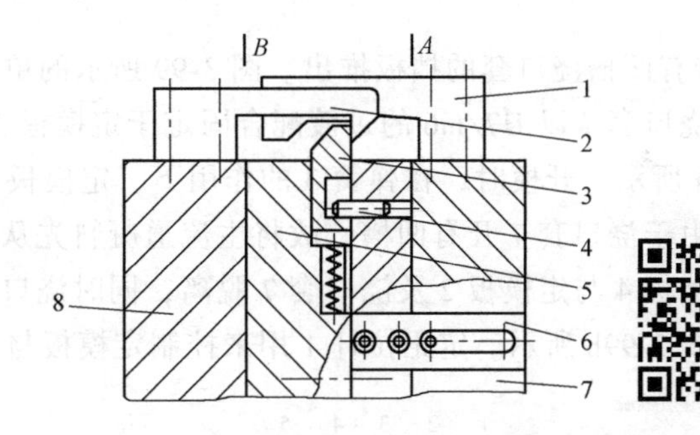

图 3-97　滑块式双向顺序推出机构
1—压块　2—拉钩　3—滑块　4—限位销　5—定模板　6—限位拉板　7—定模座板　8—动模板

六、浇注系统凝料的推出机构

除了点浇口和潜伏浇口外，其他形式的浇口在脱模时，浇注系统凝料和塑件是连成一体被推出机构推出模外的，之后需手工将凝料与塑件分离。采用点浇口和潜伏浇口时，浇注系统凝料在脱模时能与塑件自动分离，也能从模具中自动推出。下面主要介绍点浇口和潜伏浇口浇注系统凝料的自动推出机构。

1. 点浇口浇注系统凝料的推出

点浇口进料的浇注系统可分为单型腔和多型腔两大类。

(1) 单型腔点浇口浇注系统凝料的自动推出

1) 带有活动浇口套的挡板推出。图 3-98 所示的单型腔点浇口凝料自动推出机构中，浇口套 7 以 H8/f8 的间隙配合安装在定模座板 5 中，外侧有压缩弹簧 6，如图 3-98a 所示。当注射机喷嘴注射完毕离开浇口套 7 后，由于压缩弹簧 6 的作用浇口套与主流道凝料分离（松动）；开模后，挡板 3 与定模座板 5 之间首先分型，主流道凝料从浇口套中脱出，当限位螺钉 4 起限位作用时，此分型过程结束，而挡板 3 与定模板 1 之间开始分型，直至限位螺钉 2

限位，如图 3-98b 所示；接着动模、定模的主分型面分型，这时挡板 3 将浇口凝料从定模板 1 中拉出，凝料在自重作用下自动脱落。

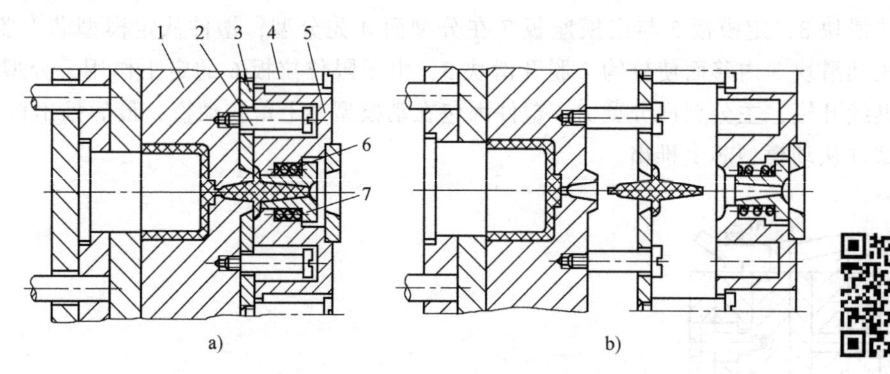

图 3-98　单型腔点浇口凝料自动推出机构（一）

1—定模板　2、4—限位螺钉　3—挡板　5—定模座板　6—压缩弹簧　7—浇口套

2）带有凹槽浇口套的挡板推出。图 3-99 所示的单型腔点浇口凝料自动推出机构中，带有凹槽的浇口套 7 以 H7/m6 的过渡配合固定于定模板 2 上，浇口套 7 与挡板 4 以锥面定位，如图 3-99a 所示。开模时，在弹簧 3 的作用下，定模板 2 与定模座板 5 之间首先分型，在此过程中，由于浇口套 7 开有凹槽，故将主流道凝料先从定模座板 5 中带出；当限位螺钉 6 起作用时，挡板 4 与定模板 2 及浇口套 7 脱离，同时浇口凝料从浇口套中被拉出并靠自重自动落下，如图 3-99b 所示。定距拉杆 1 用来控制定模板与定模座板的分型距离。

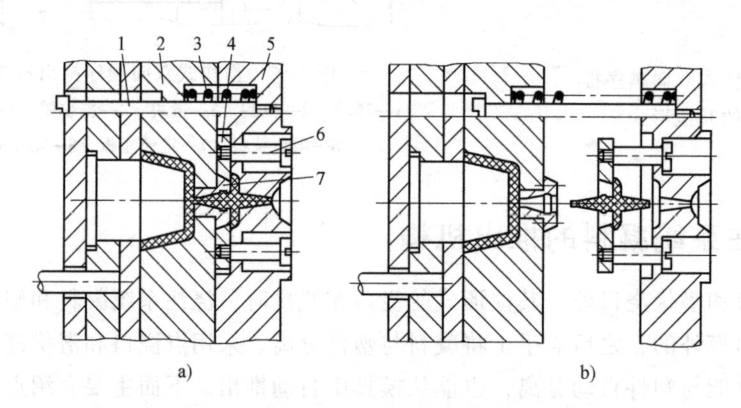

图 3-99　单型腔点浇口凝料自动推出机构（二）

1—定距拉杆　2—定模板　3—弹簧　4—挡板　5—定模座板　6—限位螺钉　7—浇口套

（2）多型腔点浇口浇注系统凝料的自动推出　对于一模多腔点浇口进料注射模，其点浇口并不在主流道的对面，而是在各自的型腔端部，这种形式的点浇口浇注系统凝料自动推出装置与单型腔点浇口的有些不同。

1）利用挡板拉断点浇口凝料。图 3-100 所示为利用挡板拉断点浇口凝料的结构。图 3-100a所示为合模状态。开模时，挡板 3 与定模座板 4 之间首先分型，主流道凝料在定模板 2 上的反锥穴的作用下被拉出浇口套 5，浇口凝料连在塑件上留于定模板 2 内；当定距拉杆 1 的中间台阶面接触挡板 3 后，定模板 2 与挡板 3 之间开始分型，挡板将点浇口凝料从定

模板中带出，如图 3-100b 所示。随后点浇口凝料靠自重自动落下。

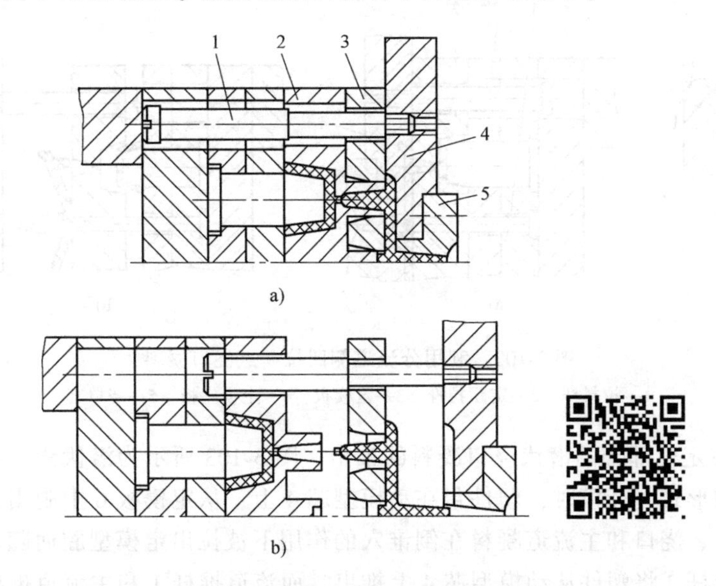

图 3-100　利用挡板拉断点浇口凝料

1—定距拉杆　2—定模板　3—挡板　4—定模座板　5—浇口套

2）利用拉料杆拉断点浇口凝料。图 3-101 所示是利用设置在点浇口处的拉料杆拉断点浇口凝料的结构。开模时，模具首先在动模、定模主分型面分型，浇口被拉料杆 4 拉断，浇注系统凝料留在定模中；动模后退一定距离后，在拉板 7 的作用下，分流道推板 6 与定模板 2 之间分型，浇注系统凝料脱离定模板；继续开模，由于拉杆 1 和限位螺钉 3 的作用，分流道推板 6 与定模座板 5 之间分型，浇注系统凝料分别从浇口套及拉料杆 4 上脱出。

3）利用分流道侧凹拉断点浇口凝料。图 3-102 所示是利用分流道末端的侧凹将点浇口凝料拉断的结构。图 3-102a 所示为合模状态。开模时，定模板 3 与定模座板 4 之间首先分型，与此同时，主流道凝料被拉料杆 1 拉出浇口套 5，而分流道端部的小斜柱卡住分流道凝料，迫使点浇口被拉断并带出定模板 3；当定距拉杆 2 起限位作用时，主分型面分型，塑件被带往动模，而浇注系统凝料脱离拉料杆 1 并自动落下，如图 3-102b 所示。

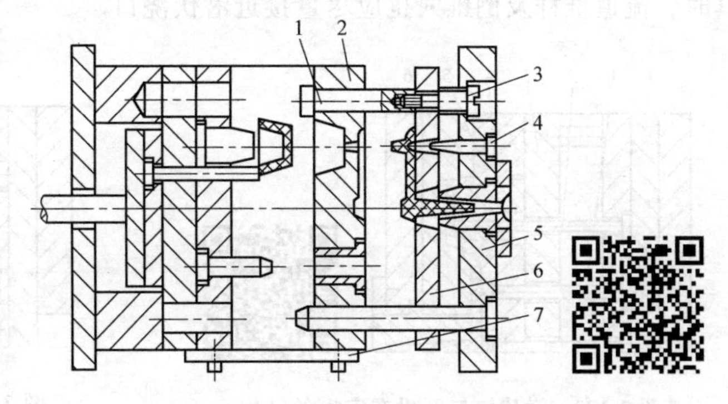

图 3-101　利用拉料杆拉断点浇口凝料

1—拉杆　2—定模板　3—限位螺钉　4—拉料杆

5—定模座板　6—分流道推板　7—拉板

2. 潜伏浇口浇注系统凝料的推出

根据进料口位置的不同，潜伏浇口可以开设在定模，也可以开设在动模。开设在定模的，一般只能开设在塑件的外侧；开设在动模的，既可以开设在塑件的外侧，也可以开设在塑件内部的柱子或推杆上。下面就按这几种情况进行介绍。

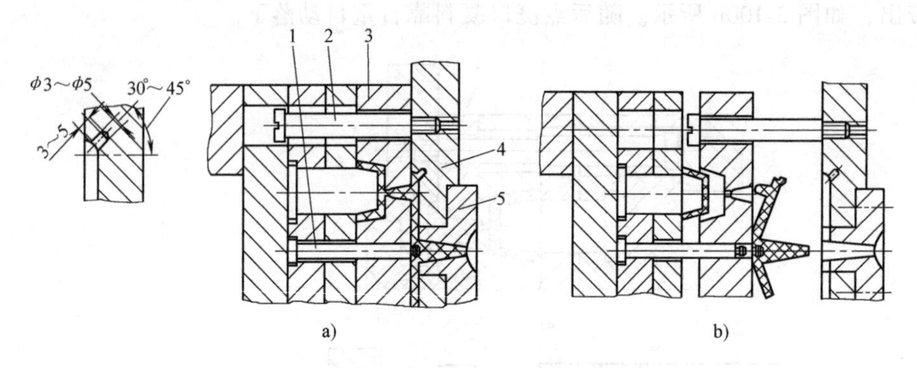

图 3-102　利用分流道侧凹拉断点浇口凝料

1—拉料杆　2—定距拉杆　3—定模板　4—定模座板　5—浇口套

（1）开设在定模部分的潜伏浇口凝料的推出　图 3-103 所示为潜伏浇口开设在定模部分塑件外侧的结构形式。开模时，塑件包在动模型芯 4 上，从定模板 6 中脱出，同时潜伏浇口被切断，分流道、浇口和主流道凝料在倒锥穴的作用下被拉出定模型腔而随动模移动；推出机构工作时，推杆 2 将塑件从动模型芯 4 上推出，而流道推杆 1 和主流道推杆将浇注系统凝料推出动模板 5，浇注系统凝料最后靠自重落下。在设计模具时，流道推杆 1 应尽量接近潜伏浇口，以便在分型时将潜伏浇口拉出模外。

（2）开设在动模部分的潜伏浇口　图 3-104 所示为潜伏浇口开设在动模部分塑件外侧的结构形式。开模时，塑件包在动模型芯 3 上随动模一起后移，分流道和浇口及主流道凝料由于倒锥穴的作用留在动模一侧；推出机构工作时，推杆 2 将塑件从动模型芯 3 上推出，同时潜伏浇口被切断，浇注系统凝料在流道推杆 1 和主流道推杆的作用下被推出动模板 4 而自动脱落。在这种形式的结构中，潜伏浇口的切断、推出与塑件的脱模是同时进行的，在设计模具时，流道推杆及倒锥穴也应尽量接近潜伏浇口。

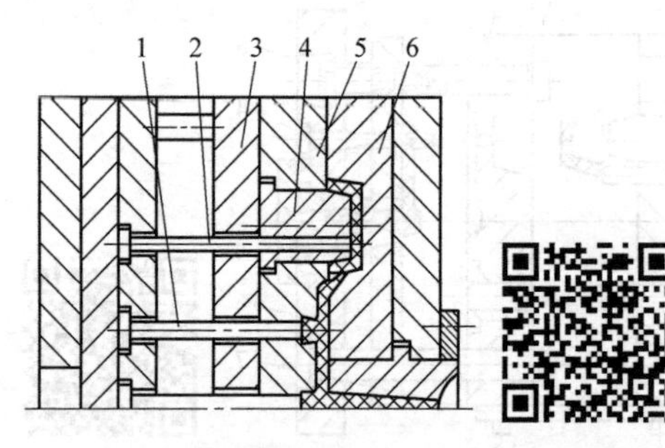

图 3-103　潜伏浇口开设在定模的结构

1—流道推杆　2—推杆　3—动模支承板

4—动模型芯　5—动模板　6—定模板

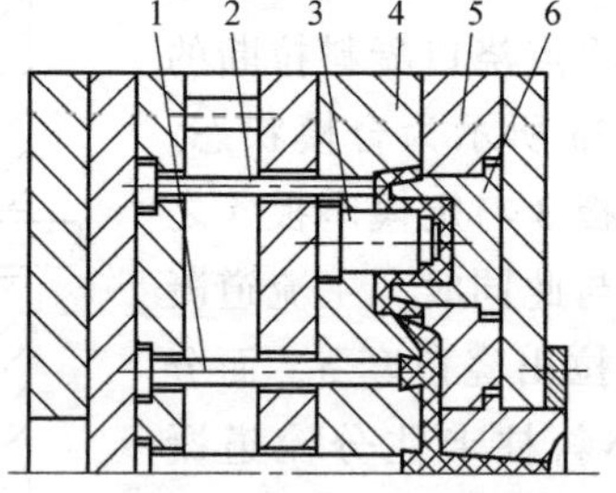

图 3-104　潜伏浇口开设在动模的结构

1—流道推杆　2—推杆　3—动模型芯

4—动模板　5—定模板　6—定模型芯

（3）开设在推杆上的潜伏浇口　图 3-105 所示为潜伏浇口开设在推杆上的结构形式。图 3-105a 所示为潜伏浇口开设在圆形推杆上的形式，开模时，包在型芯 3 上的塑件和被倒锥穴拉出的主流道及分流道凝料一起随动模移动；当推出机构工作时，塑件被推杆 2 从型芯 3 上推出，同时潜伏浇口被切断，流道推杆 5 和 6 将浇注系统凝料推出模外，凝料自动落下。这种浇口与前面介绍的浇口的不同之处还在于塑件内部上端增加了一段二次浇口的余料，需人

工将余料剪掉。图 3-105b 所示为潜伏浇口开设在矩形推杆上的形式，在设计模具时，二次浇口必须开设在矩形推杆的侧面，以便推出后能将矩形推杆上二次浇口的余料脱出。

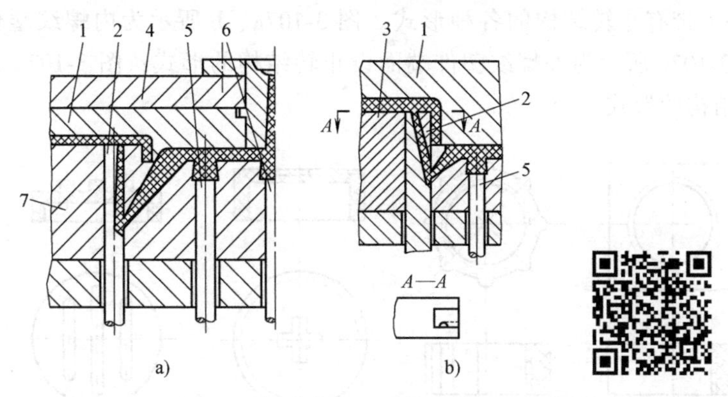

图 3-105　潜伏浇口开设在推杆上的结构

1—定模板　2—推杆　3—型芯　4—定模座板　5、6—流道推杆　7—动模板

七、带螺纹塑件的脱模

对于带有螺纹的塑件，脱模方式有如下几种。

（1）活动型芯或型环脱模方式　这种方式中，螺纹型芯或螺纹型环设计成活动镶件的形式，每次开模后，先将螺纹型芯或螺纹型环按一定配合和定位放入模具型腔内，分模后，螺纹型芯或螺纹型环随塑件一起被推出模外，然后再由人工用专用工具将螺纹型芯或螺纹型环旋下。这种脱模方式的特点是结构简单，但生产率低，劳动强度大，只适用于小批量生产。

（2）拼合型芯或型环脱模方式　这种脱螺纹的方式，实际上是采用斜滑块或斜导杆的侧向分型或抽芯的方式：塑件的外螺纹脱模时，采用斜滑块外侧分型；塑件的内螺纹脱模时，采用斜滑块内侧抽芯。图 3-106a 所示为拼合式型环斜滑块外侧分型脱螺纹机构；图 3-106b所示为拼合式型芯斜滑块内侧抽芯脱螺纹机构。这两种形式的脱螺纹机构结构简单、可靠，但在塑件上存留有分型线。

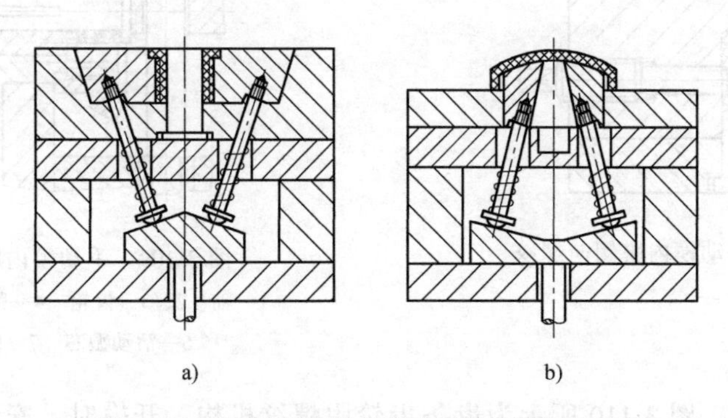

图 3-106　拼合式型环或型芯斜滑块脱螺纹机构

（3）模内旋转的脱模方式　使用旋转方式脱螺纹，塑件与螺纹型芯或螺纹型环之间除了要有相对转动以外，还必须有轴向的移动。如果螺纹型芯或螺纹型环在转动时，塑件也随

着一起转动，则塑件就无法从螺纹型芯或螺纹型环上脱出，为此，在塑件设计时应特别注意塑件必须带有止转的结构。例如装药片用的塑料瓶的盖子，其外侧的直纹就为为了止转。图 3-107 所示为塑件上带有止转结构的各种形式。图 3-107a、b 所示为内螺纹塑件外形设止转结构的形式；图 3-107c 所示为外螺纹塑件端面设止转结构的形式；图 3-107d 所示为内螺纹塑件端面设止转结构的形式。

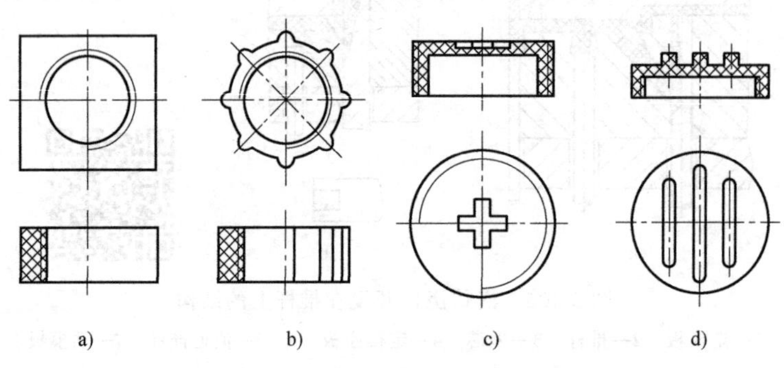

图 3-107　螺纹塑件的止转形式

常用的模内旋转方式脱螺纹机构主要有手动脱螺纹和机动脱螺纹两种。

1）手动脱螺纹。图 3-108 所示为最简单的手动模内脱螺纹的例子。塑件成型后，在开模前先用专用工具将螺纹旋出，然后再分型和推出塑件。设计时应注意侧向螺纹型芯两端部螺纹的螺距与旋向相同。图 3-109 所示为手动模内脱螺纹的又一种结构形式。开模后，手转动轴 1，通过齿轮 2、3 的传动使螺纹型芯 7 按旋出方向旋转，弹簧 4 在脱模过程中始终顶住活动型芯 6，使活动型芯 6 随塑件脱出方向移动，活动型芯 6 上的小型芯始终插在塑件中，可防止塑件随螺纹型芯转动，从而使塑件顺利脱出。

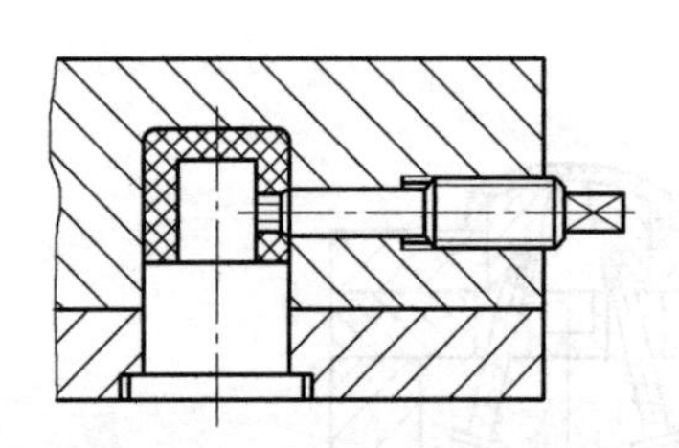

图 3-108　手动模内脱侧向螺纹

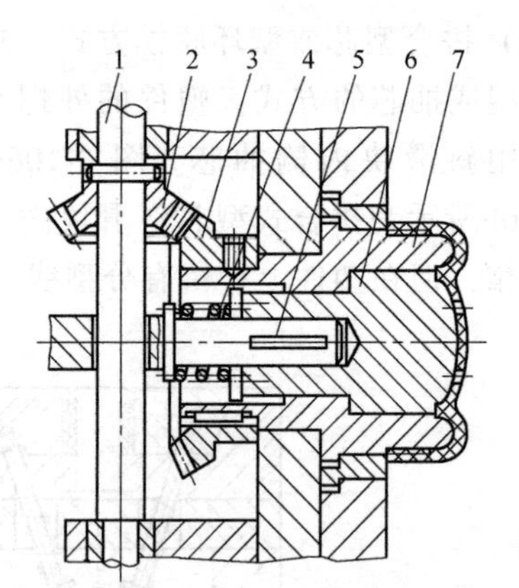

图 3-109　手动模内脱螺纹机构

1—轴　2、3—齿轮　4—弹簧　5—花键轴
6—活动型芯　7—螺纹型芯

2）机动脱螺纹。图 3-110 所示为齿条齿轮脱螺纹机构。开模时，安装于定模板上的传动齿条 1 带动齿轮 2，通过轴 3 及齿轮 4、5、6、7 的传动，使螺纹型芯 8 按旋出方向旋转，拉料杆 9（头部有螺纹）也随之转动，从而使塑件与浇注系统凝料同时脱出，塑件依靠浇口止转。设计时应注意螺纹型芯及拉料杆上螺纹的旋向应相反，而螺距应相同。

图 3-111 所示为角式注射机用模具的脱螺纹机构。开模时，开合模丝杠 1 带动模具上的主动齿轮轴 2 旋转（轴前端为方轴，插入丝杠的方孔内），通过与之啮合的从动齿轮 3 脱卸螺纹型芯 4，而定模型腔部分在弹簧 6 作用下随塑件移动一段距离后再停止移动（由限位螺钉 7 定距），此时，螺纹型芯 4 一面旋转一面将塑件从定模型腔中拉出。

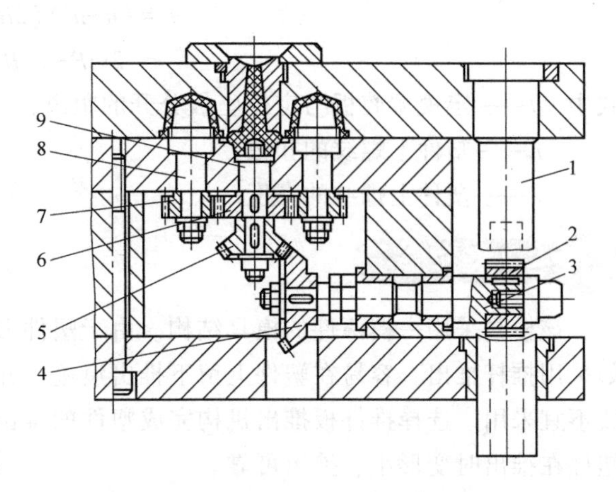

图 3-110　齿条齿轮脱螺纹机构

1—传动齿条　2、4、5、6、7—齿轮　3—轴　8—螺纹型芯　9—拉料杆

图 3-111 所示模具采用齿轮变速，螺纹型芯转一周，塑件退出一个螺距，丝杠则需转 i 周（i 为从动轮与主动轮的齿数比），动模移动 $2iP$ 距离。丝杠由倒顺螺纹组成，因此丝杠转一周，动模相当于移动了 2 个螺距。这种机构的设计关键在于确定定模型腔板与定模座板之间的分型距离 l：如果 l 过长，螺纹型芯已全部退出，而塑件还未被拉出，使塑件留于定模型腔内，不易取出；如果 l 过短，螺纹型芯还有几扣在塑件内，而塑件已被拉出定模型腔，失去了止转的作用，型芯难以从塑件内退出。因此，螺纹型芯留在塑件内的扣数很重要，可用下式表示

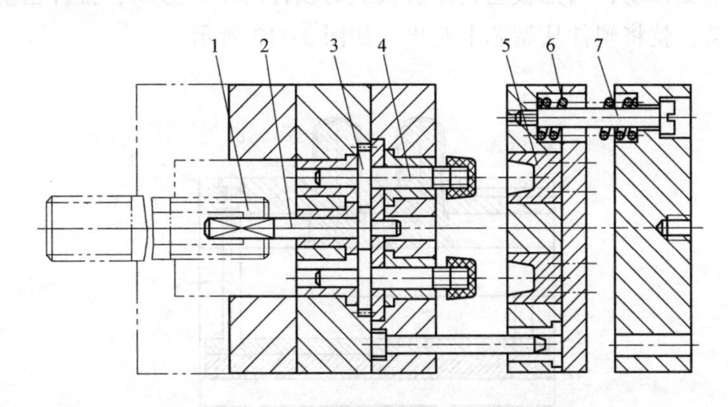

图 3-111　角式注射机用模具脱螺纹机构

1—开合模丝杠　2—主动齿轮轴　3—从动齿轮　4—螺纹型芯　5—凹模型腔板　6—弹簧　7—限位螺钉

$$n' = \frac{H}{2iP - P_1} \tag{3-23}$$

式中　n'——定模型腔板停止移动时，螺纹型芯留在塑件内的扣数；

H——塑件在合模方向的高度；

P——注射机丝杠的螺距；

P_1——塑件上螺纹的螺距；

i——从动轮与主动轮的齿数比。

l 的距离可用下式确定

$$
\begin{aligned}
l &= (n-n')(2iP-P_1) \\
&= 2inP-h-H
\end{aligned}
\tag{3-24}
$$

式中 l——定模型腔板与定模座板分开的距离；

n——塑件上螺纹的扣数；

h——塑件上螺纹的高度。

【任务实施】

该模具采用一模两件的模具结构。由于塑件形状为圆壳形且壁厚较薄，推出阻力较大。如采用推杆推出，容易在塑件上留下推出痕迹，并使塑件产生较大内应力，出现较大变形，故不宜采用。选择推件板推出机构完成塑件的推出，这种推出机构结构简单、推出力均匀，塑件在推出时变形小、推出可靠。

1. 推件板与型芯的配合形式

推件板与型芯采用锥面配合，以保证配合紧密，防止塑件产生飞边。推件板与型芯的配合精度为 H7/f7 或 H8/f7。另外，锥面配合可以减少推件板在推件运动时与型芯之间的磨损。

2. 推杆与推件板的固定连接形式

推杆与推件板之间采用固定连接。由于推出距离较大，如果单用螺钉连接效果不好，故采用推杆头部通过螺钉与推件板连接的形式，以防推件板在推出过程中脱落。开模时，整个动模随注射机动模板移动，当推板遇到注射机上的顶杆时不再移动，推杆也就顶住推件板不动；动模继续移动，就将塑件从型芯上脱出，如图 3-112 所示。

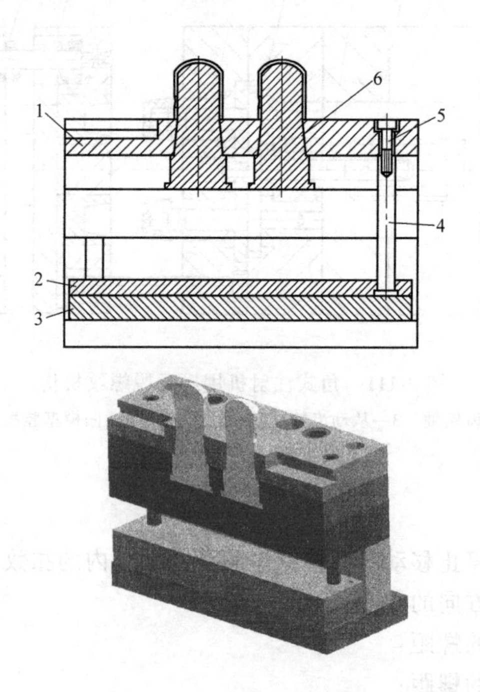

图 3-112　防护罩推出机构

1—推件板　2—推杆固定板　3—推板　4—推杆　5—螺钉　6—型芯

3. 推出距离的确定

推出距离 $L=A+(5\sim8)$ mm，A 为型芯高度。计算得到推出距离约为55mm。

4. 复位机构

由于采用了推件板推出机构，所以该模具不需单独设置复位机构。模具合模时，当推件板碰到定模后停止运动，带动推出机构复位。

综合以上分析，最终得到的防护罩推件板如图3-113所示。

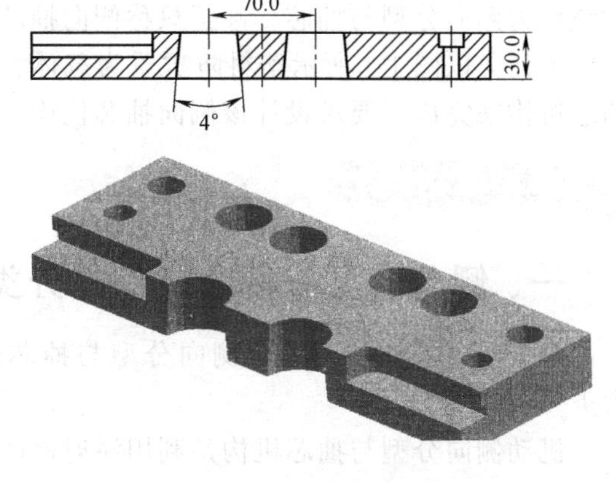

图3-113　防护罩推件板

【思考与练习】

1. 如何计算脱模力？
2. 简述推杆固定部分及工作部分的配合精度、推管与型芯及推管与动模板的配合精度、推件板与型芯的配合精度。
3. 绘出任意两种推管推出的结构。
4. 绘出任一种推件板推出的结构。
5. 凹模推出机构与推件板推出机构在结构上有何不同？在设计凹模推出机构时应注意哪些问题？
6. 阐述各类二次推出机构的工作原理。
7. 阐述单型腔和多型腔点浇口浇注系统凝料自动推出的工作原理。
8. 结合前面项目的训练，继续完成图1-5所示灯座塑件注射模推出机构的设计。

任务五　注射模侧向分型与抽芯机构的设计

【知识目标】

1. 掌握各种斜导柱侧向分型与抽芯机构的类型及动作原理。
2. 了解其他各类侧向分型与抽芯机构的分类及应用范围。

【能力目标】

1. 能看懂各种侧向分型与抽芯机构的结构图、动作原理。
2. 具有初步设计斜导柱侧向分型与抽芯机构的能力。
3. 能够合理选择各类侧向分型与抽芯机构。

【任务引入】

当在注射成型的塑件上与开合模方向不同的内侧或外侧具有孔、凹穴或凸台时，模具上成型该处的零件必须制成可侧向移动的，以便在塑件脱模推出之前，先将侧向成型零件抽出，然后再将塑件从模内推出，否则无法脱模。带动侧向成型零件进行侧向分型、抽芯和复位的整个机构称为侧向分型与抽芯机构。对于成型侧向凸台的情况，常常称为侧向分型；对于成型侧孔或侧凹的情况，往往称为侧向抽芯。但在一般的设计中，侧向分型与侧向抽芯常常统称为侧向分型与抽芯，甚至只称侧向抽芯。

本任务以图 1-1 所示塑料防护罩为载体，该塑件侧面有一个 $\phi10$mm 的侧孔，需要侧向抽芯机构来完成，要求设计该侧向抽芯机构。

【相关知识】

一、侧向分型与抽芯机构的分类

根据动力来源的不同，侧向分型与抽芯机构一般可分为机动、液压或气动及手动三大类。

机动侧向分型与抽芯机构是利用注射模的开模力作为动力，通过传动零件（如斜导柱、弯销等）将力作用于侧向成型零件使其侧向分型或进行侧向抽芯，合模时又利用合模力使侧向成型零件复位。这类机构结构比较复杂，但能实现自动化生产，生产率高，在模具的设计与制造中应用最为广泛。根据传动零件的不同，这类机构可分为斜导柱、弯销、斜导槽、斜滑块和齿轮齿条等许多不同类型，其中以斜导柱侧向分型与抽芯机构最为常用。

液压或气动侧向分型与抽芯机构是以液压力或压缩空气作为动力进行分型与抽芯，同样依靠液压力或压缩空气使侧向成型零件复位。该类抽芯机构多用于抽芯力大、抽芯距比较长的场合，它是靠液压缸或气缸的活塞往复运动实现抽芯与复位的，抽芯的动作比较平稳。有的注射机本身带有抽芯的液压管路，所以采用液压侧向分型与抽芯机构也十分方便。

手动侧向分型与抽芯机构利用人力进行模具侧向分型或抽芯。这类机构操作不方便，工人劳动强度大，生产率低，但模具结构简单、成本低，常用于产品的试制、小批量生产或无法采用其他侧向抽芯机构的场合。手动侧向分型与抽芯又可分为两类：模内手动分型抽芯和模外手动分型抽芯。模外手动分型抽芯机构即前述的带有活动镶件的结构。

由于塑件包紧在侧型芯或黏附在侧向型腔上，因此在各种类型的侧向分型与抽芯机构中，侧向分型与抽芯时必然会遇到抽芯的阻力，侧向分型与抽芯力或称抽拔力一定要大于抽芯阻力。侧向抽芯力可按式（3-22）计算，即 $F_t=Ap(\mu\cos\alpha-\sin\alpha)$。

在侧向分型与抽芯机构设计时，除了计算侧向抽芯力以外，还必须考虑侧向抽芯距（又称抽拔距）的问题。侧向抽芯距一般比塑件上侧凹、侧孔的深度或侧向凸台的高度大 2~3mm，用公式表示即为

$$S=S'+(2\sim3)\,\text{mm} \tag{3-25}$$

式中 S'——塑件上侧凹、侧孔的深度或侧向凸台的高度；

S——抽芯距。

二、机动侧向分型与抽芯机构

1. 斜导柱侧向分型与抽芯机构

斜导柱侧向分型与抽芯机构在开模力或推出力的作用下利用斜导柱驱动侧型芯或侧向成型块完成侧向抽芯或侧向分型的动作。由于斜导柱侧向分型与抽芯机构结构紧凑、动作可靠、制造方便，应用较广泛。由于受到模具结构和抽芯力的限制，该机构一般使用于抽芯力不大且抽芯距小于 60~80mm 的场合。

图 3-114 所示模具成型的塑件，上侧有一通孔，下侧有一凸台。成型时，采用侧型芯 7

（镶入侧型芯滑块 5 中）成型上侧通孔，采用侧型腔滑块 11 成型下侧凸台。斜导柱固定在定模部分，侧型芯滑块 5 和侧型腔滑块 11 安装在动模部分的导滑槽内。开模时，塑件包紧在型芯 9 上随动模部分一起向左移动，与塑件相连的主流道凝料从浇口套中脱出，与此同时，在斜导柱 8 和 12 的作用下，侧型芯滑块 5 和侧型腔滑块 11 随动模后退，并在推件板的导滑槽内分别向上和向下侧向移动而脱离塑件，直至斜导柱与它们脱离，侧向抽芯与分型结束。为了合模时斜导柱能准确地插入滑块上的斜导孔中，在滑块脱离斜导柱时要设置滑块的限位装置。上侧型芯滑块的限位装置为挡块 4、限位螺杆 3、压缩弹簧 2 和螺母，下侧型腔滑块的限位装置为挡块 15。当斜导柱脱离滑块时，在压缩弹簧 2 的作用下，侧型芯滑块 5 紧靠在挡块 4 上而定位，侧型腔滑块 11 由于自身的重力定位于挡块 15 上。动模继续向左移动，当推出机构工作时，推杆推动推件板 1 将塑件从型芯 9 上脱下。合模时，推件板靠推杆（兼复位杆）复位，侧滑块由斜导柱插入后驱动复位，同时在它们的外侧由楔紧块 6 和 14 锁紧，以使其在注射时塑料熔体成型压力的作用下不发生位移。

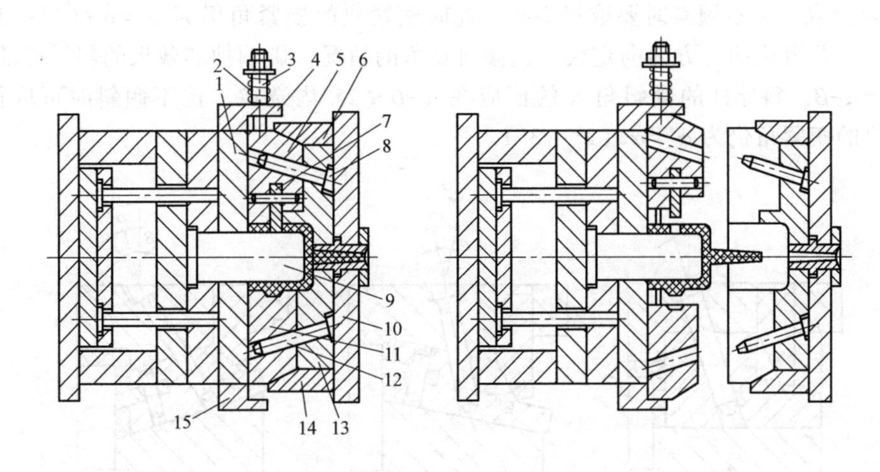

图 3-114　斜导柱侧向分型与抽芯机构

1—推件板　2—压缩弹簧　3—限位螺杆　4、15—挡块　5—侧型芯滑块　6、14—楔紧块　7—侧型芯　8、12—斜导柱　9—型芯　10—定模座板　11—侧型腔滑块　13—定模板（型腔板）

（1）斜导柱设计

1）斜导柱的形状及技术要求。斜导柱的形状如图 3-115 所示。工作端可以是半球形，也可以是锥台形，由于加工半球形较困难，所以绝大部分工作端设计成锥台形。设计锥台形时，其斜角 θ 应大于斜导柱的倾斜角 α，一般 $\theta=\alpha+(2°\sim 3°)$，否则，锥台部分也会参与侧抽芯，导致侧滑块停留位置不符合设计计算的要求。固定端可设计成图 3-115a、b 的形式。斜导柱固定端与模板之间可采用 H7/m6 过渡配合，斜导柱工作部分与滑块上斜导孔之间的

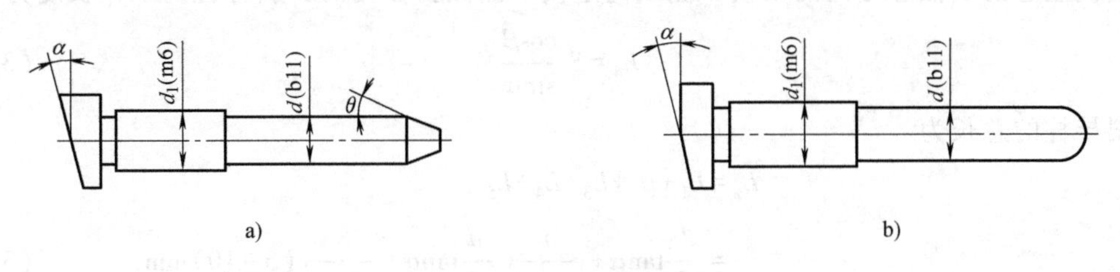

图 3-115　斜导柱的形状

配合采用 H11/b11 或两者之间采用 0.4 ~ 0.5mm 的大间隙配合。在某些特殊情况下，为了让滑块的侧向抽芯迟于开模动作，即开模分型一段距离后再侧抽芯（抽芯动作滞后于开模动作），斜导柱与侧滑块上斜导孔的间隙可放大至 2~3mm。斜导柱的材料多为 T8、T10 等碳素工具钢，也可采用 20 钢渗碳处理，热处理要求硬度≥55HRC，表面粗糙度 $Ra \leqslant 0.8\mu m$。

2）斜导柱的倾斜角。斜导柱侧向分型与抽芯机构中斜导柱与开合模方向的夹角称为斜导柱的倾斜角 α，它是决定斜导柱抽芯机构工作效果的重要参数，α 的大小对斜导柱的有效工作长度、抽芯距、受力状况等有重要影响。

斜导柱的倾斜角可分 3 种情况，如图 3-116 所示。图 3-116a 为侧型芯滑块抽芯方向与开合模方向垂直的情况，也是最常采用的一种方式。通过受力分析与理论计算可知，斜导柱的倾斜角 α 取 22°33′比较理想，一般在设计时取 $\alpha \leqslant 25°$，最常用的是 $12° \leqslant \alpha \leqslant 22°$。这种情况下，楔紧块的楔紧角 $\alpha' = \alpha + (2° \sim 3°)$。图 3-116b 为侧型芯滑块抽芯方向向动模一侧倾斜 β 角的情况，影响抽芯效果的斜导柱的有效倾斜角为 $\alpha_1 = \alpha + \beta$，斜导柱的倾斜角 α 的值应在 $\alpha + \beta \leqslant 25°$ 内选取，比不倾斜时要取得小些。此时楔紧块的楔紧角仍为 $\alpha' = \alpha + (2° \sim 3°)$。图 3-116c 为侧型芯滑块抽芯方向向定模一侧倾斜 β 角的情况，影响抽芯效果的斜导柱的有效倾斜角为 $\alpha_2 = \alpha - \beta$，斜导柱的倾斜角 α 的值应在 $\alpha - \beta \leqslant 25°$ 内选取，比不倾斜时可取得大些。此时楔紧块的楔紧角仍为 $\alpha' = \alpha + (2° \sim 3°)$。

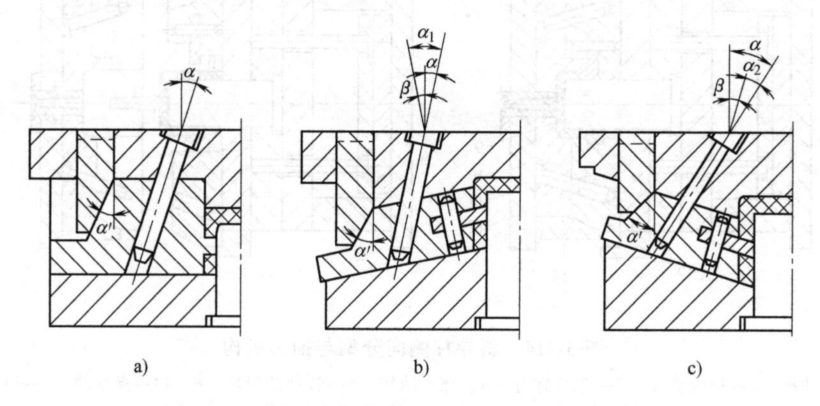

图 3-116　侧型芯滑块抽芯方向与开模方向的关系

在确定斜导柱倾斜角时应注意：通常抽芯距长时 α（或 α_1、α_2）可取大些，抽芯距短时，可适当取小些；抽芯力大时 α 可取小些，抽芯力小时 α 可取大些。

3）斜导柱长度计算。斜导柱长度的计算见图 3-117。当侧型芯滑块抽芯方向与开合模方向垂直时，斜导柱的工作长度 L_4 与抽芯距 S 及倾斜角 α 有关，即

$$L_4 = \frac{S}{\sin\alpha} \tag{3-26}$$

当侧型芯滑块抽芯方向向动模一侧或向定模一侧倾斜 β 角时，斜导柱的工作长度为

$$L_4 = S\frac{\cos\beta}{\sin\alpha} \tag{3-27}$$

斜导柱的总长为

$$\begin{aligned} L_z &= L_1 + L_2 + L_3 + L_4 + L_5 \\ &= \frac{d_2}{2}\tan\alpha + \frac{h}{\cos\alpha} + \frac{d}{2}\tan\alpha + \frac{S}{\sin\alpha} + (5 \sim 10)\,\text{mm} \end{aligned} \tag{3-28}$$

式中　L_z——斜导柱总长度；

d_2——斜导柱固定部分大端直径；

h——斜导柱固定板厚度；

d——斜导柱工作部分的直径；

S——抽芯距。

斜导柱固定部分的长度尺寸为

$$L_G = L_2 - l - (0.5 \sim 1)\text{mm}$$

$$= \frac{h}{\cos\alpha} - \frac{d_1}{2}\tan\alpha - (0.5 \sim 1)\text{mm} \tag{3-29}$$

式中　L_G——斜导柱固定部分的长度尺寸；

d_1——斜导柱固定部分的直径。

4）斜导柱受力分析与直径计算。在斜导柱侧向分型与抽芯机构的设计中，需要选择合适的斜导柱直径，这就要对斜导柱的直径进行计算或对已选好的直径进行校核。在斜导柱直径计算之前，应对斜导柱的受力情况进行分析，计算出斜导柱所受的弯曲力 F_w。

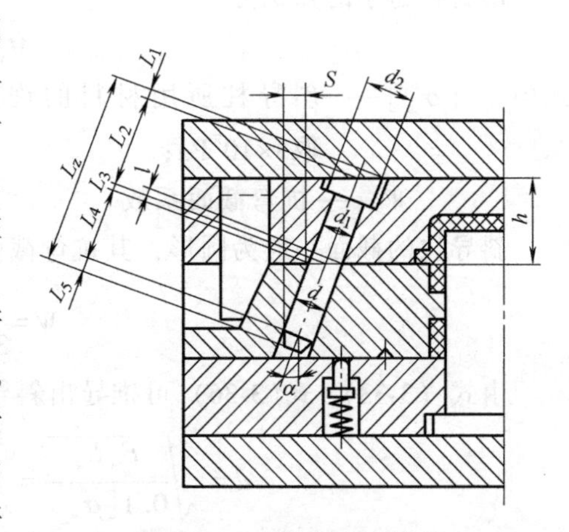

图 3-117　斜导柱长度计算

斜导柱抽芯时所受弯曲力 F_w 如图 3-118a 所示，图 3-118b 所示为侧型芯滑块的受力分析图。图中 F 是抽芯时斜导柱通过滑块上的斜导孔对滑块施加的正压力，F_w 是它的反作用力；抽芯阻力（即脱模力）F_t 是抽芯力 F_c 的反作用力；F_k 是开模力，它通过导滑槽施加于滑块；F_1 是斜导柱与滑块间的摩擦力，它的方向与抽芯时滑块沿斜导柱运动的方向相反；F_2 是滑块与导滑槽间的摩擦力，它的方向与抽芯时滑块沿导滑槽移动的方向相反。另外，假设斜导柱与滑块、导滑槽与滑块间的摩擦因数均为 μ。我们可以建立如下力的平衡方程：

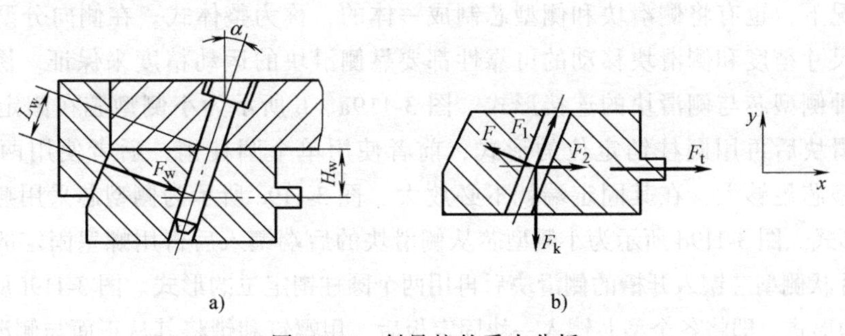

图 3-118　斜导柱的受力分析

$$\sum F_x = 0 \quad \text{则} \quad F_t + F_1\sin\alpha + F_2 - F\cos\alpha = 0 \tag{3-30}$$

$$\sum F_y = 0 \quad \text{则} \quad F\sin\alpha + F_1\cos\alpha - F_k = 0 \tag{3-31}$$

式中　$F_1 = \mu F$　　$F_2 = \mu F_k$

由式（3-30）、式（3-31）解得

$$F=\frac{F_{\mathrm{t}}}{\sin\alpha+\mu\cos\alpha}\times\frac{\tan\alpha+\mu}{1-2\mu\tan\alpha-\mu^2} \tag{3-32}$$

由于摩擦力与其他力相比较一般很小，常可略去不计（即 $\mu=0$），上式可化简为

$$F=F_{\mathrm{w}}=\frac{F_{\mathrm{t}}}{\cos\alpha}=\frac{F_{\mathrm{c}}}{\cos\alpha} \tag{3-33}$$

由图 3-118a 知，斜导柱所受的弯矩为

$$M_{\mathrm{w}}=F_{\mathrm{w}}L_{\mathrm{w}} \tag{3-34}$$

式中 M_{w}——斜导柱所受弯矩；

F_{w}——斜导柱所受弯曲力；

L_{w}——斜导柱弯曲力臂。

由材料力学的知识可知

$$M_{\mathrm{w}}=[\sigma_{\mathrm{w}}]W \tag{3-35}$$

式中 $[\sigma_{\mathrm{w}}]$——斜导柱所用材料的许用弯曲应力（可查有关手册），一般碳素钢可取 $3\times10^8\mathrm{Pa}$；

W——抗弯截面系数。

斜导柱的截面一般为圆形，其抗弯截面系数为

$$W=\frac{\pi}{32}d^3\approx0.1d^3 \tag{3-36}$$

由式（3-33）~式(3-36）可推导出斜导柱的直径为

$$d=\sqrt[3]{\frac{F_{\mathrm{w}}L_{\mathrm{w}}}{0.1[\sigma_{\mathrm{w}}]}}=\sqrt[3]{\frac{10F_{\mathrm{t}}L_{\mathrm{w}}}{[\sigma_{\mathrm{w}}]\cos\alpha}}=\sqrt[3]{\frac{10F_{\mathrm{c}}H_{\mathrm{w}}}{[\sigma_{\mathrm{w}}]\cos^2\alpha}} \tag{3-37}$$

式中 H_{w}——侧型芯滑块受到脱模力的作用线与斜导柱中心线交点到斜导柱固定板的距离，它并不等于滑块高度的一半。

（2）侧滑块的设计 侧滑块是斜导柱侧向分型与抽芯机构中的一个重要零件。一般情况下，它与侧型芯（或侧向成型块）组合成侧滑块型芯，称为组合式。在侧型芯简单且容易加工的情况下，也有将侧滑块和侧型芯制成一体的，称为整体式。在侧向分型或抽芯过程中，塑件的尺寸精度和侧滑块移动的可靠性都要靠侧滑块的运动精度来保证。图 3-119 所示为常见的几种侧型芯与侧滑块的连接形式。图 3-119a、b 所示为小侧型芯在固定部分适当放大并插入侧滑块后再用圆柱销定位的形式，前者使用单个圆柱销，后者使用两个骑缝圆柱销，如果侧型芯足够大，在其固定端就不必放大。图 3-119c 所示为侧型芯采用燕尾直接镶入侧滑块中的形式。图 3-119d 所示为小侧型芯从侧滑块的后端镶入后再用螺塞固定的形式。图 3-119e 所示为片状侧型芯镶入开槽的侧滑块后再用两个圆柱销定位的形式。图 3-119f 所示为适用于多个小型芯的形式，即将各个型芯镶入一块固定板后，用螺钉和销将其从正面与侧滑块连接和定位，如果影响成型，螺钉和销也可从侧滑块的背面与侧型芯固定板连接和定位。

侧型芯是模具的成型零件，常用 T8、T10、45 钢、CrWMn 等材料制造，热处理要求硬度≥50HRC（对于 45 钢，则要求≥40HRC）。侧滑块采用 45 钢、T8、T10 等制造，要求硬度≥40HRC。镶拼组合的表面粗糙度为 $Ra0.8\mu\mathrm{m}$，镶入的配合精度为 H7/m6。

（3）导滑槽的设计 斜导柱侧抽芯机构工作时，侧滑块是在导滑槽内按一定的精度和

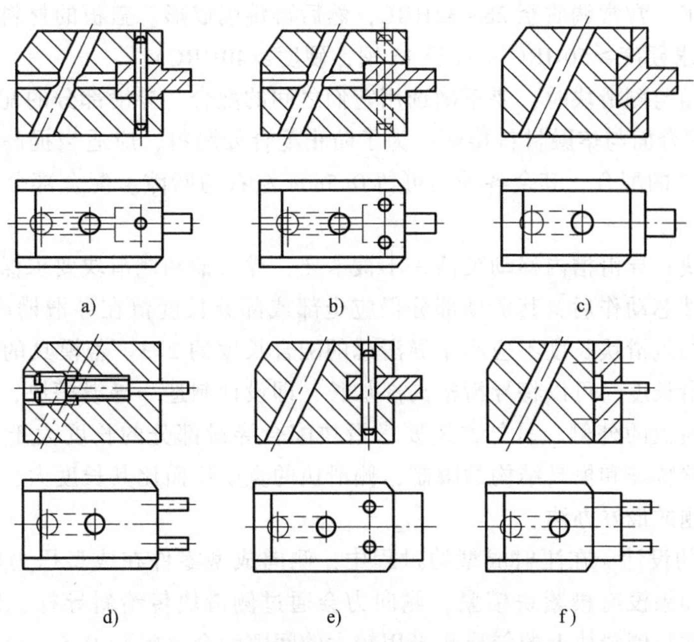

图 3-119　侧型芯与侧滑块的连接形式

沿一定的方向往复移动的。根据侧型芯的大小、形状和要求不同，以及各工厂的使用习惯不同，导滑槽的形式也不相同。最常用的是 T 形槽和燕尾槽。图 3-120 所示为导滑槽与侧滑块的导滑结构形式。图 3-120a 所示为整体式 T 形槽，结构紧凑，用 T 形槽铣刀铣削加工，加工精度要求较高。图 3-120b、c 所示为整体的盖板式，前者导滑槽开在盖板上，后者导滑槽开在底板上；盖板也可以设计成局部的形式，甚至设计成侧型芯两侧的单独压块，前者如图 3-120d 所示，后者如图 3-120e 所示，这解决了加工困难的问题。在图 3-120f 所示的形式中，侧滑块的高度方向仍由 T 形槽导滑，而其移动方向由中间镶入的镶块导滑。图 3-120g 所示为整体式燕尾槽导滑的形式，导滑精度较高，但加工更困难。为了燕尾槽加工方便，可将其中一侧的燕尾槽设计成局部的镶件。

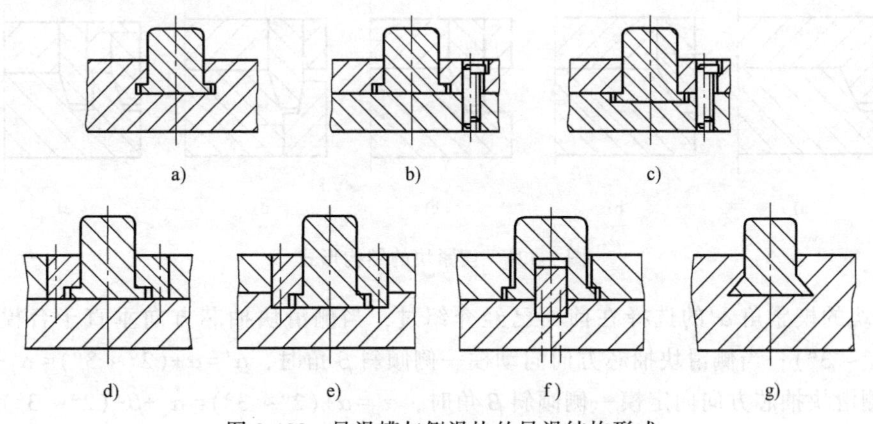

图 3-120　导滑槽与侧滑块的导滑结构形式

由于注射成型时滑块在导滑槽内要来回移动，因此对零件的硬度和耐磨性是有一定要求的。整体式的导滑槽通常在定模板或动模板上直接加工，而动模板、定模板常用材料为 45

钢，为了便于加工，常常调质至28~32HRC，然后再铣削成形。盖板的材料常用T8、T10或45钢，热处理要求硬度≥50HRC（对于45钢，硬度≥40HRC）。

在设计导滑槽与侧滑块时，要正确选用它们之间的配合。导滑部分的配合一般采用H8/f8。如果成型时配合面与熔融材料接触，为了防止配合处漏料，应适当提高配合精度，可采用H8/f7或H8/g7的配合，其余各处均可留0.5mm左右的间隙。配合部分的表面粗糙度要求 $Ra \leqslant 0.8\mu m$。

为了让侧滑块在导滑槽内移动灵活，不被卡死，导滑槽和侧滑块要求保持一定的配合长度。侧滑块完成抽芯动作后，其滑动部分仍应全部或部分长度留在导滑槽内。一般情况下，保留在导滑槽内的侧滑块长度不应小于导滑总的配合长度的2/3。若模具的尺寸较小，为了保证有一定的导滑长度，可以将导滑槽局部加长，即设计制造一导滑槽块，用螺钉和销固定在具有导滑槽的模板的外侧。另外，还要求滑块配合导滑部分的长度大于宽度的1.5倍以上，若因塑件形状特殊和模具结构的限制，侧滑块的宽度反而比其长度大，则增加斜导柱的数量是解决此问题的最好办法。

（4）楔紧块的设计　在注射成型的过程中，侧向成型零件在成型压力的作用下会使侧滑块向外移位，如果没有楔紧块锁紧，侧向力会通过侧滑块传给斜导柱，使斜导柱发生变形；此外，斜导柱与侧滑块上的斜导孔采用较大的间隙配合（0.4~0.5mm），侧滑块的外移极大降低了塑件侧向凹凸处的尺寸精度。因此，设计斜导柱侧向抽芯机构时，必须考虑侧滑块的锁紧。楔紧块的各种结构形式如图3-121所示。图3-121a所示为楔紧块与模板制成一体的整体式结构，此结构牢固可靠刚度大，但浪费材料、耗费加工工时，并且加工的精度要求很高，适合于侧向力很大的场合。图3-121b所示为采用销定位、螺钉固定的形式，结构简单，加工方便，应用较为广泛，其缺点是承受的侧向力较小。图3-121c所示为楔紧块以H7/m6的过渡配合镶入模板中的形式，其刚度比图3-121b的形式有所提高，承受的侧向力也较大。图3-121d所示为在图3-121b所示形式的基础上在楔紧块的后面又设置了一个挡块，对楔紧块起加强作用。图3-121e所示为采用双楔紧块的形式，这种结构适于侧向力较大的场合。

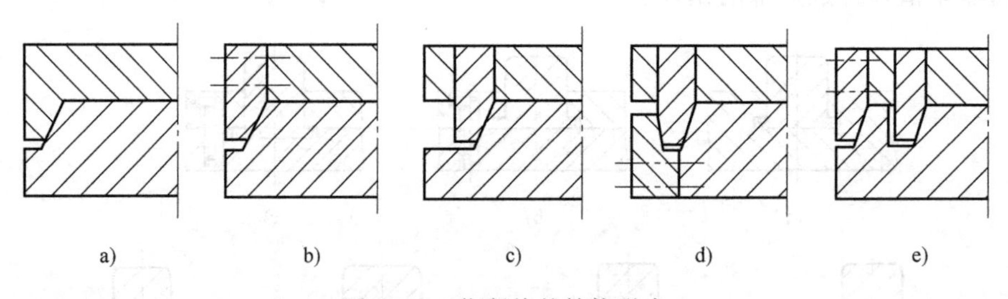

图3-121　楔紧块的结构形式

楔紧块的楔紧角 α' 的选择在前面已经介绍过，当侧滑块抽芯方向垂直于合模方向时，$\alpha'=\alpha+(2°\sim 3°)$；当侧滑块抽芯方向向动模一侧倾斜 β 角时，$\alpha'=\alpha+(2°\sim 3°)=\alpha_1-\beta+(2°\sim 3°)$；当侧滑块抽芯方向向定模一侧倾斜 β 角时，$\alpha'=\alpha+(2°\sim 3°)=\alpha_2+\beta+(2°\sim 3°)$。

（5）侧滑块定位装置的设计　为了合模时使斜导柱能准确地插入侧滑块的斜导孔中，在开模过程中侧滑块刚脱离斜导柱时必须定位，否则合模时会损坏模具。根据侧滑块所在的位置不同，可选择不同的定位形式。图3-122所示为侧滑块定位装置常见的几种不同形式。

图 3-122a 所示为依靠压缩弹簧的弹力使侧滑块留在限位挡块处，俗称弹簧拉杆挡块式，它适合于任何方位的侧向抽芯，尤其适于向上方向的侧向抽芯，但缺点是使模具的尺寸增大，模具的放置、安装有时会受到阻碍。弹簧定位的另一种形式见图 3-122b，它是将弹簧（至少一对）安置在侧滑块的内侧，侧抽芯结束后，在此弹簧的作用下，侧滑块靠在外侧挡块上定位，它适于抽芯距不大的小模具。图 3-122c 所示为适于向下侧抽芯模具的结构形式，侧抽芯结束后，利用侧滑块的自重停靠在挡块上定位。图 3-122d、e 所示为弹簧顶销定位的形式，俗称弹簧顶销式，适于侧面方向的侧抽芯机构定位，弹簧的直径可选 1mm 左右，顶销的头部制成半球头，侧滑块上的定位穴设计成 90°锥穴或球冠状。图 3-122f 所示的形式是将图 3-122d、e 中的顶销换成了钢珠，适用的场合与其相同，称为弹簧钢珠式，钢珠的直径可取 5~10mm。

2. 斜导柱侧向分型与抽芯机构的应用形式

斜导柱和侧滑块在模具上的不同安装位置，构成了侧向分型与抽芯机构的不同应用形式。各种不同的应用形式具有不同的特点和需要注意的问题，在设计时应根据塑件的具体情况和技术要求合理选用。

(1) 斜导柱固定在定模、侧滑块安装在动模 斜导柱固定在定模、侧滑块安装在动模的结构是采用斜导柱侧向分型与抽芯机构的模具中应用最广泛的形式，它既适于单分型面注射模，也适于双分型面注射模(图 3-123)，模具设计者在设计具有侧抽芯塑件的模具时，应当首先考虑采用这种形式。图 3-123 所示是属于双分型面侧向分型与抽芯的形式。斜导柱 5 固定在中间板 8 上，为了防止在 A 分型面分型后侧向抽芯时斜导柱往后移动，在其固定端设置一块垫板 10 加以固定。开模时，A 分型面首先分型，当分型面之间达到可从中取出点浇口浇注系统凝料时，拉杆导柱 11 的左端与导套接触；继续开模，B 分型面分型，斜导柱 5 驱动侧型芯滑块 6 侧向抽芯；斜导柱脱离滑块后继续开模，推出机构开始工作，推管 2 将塑件从型芯 1 和动模镶块 3 中推出。在双分型面的斜导柱侧向抽芯机构中，斜导柱也可以固定在定模座板上，则在 A 分型面分型时斜导柱就驱动侧型芯滑块侧向分型抽芯，为了保证 A 分型面先分型，必须在定模部分采用定距顺序分型机构，这样就增加了模具结构的复杂性，在设计时应尽量不采用这种方式。

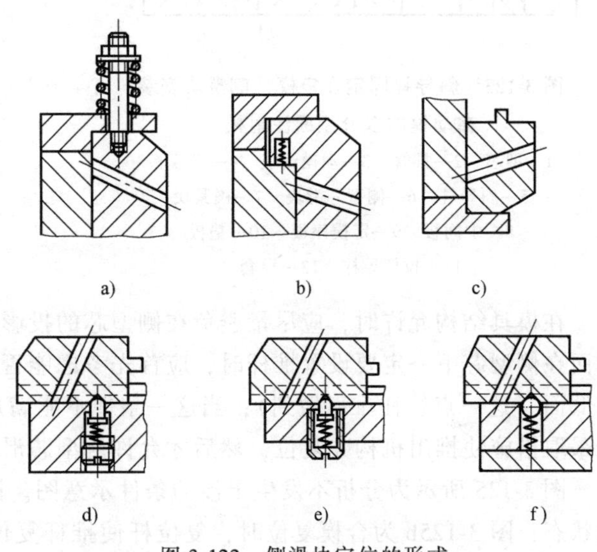

图 3-122 侧滑块定位的形式

斜导柱固定在定模、侧滑块安装在动模的侧抽芯机构在设计时必须注意侧滑块与推杆在合模复位过程中不能发生“干涉”现象。所谓干涉现象是指在合模过程中侧滑块的复位先于推杆复位而使活动侧型芯与推杆相碰撞，造成活动侧型芯或推杆损坏。侧滑块或侧型芯与推杆发生干涉的可能性出现在两者在垂直于开合模方向的平面（分型面）上的投影发生重合的情况下，如图 3-124 所示。图 3-124a 为合模状态，在侧型芯的投影下面设置有推杆；图

3-124b 为合模过程中斜导柱刚插入侧滑块的斜导孔中使其向右边复位的状态，此时模具的复位杆还未使推杆复位，则会发生侧型芯与推杆相碰撞的干涉现象。

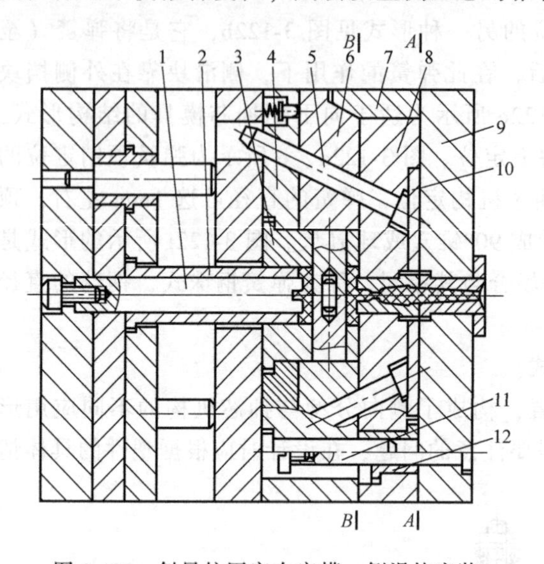

图 3-123　斜导柱固定在定模、侧滑块安装在动模的双分型面注射模

1—型芯　2—推管　3—动模镶块　4—动模板　5—斜导柱　6—侧型芯滑块　7—楔紧块　8—中间板　9—定模座板　10—垫板　11—拉杆导柱　12—导套

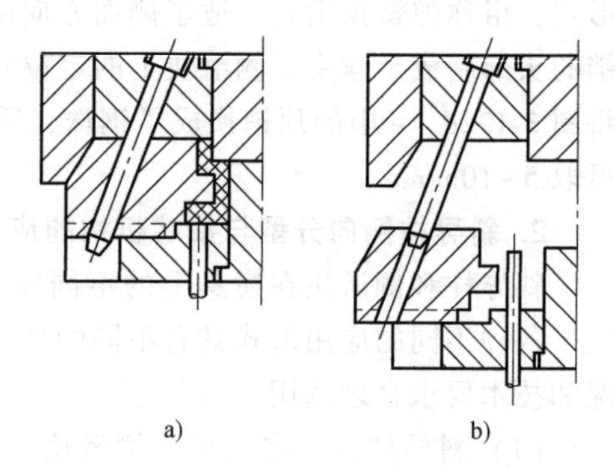

图 3-124　干涉现象

在模具结构允许时，应尽量避免在侧型芯的投影范围内设置推杆。如果受模具结构的限制而在侧型芯下一定要设置推杆时，应首先考虑能否使推杆推出一定距离后仍低于侧型芯的最低面（这一点往往难以做到）；当这一条件不能满足时，就必须分析产生干涉的临界条件和采取措施使推出机构先复位，然后才允许侧型芯滑块复位，这样才能避免干涉。

图 3-125 所示为分析不发生干涉的条件示意图。图 3-125a 为开模侧抽芯后推杆推出塑件的状态；图 3-125b 为合模复位时，复位杆使推杆复位、斜导柱使侧型芯复位而侧型芯与推杆不发生干涉的临界状态；图 3-125c 为合模复位完毕的状态。从图中可知，在不发生干涉

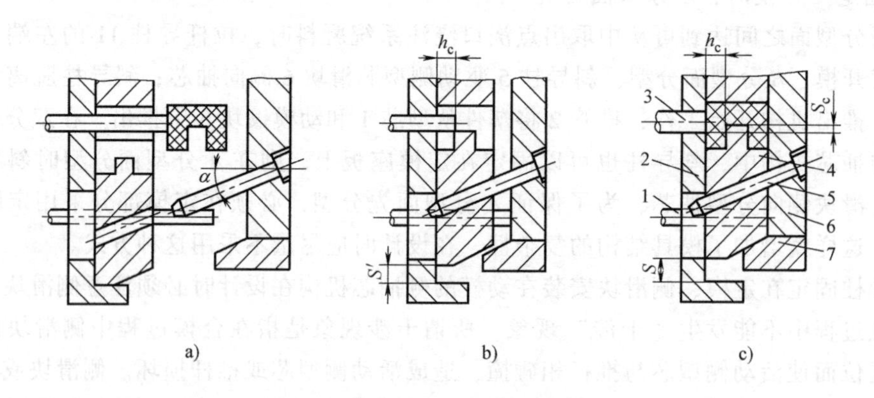

图 3-125　不发生干涉的条件

1—复位杆　2—动模板　3—推杆　4—侧型芯滑块　5—斜导柱　6—定模座板　7—楔紧块

的临界状态下，侧型芯已经复位了距离 S'，还需复位的长度为 $S_c=S-S'$，而推杆需复位的长度为 h_c，如果完全复位，应有如下关系

$$h_c=S_c\cot\alpha$$

即

$$h_c\tan\alpha=S_c \tag{3-38}$$

在完全不发生干涉的情况下，需要在临界状态时侧型芯与推杆还应有一段微小的距离 Δ，因此，不发生干涉的条件为

$$h_c\tan\alpha=S_c+\Delta$$

或者

$$h_c\tan\alpha>S_c \tag{3-39}$$

式中　h_c——在完全合模状态下推杆端面距侧型芯的最近距离；

S_c——在垂直于开模方向的平面上，侧型芯与推杆的投影在抽芯方向上重合的长度；

Δ——在完全不干涉的情况下，推杆复位到 h_c 位置时，侧型芯沿复位方向距离推杆侧面的最小距离，一般取 $\Delta=0.5\text{mm}$ 即可。

在一般情况下，只要使 $h_c\tan\alpha-S_c>0.5\text{mm}$ 即可避免干涉，如果实际的情况无法满足这个条件，则必须设计推杆的先复位机构。下面介绍几种推杆的先复位机构。

1）弹簧式先复位机构。弹簧式先复位机构是利用弹簧的弹力使推出机构在合模之前进行复位的一种先复位机构。弹簧被压缩安装在推杆固定板与动模支承板之间，如图 3-126 所示。图 3-126a 所示为弹簧安装在复位杆上，这是中小型注射模最常用的形式。在图3-126b 中，弹簧安装在另外设置的立柱上，立柱又起到支承动模支承板的作用，这是大型注射模最常采用的形式。如果模具的几组推杆（一般 2 组 4 根）分布比较对称，而且距离较远，也有将弹簧直接安装在推杆上的，如图 3-126c 所示。在弹簧式先复位机构中，一般需 4 根弹簧，均匀布置在推杆固定板的四周，以便推杆固定板受到均匀的弹力而使推杆顺利复位。开模时，塑件包在型芯上一起随动模后退；当推出机构开始工作时，注射机上的顶杆推动推板 1，使弹簧进一步压缩，直至推杆 4 推出塑件。一旦开始合模，注射机顶杆与模具上的推板 1 脱离接触时，在弹簧回复力的作用下推杆 4 迅速复位，在斜导柱尚未驱动侧型芯滑块复位之前，推杆 4 便复位结束，因此避免了与侧型芯的干涉。弹簧式先复位机构结构简单、安装方便，但弹簧的力量较小，而且容易疲劳失效，可靠性差一些，一般只适用于复位力不大的场合，并需要定期检查和更换弹簧。

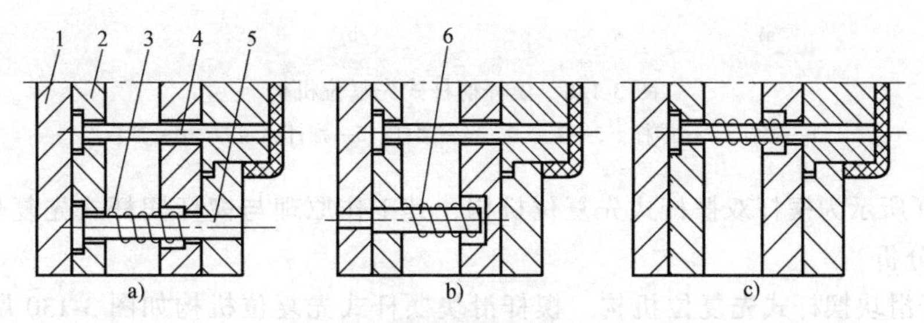

图 3-126　弹簧式先复位机构

1—推板　2—推杆固定板　3—弹簧　4—推杆　5—复位杆　6—立柱

2）楔杆三角滑块式先复位机构。楔杆三角滑块式先复位机构如图 3-127 所示。楔杆固定在定模内，三角滑块 4 安装在推管固定板 6 的导滑槽内，在合模状态时，楔杆 1 与三角滑块 4 的斜面仍然接触，如图 3-127a 所示；开始合模时楔杆 1 与三角滑块 4 的接触先于斜导

柱2与侧型芯滑块3的接触，图3-127b所示为楔杆1接触三角滑块4的初始状态，在楔杆作用下，三角滑块4在推管固定板6上的导滑槽内向下移动的同时迫使推管固定板6向左移动，使推管5的复位先于侧型芯滑块3的复位，从而避免两者发生干涉。

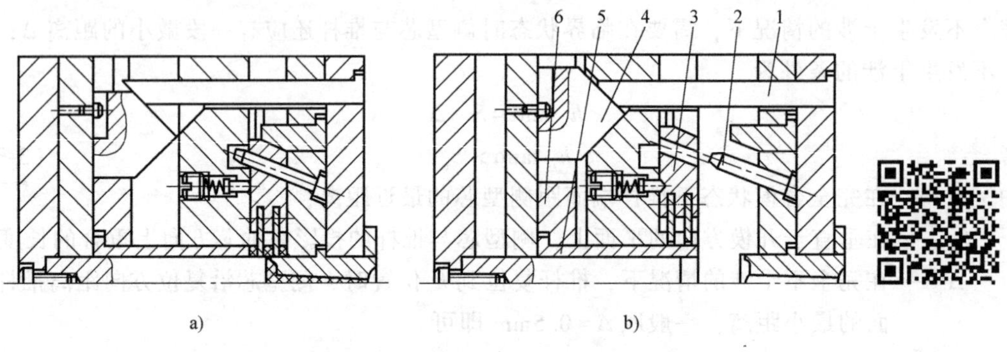

图3-127　楔杆三角滑块式先复位机构

1—楔杆　2—斜导柱　3—侧型芯滑块　4—三角滑块　5—推管　6—推管固定板

3）楔杆摆杆式先复位机构。楔杆摆杆式先复位机构如图3-128所示，它与楔杆三角滑块式先复位机构相似，所不同的是摆杆代替了三角滑块。摆杆4一端用转轴固定在支承板3上，另一端装有滚轮。图3-128a是合模状态；合模时，楔杆1推动摆杆4上的滚轮，迫使摆杆4绕着转轴做逆时针方向旋转，同时它又推动推杆固定板5向左移动，使推杆2的复位先于侧型芯滑块的复位。为了防止滚轮与推板6的磨损，在推板6上常常镶有淬过火的垫板。

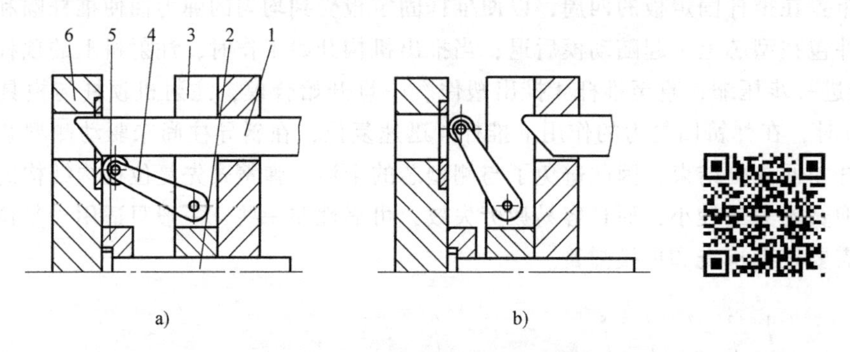

图3-128　楔杆摆杆式先复位机构

1—楔杆　2—推杆　3—支承板　4—摆杆　5—推杆固定板　6—推板

图3-129所示为楔杆双摆杆式先复位机构，其工作原理与楔杆摆杆式先复位机构相似，读者可自行分析。

4）楔杆滑块摆杆式先复位机构。楔杆滑块摆杆式先复位机构如图3-130所示。楔杆4固定在定模部分的外侧，下端带有斜面的滑块5安装在动模支承板3内，滑销6也安装在动模支承板3内，但它的运动方向与滑块5的运动方向垂直，摆杆2上端用转轴固定在与支承板连接的固定块上。图3-130a是合模状态；合模时，楔杆4向滑块5靠近，图3-130b是合模过程中楔杆4接触滑块5的初始状态。楔杆4的斜面推动动模支承板3内的滑块5向下滑动，滑块5的下移使滑销6左移，进而推动摆杆2绕其转轴做顺时针方向旋转，从而带动推

杆固定板 1 左移，完成推杆 7 的先复位动作。开模时，楔杆 4 脱离滑块 5，滑块 5 在弹簧 8 的作用下上升，同时，摆杆 2 靠自身重量回摆，推动滑销 6 右移，从而挡住滑块 5 继续上升。

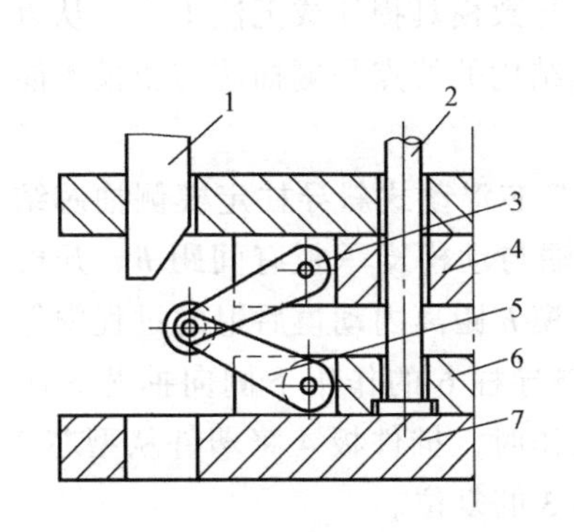

图 3-129　楔杆双摆杆式先复位机构

1—楔杆　2—推杆　3、5—摆杆

4—支承板　6—推杆固定板　7—推板

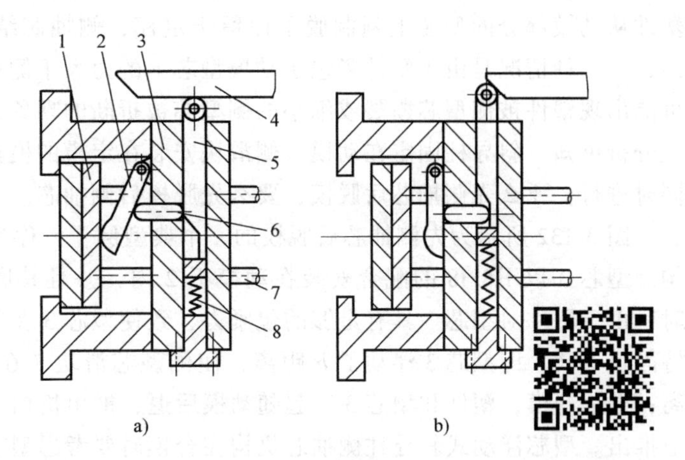

图 3-130　楔杆滑块摆杆式先复位机构

1—推杆固定板　2—摆杆　3—动模支承板

4—楔杆　5—滑块　6—滑销

7—推杆　8—弹簧

5）连杆式先复位机构。连杆式先复位机构如图 3-131 所示。连杆 4 以固定在动模板 10 上的圆柱销 5 为支点，一端用转轴 6 安装在侧型芯滑块 7 上，另一端与推杆固定板 2 接触。图 3-131a 是合模状态；合模时，固定在定模部分的斜导柱 8 向侧型芯滑块 7 靠近，图3-131b 是斜导柱 8 接触侧型芯滑块 7 的初始状态。斜导柱 8 一旦开始驱动侧型芯滑块 7 复位，则连杆 4 发生绕圆柱销 5 的顺时针方向旋转，迫使推杆固定板 2 带动推杆 3 迅速复位，从而避免侧型芯与推杆发生干涉。

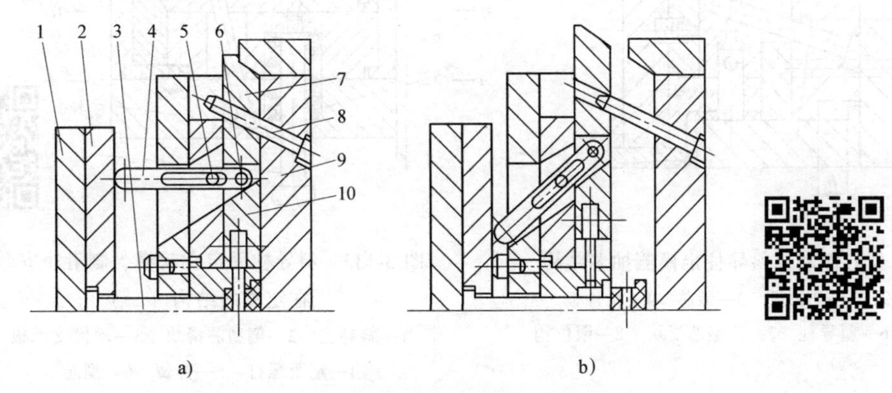

图 3-131　连杆式先复位机构

1—推板　2—推杆固定板　3—推杆　4—连杆　5—圆柱销

6—转轴　7—侧型芯滑块　8—斜导柱　9—定模板　10—动模板

（2）斜导柱固定在动模、侧滑块安装在定模　斜导柱固定在动模、侧滑块安装在定模的结构，表面上看似乎与斜导柱固定在定模、侧滑块安装在动模的结构相似，可以随着开模动作的进行使斜导柱与侧滑块之间发生相对运动而实现侧向分型与抽芯，其实不然。由于开模时一般要求塑件包紧在动模部分的型芯上而留于动模，而侧型芯安装在定模，若侧抽芯与脱模同时进行，就会产生以下两种情况：一种情况是由于侧型芯在开模方向的阻碍作用，使塑件从动模部分的型芯上强制脱下而留于定模，侧抽芯结束后，塑件无法从定模型腔中取出；另一种情况是由于塑件紧包于动模型芯上的力大于侧型芯使塑件留于定模型腔的力，则可能出现塑件被侧型芯撕裂或细小的侧型芯被折断的现象，导致模具损坏或无法工作。从以上分析可知，斜导柱固定在动模、侧滑块安装在定模的模具结构的特点是侧抽芯与脱模不能同时进行：要么先侧抽芯后脱模，要么先脱模后侧抽芯。

图 3-132 所示为先侧抽芯后脱模的一个典型例子，称为型芯浮动式斜导柱定模侧抽芯结构。型芯 3 以 H8/f8 的配合安装在动模板 2 内，并且其底端与动模支承板有间距 h。开模时，由于塑件对型芯 3 具有足够的包紧力，致使型芯 3 在开模 h 距离内动模后退的过程中保持静止不动，即型芯 3 浮动了 h 距离，使侧型芯滑块 7 在斜导柱 6 的作用下侧向抽芯 S 距离；继续开模，塑件和型芯 3 一起随动模后退，推出机构工作时，推件板 4 将塑件从型芯 3 上推出。型芯浮动式斜导柱侧抽芯机构在合模时要考虑型芯 3 的复位。

图 3-133 所示也是先侧抽芯后脱模的结构，称为弹压式斜导柱定模侧抽芯结构。该结构的特点是在动模部分增加一个分型面，靠其间设置的弹簧进行分型。开模时，在弹簧 5 的作用下，A 分型面先分型，在分型过程中，固定在动模支承板 3 上的斜导柱 1 驱动侧型芯滑块 2 进行侧向抽芯；抽芯结束；定距螺钉 4 限位，动模继续后退，B 分型面分型，塑件包在型芯 6 上随动模后移，直至推出机构将塑件推出。

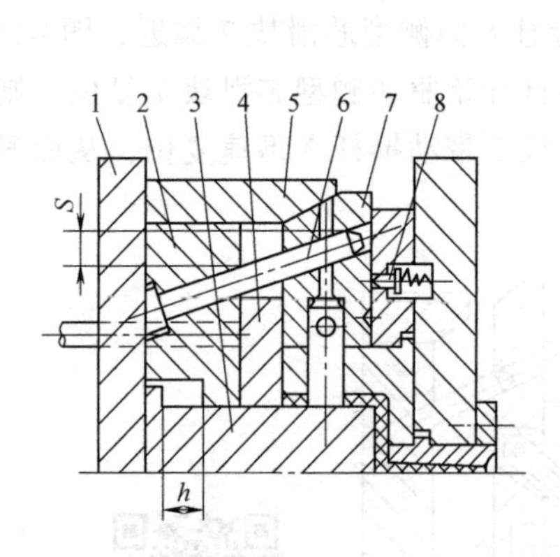

图 3-132　型芯浮动式斜导柱定模侧抽芯结构

1—支承板　2—动模板　3—型芯　4—推件板　5—楔紧块　6—斜导柱　7—侧型芯滑块　8—限位销

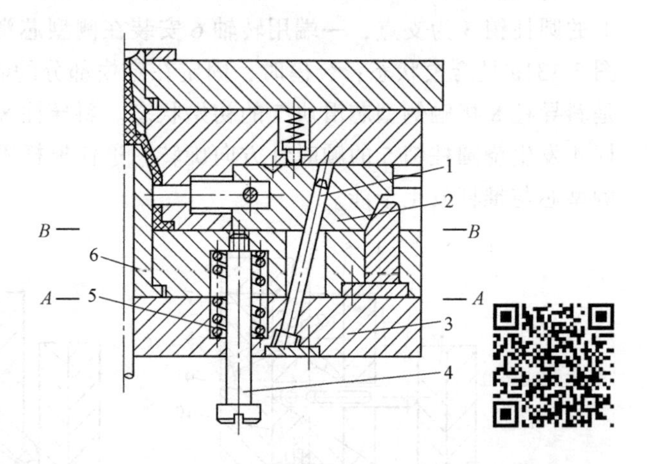

图 3-133　斜导柱固定在动模、侧滑块安装在定模的结构（一）

1—斜导柱　2—侧型芯滑块　3—动模支承板　4—定距螺钉　5—弹簧　6—型芯

图 3-134 所示先脱模后侧抽芯的结构不需设置推出机构，凹模制成可侧向移动的对开式侧滑块，斜导柱 5 与凹模侧滑块 3 上的斜导孔之间存在着较大的间隙 C（$C=2\sim4$mm），开模时，在凹模侧滑块 3 侧向移动之前，动模、定模将先分开一段距离 h（$h=C/\sin\alpha$），同时由于凹模侧滑块 3 的约束，塑件与型芯 4 也脱开一段距离 h，然后斜导柱 5 才与凹模侧滑块 3 接触，侧向分型抽芯动作开始。这种模具结构简单，加工方便，但塑件需要人工从对开式

侧滑块之间取出，包括要从浇口套中拔出，操作不方便，劳动强度较大，生产率也较低，因此仅适合于小批量生产的简单模具。

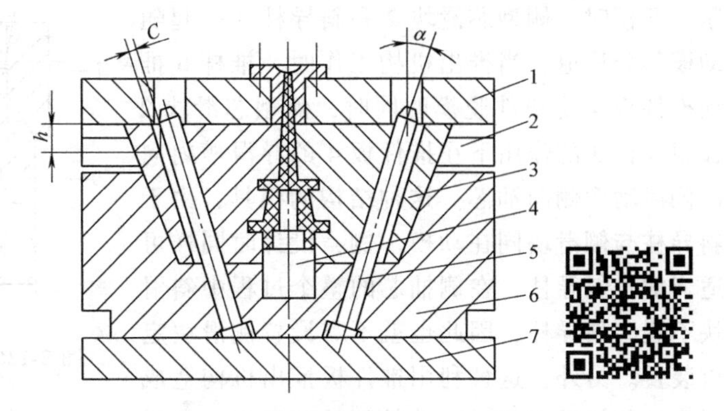

图 3-134　斜导柱固定在动模、侧滑块安装在定模的结构（二）

1—定模座板　2—导滑槽　3—凹模侧滑块　4—型芯　5—斜导柱　6—动模板　7—动模座板

(3) 斜导柱与侧滑块同时安装在定模　在斜导柱与侧滑块同时安装在定模的结构中，一般情况下斜导柱固定在定模座板上，侧滑块安装在定模板上的导滑槽内。为了形成斜导柱与侧滑块两者之间的相对运动，就必须在定模座板与定模板之间增加一个分型面，因此就需要采用定距顺序分型机构。开模时主分型面暂不分型，而让定模部分增加的分型面先定距分型，让斜导柱驱动侧滑块进行侧抽芯；侧抽芯结束，主分型面再分型。由于斜导柱与侧型芯同时设置在定模部分，设计时斜导柱可适当加长，侧抽芯时侧滑块始终不脱离斜导柱，所以不需设置侧滑块定位装置。

图 3-135 所示是摆钩式定距顺序分型的斜导柱侧抽芯结构。合模时，在弹簧 7 的作用下，由转轴 6 固定于定模板 10 上的摆钩 8 钩住固定在动模板 11 上的挡块 12。开模时，由于摆钩 8 钩住挡块 12，模具首先从 *A* 分型面分型，同时在斜导柱 2 的作用下，侧型芯滑块 1 开始侧向抽芯；侧抽芯结束后，固定在定模座板上的压块 9 的斜面压迫摆钩 8 做逆时针方向摆动而脱离挡块 12，在定距螺钉 5 的限制下 *A* 分型面分型结束；动模继续后退，*B* 分型面分型，塑件随型芯 3 保持在动模一侧，然后推件板 4 在推杆 13 的作用下使塑件脱模。

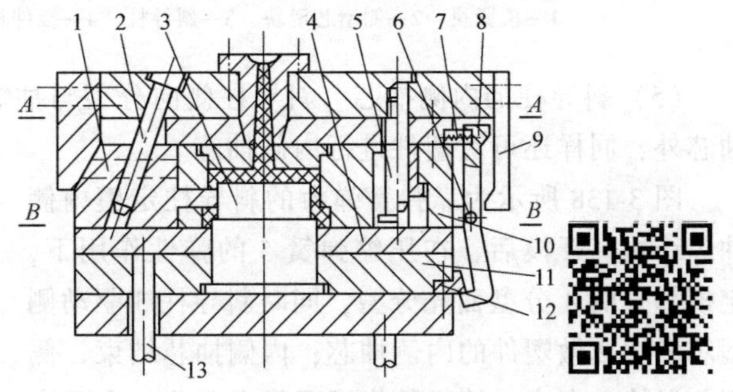

图 3-135　斜导柱与侧滑块同在定模的结构（摆钩式定距顺序分型）

1—侧型芯滑块　2—斜导柱　3—型芯　4—推件板　5—定距螺钉　6—转轴　7—弹簧　8—摆钩　9—压块　10—定模板　11—动模板　12—挡块　13—推杆

图 3-136 所示是弹压式定距顺序分型的斜导柱侧抽芯结构。定距螺钉 6 固定在定模板 5 上。合模时，弹簧 7 被压缩。弹簧的设计应考虑到弹簧压缩后的回复力要大于由斜导柱驱动侧型芯滑块侧向抽芯所需要的开模力（忽略摩擦力时）。开模时，在弹簧 7 的作用下，*A* 分型面首先分型，斜导柱 2 驱动侧型芯滑块 1 侧向抽芯；侧抽芯结束，定距螺钉 6 限位；动模继续向后移动，*B* 分型面分型，最后推出机构工作，推杆 8 推动推件板 4 将塑件从型芯 3 上脱出。

(4) 斜导柱与侧滑块同时安装在动模　斜导柱与侧滑块同时安装在动模的结构，一般可以通过推件板推出机构来实现斜导柱与侧型芯滑块的相对运动。图 3-137 所示的斜导柱与侧滑块同在动模的结构中，斜导柱固定在动模板 5 上，侧型芯滑块 2 安装在推件板 4 的导滑

槽内，合模时靠设置在定模板上的楔紧块1锁紧。开模时，侧型芯滑块2和斜导柱3一起随动模部分后退，当推出机构工作时，推杆6推动推件板4使塑件脱模的同时，侧型芯滑块2在斜导柱3的作用下在推件板4的导滑槽内向两侧滑动而侧向抽芯。这种结构的模具，由于斜导柱与侧滑块同在动模一侧，设计时同样可适当加长斜导柱，在侧抽芯的整个过程中斜滑块不脱离斜导柱，因此也就不需设置侧滑块定位装置。另外，这种利用推件板推出机构造成斜导柱与侧滑块相对运动的侧抽芯机构，主要适合于抽芯力和抽芯距均不太大的场合。

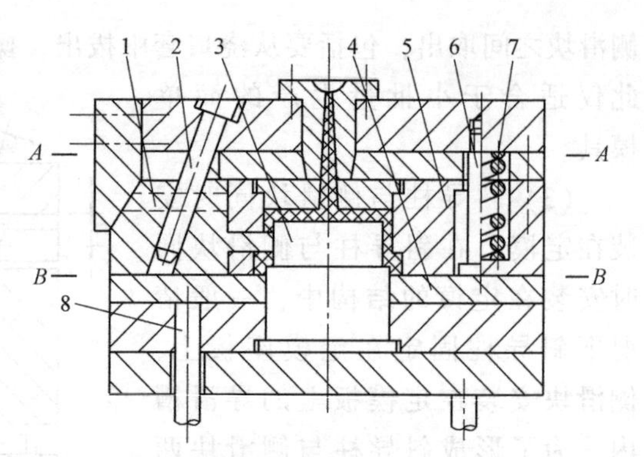

图 3-136　斜导柱与侧滑块同在定模的结构（弹压式定距顺序分型）

1—侧型芯滑块　2—斜导柱　3—型芯　4—推件板　5—定模板　6—定距螺钉　7—弹簧　8—推杆

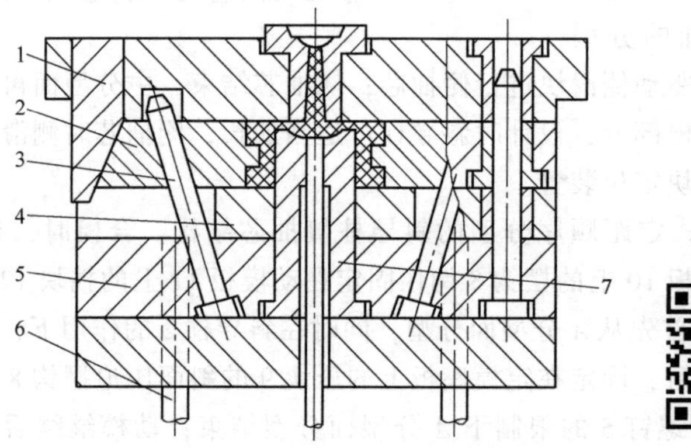

图 3-137　斜导柱与侧滑块同在动模的结构

1—楔紧块　2—侧型芯滑块　3—斜导柱　4—推件板　5—动模板　6—推杆　7—型芯

（5）斜导柱的内侧抽芯　斜导柱侧向分型与抽芯机构除了可以对塑件进行外侧分型与抽芯外，同样还可对塑件进行内侧抽芯。

图 3-138 所示为靠弹簧弹力的斜导柱定模内侧抽芯结构。开模后，在压缩弹簧5的弹性作用下，定模部分的 A 分型面先分型，同时斜导柱3驱动侧型芯滑块2做塑件的内侧抽芯；内侧抽芯结束，侧型芯滑块2在小弹簧4的作用下靠在型芯1上而定位，同时限位螺钉6限位；继续开模，塑件被带到动模，之后推出机构工作，推杆将塑件推出模外。

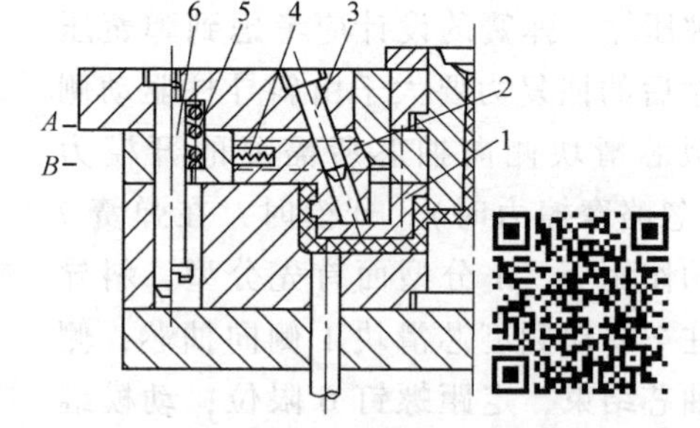

图 3-138　斜导柱定模内侧抽芯结构

1—型芯　2—侧型芯滑块　3—斜导柱　4—小弹簧　5—弹簧　6—限位螺钉

图 3-139 所示为斜导柱动模内侧抽芯结构。斜导柱2固定在定模板1上，侧型芯滑块3安装在动模板6上。开模时，塑件包紧在型芯4上随动模部分向后移动，斜导柱2驱动侧型芯滑块3在动模板的导滑槽内移动而进行内侧抽芯，最后推杆5将塑件从型芯4上推出。设计这类模具时侧型芯滑块脱离斜导柱时的定位有两种方法，

一种方法是将侧滑块设置在模具安装在注射机上的位置的上方，利用侧滑块的重力定位，图3-139所示结构即采用这种定位方法；另一种方法是当侧型芯安装在下方时，在侧滑块的非成型端设置压缩弹簧，斜导柱内侧抽芯结束后，靠压缩弹簧的弹力使侧滑块紧靠动模大型芯定位。

3. 弯销侧向分型与抽芯机构

弯销侧向分型与抽芯机构的工作原理与斜导柱侧向分型与抽芯机构相似，不同的是在结构上以矩形截面的弯销代替了斜导柱，因此该侧向分型与抽芯机构仍然离不开侧向滑块的导滑、注射时侧型芯的锁紧和侧抽芯结束时侧滑块的定位这三大设计要素。图3-140所示为弯销侧抽芯的典型结构。弯销4和楔紧块3固定于定模板2内，侧型芯滑块5安装在动模板6的导滑槽内，弯销与侧型芯滑块上孔的间隙通常取0.5mm左右。开模时，动模部分后退，在弯销4的作用下侧型芯滑块5进行侧向抽芯；抽芯结束，侧型芯滑块5由弹簧拉杆挡块1定位；最后塑件由推管推出。

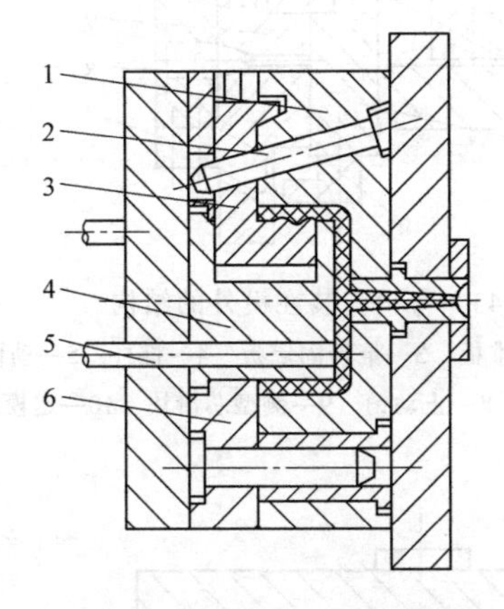

图3-139 斜导柱动模内侧抽芯结构

1—定模板 2—斜导柱 3—侧型芯滑块 4—型芯 5—推杆 6—动模板

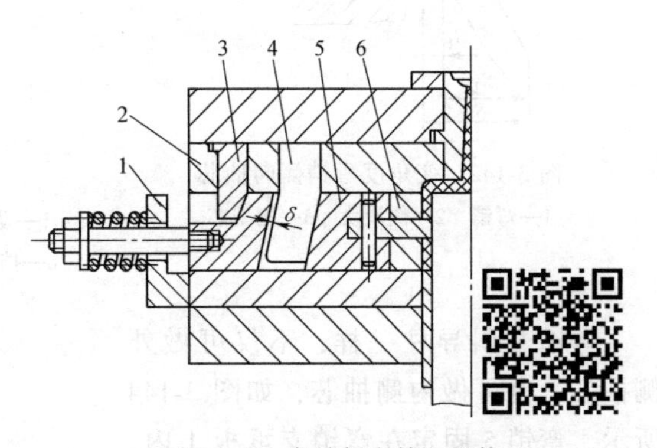

图3-140 弯销侧向抽芯机构

1—挡块 2—定模板 3—楔紧块 4—弯销 5—侧型芯滑块 6—动模板

弯销侧向抽芯机构有几个比较明显的特点，一个特点是由于弯销采用矩形截面，其抗弯截面系数比圆形截面的斜导柱要大，因此可采用比斜导柱更大的倾斜角α，所以在开模距相同的情况下可获得较大的抽芯距。另一个特点是弯销与侧滑块之间的间隙δ可根据延时抽芯的需要而设计，如图3-141所示。由于塑件对定模型芯3有较大的包紧力，且塑件内孔不允许有斜度，开模时，空行程一段距离后弯销再开始侧向抽芯，这样延时抽芯后，塑件侧抽芯之前在侧滑块限制下基本脱开型芯，使模具注射生产顺利进行。再有一个特点是弯销侧向抽芯机构也可以变角度侧抽芯，如图3-142所示。由于侧型芯3较长，且塑件的包紧力也较大，因此采用了变角度弯销侧向抽芯。开模过程中，弯销1首先由较小的倾斜角α_1起作用，以便具有较大的

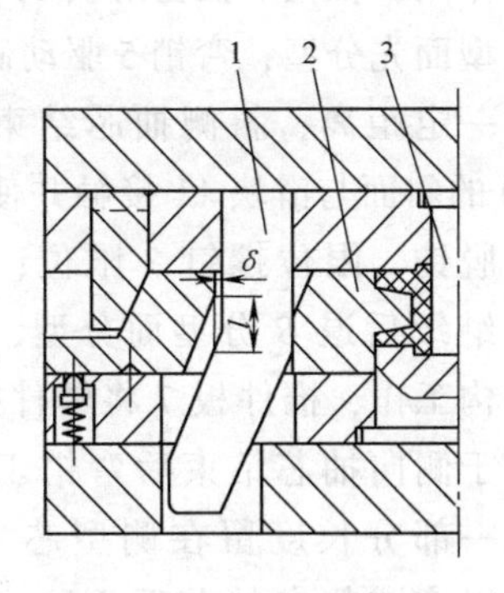

图3-141 弯销的延时抽芯

1—弯销 2—侧滑块 3—定模型芯

起始抽芯力；带动侧滑块 2 移动距离 S_1 后，再由较大倾斜角 α_2 起作用，侧向抽芯距离 S_2，从而完成整个侧抽芯动作。

根据安装方式的不同，弯销在模具上的安装可分为模内安装和模外安装。图 3-140 和图 3-142 所示均为弯销安装在模内的形式，图 3-143 所示为弯销安装在模外的形式。塑件的下面外侧由侧型芯滑块 9 成型，滑块抽芯结束时由固定在动模板 5 上的挡块 6 定位，固定在定模座板 10 上的止动销 8 在合模状态时对侧型芯滑块 9 起锁紧作用，止动销的斜角（锥度的一半）应比弯销倾斜角大 1°~2°。弯销安装在模外的优点是在安装配合时，结构清晰可见，便于操作。

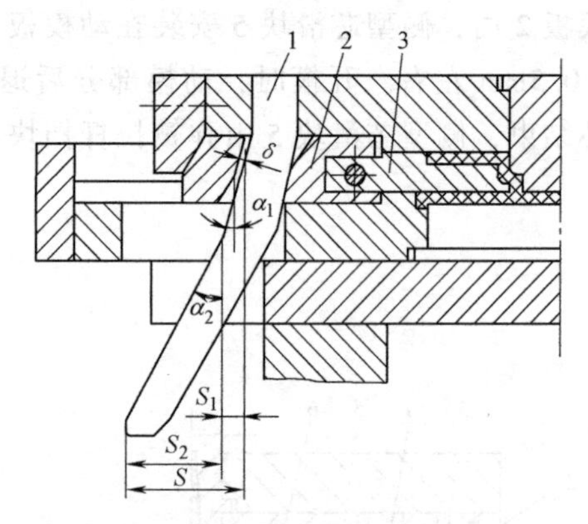

图 3-142　变角度弯销侧向抽芯

1—弯销　2—侧滑块　3—侧型芯

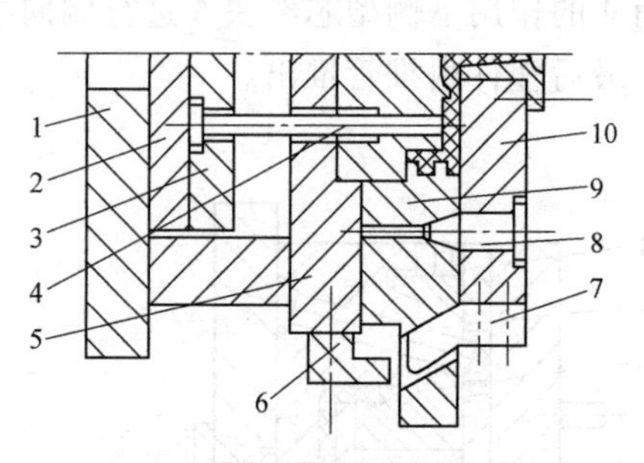

图 3-143　弯销安装在模外的结构

1—动模座板　2—推板　3—推杆固定板　4—推杆　5—动模板　6—挡块　7—弯销　8—止动销　9—侧型芯滑块　10—定模座板

弯销与斜导柱一样，不仅可做外侧抽芯，也可做内侧抽芯，如图 3-144 所示。弯销 5 固定在弯销支承板 1 内，侧型芯 4 安装在型芯 6 的斜向方形孔中。开模时，由于顺序定距分型机构的作用，拉钩 9 拉住滑块 11，模具从 A 分型面先分型，弯销 5 驱动侧型芯 4 抽出一定距离；斜侧抽芯结束后，压块 10 的斜面与滑块 11 接触并使滑块后退而脱钩，限位螺钉 3 限位；随着动模的继续后退 B 分型面分型，然后推出机构工作，推件板 7 将塑件推出模外。由于侧向抽芯结束后弯销工作端部仍有一部分长度留在侧型芯 4 的孔中，所以完成侧向抽芯后不脱离滑块。同时弯销兼起锁紧作用，合模时，弯销使侧型芯复位与锁紧。

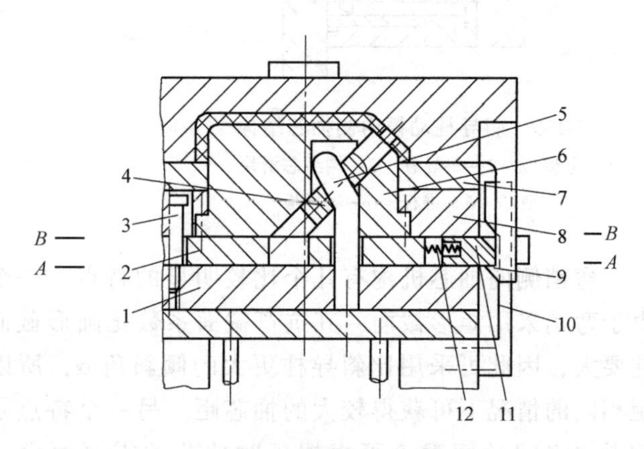

图 3-144　弯销的斜向内侧抽芯

1—弯销支承板　2—垫板　3—限位螺钉　4—侧型芯　5—弯销　6—型芯　7—推件板　8—动模板　9—拉钩　10—压块　11—滑块　12—弹簧

实际上，弯销侧向分型与抽芯机构也可分成弯销固定在定模、侧型芯安装在动模，弯销固定在动模、侧型芯安装在定模，弯销与侧型芯同时安装在定模和同时安装在动模四种类

型，在这里就不再一一分析了。

4. 斜导槽侧向分型与抽芯机构

斜导槽侧向分型与抽芯机构是由固定于模外的斜导槽与固定于侧型芯滑块上的圆柱销连接所形成的，如图 3-145 所示。斜导槽用四个螺钉和两个销安装固定在定模板 9 的外侧，侧型芯滑块 6 在动模板导滑槽内的移动是受固定其上面的圆柱销 8 在斜导槽内的运动轨迹限制的。开模后，由于圆柱销 8 先在斜导槽板 5 内与开模方向成 0°的方向移动，此时只分型不抽芯；当止动销 7（也起锁紧作用）脱离侧型芯滑块 6 后，圆柱销 8 接着就在斜导槽内与开模方向成一定角度的方向移动，此时做侧向抽芯。图 3-145a 为合模状态；图 3-145b 为侧向抽芯后的推出状态。

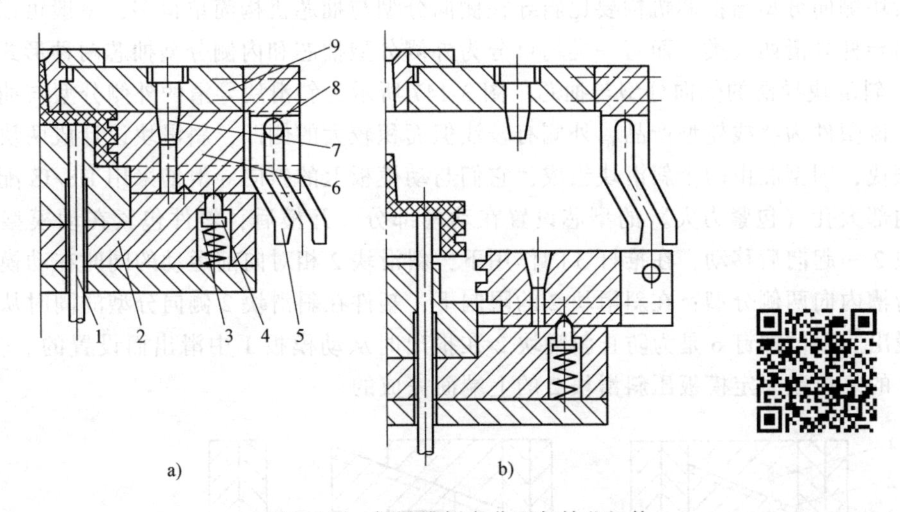

图 3-145　斜导槽侧向分型与抽芯机构

1—推杆　2—动模板　3—弹簧　4—顶销　5—斜导槽板　6—侧型芯滑块　7—止动销　8—圆柱销　9—定模板

斜导槽侧向分型与抽芯机构的抽芯动作的整个过程，实际是受斜导槽的形状所控制的。图 3-146 所示为斜导槽板的三种不同形式。在图 3-146a 所示形式中，斜导槽板上只有倾斜角为 α 的斜槽，所以开模一开始便开始侧向抽芯，但这时的倾斜角 α 应小于 25°。在图 3-146b 所示形式中，开模后圆柱销先在直槽内运动，因此有一段延时抽芯的动作，直槽有多长，延时抽芯的时间就有多长；直至进入斜槽部分，侧向抽芯才开始。在图 3-146c 所示形式中，先在较小倾斜角 α_1 的斜导槽内侧向抽芯，然后再进入较大倾斜角 α_2 的斜导槽内侧向抽芯，这种形式适用于抽芯力较大和抽芯距较长的场合。由于起始抽芯力较大，第一阶段的倾斜角一般在 $\alpha_1<25°$ 内选取，一旦侧型芯与塑件松动，以后的抽芯力就比较小，故第二阶段的倾斜角可适当增大，但仍应满足 $\alpha_2<40°$。图 3-146c 中第一阶段抽芯距为 S_1，第二阶段抽芯距为 S_2，总的抽

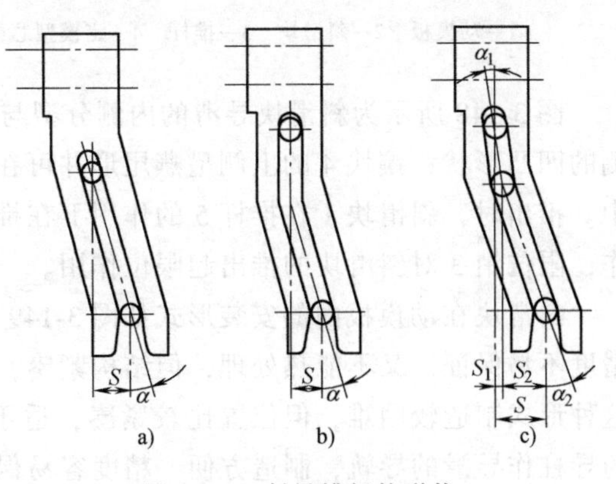

图 3-146　斜导槽板的形状

芯距为 S；斜导槽的宽度一般比圆柱销直径大 0.2mm。

斜导槽侧向分型与抽芯机构同样要注意滑块驱动时的导滑、注射时的锁紧和侧向抽芯结束时的定位三大设计要素。另外，斜导槽板与圆柱销通常用 T8、T10 等材料制造，热处理要求与斜导柱相同，一般硬度≥55HRC，工作部分表面粗糙度 $Ra \leqslant 0.8\mu m$。

5. 斜滑块侧向分型与抽芯机构

当塑件的侧凹较浅，所需抽芯距不大，但侧凹的成型面积较大，因而需要较大的抽芯力时，或者由于模具结构的限制不适宜采用其他侧抽芯形式时，则可采用斜滑块侧向分型与抽芯机构。斜滑块侧向分型与抽芯机构的特点是利用模具推出机构的推出力驱动斜滑块斜向运动，在塑件被推出脱模的同时由斜滑块完成侧向分型与抽芯的动作。

斜滑块侧向分型与抽芯机构要比斜导柱侧向分型与抽芯机构简单得多，一般可以分为斜滑块和斜导杆导滑两大类，而每一类均可分为外侧分型抽芯和内侧分型抽芯两种形式。

（1）斜滑块导滑的侧向分型与抽芯　图 3-147 所示为斜滑块导滑的外侧分型与抽芯的结构形式。该塑件为绕线轮型产品，外侧有较浅但面积较大的侧凹，斜滑块设计成两块对开式的凹模镶块，即型腔由两个斜滑块组成，它们与动模板上的斜向导滑槽采用 H8/f8 配合。成型塑件内部大孔（包紧力大）的型芯设置在动模部分。开模后，塑件包紧在动模型芯 5 上和斜滑块 2 一起向后移动，在推杆 3 的作用下，斜滑块 2 相对向前运动的同时在动模板 1 的斜向导滑槽内向两侧分型；在斜滑块 2 的限制下，塑件在斜滑块 2 侧向分型的同时从动模型芯 5 上脱出。限位螺钉 6 是为防止斜滑块 2 在推出时从动模板 1 中滑出而设置的。合模时，斜滑块 2 的复位是靠定模板压斜滑块 2 的上端面完成的。

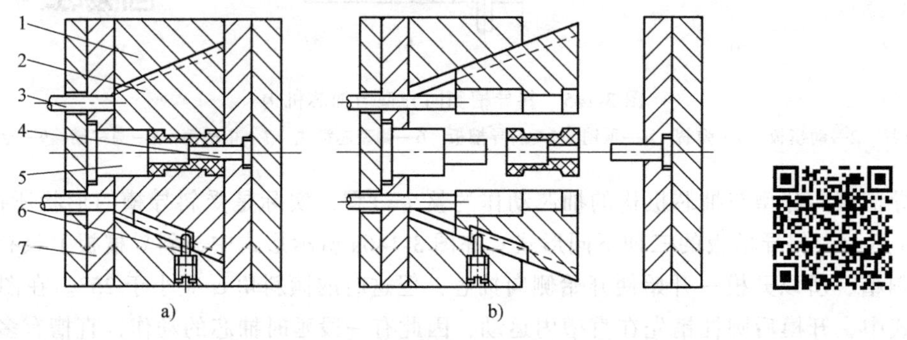

图 3-147　斜滑块导滑的外侧分型与抽芯结构

1—动模板　2—斜滑块　3—推杆　4—定模型芯　5—动模型芯　6—限位螺钉　7—动模型芯固定板

图 3-148 所示为斜滑块导滑的内侧分型与抽芯的结构形式。斜滑块 1 的下端成型塑件内侧的凹凸形状；镶块 4 的上侧呈燕尾形并可在型芯 2 的燕尾槽中滑动，另一侧嵌入斜滑块 1 中。推出时，斜滑块 1 在推杆 5 的作用下在推出塑件的同时向内侧移动而完成内侧抽芯的动作，限位销 3 对斜滑块的推出起限位作用。

斜滑块在动模板内的安装形式如图 3-149 所示。图 3-149a 为整体式的 T 形导滑槽，加工精度不易保证，又不能热处理，但结构紧凑，适于中小型模具；图 3-149b 为燕尾式导滑槽，这种形式制造较困难，但位置比较紧凑，适于多滑块的小型模具；图 3-149c 为用斜向镶入的导柱作导滑的导轨，制造方便，精度容易保证，但要注意导柱的斜角要小于模套的斜角；图 3-149d 为以斜向圆柱销为滑块导滑的形式，制造方便，精度容易保证，仅用于局部抽芯

的地方，但这种形式的圆柱销要有较大的直径。

在斜滑块导滑的侧向分型与抽芯机构中，有许多地方在设计时必须加以重视。

1）斜滑块刚性好，能承受较大的抽芯力。由于这一点，斜滑块的倾斜角 α 可较斜导柱的倾斜角大，最大可达到 40°，通常不超过 30°，此时导滑接触面要长。

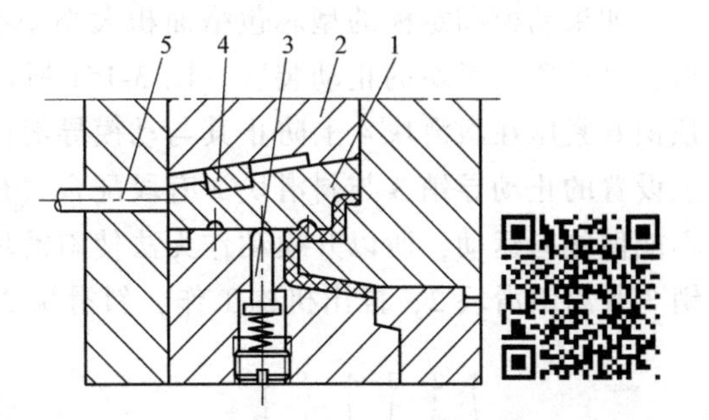

图 3-148　斜滑块导滑的内侧分型与抽芯结构

1—斜滑块　2—型芯　3—限位销　4—镶块　5—推杆

2）正确选择主型芯的位置。主型芯的位置选择恰当与否，直接关系到塑件能否顺利脱模。图 3-150a 中主型芯设置在定模一侧，开模后会出现两种情况：如果定模主型芯脱模斜度较大，开模后立即从塑件中抽芯，然后推出机构推动斜滑块侧向分型，则塑件很容易黏附于某一斜滑块上（收缩值较大的部位），不能顺利地从斜滑块中脱出，如图 3-150b 所示；如果塑件对定模主型芯的包紧力较大，会导致开模时斜滑块就从导滑槽中滑出，而使模具无法工作。图 3-150c 中主型芯设置在动模一侧，开模时斜滑块随动模后移，在脱模侧向抽芯的过程中，塑件虽与主型芯松动，在侧向分型与抽芯时塑件的侧向移动仍受限制，所以塑件不可能黏附在某一斜滑块内，塑件容易取出，如图 3-150d 所示。

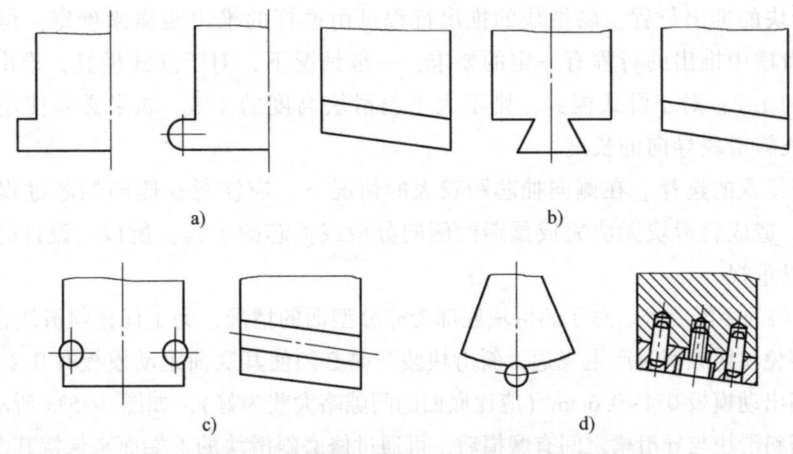

图 3-149　斜滑块在动模板内的安装形式

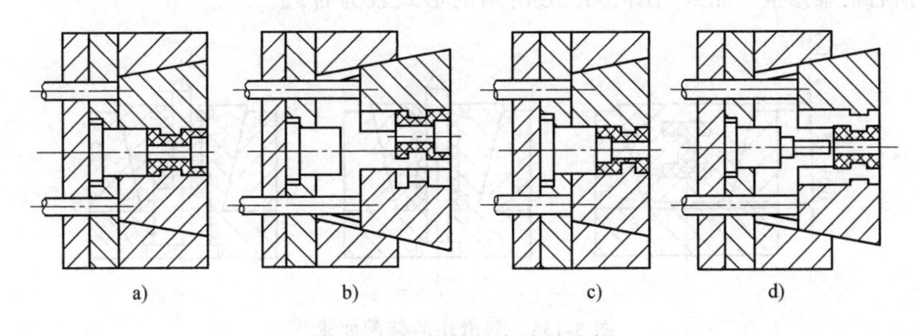

图 3-150　主型芯位置的选择

如果动模和定模的型芯包络面积大小差不多，为了防止斜滑块在开模时从导滑槽中被拉出，可设置斜滑块的止动装置。图 3-151 所示为弹簧顶销止动装置，开模时在弹簧作用下，顶销 6 紧压在斜滑块 4 上防止其与动模导滑槽分离。图 3-152 所示为导销止动装置，在定模上设置的止动导销 3 与斜滑块 2 有段配合（H8/f8）。开模时，在导销 3 的限制下，斜滑块 2 不能做侧向运动，所以开模动作无法使斜滑块与动模滑槽之间产生相对运动；继续开模，导销 3 脱离斜滑块 2，推出机构工作，斜滑块 2 侧向分型与抽芯并推出塑件。

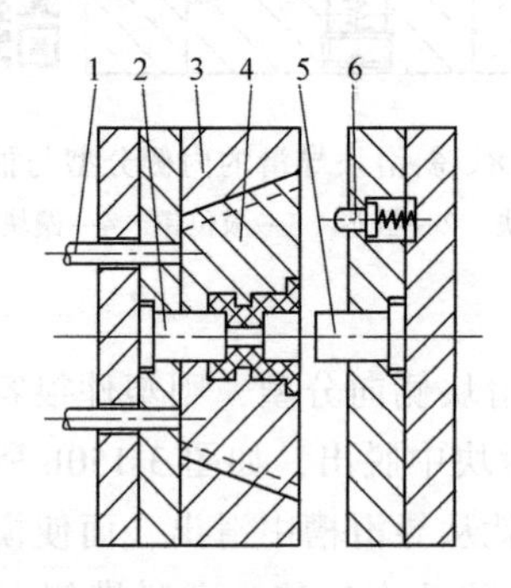

图 3-151　弹簧顶销止动装置

1—推杆　2—动模型芯　3—动模板
4—斜滑块　5—定模型芯　6—弹簧顶销

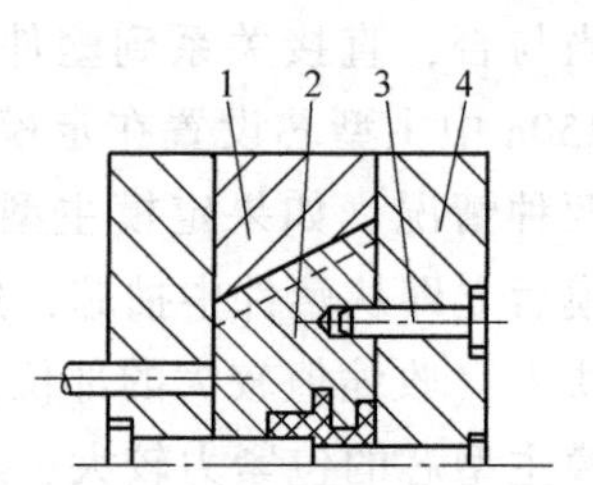

图 3-152　导销止动装置

1—动模板　2—斜滑块　3—止动导销　4—定模板

3）斜滑块的推出行程。斜滑块的推出行程可由推杆的推出距离来确定。但是，斜滑块在动模板导滑槽中推出的行程有一定的要求，一般情况下，对于立式模具，推出行程不大于斜滑块高度的 1/2；对于卧式模具，则不大于斜滑块高度的 1/3。如果必须使用更大的推出行程，可加长斜滑块导向的长度。

4）推杆位置的选择。在侧向抽芯距较大的情况下，应注意在侧向抽芯过程中斜滑块移出推杆顶端，造成斜滑块无法完成预期的侧向分型或抽芯的工作。所以在设计时，推杆的位置选择应予以重视。

5）斜滑块的装配要求。对于斜滑块底部为非分型面的情况，为了保证斜滑块在合模时的拼合面密合，避免注射成型时产生飞边，斜滑块装配时必须使其底面距动模板有 0.2~0.5mm 的间隙，上表面高出动模板 0.4~0.6mm（应比底面的间隙略大些为好），如图 3-153a 所示。这样做的好处在于，当斜滑块与导滑槽之间有磨损后，可通过修磨斜滑块的下端面来保持其密合性。当斜滑块的底面为分型面时，底面是不能留间隙的，如图 3-153b 所示。但这种形式一般很少采用，因为滑块磨损后很难修整，而采用图 3-153c 所示的形式较为合理。

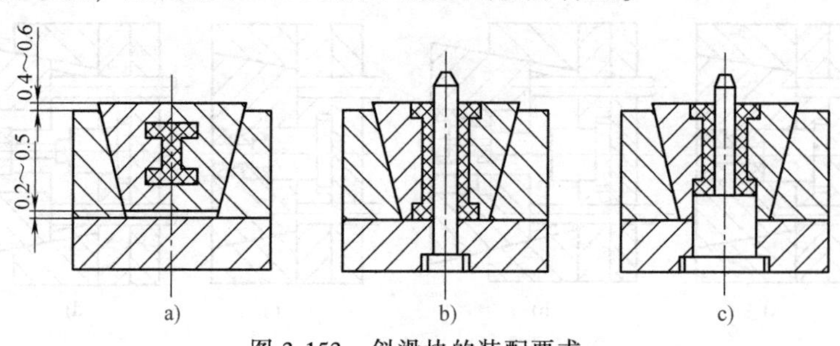

图 3-153　斜滑块的装配要求

6）斜滑块推出后的限位。斜滑块侧向抽芯机构使用于卧式注射机时，为了防止斜滑块在工作时从动模板上的导滑槽中滑出去而影响机构的正常工作，可在斜滑块上加工一长槽，并动模板上设置一螺钉进行定位。

（2）斜导杆导滑的侧向分型与抽芯　斜导杆导滑的侧向分型与抽芯机构也称为斜推杆式侧向抽芯机构，它是由斜导杆与侧型芯制成整体式或组合式后与动模板上的斜导向孔（常常是矩形截面）进行导滑推出的一种斜滑块抽芯机构。同样，斜导杆与动模板上的斜导向孔应采用 H8/f8 的配合。斜导杆侧向抽芯机构也可分为外侧抽芯与内侧抽芯两大类。

图 3-154 所示为斜导杆外侧抽芯的结构形式。斜导杆的成型端由侧型芯 6 与之组合而成，在推出端装有滚轮 2，以滚动摩擦代替滑动摩擦，可减小推出过程中的摩擦力。推出过程中的侧向抽芯靠斜导杆 3 与动模板 5 之间的斜孔导向。合模时，定模板压斜导杆成型端使其复位。

在斜导杆内侧抽芯的结构设计中，关键的问题是斜导杆的复位措施。图 3-155 所示为斜导杆内侧抽芯的一种结构形式，侧型芯镶在斜导杆 5 内，斜导杆后端通过转轴与滚轮 1 相连，并安装在由压板 2 和推杆固定板 3 所形成的配合间隙中。合模时，在复位杆 4 的作用下，压板 2 压着滚轮 1 使斜导杆 5 复位。

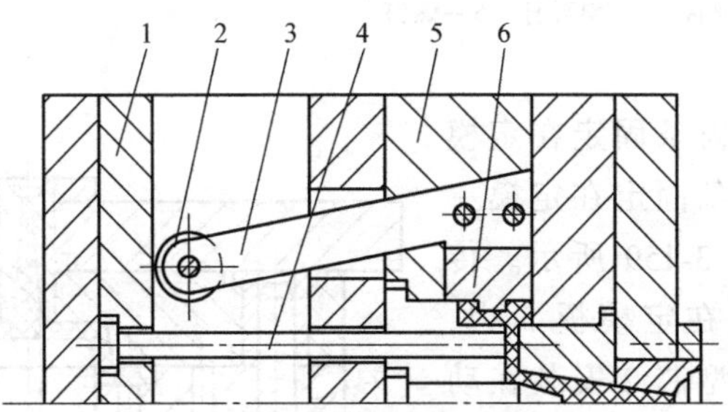

图 3-154　斜导杆外侧抽芯结构

1—推杆固定板　2—滚轮　3—斜导杆

4—推杆　5—动模板　6—侧型芯

为了使斜导杆的固定端结构简单、复位可靠，有时将侧型芯在分型面上向塑件的外侧延伸，如图 3-156 中 *A* 处所示。合模时，定模板 1 压侧型芯 4 的 *A* 处使其复位。斜导杆 3 用螺纹与侧型芯 4 连接。也可采用弹簧或连杆形式使斜导杆复位，如图 3-157 和图3-158所示。

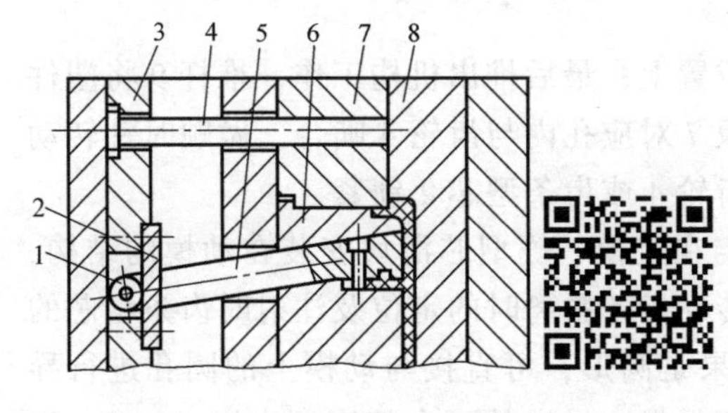

图 3-155　斜导杆内侧抽芯结构（一）

1—滚轮　2—压板　3—推杆固定板　4—复位杆

5—斜导杆　6—型芯　7—动模板　8—定模板

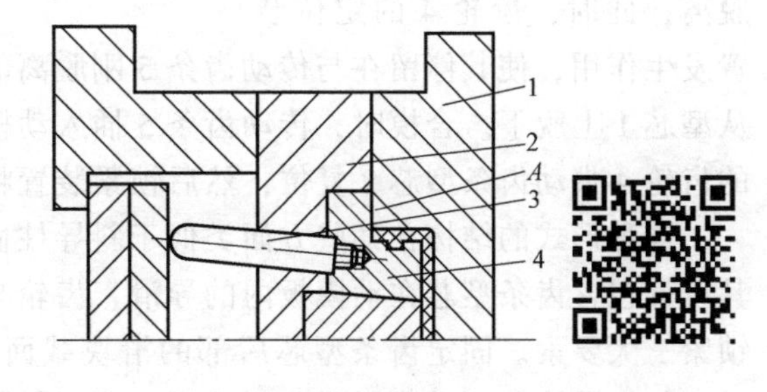

图 3-156　斜导杆内侧抽芯结构（二）

1—定模板　2—动模板　3—斜导杆　4—侧型芯

6. 齿条齿轮侧向分型与抽芯机构

齿条齿轮侧向分型与抽芯机构是利用传动齿条带动与齿条型芯相啮合的齿轮进行侧向分型与抽芯的机构。与斜导柱、斜滑块等侧向分型与抽芯机构相比，齿条齿轮侧向分型与抽芯机构可获得较大的抽芯力和抽芯距。根据传动齿条固定位置的不同，齿条齿轮侧向分型与抽

芯机构可分为传动齿条固定于定模一侧及传动齿条固定于动模一侧两类。该机构不仅可以进行正侧方向和斜侧方向的抽芯，还可以进行圆弧方向抽芯和螺纹抽芯。下面进行介绍。

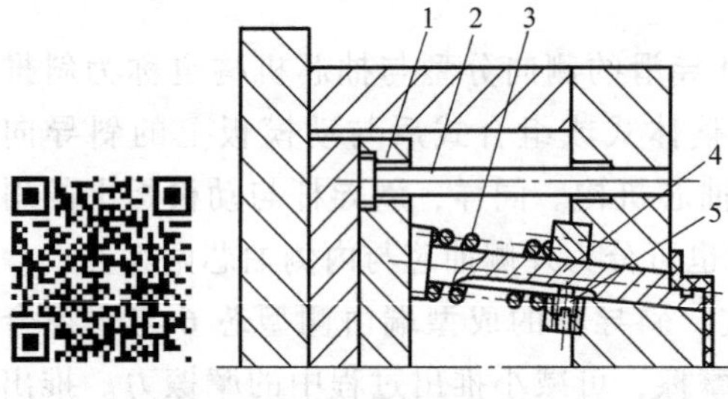

图 3-157　斜导杆内侧抽芯结构（三）

1—推杆固定板　2—复位杆

3—弹簧　4—斜导杆　5—螺钉

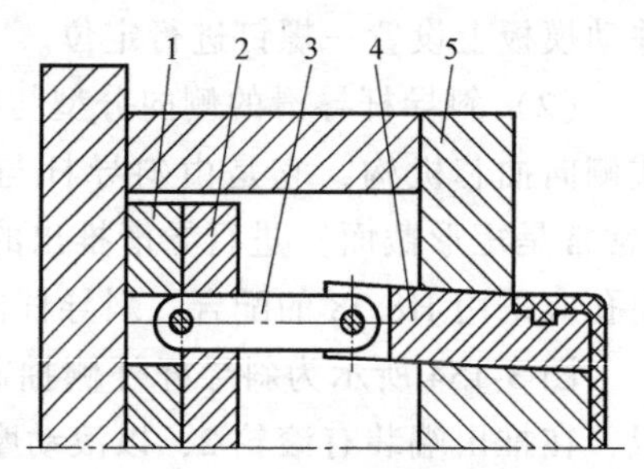

图 3-158　斜导杆内侧抽芯结构（四）

1—推板　2—推杆固定板　3—连杆

4—斜导杆　5—动模板

（1）传动齿条固定在定模一侧　传动齿条固定在定模一侧的结构如图 3-159 所示。传动齿条 5 固定在定模板 3 内，齿轮 4 和齿条型芯 2 安装在动模板 7 内。开模时，动模部分向后移动，齿轮 4 在传动齿条 5 的作用下做逆时针方向转动，从而使与之啮合的齿条型芯 2 向右下方向运动而从塑件中抽出。当齿条型芯 2 全部从塑件中抽出后，传动齿条 5 与齿轮 4 脱离，此时，齿轮 4 的定位装置发生作用，使其停留在与传动齿条 5 刚脱离的位置上；最后推出机构工作，推杆 9 将塑件从型芯 1 上脱下。合模时，传动齿条 5 插入动模板 7 对应孔内与齿轮 4 啮合，做顺时针转动的齿轮 4 带动齿条型芯 2 复位，然后锁紧装置将齿轮 4 或齿条型芯 2 锁紧。

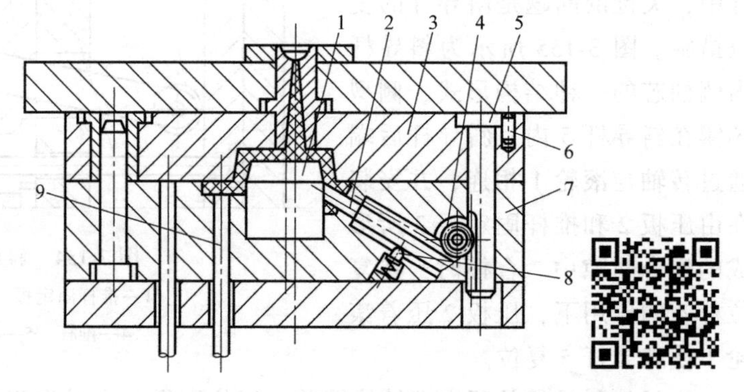

图 3-159　传动齿条固定在定模一侧的结构

1—型芯　2—齿条型芯　3—定模板　4—齿轮　5—传动齿条

6—止转销　7—动模板　8—导向销　9—推杆

这种形式的结构在某些方面类似于斜导柱固定在定模、侧型芯滑块安装在动模的结构，其设计包含齿条型芯在动模板内的导滑、齿轮与传动齿条脱离时的定位及注射时齿条型芯的锁紧三大要素。固定齿条型芯后部的滑块截面如果是圆形，可直接与动模上的圆孔进行导滑；如果滑块截面是非圆形，可采用 T 形槽等形式导滑，导滑的配合精度可采用 H8/f8。齿轮脱离传动齿条时的定位装置可设置在齿轮轴上，如图 3-160 所示，也可设置在齿条型芯上。齿条型芯的锁紧装置既可以采用楔紧块的形式设置在齿轮轴上，如图 3-161a 所示，也可以直接设置在齿条型芯上，如图 3-161b 所示。

图 3-162 所示是传动齿条固定在定模一侧的齿轮齿条圆弧抽芯，模具设计时有一定难度。开模时，传动齿条 1 带动固定在齿轮轴 7 上的齿轮 6 转动，固定在同一轴上的斜齿轮 8 又带动固定在齿轮轴 3 上的斜齿轮 4，因而固定在齿轮轴 3 上的齿轮 2 就带动圆弧齿条型芯 5 做圆弧抽芯。

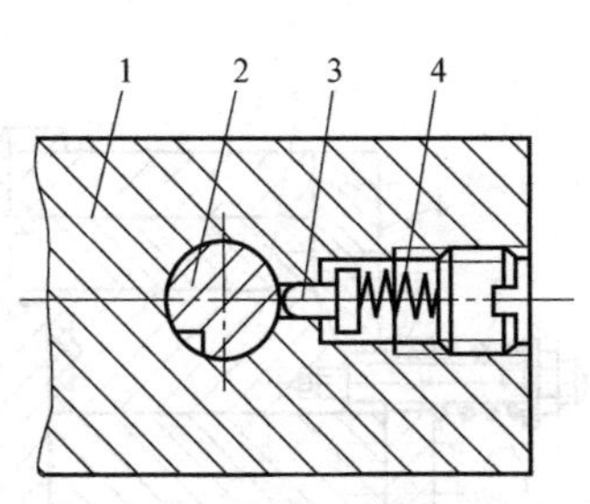

图 3-160　齿轮脱离传动齿条的定位机构

1—动模板　2—齿轮轴　3—顶销　4—弹簧

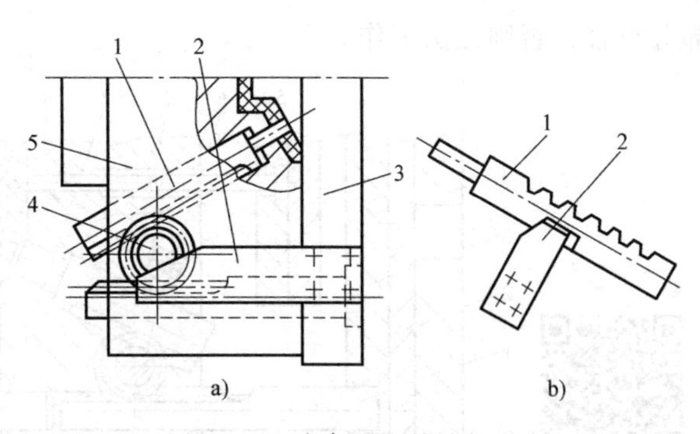

图 3-161　齿条型芯的锁紧形式

1—齿条型芯　2—楔紧块　3—定模板　4—齿轮轴　5—动模板

(2) 传动齿条固定在动模一侧　传动齿条固定在动模一侧的结构是利用推出机构的动作实现齿轮齿条侧向抽芯的。图 3-163所示的结构中，传动齿条固定在传动齿条固定板 3 中，齿轮 6 和齿条型芯 7 安装在动模板 9 内。开模推出时，注射机顶杆推动传动齿条推板 2，传动齿条 1 带动齿轮 6 使齿条型芯 7 向斜侧向抽芯；抽芯结束，推板 4 在传动齿条固定板 3 的推动下驱动推杆 5 将塑件推出模外。合模时，传动齿条复位杆 8 使侧抽芯机构复位，复位杆（图中未画出）使推出机构复位。

这类结构形式的模具特点是，在工作过程中，传动齿条始终与齿轮保持啮合关系，这样就不需要设置齿轮脱离传动齿条时的定位装置。另外，传动齿条复位杆 8 在合模时还起到楔紧块的作用。

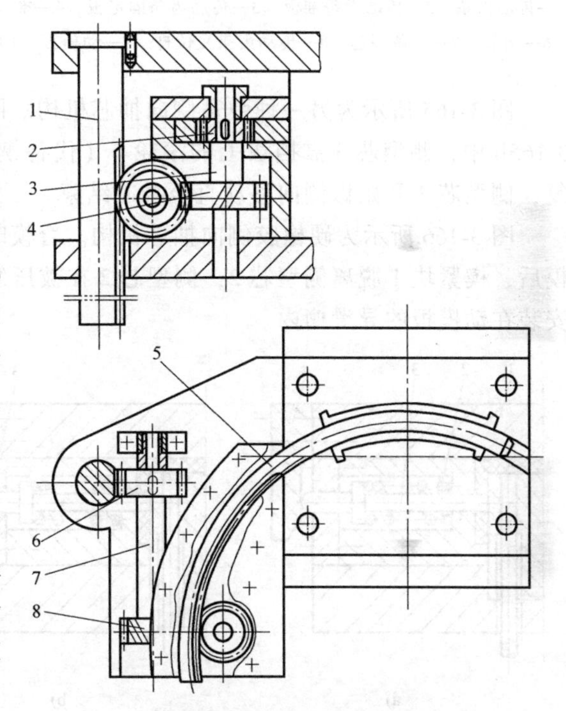

图 3-162　齿轮齿条圆弧抽芯

1—传动齿条　2、6—齿轮　3、7—齿轮轴

4、8—斜齿轮　5—圆弧齿条型芯

7. 弹性元件侧向分型与抽芯机构

当塑件上侧凹很浅或者侧壁有个别较小凸起时，侧向成型零件抽芯时所需的抽芯力和抽芯距都不大，此时只要模具的结构允许，可以采用弹性元件侧向分型与抽芯机构。

图 3-164 所示为弹簧侧向抽芯机构，它与斜导柱固定在定模、侧滑块安装在动模的结构相似，仅仅是省去了斜导柱。塑件的外侧有一微小的半圆凸起，由于它对侧型芯滑块 5 没有包紧力，只有较小的黏附力，所以很适合采用这种机构。合模时靠楔紧块 4 将侧型芯滑块 5 锁紧。开模后，楔紧块 4 与侧型芯滑块 5 一旦脱离，在压缩弹簧回复力的作用下滑块进行侧向短距离抽芯；抽芯结束，侧型芯滑块由于弹簧 2 的作用紧靠在挡块 3 上定位。这种机构设计时应注意，侧抽芯结束后，侧型芯滑块的斜面与楔紧块楔紧斜面在分型面上的投影仍有一

部分重合，否则无法工作。

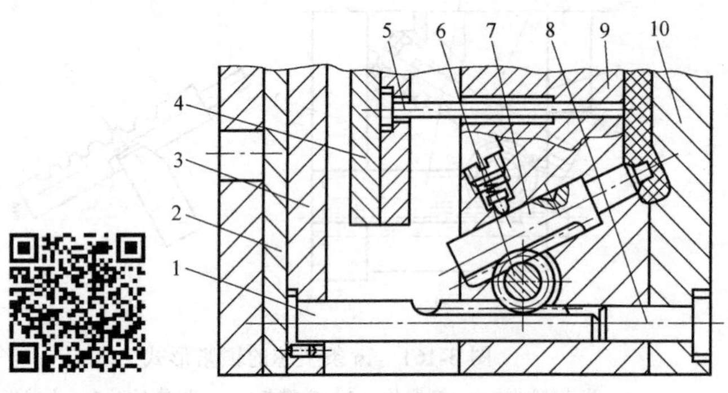

图 3-163　传动齿条固定在动模一侧的结构

1—传动齿条　2—传动齿条推板　3—传动齿条固定板　4—推板　5—推杆　6—齿轮　7—齿条型芯　8—传动齿条复位杆　9—动模板　10—定模板

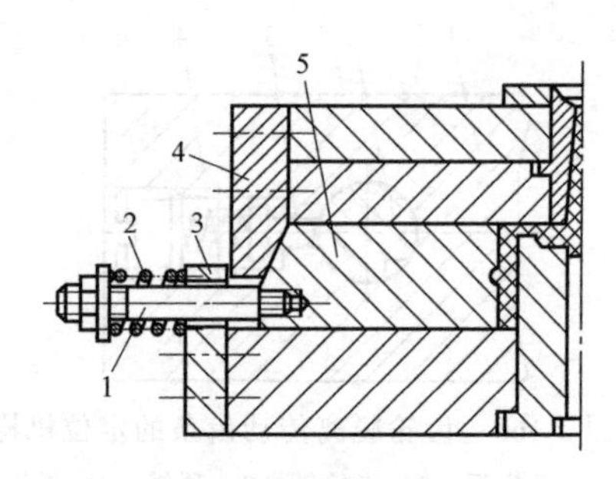

图 3-164　弹簧侧向抽芯机构（一）

1—螺杆　2—弹簧　3—挡块　4—楔紧块　5—侧型芯滑块

图 3-165 所示为另一种弹簧侧向抽芯机构。图 3-165a 中，侧型芯 3 靠楔紧块锁紧；而图 3-165b 中，侧型芯 3 靠挡块上的滚轮 5（代替楔紧块）锁紧，开模时，随着压缩弹簧的回复，侧型芯 3 开始做侧向移动直至抽芯结束。

图 3-166 所示为硬橡胶侧向抽芯机构。合模时，楔紧块 1 使侧型芯 2 压至成型位置；开模后，楔紧块 1 脱离侧型芯 2，侧型芯 2 在被压缩的硬橡胶 3 的作用下抽出塑件。侧型芯 2 安装在动模板的导滑槽内。

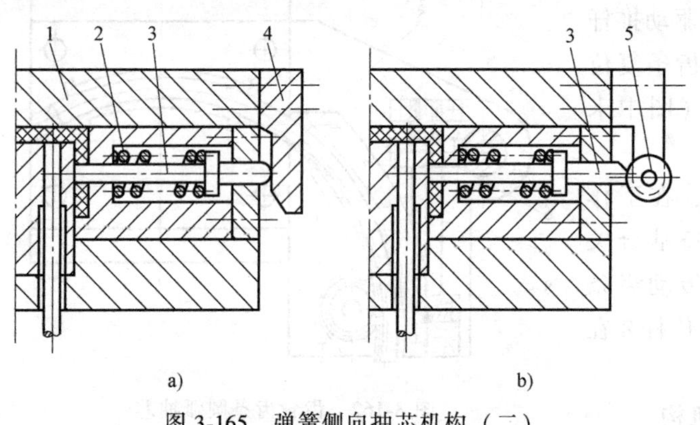

图 3-165　弹簧侧向抽芯机构（二）

1—中间板　2—弹簧　3—侧型芯　4—楔紧块　5—滚轮

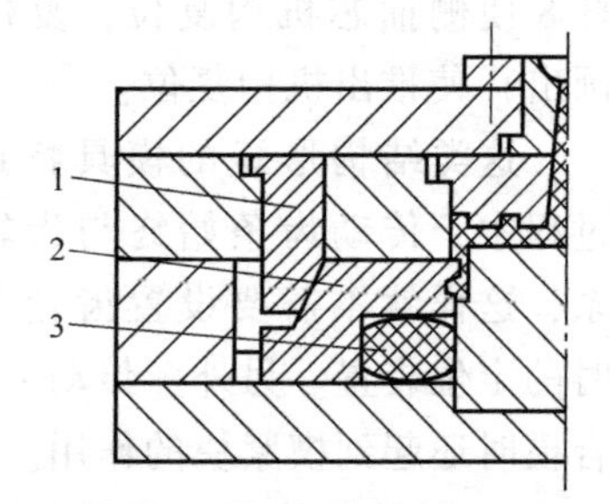

图 3-166　硬橡胶侧向抽芯机构

1—楔紧块　2—侧型芯　3—硬橡胶

三、手动侧向分型与抽芯机构

在塑件的批量很小，或产品处于试制状态，或采用机动抽芯十分复杂而难以实现的情况下，塑件上的某些侧向凹凸常常采用手动侧向抽芯方法进行。手动侧向分型与抽芯机构可分为两类，一类是模内手动侧向抽芯，另一类是模外手动侧向抽芯。模外手动侧向抽芯机构实质上就是带有活动镶件的注射模结构。注射前，先将活动镶件以 H8/f8 的配合在模具内安放定位；注射后脱模，活动镶件随塑件一起被推出模外，然后用手工的方法将活动镶件从塑件上取下，准备下一次注射时使用。图 3-167 所示模外手动分型与抽芯机构就是这样的结构，塑件内侧有一球状的结构，很难使用其他形式的抽芯机构，因而采用模外手动侧向抽芯机

构。活动镶件在 3~5 mm 的长度内与动模板上的孔采用 H8/f8 配合，其余部分制出 3°~ 5°的斜度，以便其在模内安放定位。

模内手动侧向分型与抽芯机构是指在开模前或开模后尚未推出前，用手工完成模具上的侧向分型与抽芯动作，然后把塑件推出模外。图 3-168 所示是利用螺纹和丝杠旋合使侧型芯退出与复位的手动侧抽芯机构。

图 3-168a 为螺纹与侧型芯一体的结构，用专用工具即可使侧型芯退出与复位；图 3-168b是用于非圆形侧型芯的模内手动侧抽芯机构，螺杆通过 T 形槽与侧型芯连接。

图 3-169 所示为手动多型芯圆周侧抽芯机构。旋转套 1 可以以定模板 4 为转轴转动，其上开有斜槽，滑块 2 可在斜槽中滑动，侧型芯 3 用圆柱销连接于滑块 2 上。扳动手柄 6 使旋转套 1 按箭头方向转动，带动滑块 2 及 4 个侧型芯 3 完成侧向圆周抽芯。手柄反向转动，则可使侧型芯复位。

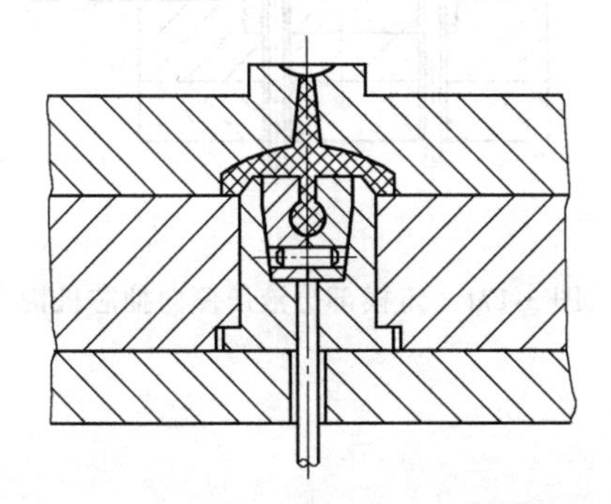

图 3-167　模外手动侧向分型与抽芯机构

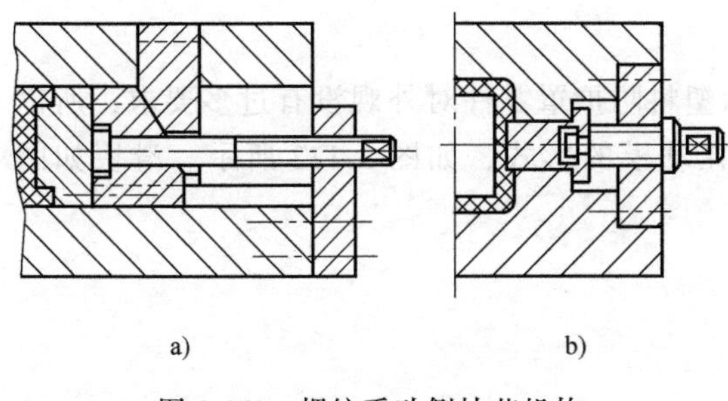

图 3-168　螺纹手动侧抽芯机构

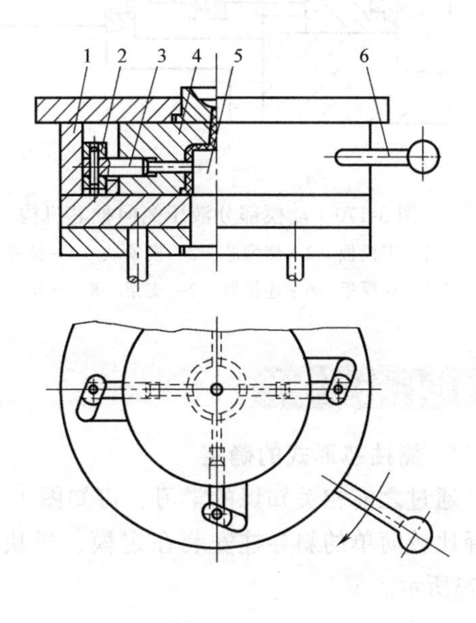

图 3-169　手动多型芯圆周侧抽芯机构
1—旋转套　2—滑块　3—侧型芯
4—定模板　5—型芯　6—手柄

四、液压或气动侧向分型与抽芯机构

液压或气动侧向分型与抽芯机构是通过液压缸或气缸的活塞及控制系统来实现的。当塑件的侧向有较深的孔时，例如三通管子，侧向的抽芯力和抽芯距很大，用斜导柱、斜滑块等侧向抽芯机构无法解决，往往优先考虑采用液压或气动侧向抽芯机构。一般的塑料注射机上通常均配有液压抽芯的油路及其控制，所以注射成型常用液压抽芯而很少采用气动抽芯。

图 3-170 所示为液压缸固定在动模部分的液压侧向抽芯机构。侧型芯 2 通过连接器 6 与液压缸 8 的活塞杆相连。注射时，楔紧块 3 将侧型芯 2 锁紧；开模后，先侧向液压抽芯，然后再推出塑件；合模之前，先将侧型芯 2 液压复位，然后再合模。

图 3-171 所示为液压缸固定在定模部分的液压侧向抽芯机构。侧型芯通过连接采用 T 形槽与液压缸的活塞杆相连。注射结束开模前，先进行液压抽芯；合模后，再使侧型芯液压复位。

设计液压侧向抽芯机构时，要注意液压缸的选择、安装及液压抽芯与复位的时间顺序。液压缸的选择要按计算的侧向抽芯力大小及抽芯距长短来确定。液压缸的安装通常采用支架将液压缸固定在模具的外侧（图 3-170 及图 3-171），也有采用支柱或液压缸前端外侧直接用螺纹旋入模板的安装形式，视具体情况而定。安装时还应注意侧型芯的锁紧形式。抽芯与复位的时间顺序是根据侧型芯的安装位置、推杆推出与复位的次序、开合模对侧向抽芯和复位的影响来确定的。

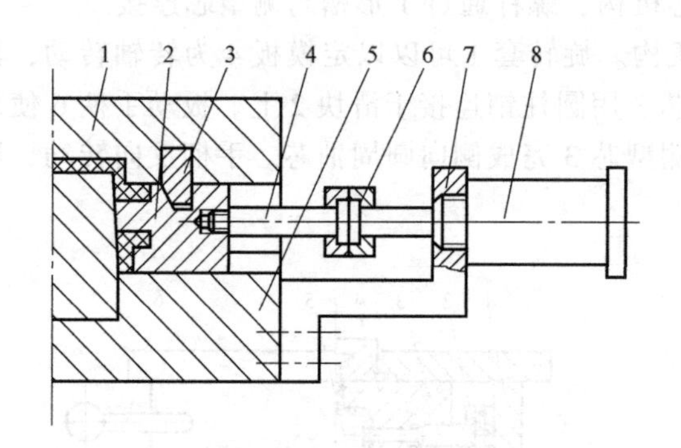

图 3-170　动模部分液压侧向抽芯机构

1—定模板　2—侧型芯　3—楔紧块　4—拉杆

5—动模板　6—连接器　7—支架　8—液压缸

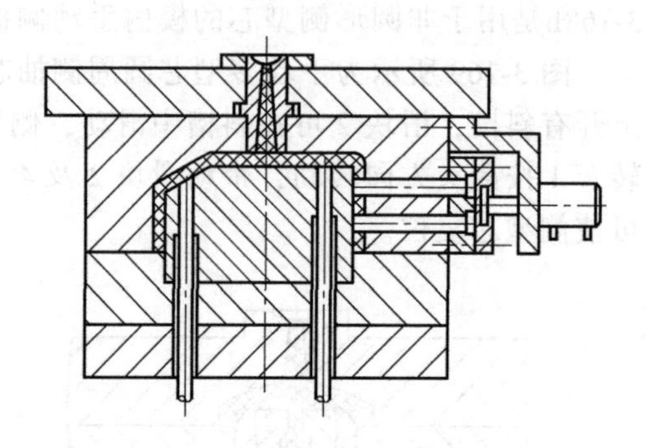

图 3-171　定模部分液压侧向抽芯机构

【任务实施】

1. 侧抽芯形式的确定

通过之前相关知识的学习，可知图 1-1 所示塑料防护罩零件对外观没有过多要求，所以选择比较简单的斜导柱安装在定模、滑块安装在动模的形式，如图 3-172 所示。滑块如图 3-173所示。

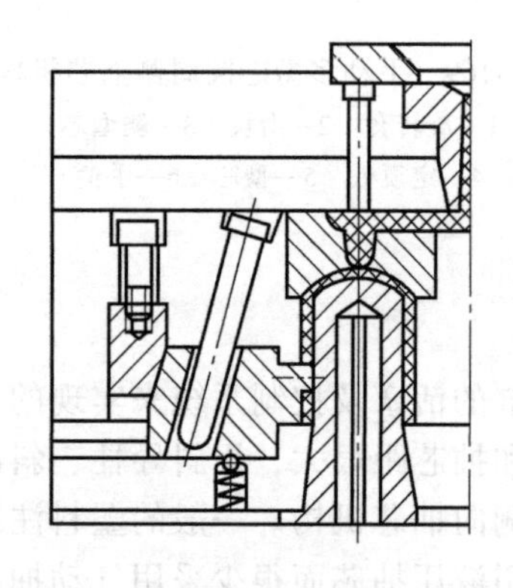

图 3-172　侧抽芯形式

图 3-173　滑块

2. 抽芯零件尺寸的确定

（1）抽芯距　侧向抽芯距一般比塑件上的侧孔（侧凹、凸台）深度大 2~3mm，即根据式（3-28）计算。但是也不必拘泥于式（3-28），有时在结构需要和尺寸允许的情况下，侧

向抽芯距比塑件上的侧孔（侧凹、凸台）深度大于5~8mm也可。但是不能大太多，以免浪费材料和削弱结构的强度和刚度。

该防护罩的壁厚约为2mm，故侧向抽芯距取5~8mm均可。此处选8mm。

（2）脱模力的计算　由于防护罩侧孔壁较薄（仅1.6mm），尺寸小，可以得知侧向抽芯力很小。斜导柱强度足够，无须计算。

（3）斜导柱倾斜角　斜导柱的倾斜角选择要综合考虑抽芯距和斜导柱直径，一般范围为12°~25°。本例选取15°。

（4）斜导柱直径　本例中侧向抽芯面积不大，所以抽芯力不大，因此斜导柱选择不需要进行计算。但是考虑到本例中的滑块相对较高，所以选择直径为15mm的斜导柱。

（5）斜导柱长度　在斜导柱倾斜角和抽芯距确定的情况下，可以计算出斜导柱的长度。

斜导柱的长度根据抽芯距、固定端模板的厚度、斜导柱直径及倾斜角大小确定（见图3-117及相关的斜导柱长度计算公式），可根据式（3-29）求出。

L_4的计算：$L_4=S/\sin\alpha=8\text{mm}/\sin15°=31\text{mm}$。

$L_1+L_2+L_3$的确定：$L_1+L_2+L_3$主要由模板厚度、侧向抽芯形式和斜导柱规格决定。该例中由于凹模采用局部镶拼，塑件又较高，斜导柱直接安装在模板上，所以斜导柱安装部分长度需要60mm。

综合以上计算，斜导柱长度L_z需95mm左右（斜导柱球头长度L_5取4mm）。

（6）滑块尺寸　滑块尺寸主要有滑块的高度、宽度、长度、压紧角、导轨尺寸。

滑块高度主要由塑件决定，本例滑块高40mm。

滑块宽度和长度的选取要考虑导滑孔。如图3-174所示，一般来说，滑块上标注A的位置在工作时会受力，尺寸要选择大一点，至少要15mm左右。标注B的位置基本不受力，尺寸选择小一点，一般选择10mm。当滑块较高时，由于受力分散，A和B都可适当减小。本例中A和B的尺寸都选择10mm左右，并进行规整。这样可以确定滑块的宽度和长度。

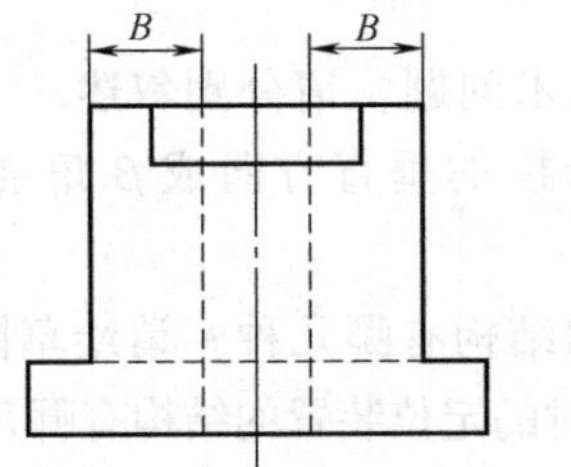

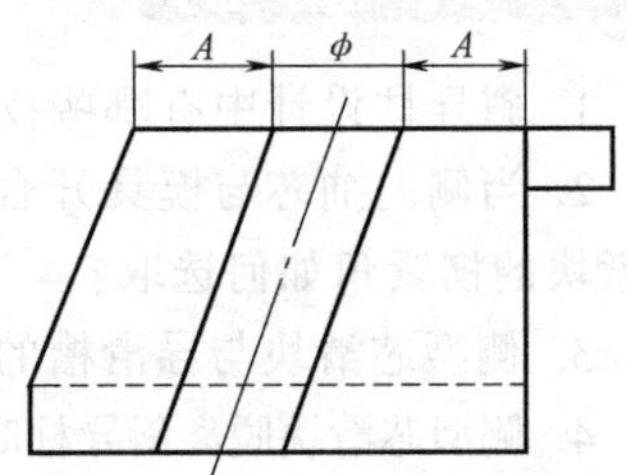

图3-174　滑块宽度和长度的选择

滑块的压紧角要比斜导柱倾斜角大，这样才不会卡死滑块。本例选择16°。

滑块导轨的高度一般选择3mm、5mm、7mm、8mm。小滑块受尺寸限制，一般取3~5mm，大滑块取5~8mm。本例中的滑块不大，但是相对滑块本身来说高度较高，故导轨高度选择7 mm。导轨宽度一般为3~5mm，本例滑块较小，宽度选3mm。

根据以上计算和选择，侧滑块的尺寸可以确定，如图3-175所示。

3. 侧向分型与抽芯的结构设计

在以上的计算和尺寸选取基础上，可以设计出相应的模具结构。详细设计请参见项目三中的任务七。

对侧向抽芯机构的设计说明：侧型芯滑块安装在推件板上，开模时推件板推出塑件，侧型芯滑块也会跟随推件板运动；斜导柱安装在中间板上；侧型芯滑块的定位零件为弹簧上的

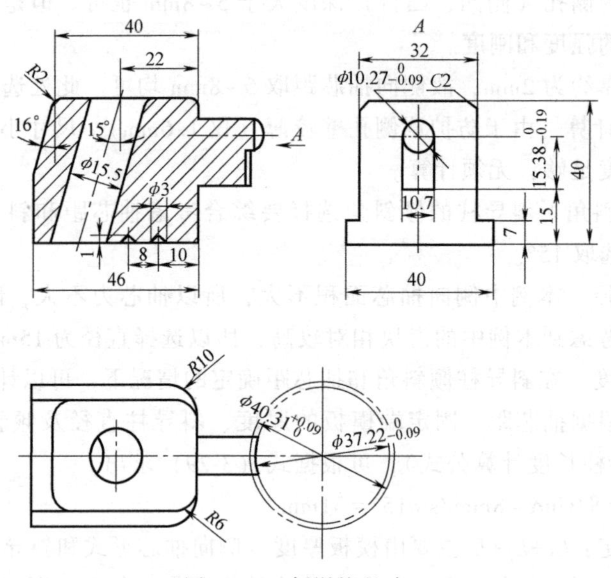

图 3-175 侧滑块尺寸

定位珠，此零件也可使用标准件；此结构成型的塑件，在侧孔部分会有侧抽芯的拼接痕，这对于外观无要求的塑件不产生影响。

【思考与练习】

1. 斜导柱设计中有哪些技术问题？请分别叙述。

2. 当侧向抽芯与模具开合模的垂直方向成 β 角度时，其斜导柱倾斜角一般如何选取？楔紧块的楔紧角如何选取？

3. 侧型芯滑块与导滑槽的结构有哪几种？请绘草图加以说明，并注上配合精度。

4. 侧型芯滑块脱离斜导柱时的定位装置的结构有哪几种形式？请说明它们各自的使用场合。

5. 什么是侧抽芯时的“干涉现象”？如何避免侧抽芯时发生干涉现象？

6. 简述各类先复位机构的工作原理。

7. 弯销侧向抽芯机构的特点是什么？

8. 指出斜导槽侧抽芯机构的特点，画出斜导槽的三种形式，并分别指出其侧抽芯特点。

9. 斜滑块侧抽芯可分为哪两种形式？指出斜滑块侧抽芯时的设计注意事项。

10. 阐述传动齿条固定在定模侧与动模侧两种形式的齿条齿轮抽芯机构的工作原理，并说明设计要点。

11. 液压侧向抽芯机构设计时应注意哪些问题？

12. 结合前面项目的训练，继续完成图 1-5 所示灯座塑件注射模侧向抽芯机构的设计。

任务六　注射模温度调节系统设计

【知识目标】

1. 了解模具温度与塑件成型温度的关系。

2. 掌握加热与冷却装置结构的设计，并能理论联系实际。

3. 掌握加热与冷却装置设计计算和设计要点。

【能力目标】

1. 会分析模具温度对塑件质量的影响。

2. 具有初步判断是否采用加热系统与冷却系统的能力。

3. 能够合理设计冷却装置结构。

【任务引入】

模具温度是指模具型腔和型芯的表面温度。模具温度是否合适、均一与稳定，对塑料熔体的充模流动、固化定型，塑件的形状、外观和尺寸精度以及生产率都有重要的影响。模具中设置温度调节系统的目的就是要通过控制模具的温度，使注射成型具有良好的产品质量和较高的生产率。

图 1-1 所示塑料防护罩的材料为 ABS，在注射过程中材料经过注射机加热成熔融状态后被注射入模具型腔成型，塑件成型后需冷却才具有一定的强度和刚度，模具推出机构才能将塑件顺利推出。如果成型后采用自然冷却，则产品的生产周期长、成本高。另外，当熔融塑料注入温度太低或温度太高的模具型腔，会出现塑料充不满型腔、生产周期过长或产品质量变差等情况。所有这些对塑件的质量和生产的经济性都有极大的影响。

下面学习塑料注射成型模温度调节设计方面的相关知识。

【相关知识】

一、模具温度与塑料成型温度的关系

注射入模具中的热塑性熔融树脂，必须在模具内冷却固化才能成为塑件，所以模具温度必须低于注射入模具型腔内的熔融树脂的温度，即处于 θ_g（玻璃化温度）以下的某一温度范围。为了提高成型效率，成型后一般通过缩短冷却时间来缩短成型周期。因树脂本身的性能特点不同，所以不同的塑料要求有不同的模具温度。

对于黏度低、流动性好的塑料，例如聚乙烯、聚丙烯、聚苯乙烯、聚酰胺等，因为成型工艺要求模具温度不太高，所以常用常温水对模具冷却，有时为了进一步缩短在模内的冷却时间，也可使用冷凝处理后的冷水进行冷却（尤其是在夏季的南方）。对于黏度高、流动性差的塑料，例如聚碳酸酯、聚砜、聚甲醛、聚苯醚和氟塑料等，为了提高充型性能，成型工艺要求有较高的模具温度，因此经常需要对模具进行加热。对于黏流温度 θ_f 或熔点 θ_m 较低的塑料，一般需要用常温水或冷水对模具冷却；而对于黏流温度和熔点高的塑料，可用温水进行模具温度控制。对于热固性塑料，模具温度要求为 150~200℃，必须对模具加热。对于流道长、壁厚较小的塑件，或者黏流温度或熔点虽然不高，但成型面积很大时，为了保证塑料熔体在充模过程中不至温降太大而影响充型，可设置加热装置对模具进行预热。对于小型薄壁塑件，且成型工艺要求模具温度不太高时，可以不设置冷却装置而靠自然冷却。

部分树脂的成型温度与模具温度可参见表 3-10。

表 3-10　部分树脂的成型温度与模具温度　（单位：℃）

树脂名称	成型温度	模具温度	树脂名称	成型温度	模具温度
PE-LD	190~240	20~60	PS	170~280	20~70
PE-HD	210~270	20~60	AS	220~280	40~80
PP	200~270	20~60	ABS	200~270	40~80
PA6	230~290	40~60	PMMA	170~270	20~90
PA66	280~300	40~80	PVC-U	190~215	20~60
PA610	230~290	36~60	PVC-P	170~190	20~40
POM	180~220	60~120	PC	250~290	90~110

设置温度调节装置后，有时会给注射生产带来一些问题。例如，采用冷水调节模具温度时，大气中的水分易凝聚在模具型腔的表壁，影响塑件表面质量；而采用加热措施后，模内一些间隙配合的零件可能由于膨胀而使间隙减小或消失，从而造成卡死或无法工作。设计时应注意上述问题。

二、冷却回路的尺寸确定与布置

冷却回路的设计应做到回路系统内流动的介质能充分吸收成型塑件所传导的热量，使模具成型表面的温度稳定地保持所需的温度，并且冷却介质在回路系统内流动畅通，无滞留部位。

1. 冷却回路尺寸的确定

（1）冷却回路所需的总表面积　冷却回路所需的总表面积可按下式计算

$$A=\frac{Mq}{3600\alpha(\theta_M-\theta_W)} \tag{3-40}$$

式中　A——冷却回路的总表面积（m^2）；

M——单位时间内注入模具中的树脂的质量（kg/h）；

q——单位质量树脂在模具内释放的热量（J/kg，查表 3-11）；

α——冷却水的表面传热系数［$W/(m^2 \cdot K)$］；

θ_M——模具成型表面的温度（℃）；

θ_W——冷却水的平均温度（℃）。

表 3-11　树脂成型时放出的热量　（单位：$\times 10^5$J/kg）

树脂名称	q 值	树脂名称	q 值	树脂名称	q 值
ABS	3 ~ 4	CA	2.9	PP	5.9
AS	3.35	CAB	2.7	PA6	56
POM	4.2	PA66	6.5~7.5	PS	2.7
PAVC	2.9	PE-LD	5.9~6.9	PTFE	5.0
丙烯酸类	2.9	PE-HD	6.9~8.2	PVC	1.7~3.6
PMMA	2.1	PC	2.9	SAN	2.7~3.6

冷却水的表面传热系数 α 可用如下公式计算

$$\alpha=\phi\frac{(\rho v)^{0.8}}{d^{0.2}} \tag{3-41}$$

式中　α——冷却水的表面传热系数［$W/(m^2 \cdot K)$］；

ρ——冷却水在该温度下的密度（kg/m^3）；

v——冷却水的流速（m/s）；

d——冷却水孔直径（m）；

ϕ——与冷却水温度有关的物理系数，ϕ 的值可从表 3-12 查得。

表 3-12　水的 ϕ 值与其温度的关系

平均水温/℃	5	10	15	20	25	30	35	40	45	56
ϕ 值	6.16	6.60	7.06	7.50	7.95	8.40	8.84	9.28	9.66	10.05

（2）冷却回路的总长度　冷却回路的总长度可用下式计算

$$L=1000A/\pi d \tag{3-42}$$

式中　L——冷却回路的总长度（m）；

A——冷却回路的总表面积（m^2）；

d——冷却水孔直径（mm）。

确定冷却水孔的直径时应注意，无论多大的模具，水孔的直径不能大于 14mm，否则冷却水难以成为紊流状态，以致降低热交换效率。一般水孔的直径可根据塑件的平均壁厚来确定。平均壁厚为 2mm 时，水孔直径可取 8～10mm；平均壁厚为 2～4mm 时，水孔直径可取 10～12mm；平均壁厚为 4～6mm 时，水孔直径可取 10～14mm。

（3）冷却水体积流量的计算　塑料树脂传给模具的热量与自然对流散发到空气中的模具热量、辐射散发到空气中的模具热量及模具传给注射机的热量的差值，即为用冷却水带走的模具热量。假如塑料树脂在模具内释放的热量全部由冷却水传导，即忽略其他传热因素，那么模具所需的冷却水体积流量则可用下式计算

$$V=\frac{Mq}{60c\rho(\theta_{W1}-\theta_{W2})} \tag{3-43}$$

式中　V——冷却水的体积流量（m^3/min）；

M——单位时间注入模具内的树脂的质量（kg/h）；

q——单位质量树脂在模具内释放的热量（J/kg，查表 3-11）；

c——冷却水的比热容［$J/(kg \cdot K)$］；

ρ——冷却水的密度（kg/m^3）；

θ_{W1}——冷却水出口处温度（℃）；

θ_{W2}——冷却水入口处温度（℃）。

2. 冷却水道的布置

设置冷却效果良好的冷却水道是缩短成型周期、提高生产率最有效的方法。如果不能实现均一的快速冷却，则会使塑件内部产生应力而导致产品变形或开裂。所以应根据塑件的形状、壁厚及塑料的品种，设计与制造高效的冷却水道。下面介绍冷却水道设置的基本原则。

（1）冷却水道应尽量多、截面尺寸应尽量大　型腔表面的温度与冷却水道的数量、截面尺寸及冷却水的温度有关。图 3-176 所示为冷却水道数量和尺寸不同的条件下通入不同温

度（59.83℃和45℃）的冷却水后模内温度的分布情况。由图可知，采用5个较大的水道孔时，型腔表面温度比较均匀，出现60~60.05℃的变化，如图3-176a所示；而同一型腔采用2个较小的水道孔时，型腔表面温度出现53.33~58.38℃的变化，如图3-176b所示。由此可见，为了使型腔表面温度分布趋于均匀，防止塑件不均匀收缩和产生残余应力，在模具结构允许的情况下，应尽量多设冷却水道，并采用较大的截面尺寸。

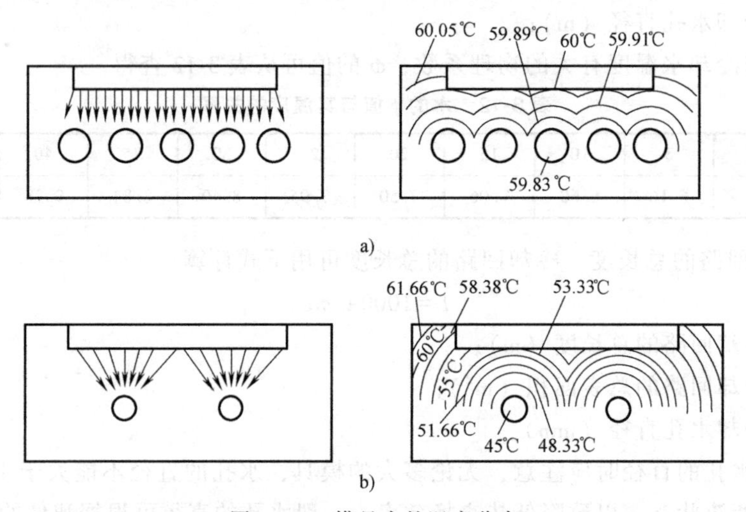

图3-176　模具内的温度分布

（2）冷却水道至模具型腔表面的距离　当塑件壁厚均匀时，冷却水道到型腔表面的距离最好一致；当塑件壁厚不均匀时，厚处冷却水道到型腔表面的距离应近一些，间距也可适当小些。一般冷却水道孔边至型腔表面的距离为10~15mm。

（3）冷却水道出入口的布置　冷却水道出入口的布置应注意两个问题，即浇口处加强冷却和冷却水道的出入口温差尽量小。塑料熔体充填型腔时，浇口附近温度最高，距浇口越远，温度就越低，因此浇口附近应加强冷却，办法是将冷却水道的入口处设置在浇口的附近。图3-177所示分别为侧浇口、多点浇口、直浇口的冷却水道的布置形式示意图。

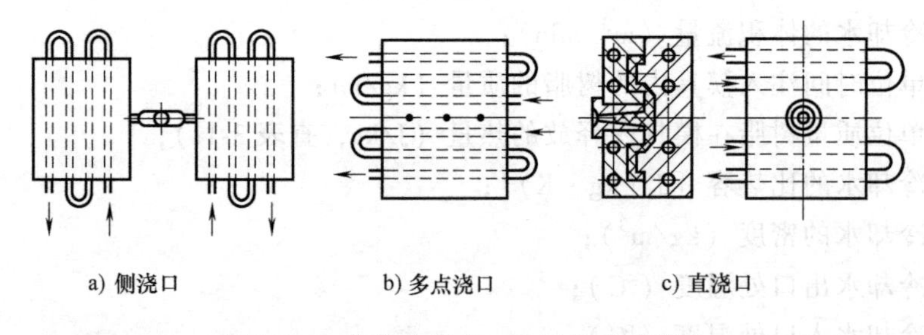

图3-177　冷却水道出、入口的布置形式

为了缩小出入口冷却水的温差，应根据型腔形状的不同进行水道的排布。图3-178b的形式比图3-178a的形式要好，可降低出入口温差，提高冷却效果。

（4）冷却水道应沿着塑料收缩方向设置　对于聚乙烯、聚丙烯等收缩率较大的塑料，冷却水道应尽量沿着塑料收缩的方向设置。

（5）冷却水道的布置应避开塑件易产生熔接痕的部位　塑件易产生熔接痕的地方本身

的温度就比较低，如果在该处设置冷却水道，就会促使熔接痕的产生。

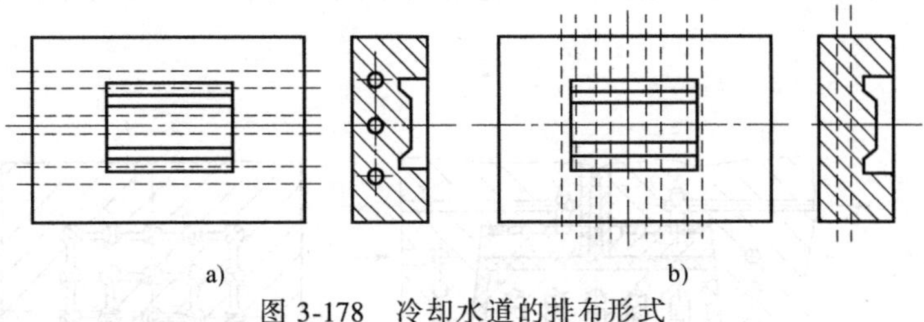

图 3-178　冷却水道的排布形式

三、冷却系统设计

冷却水道的形式是根据塑件形状而设置的，塑件的形状多种多样，因此冷却水道的位置与形状也不一样。

（1）浅型腔扁平塑件　对于扁平的塑件，在采用侧浇口的情况下，冷却水道常采用动模、定模两侧与型腔等距离钻孔的形式，如图 3-179a 所示；在采用直浇口的情况下，冷却水道可采用如图 3-179b 所示的形式。

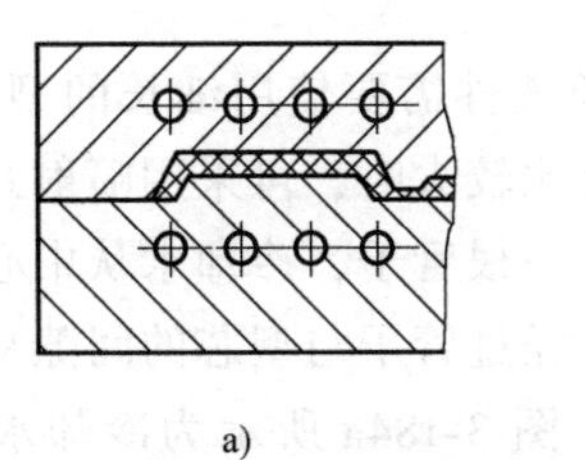
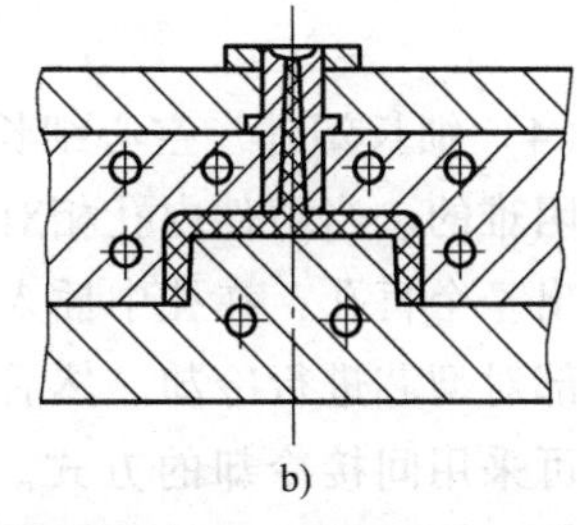

图 3-179　浅型腔扁平塑件的冷却水道

（2）中等深度塑件　对于采用侧浇口进料的中等深度的壳形塑件，冷却水道可在凹模底部采用与型腔表面等距离钻孔的形式；在型芯中，由于容易贮存热量，所以要加强冷却，可按塑件形状铣出矩形截面的冷却环形水槽，如图 3-180a 所示。如凹模也要加强冷却，则可采用如图 3-180b 所示冷却环形槽的形式。型芯上的冷却水道也可采用图 3-180c 所示的形式。

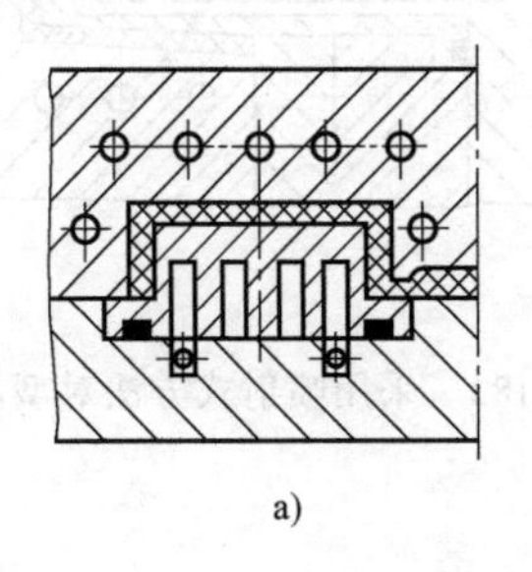
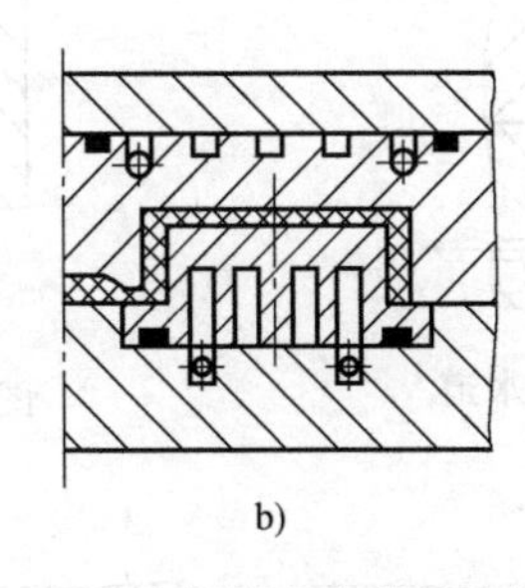
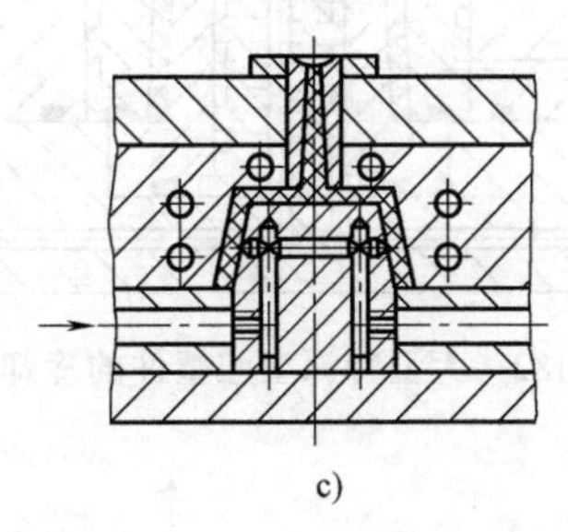

图 3-180　中等深度塑件的冷却水道

（3）深型腔塑件　成型深型腔塑件的模具，最困难的是型芯的冷却。图 3-181 所示的大型深型腔塑件，在凹模一侧，底部从浇口附近进入冷却水，流经矩形截面水槽后排出；侧部开设圆形截面水道，围绕型腔一周之后从分型面附近的出口排出。型芯上加工出螺旋槽和一定数量的盲孔，每个盲孔用隔板分成底部连通的两个部分，从而形成型芯中心进水、外侧出水的冷却回路。这种隔板形式的冷却水道加工麻烦，隔板与孔的配合要求高，否则隔板易转动而达不到要求。隔板常采用先车削成形（与孔过渡配合）后铣削两侧，或线切割成形的办法制成，然后再插入孔中。对于大型特深型腔的塑件，凹模和型芯的冷却水道均可采用在对应的镶拼件上分别开设螺旋槽的形式，如图 3-182 所示，这种形式的冷却效果特别好。

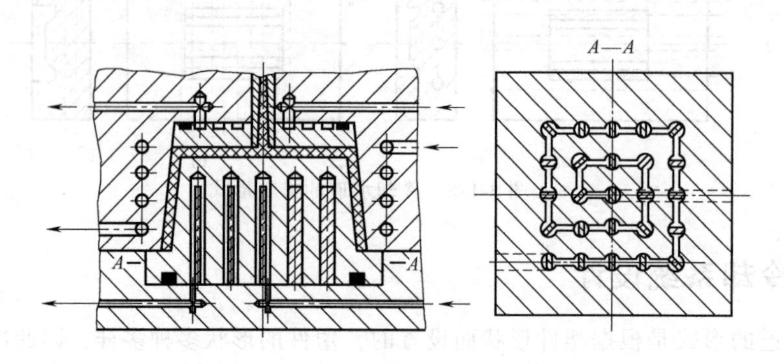

图 3-181　大型深型腔塑件的冷却水道

（4）细长塑件　空心细长塑件需要使用细长的型芯，在细长的型芯上开设冷却水道是比较困难的。当塑件内孔相对比较大时，可采用喷射式冷却，如图 3-183 所示。在型芯的中心制出一个盲孔，在孔中插入一根管子，冷却水从中心管子流入，喷射到浇口附近型芯盲孔的底部对型芯进行冷却。然后经过管子与型芯的间隙从出口处流出。对于型芯更加细小的模具，可采用间接冷却的方式。图 3-184a 所示为冷却水喷射在铍铜制成的细小型芯的后端，靠铍铜良好的导热性能对其进行冷却。图 3-184b 所示为在细小型芯中插入一根与之配合接触很好的铍铜杆，在其另一端加工出翅片以扩大散热面积，提高水流的冷却效果。

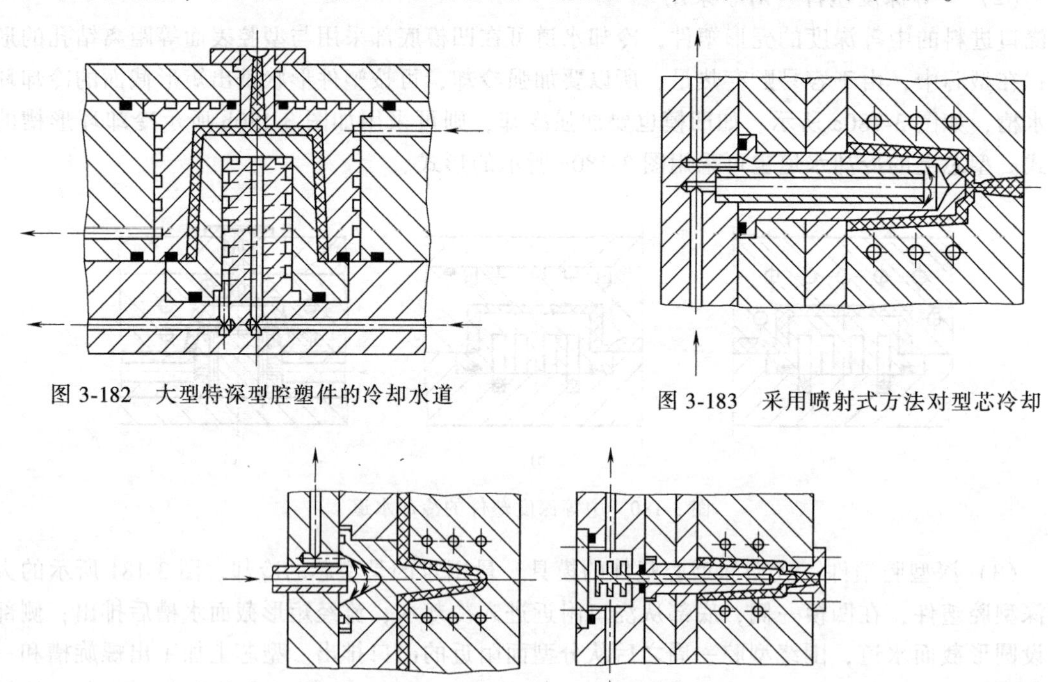

图 3-182　大型特深型腔塑件的冷却水道

图 3-183　采用喷射式方法对型芯冷却

图 3-184　细长型芯的间接冷却法

以上介绍了冷却水道的结构形式，在设计冷却水道时必须认真考虑。此外，另外一点也应引起重视，那就是冷却水道的密封。凡模具的冷却水道穿过两块或两块以上的模板或镶件时，在它们的接合面处一定要用密封圈或橡胶加以密封，以防模板之间、镶件之间渗水，影响模具的正常工作。

四、加热系统设计

当注射成型工艺要求模具温度在80℃以上时，或对大型模具进行预热时，或使用具有热流道的模具时，模具中必须设置加热装置。模具的加热方法有好几种，对大型模具的预热除了可采用电加热方法外，还可在冷却水管中通入热水、热油、蒸汽等介质进行预热。对于模具温度要求高于80℃的注射模或热流道注射模，一般采用电加热的方法。电加热又可分为电阻丝加热和电热棒加热。目前，大部分厂家采用电热棒加热的方法。电热棒按照功率的大小已经商品化。在设计模具时，要先计算加热所需的电功率，加工好安装电热棒的孔，然后将购置的电热棒插入其中，接通电源即可加热。

电加热装置加热模具的总功率可用下式计算

$$P=\frac{mc(\theta_2-\theta_1)}{3600\eta t} \tag{3-44}$$

式中　P——加热模具所需的总功率（kW）；

m——模具的质量（kg）；

c——模具材料的比热容［(kJ/(kg·K)］；

θ_1——模具初始温度（℃）；

θ_2——模具加热后的温度（℃）；

η——加热元件的效率，约0.3~0.5；

t——加热时间（h）。

电加热装置加热模具的总功率也可根据经验先查表3-13，取得单位质量模具所需的电功率p，然后乘以模具质量获得。

表3-13　单位质量模具加热所需的电功率　　（单位：W/kg）

模具类型	p值	
	电热棒加热	电热圈加热
大型(>100kg)	35	60
中型(40~100kg)	30	50
小型(<40kg)	25	40

【任务实施】

防护罩塑件的材料为ABS，查表3-10可知，保证塑件质量要求的最佳模具温度为40℃~80℃，所以该模具的温度调节系统不考虑设计加热系统。

防护罩注射模的冷却系统设计计算如下。

1. 冷却水体积流量

查表3-10知成型ABS塑料的模具平均工作温度为60℃，用常温20℃的水作为模具冷却介质，其出口温度为30℃，每次注射质量 $m=0.0323\text{kg}$，注射周期60s。

查表3-11，取ABS注射成型固化时单位质量放出热量 $q=3.5\times10^5\text{J/kg}$。

ABS塑料的密度 ρ 为 $1.02\sim1.16\text{g/cm}^3$，比热容 c 的数值为1470J，代入式（3-43）得

$$V=\frac{Mq}{60c\rho(\theta_{W1}-\theta_{W2})}=2.7\times10^{-3}\ (\text{m}^3/\text{min})$$

2. 冷却水孔直径的确定

一般水孔的直径可根据塑件的平均壁厚来确定。平均壁厚为2mm时，水孔直径可取8~10mm；平均壁厚为2~4mm时，水孔直径可取10~12mm；平均壁厚为4~6mm时，水孔直径可取10~14mm。确定冷却水孔的直径时应注意，无论多大的模具，水孔的直径不能大于14mm，否则冷却水难以成为紊流状态，以致降低热交换效率。

因此，防护罩注射模冷却系统的冷却水道直径取 ϕ10mm。

3. 冷却系统结构

防护罩注射模的冷却分为两部分，一部分是型腔的冷却，另一部分是型芯的冷却。

型腔的冷却由在定模板上的两条直径为 ϕ10mm 的冷却水道完成，如图3-185所示。

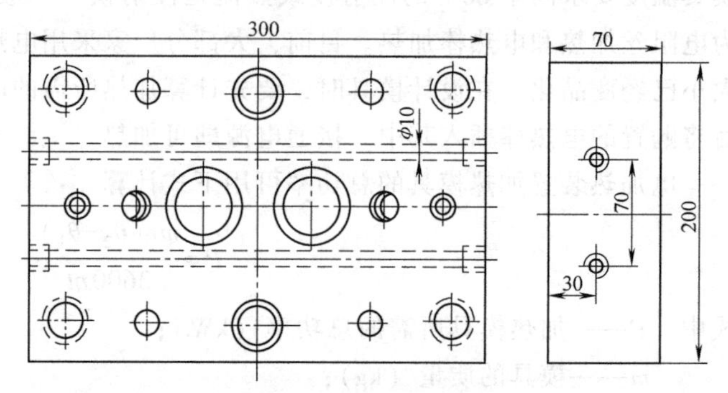

图3-185　定模板冷却水道

型芯的冷却如图3-186所示。在型芯内部开有直径为 ϕ16mm 的冷却水孔，中间用隔水板2隔开，冷却水由支承板5上的 ϕ10mm 冷却水孔进入，沿着隔水板2的一侧上升到型芯的上部，翻过隔水板，流入另一侧，再流回支承板5上的冷却水孔内，然后继续冷却第二个型芯，最后由支承板5上的冷却水孔流出模具。型芯1与支承板5之间用密封圈3密封。

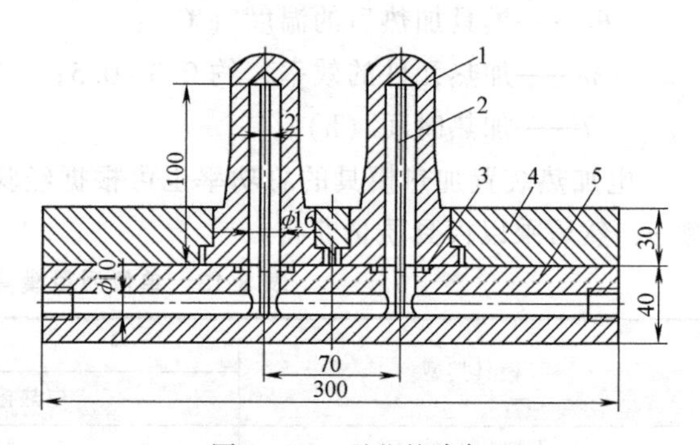

图3-186　型芯的冷却

1—型芯　2—隔水板　3—密封圈　4—动模板　5—支承板

【思考与练习】

1. 注射模为什么要设置温度调节系统？

2. 在理论计算中，冷却系统回路的总表面积和冷却水孔截面面积与冷却水孔长度是如何确定的？

3. 如何理解及应用浅型腔扁平塑件、中等深度塑件、深型腔塑件及细长塑件的冷却水道的结构方式？

4. 结合前面项目的训练，继续完成图1-5所示灯座塑件注射模温度调节系统的设计。

任务七 结构零部件设计

【知识目标】

1. 熟悉模具结构零部件的功能。
2. 掌握模架的分类、各类标准模架的适用范围。

【能力目标】

1. 具有合理选择模架的能力。
2. 具有初步绘制模具总装配图的能力。

【任务引入】

塑料注射模的结构及模架的选择对塑件的成型有着极其关键的作用。选择模具的结构与组成需要根据塑件结构、产品批量、成型设备类型等因素来确定，要求模具结构合理、成型可靠、操作简便、经济实用。模架的选择则依据模具结构、型腔的分布和流道等因素，是模具结构设计的基础。

下面以图 1-1 所示塑料防护罩的成型模具为载体，训练学生选择与设计模架的能力。

【相关知识】

一、标准注射模架

模架是设计、制造塑料注射模的基础部件。为提高模具质量，缩短模具制造周期，组织专业化生产，我国 1988 年完成了《塑料注射模　中小型模架》和《塑料注射模　大型模架》两项国家标准的制订，并由国家技术监督局审批、发布实施。2006 年，以上标准更新为《塑料注射模模架技术条件》和《塑料注射模模架》。

为适应大规模成批量生产塑料成型模具、提高模具精度和降低模具成本，模具的标准化工作显得更加重要。注射模的基本结构有很多共同点，所以模具标准化的工作现在已经基本完成。市场上有标准件出售，这为制造注射模提供了便利条件。

1. 模架组成零件的名称

塑料注射模模架以其在模具中的应用方式，分为直浇口模架与点浇口模架两种型式，模架组成零件的名称分别如图 3-187 和图 3-188 所示。

2. 模架组合型式

依据 GB/T 12555—2006《塑料注射模模架》，模架按结构特征分为 36 种主要结构，其中直浇口模架为 12 种、点浇口模架为 16 种、简化点浇口模架为 8 种。

（1）直浇口模架　直浇口模架有 12 种，其中直浇口基本型有 4 种（A 型、B 型、C 型和 D 型），直身基本型有 4 种（ZA 型、ZB 型、ZC 型和 ZD 型），直身无定模座板型有 4 种（ZAZ 型、ZBZ 型、ZCZ 型和 ZDZ 型）。

1）A 型：定模二模板，动模二模板（图 3-189a）。

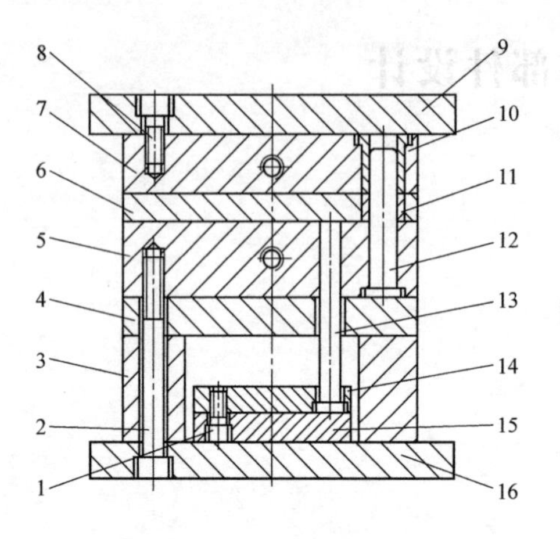

图 3-187　直浇口模架

1、2、8—螺钉　3—垫块　4—支承板　5—动模板
6—推件板　7—定模板　9—定模座板　10—带头导套
11—直导套　12—带头导柱　13—复位杆
14—推杆固定板　15—推板　16—动模座板

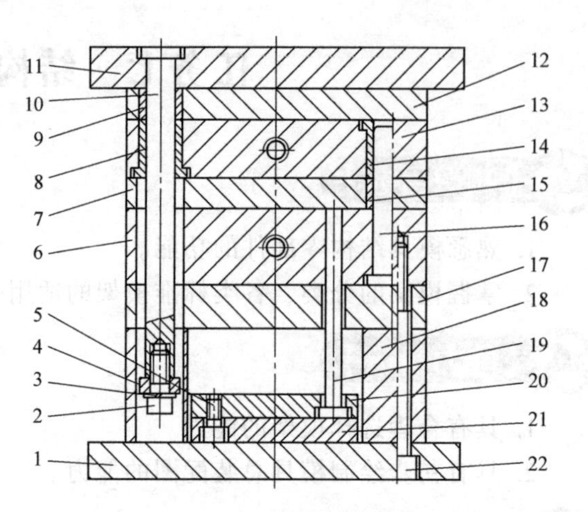

图 3-188　点浇口模架

1—动模座板　2、5、22—螺钉　3—弹簧垫圈
4—挡环　6—动模板　7—推件板　8、14—带头导套
9、15—直导套　10—拉杆导柱　11—定模座板
12—推料板　13—定模板　16—带头导柱
17—支承板　18—垫块　19—复位杆
20—推杆固定板　21—推板

2）B 型：定模二模板，动模二模板，加装推件板（图 3-189b）。

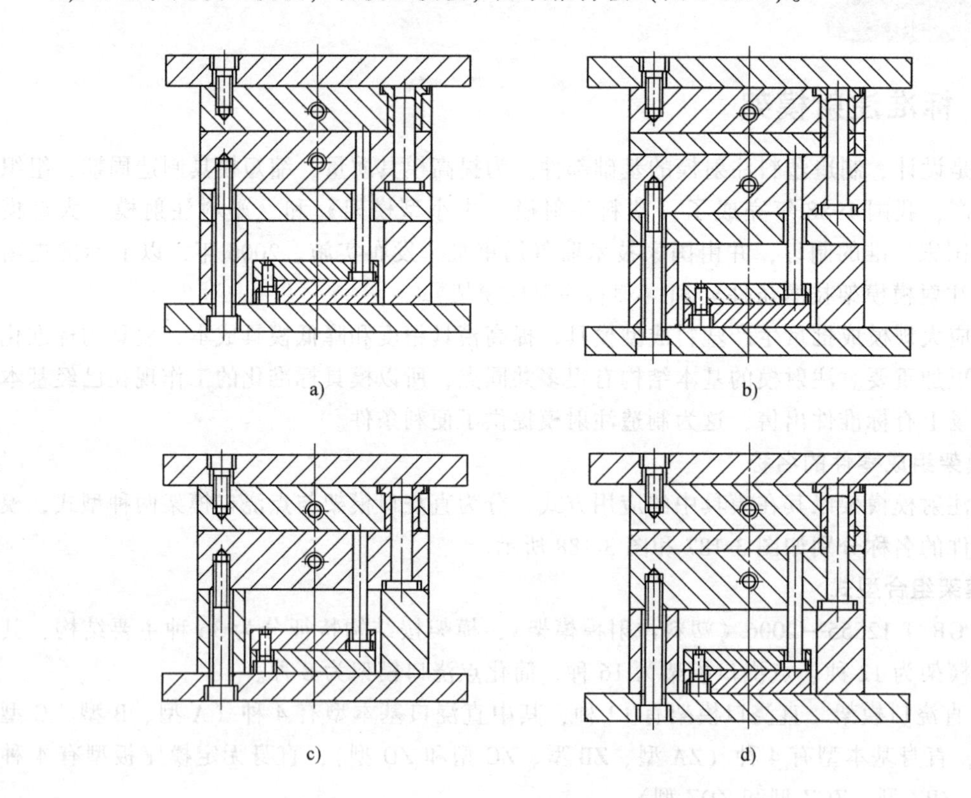

图 3-189　直浇口模架基本型

3）C 型：定模二模板，动模一模板（图 3-189c）。

4）D 型：定模二模板，动模一模板，加装推件板（图 3-189d）。

（2）点浇口模架　点浇口模架有 16 种，其中点浇口基本型有 4 种（DA 型、DB 型、DC 型 和 DD 型），直身点浇口基本型有 4 种（ZDA 型、ZDB 型、ZDC 型和 ZDD 型），点浇口无推料板型有 4 种（DAT 型、DBT 型、DCT 型和 DDT 型），直身点浇口无推料板型有 4 种（ZDAT 型、ZDBT 型、ZDCT 型和 ZDDT 型）。

点浇口模架在直浇口模架上加装了推料板和拉杆导柱，点浇口模架基本型如图 3-190 所示。其中，点浇口 DA 型模架如图 3-190a 所示，点浇口 DB 型模架如图 3-190b 所示，点浇口 DC 型模架如图 3-190c 所示，点浇口 DD 型模架如图 3-190d 所示。

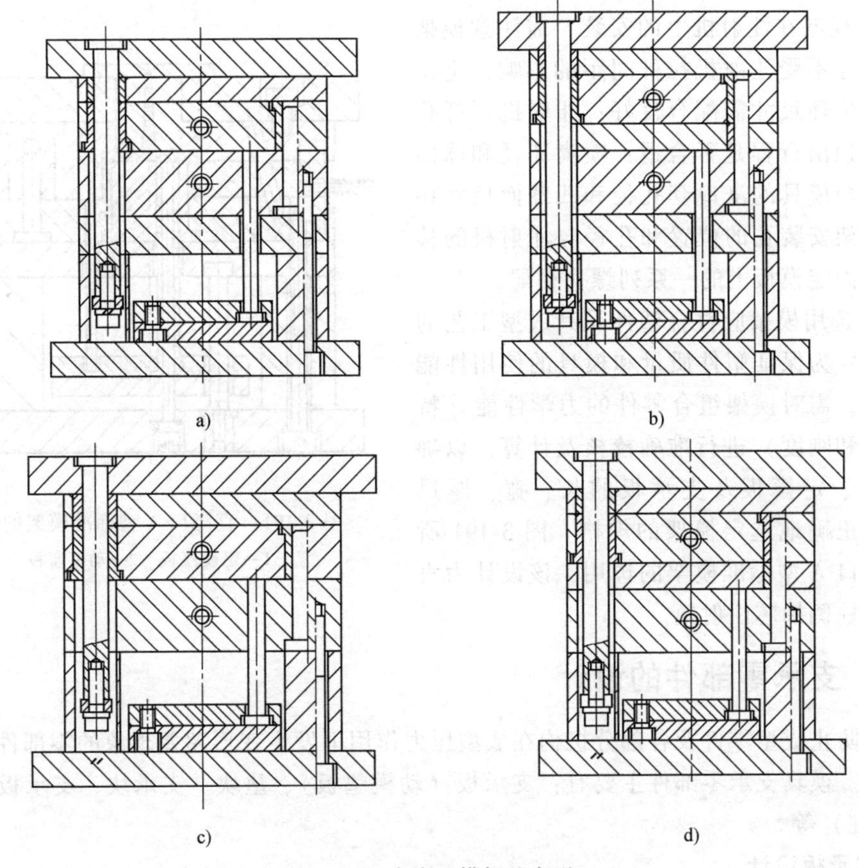

图 3-190　点浇口模架基本型

（3）简化点浇口模架　简化点浇口模架有 8 种，其中简化点浇口基本型有 2 种（JA 型和 JC 型），直身简化点浇口型有 2 种（ZJA 型和 ZJC 型），简化点浇口无推料板型有 2 种（JAT 型和 JCT 型），直身简化点浇口无推料板型有 2 种（ZJAT 型和 ZJCT 型）。

简化点浇口模架由点浇口模架演变而来，动模部分无推件板，同时动模与定模之间没有短导柱。

3. 标准模架的选用要点

在模具设计时，要根据塑件图样及技术要求，分析、计算、确定塑件形状类型、尺寸范围（型腔投影面积的周界尺寸）、壁厚、孔形及孔位、尺寸精度及表面性能要求、材料性能等，以制定塑件成型工艺，确定进料口位置、塑件重量、每模塑件数（型腔数），并选定注射机的型号及规格。选定的注射机必须满足塑件注射量及成型压力的要求等，以保证塑件质量。需正确选用标准模架，以节约设计和制造时间和保证模具质量。选用标准模架的程序及要点如下。

（1）模架厚度（H）和注射机的闭合距离（L）　不同型号及规格的注射机，不同结构形式的锁模机构具有不同的闭合距离。模架厚度 H 与闭合距离 L 的关系为

$$L_{\min} \leqslant H \leqslant L_{\max}$$

（2）开模行程与定模、动模分开的间距及推出塑件所需行程之间的尺寸关系　在设计时必须计算确定：取出塑件时，注射机的开模行程应大于取出塑件所需的定模、动模分开的间距；模具推出塑件的距离应小于推出液压缸额定推出行程。

（3）模架在注射机上的安装　需注意模架的外形尺寸不受注射机拉杆间距的影响；定位孔径与定位环尺寸需配合良好；注射机顶杆孔的位置和顶出行程是否合适；喷嘴孔径和球面半径是否与模具的浇口套孔径和凹球面尺寸相配合；模架安装孔的位置和孔径与注射机的移动模板及固定模板上的一系列螺孔相配。

（4）选用模架应符合塑件及其成型工艺的技术要求　为保证塑件质量和模具的使用性能及可靠性，需对模架组合零件的力学性能（特别是强度和刚度）进行准确校核及计算，以确定动模板、定模板及支承板的长、宽、厚尺寸，从而正确地选定模架的规格。图 3-191 所示为直浇口 A 型标准模架的选用，该设计为直流道斜导柱侧抽芯注射模。

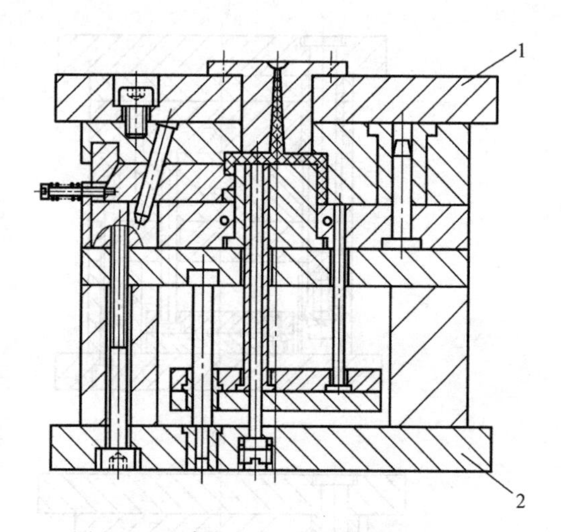

图 3-191　直浇口 A 型标准模架的选用
1—定模座板　2—动模座板

二、支承零部件的设计

用来防止成型零件及各部分机构在成型压力作用下发生变形超差现象的零部件均称为支承零部件。模具支承零部件主要有：支承板（动模垫板）、垫块、支承块、支承板、支承柱（动模支柱）等。

1. 支承板设计

支承板是垫在动模型腔下面（或主型芯固定板下面）的一块平板，又称为动模垫板，其作用是承受成型时塑料熔体对动模型腔或型芯的作用力，防止型腔底部产生过大的挠曲变形或防止主型芯脱出型芯固定板。对支承板的设计要求是具有较高的平行度和必要的硬度和强度，并结合动模成型部分受力状况进行其厚度的计算。

注射模的工作状态是长时间地承受交变负荷，同时伴随有冷热的交替。现代的注射模使用寿命至少几十万次，多至几百万次，因此模具必须有足够的强度和刚度。工作状态下所发生的弹性变形，对塑件的质量有很大的影响，尤其是对于尺寸精度要求较高的塑件。

以图 3-191 所示直浇口 A 型标准模架为例，在动模板下有一支承板。常规结构凹模做在

定模板上，型芯固定在动模板上。支承板与垫块构成桥形，承受型芯投影面上的注射压力，因此支承板的弹性变形量必须控制在允许的范围内。图 3-192 所示为支承板受力和变形状态。支承板的受力状态可以简化为受均布载荷的简支梁。但是，由于型腔的受力情况依型腔形状而异，此简化的状态不可能做出很准确的计算。

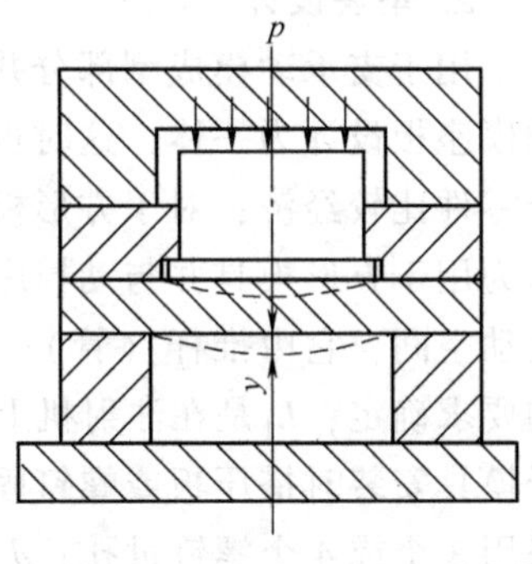

图 3-192 支承板的受力和变形状态

为简化计算和从可靠性考虑，若型腔长度 l<支承板跨度 L，采用 L 值代入公式，则支承板厚度 h 可用下式计算

$$h \geqslant \sqrt[3]{\frac{5pbL^4}{32EB[\delta]}} \tag{3-45}$$

式中 p——型腔内熔体的压力（MPa）；

b——塑件的宽度（mm）；

L——垫块内侧间隙（mm）；

E——支承板材料的弹性模量（MPa）；

B——支承板的宽度（mm）；

$[\delta]$——允许变形量（mm）。

大型模具中，支承板的跨距较大。若已选定的支承板厚度经校验不够，或者设计时有意识地减小支承板的厚度以节约材料，可在支承板与底板之间增设支撑板、支撑柱或支撑块，如图 3-193 所示。

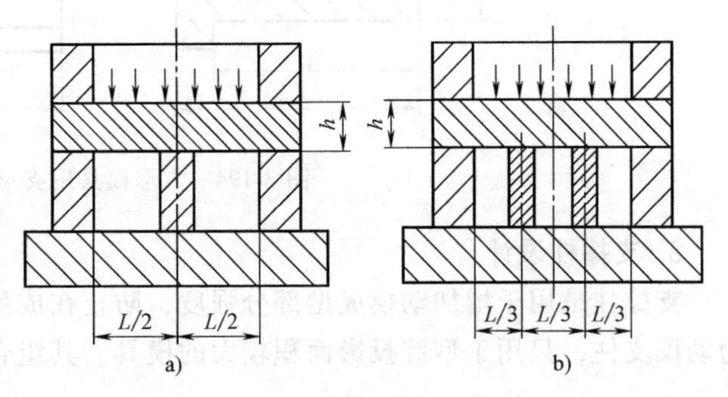

图 3-193 加强刚度的支承结构

在两模脚之间设置一个支撑板（图 3-193a）时，支承板厚度按下式计算

$$h \geqslant \sqrt[3]{\frac{5pb(L/2)^4}{32EB[\delta]}} \tag{3-46}$$

在两模脚之间设置两个支撑板（见图 3-193b）时，支承板厚度按下式计算

$$h \geqslant \sqrt[3]{\frac{5pb(L/3)^4}{32EB[\delta]}} \tag{3-47}$$

表 3-14 为动模支承板厚度的经验数据，供设计时参考。

对于中小型模具加支撑板不好处理，一般用加支撑柱的方法，此时支承板受力状态不能简化计算求得，只可从支撑柱的位置分布上考虑，使支承板的厚度从无支撑柱的计算结果中取其 2/3。支撑柱为圆形时，同时还可以兼作推板的导向。

表 3-14 动模支承板厚度

塑件在分型面上的投影面积/cm²	支承板厚度/mm²	塑件在分型面上的投影面积/cm²	支承板厚度/mm
≤5	15	>50~100	25~30
>5~10	15~20	>100~200	30~40
>10~50	20~25	>200	>40

2. 垫块设计

用于支承动模成型部分并形成推出机构运动空间的零件称为垫块，又称支承块。如果和动模座板设计为一体，这时也称为模脚或支架。对于外形为圆形的模具，垫块单独设计为一个零件比较经济；对于方形模具，将垫块与动模座板设计为一体的结构较常用。图 3-194 所示为用于方形模具并与动模座板设计为一体的垫块。图中尺寸 h_1 提供了推出元件安装及其运动空间，它由推杆（管）、固定板、推板及推出行程确定；h、H_1、L 皆按模具的具体结构要求确定；L_1 是在注射机上安装模具采用螺钉直接固定时两螺钉穿过孔之间的距离；h_2 用于模具安装时搭压板或螺钉固定；D 是装配动模部分的内六角螺钉过孔，若尺寸 L 较长，可采用 3 个或 4 个螺钉过孔；d 是动模部分装配时的定位销孔。

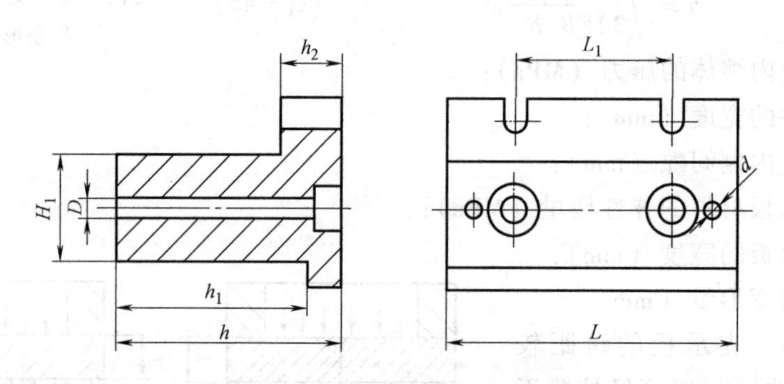

图 3-194　方形模具用支承块结构

3. 支撑柱设计

支撑柱是用于增加动模成型部分强度，防止在成型时动模支承板挠曲变形的零件，又称为动模支柱，只用于型腔投影面积较大的模具。其组合形式如图 3-195 所示。

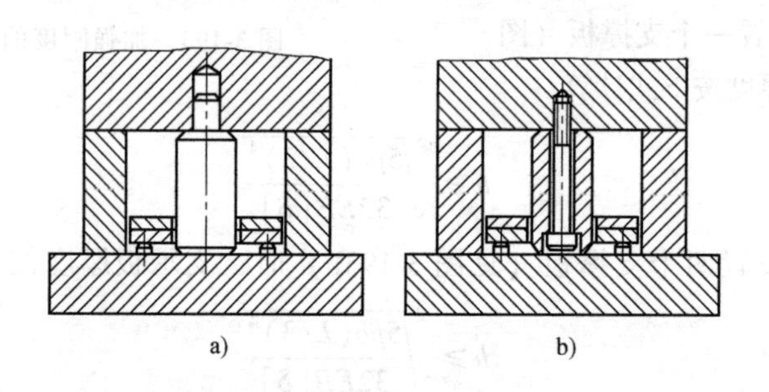

图 3-195　支撑柱组合形式

三、定模座板、动模座板的设计

（1）定模座板　使定模固定在注射机的固定工作台面上的模板。

（2）动模座板　使动模固定在注射机的移动工作台面上的模板。

（3）设计原则

1）选用模板在注射机上的安装。需注意模板外形尺寸不受注射机拉杆间距的影响。小型模具一般只在定模座板上设置定位孔，大型模具则在定模座板、动模座板上均需设置定位孔，设备的定位孔径与模具的定位环尺寸需配合良好，如图 3-196 所示。定模座板、动模座

板安装孔的位置和孔径与注射机的固定工作台面及移动工作台面上的一系列螺孔相配，以安装、压紧模具。

2）动模座板、定模座板的厚度。动模座板、定模座板是分别与注射机的移动工作台面和固定工作台面接触的模板，对刚度与强度要求不高，一般可采用Q235或45钢材料，也不需要热处理。为了把模具固定在注射机上，动模座板、定模座板的两侧均需比动模、定模加宽25~30mm。

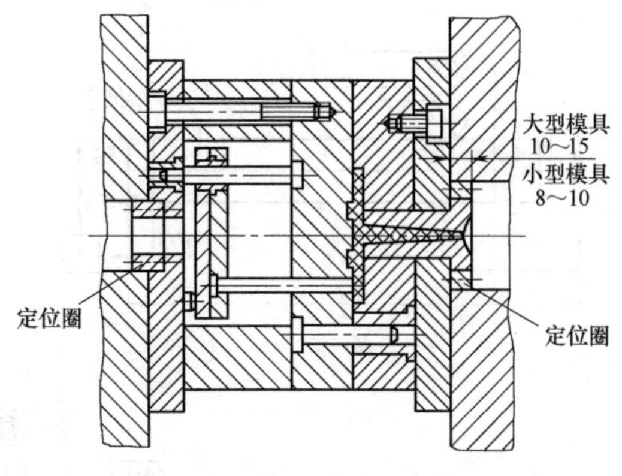

图3-196　大型模具的定位结构

四、合模导向机构的设计

合模导向机构是保证动模与定模或上模与下模合模时，正确定位和导向的零件。合模导向机构主要有导柱导向和锥面定位两种形式，通常采用导柱导向，如图3-197所示。导向机构的作用有以下3点：

（1）定位作用　模具闭合后，保证动模、定模或上模、下模位置正确，保证型腔的形状和尺寸精度。导向机构在模具装配过程中也起定位作用，便于装配和调整。

（2）导向作用　合模时，首先是导向零件接触，引导动模、定模或上模、下模准确闭合，避免型芯先进入型腔而造成成型零件损坏。

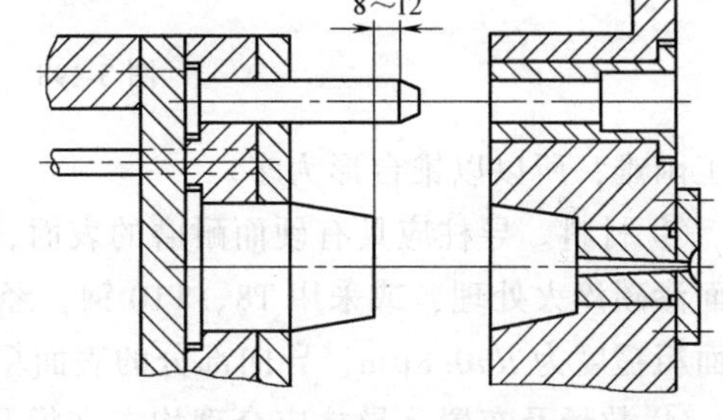

图3-197　导柱导向机构

（3）承受一定的侧向压力　塑料熔体在充型过程中可能对导柱产生单向侧向压力，或者由于成型设备精度低的影响，使导柱承受一定的侧向压力。若侧向压力很大或精度要求较高时，不能单靠导柱来承受，需增设锥面定位机构。

1. 导柱导向机构的设计

导柱导向机构应用最普遍，主要零件是导柱和导套。导柱既可以设置在动模一侧，也可以设置在定模一侧，应根据模具结构来确定。标准模架的导柱一般设在动模部分。在不妨碍脱模的条件下，导柱通常设置在型芯高出分型面较多的一侧。

（1）导柱设计

1）导柱的结构形式。导柱的结构形式如图3-198所示。图3-198a为带头导柱，除安装部分的台肩外，长度的其余部分直径相同；图3-198b、c为有肩导柱，除安装部分的台肩外，配合部分直径比外伸的工作部分直径大，一般与导套外径一致。导柱的导滑部分根据需要可加工出油槽。图3-198c所示导柱用于固定板太薄的场合，在固定板下面再加垫板固定，这种结构不常用。

2）导柱结构的技术要求。

①长度。导柱导向部分的长度应比型芯端面的高度高出8~12mm，以免出现导柱未导正方向而型芯先进入型腔的现象。

②形状。导柱前端应做成锥台形或半球形，以使导柱顺利地进入导向孔。由于半球形

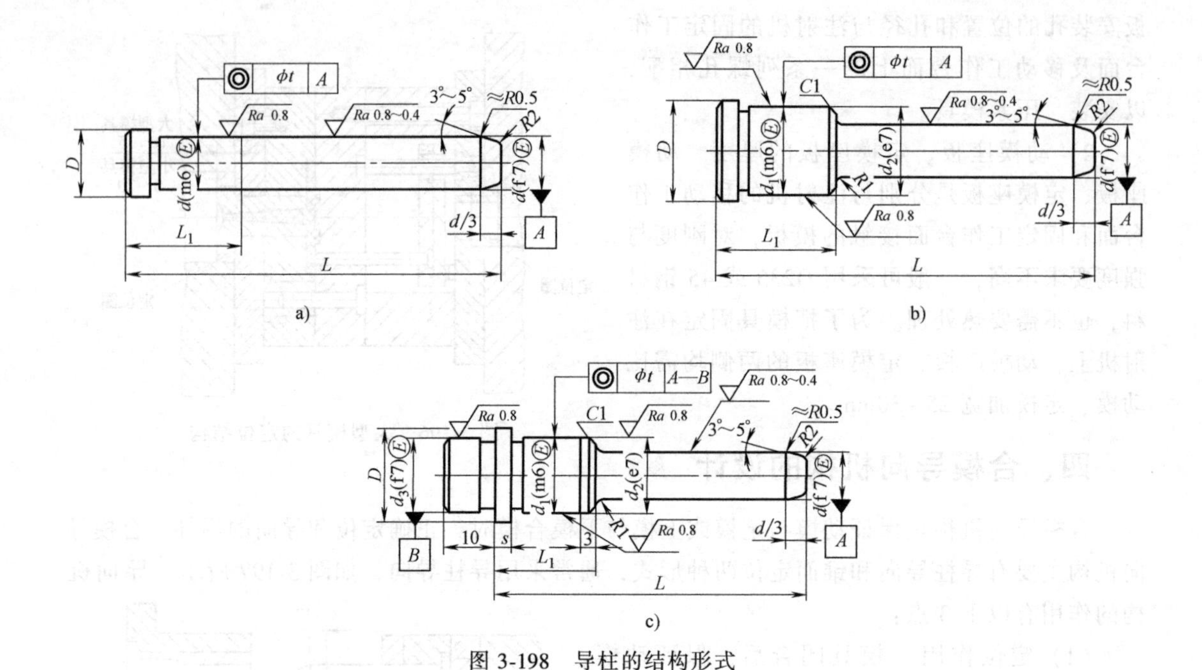

图 3-198　导柱的结构形式

加工困难，所以以锥台形为多。

③ 材料。导柱应具有硬而耐磨的表面，坚韧而不易折断的内芯，因此多采用 20 钢，经表面渗碳淬火处理，或采用 T8、T10 钢，经淬火处理，硬度为 50~55HRC。导柱固定部分的表面粗糙度为 $Ra0.8\mu m$，导向部分的表面粗糙度为 $Ra0.8\sim0.4\mu m$。

④ 数量及布置。导柱应合理均布在模具分型面的四周，导柱中心至模具边缘应有足够的距离，以保证模具强度（导柱中心到模具边缘的距离通常为导柱直径的 1~1.5 倍）。为确保合模时只能按一个方向合模，导柱的布置可采用等直径导柱不对称布置或不等直径导柱对称布置，如图 3-199 所示。

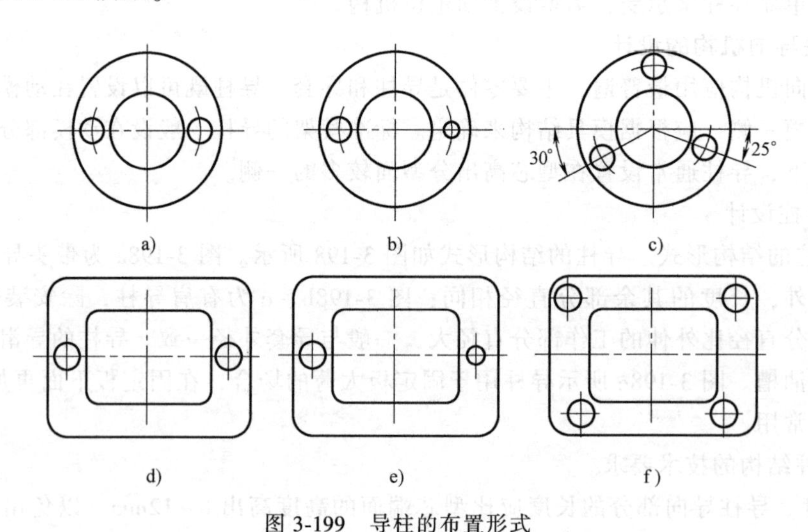

图 3-199　导柱的布置形式

⑤ 配合精度。导柱固定端与模板之间一般采用 H7/m6 或 H7/k6 的过渡配合；导柱的导

向部分通常采用 H7/f7 或 H8/f7 的间隙配合。

（2）导向孔的设计

1）导向孔的结构形式。导向孔分无导套和有导套两种。

无导套是导向孔直接开设在模板上，这种形式的孔加工简单，适用于生产批量小、精度要求不高的模具。

导套的典型结构如图 3-200 所示。图 3-200a 为直导套（Ⅰ型导套），结构简单，加工方便，适用于简单模具或导套后面没有垫板的场合；图 3-200b、c 为带头导套（Ⅱ型导套），结构较复杂，用于精度较高的场合。导套的固定孔应与导柱的固定孔同时加工。图 3-200c 用于两块板固定的场合。

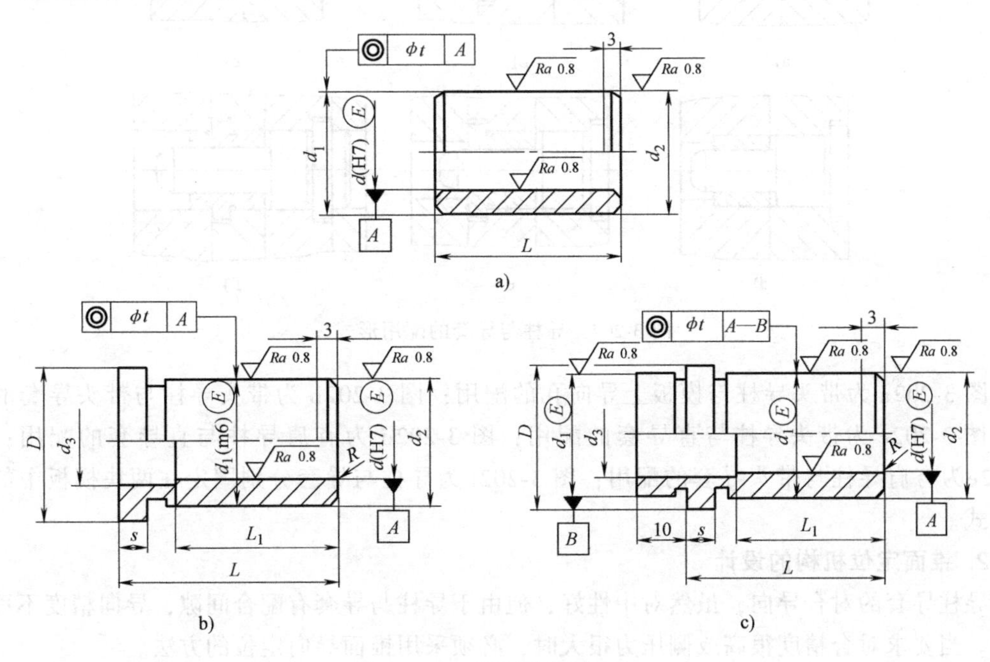

图 3-200　导套的典型结构

2）导套的结构和技术要求。

① 形状。为使导柱顺利进入导套，在导套的前端应倒圆角。导向孔最好做成通孔，以利于排出孔内的空气。如果模板较厚，导向孔必须做成盲孔时，可在盲孔的侧面打一个小孔排气或在导柱的侧壁磨出排气槽。

② 材料。导套可用与导柱相同的材料或铜合金等耐磨材料制造，但其硬度应低于导柱的硬度，这样可以改善摩擦，防止导柱或导套拉毛。

③ 固定形式及配合精度。直导套采用 H7/r6 过盈配合镶入模板。为了增加导套镶入的牢固性，防止开模时导套被拉出来，可以用止动螺钉紧固。图 3-201a 所示为开缺口紧固；图 3-201b 所示为开环形槽紧固，图 3-201c 所示为侧面开孔

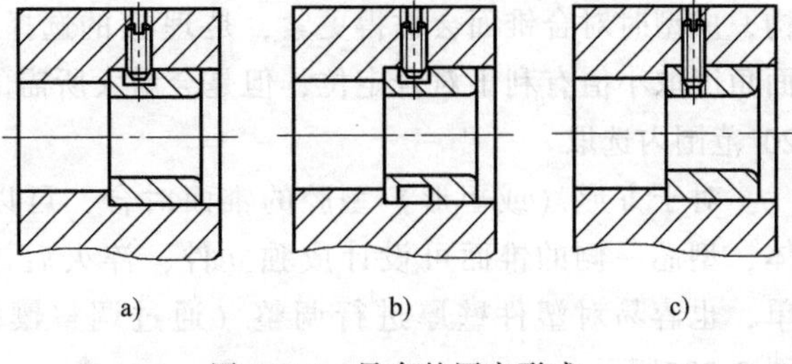

图 3-201　导套的固定形式

紧固。带头导套采用 H7/m6 或 H7/k6 过渡配合镶入模板。导套固定部分的表面粗糙度为 *Ra*0.8μm，导向部分的表面粗糙度为 *Ra*0.8~0.4μm。

（3）导柱与导套的配用　由于模具的结构不同，选用的导柱和导套的结构也不同，导柱与导套的配用形式要根据模具的结构及生产要求而定，常见的配用形式如图 3-202 所示。

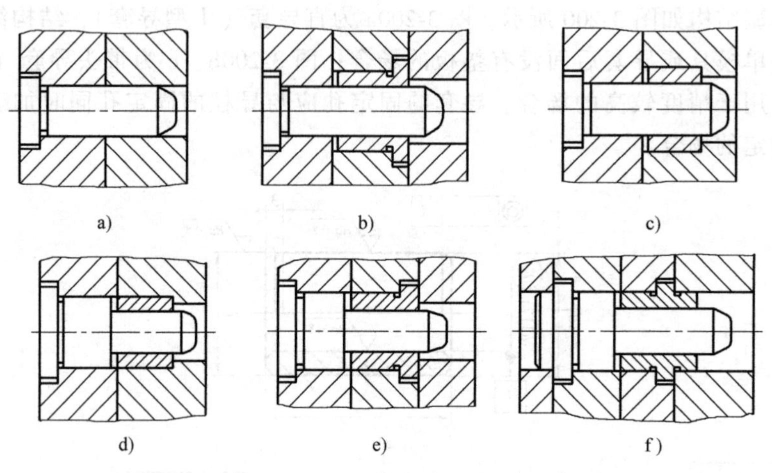

图 3-202　导柱与导套的配用形式

图 3-202a 为带头导柱与模板上导向孔的配用；图 3-202b 为带头导柱与带头导套的配用；图 3-202c 为带头导柱与直导套的配用；图 3-202d 为有肩导柱与直导套的配用；图 3-202e为有肩导柱与带头导套的配用；图 3-202f 为导柱与导套分别固定在两块模板中的配用形式。

2. 锥面定位机构的设计

导柱导套的对合导向，虽然对中性好，但由于导柱与导套有配合间隙，导向精度不可能很高。当要求对合精度很高或侧压力很大时，必须采用锥面导向定位的方法。

当模具尺寸比较小时，可以采用带锥面的导柱和导套，如图 3-203 所示。

对于尺寸较大的模具，必须采用动模板、定模板各带锥面的导向定位机构与导柱导套联合使用。对于圆形型腔，有两种对合方案，如图 3-204 所示。

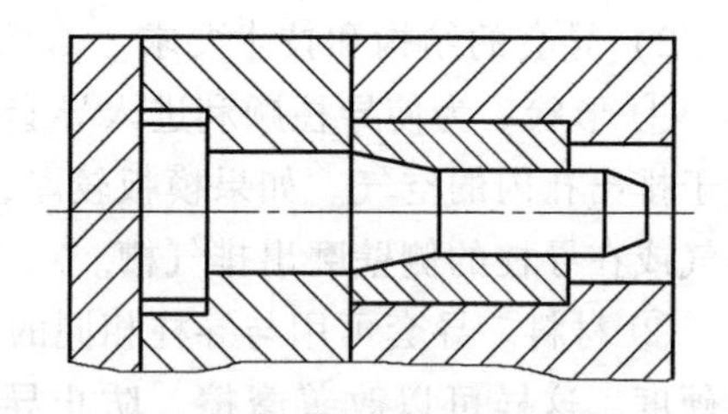

图 3-203　带锥面的导柱导套

图 3-204a 是型腔模板环抱动模板的结构。成型时在型腔内塑料的压力下型腔侧壁向外胀开会使对合锥面出现间隙；图 3-204b 是动模板环抱型腔模板的结构，成型时对合锥面会贴得更紧，是理想的选择。锥面角度取小值有利于对合定位，但是会增大所需的开模阻力。锥面的单面斜度一般可在 5°~20°范围内选取。

对于方形（或矩形）型腔的锥面对合，可以将型腔模板的锥面与型腔设计成一个整体，型芯一侧的锥面可设计成独立件，淬火后镶拼到型芯固定板上，这样的结构加工简单，也容易对塑件壁厚进行调整（通过调整镶件锥面），磨损后的镶件也便于更换，如图 3-205所示。

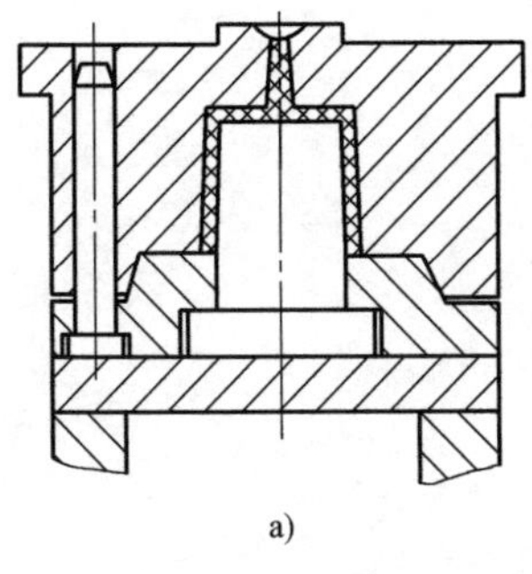

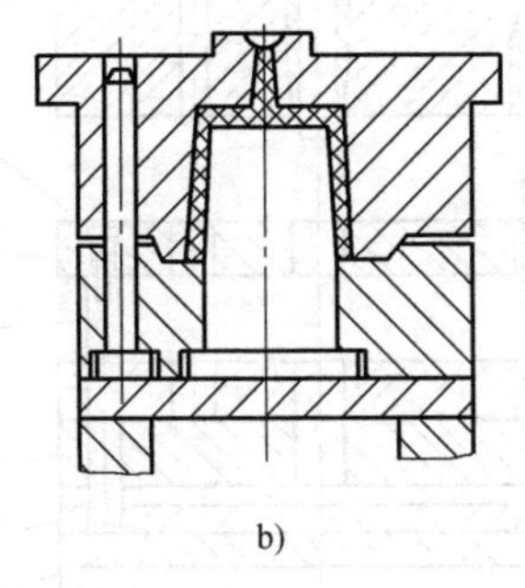

图 3-204　圆形型腔锥面对合方案

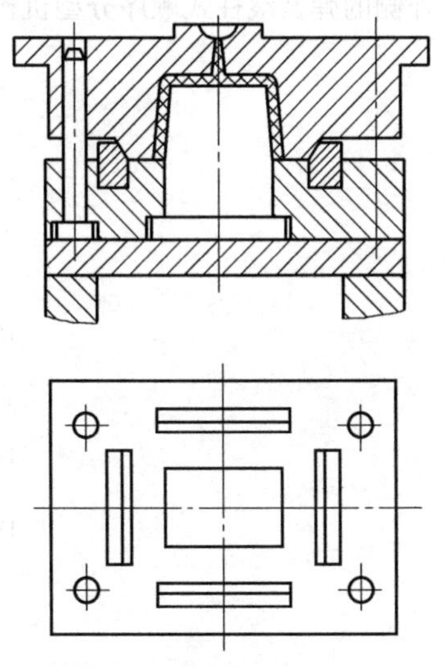

图 3-205　方形型腔的锥面对合机构

【任务实施】

1. 确定模架组合形式

根据前面的任务分析，图 1-1 所示塑料防护罩为薄壁壳体类塑件，一模两腔，采用点浇口成型，因此模具应为双分型面注射模（三板式注射模）。因此可以选用点浇口基本型中的 DB 型标准模架，适用于立式与卧式注射机。

2. 模架安装尺寸校核

模架具体尺寸如图 3-206 所示。模架外形尺寸为长 300mm、宽 250mm、高 345mm，小于注射机拉杆间距和最大模具厚度，可以方便地安装在注射机上。经校核（详细过程略），注射机的最大注射量、注射压力、锁模力和开模行程等参数均能满足使用要求，故可用。

3. 模具的总体结构

模具结构为双分型面注射模，如图3-207所示。采用定距拉杆 1 和限位螺钉 20 控制分型面 *A* 的打开距离，打开距离应大于 40mm，以方便拉断点浇口并取出浇注系统凝料。分型面 *B* 的打开距离应大于 65mm，用于取出塑件。模具分型面的打开顺序，由安装在模具

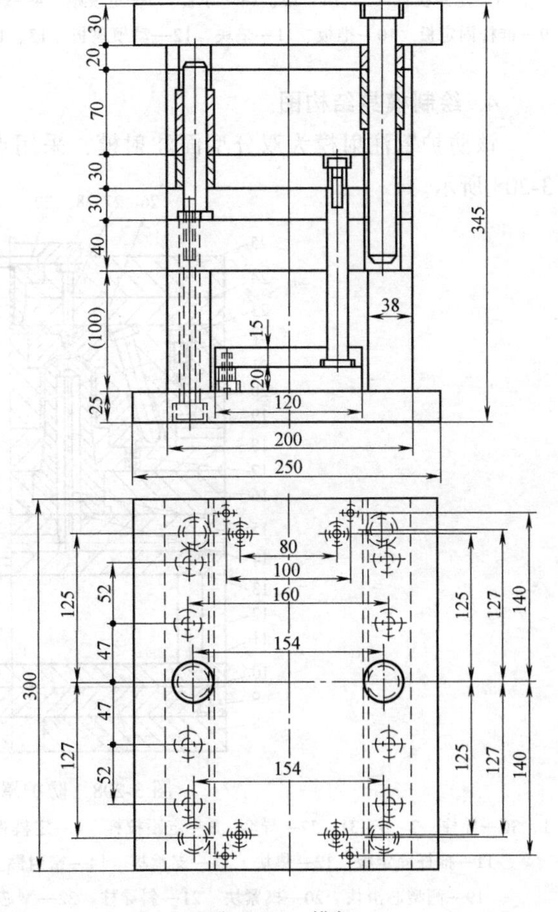

图 3-206　模架

外侧的弹簧滚柱式顺序分型机构控制。

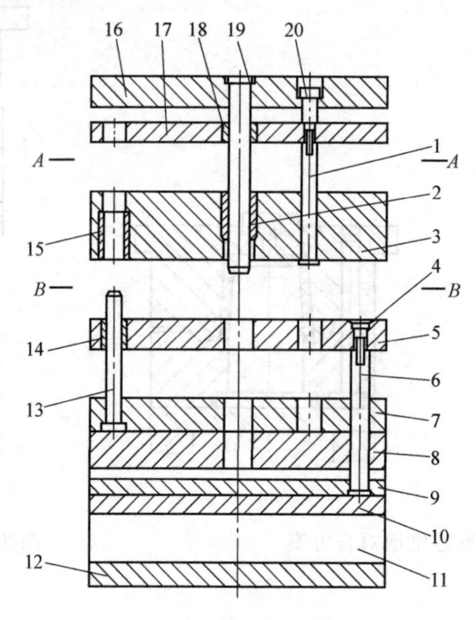

图 3-207　双分型面注射模结构

1—定距拉杆　2、14、15、18—导套　3—定模板　4—螺钉　5—推件板　6—复位杆　7—动模板　8—支承板　9—推杆固定板　10—推板　11—垫块　12—动模座板　13、19—导柱　16—定模座板　17—定模推件板　20—限位螺钉

4. 绘制模具结构图

该防护罩注射模为双分型面注射模，采用点浇口进料、推件板推出塑件，模具装配图如3-208 所示。

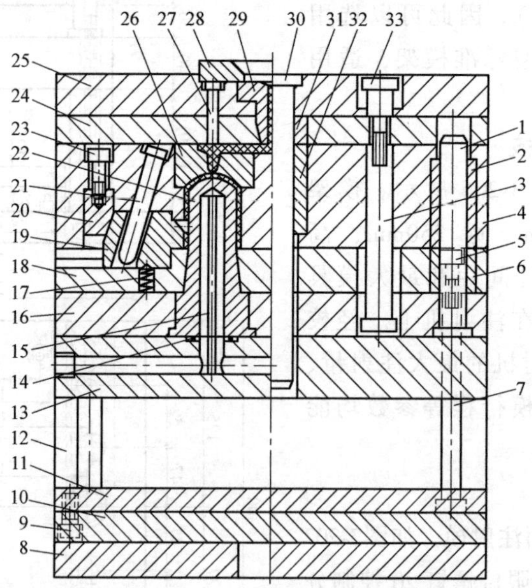

图 3-208　防护罩注射模装配图

1、30—导柱　2、6、31、32—导套　3—定距拉杆　4—定模板　5、9、23—螺钉　7—复位杆　8—动模座板　10—推板　11—推杆固定板　12—垫块　13—支承板　14—密封圈　15—隔水板　16—动模板　17—弹簧　18—推件板　19—侧型芯滑块　20—楔紧块　21—斜导柱　22—型芯　24—定模推件板　25—定模座板　26—定模镶块　27—拉料杆　28—定位圈　29—浇口套　33—限位螺钉

【思考与练习】

1. 塑料注射模模架按应用方式不同分为哪几种型式？

2. 标准模架的选择要点是什么？

3. 支承板（组合式）是如何进行校核的？如果已选定的支承板厚度经校验不能满足使用要求时，应采取什么措施？

4. 说明导柱、导套的分类，指出它们固定部分和导向部分的配合精度，并说明材料的选用和热处理要求。

5. 锥面定位机构设计的注意点有哪些？它适用于什么场合？

6. 结合前面项目的训练，继续完成图1-5所示灯座塑件注射模结构零部件的设计，并绘制灯座塑件注射模的装配图。

项目四　其他塑料成型模具设计

【知识目标】

1. 掌握压缩模和压注模的结构特点、应用场合。
2. 掌握压缩模和压注模的设计要点。
3. 掌握各类其他塑料成型工艺的工作原理及成型工艺参数。
4. 掌握压力机有关工艺参数的校核。
5. 了解各类其他塑料成型设备的工作原理和规格。

【能力目标】

1. 能够读懂压缩模和压注模的典型结构图。
2. 能够正确阐述其他各类塑料成型工艺的工作原理。
3. 具有编制压缩成型和压注成型工艺规程的能力。
4. 具有设计简单压缩模和压注模的能力。
5. 能够正确计算压缩模和压注模成型零件的工作尺寸及加料腔尺寸。
6. 能区分各类塑料成型设备。

【相关知识】

一、压缩模设计

压缩模主要用于成型热固性塑件。成型前，根据压缩工艺条件需将模具加热到成型温度，然后将塑料加入模具内加热、加压，塑料在热和压力的作用下充满型腔，同时发生化学反应而固化定型，最后脱模成为塑件。

压缩模也可以成型热塑性塑件。用压缩模成型热塑性塑件时，模具必须交替地进行加热和冷却，才能使塑料塑化和固化，故成型周期长，生产率低，因此它仅适用于成型光学性能要求高的有机玻璃镜片、不宜高温注射成型的硝酸纤维汽车驾驶盘以及一些流动性很差的热塑性塑料（如聚酰亚胺等）制件。

与注射模相比，压缩模的优点是无须设计浇注系统，使用的设备和模具比较简单，主要应用于日用电器、电信仪表等热固性塑件的成型。下面将着重讨论热固性塑料压缩模的设计，与注射模设计类似的合模导向机构、侧向抽芯机构、温度调节系统等，就不再做介绍了。

1. 压缩模的结构及分类

（1）压缩模的结构组成　压缩模的典型结构如图 4-1 所示。模具的上模和下模分别安装在压力机的上、下工作台上，上模、下模通过导柱导套导向定位。上工作台下降，使上凸模 3 进入下模凹模 4，与装入的塑料接触并对其加热。当塑料成为熔融状态后，上工作台继续下降，熔体在受热受压的作用下充满型腔并发生固化交联反应。塑件固化成型后，上工作台上升，模具分型，同时压力机下面的辅助液压缸开始工作，脱模机构将塑件脱出。

压缩模按各零部件的功能作用可分为以下几大部分。

1）成型零件。成型零件是直接成型塑件的零件，加料时与加料腔一道起装料的作用。图 4-1 中模具的成型零件由上凸模 3、凹模 4、型芯 8、下凸模 9 等构成。

2）加料腔。图 4-1 中凹模 4 的上半部为凹模截面尺寸扩大的部分。由于塑料与塑件相比具有较大的比体积，塑件成型前单靠型腔往往无法容纳全部原料，因此一般需要在型腔之上设有一段加料腔。

3）导向机构。图 4-1 中，由布置在模具上周边的四根导柱 6 和导套 10 组成导向机构，它的作用是保证上模和下模两大部分或模具内部其他零件之间准确对合。为保证脱模机构上下运动平稳，该模具在下模座板 15 上设有两根推板导柱，在推板上还设有推板导套。

4）侧向分型与抽芯机构。当压缩塑件带有侧孔或侧向凹凸时，模具必须设有各种侧向分型与抽芯机构，塑件方能脱出。图 4-1 中的塑件有一侧孔，在推出塑件前用手动丝杠（侧型芯 19）抽出侧型芯。

5）脱模机构。压缩模中一般都需要设置脱模机构（推出机构），其作用是把塑件脱出型腔。图 4-1 中脱模机构由推板 16、推杆固定板 18、推杆 12 等零件组成。

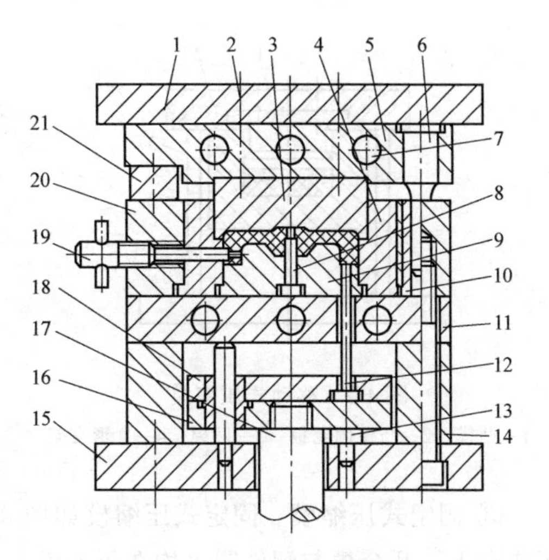

图 4-1　压缩模的典型结构

1—上模座板　2—螺钉　3—上凸模　4—凹模　5—加热板　6—导柱　7—加热孔　8—型芯　9—下凸模　10—导套　11—支承板　12—推杆　13—限位钉　14—垫块　15—下模座板　16—推板　17—顶杆　18—推杆固定板　19—侧型芯　20—模套　21—限位块

6）加热系统。在压缩成型热固性塑料时，模具温度必须高于塑料的交联温度，因此模具必须加热。常见的加热方式有：电加热、蒸汽加热、煤气或天然气加热等，但以电加热最为普遍。图 4-1 中加热板 5、支承板 11 中设有加热孔 7，加热孔中插入加热元件（如电热棒）分别对上凸模、下凸模和凹模进行加热。

7）支承零部件。压缩模中的各种固定板、支承板（加热板等），以及上、下模座等均为支承零部件，如图 4-1 中的零件 1、5、11、14、15、20、21 等。它们的作用是固定和支承模具中的各种零部件，并且将压力机的力传递给成型零件和成型物料。

（2）压缩模的分类　压缩模的分类方法很多，可按模具在压力机上的固定方式分类，也可按模具加料腔的形式分类。下面就按两种分类形式分别进行介绍。

1）按模具在压力机上的固定形式分类。按模具在压力机上的固定形式可分为移动式压

缩模、半固定式压缩模和固定式压缩模。

① 移动式压缩模。移动式压缩模如图 4-2 所示，模具不固定在压力机上。压缩成型前，打开模具把塑料加入型腔，然后将上、下模合拢，送入压力机工作台上并对塑料进行加热、加压、成型、固化；成型后将模具移出压力机，使用专门的卸模工具开模脱出塑件。图 4-2 中采用 U 形支架撞击上、下模板，使模具分开脱出塑件。这种模具结构简单，制造周期短，但因加料、开模、取件等工序均手工操作，劳动强度大、生产率低、易磨损，适用于压缩成型批量不大的中小型塑件，以及形状复杂、嵌件较多、加料困难及带有螺纹的塑件。

② 半固定式压缩模。半固定式压缩模如图 4-3 所示，一般将上模固定在压力机上，下模可沿导轨移进或移出压力机进行加料和在卸模架上脱出塑件。下模移进时用定位块定位，合模时靠导向机构定位。这种模具结构便于放嵌件和加料，且上模不移出压力机，从而减轻了劳动强度。也可按需要采用下模固定的形式，工作时移出上模，用手工取件或卸模架取件。

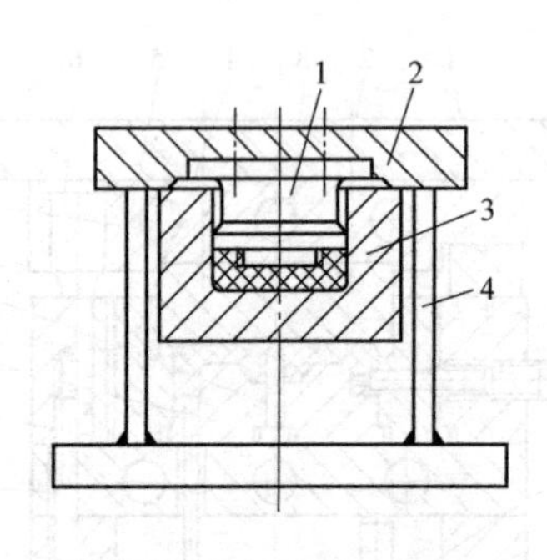

图 4-2　移动式压缩模

1—凸模　2—凸模固定板　3—凹模　4—U 形支架

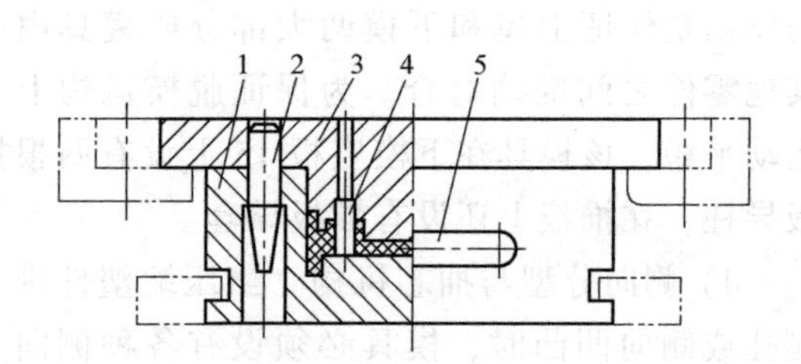

图 4-3　半固定式压缩模

1—凹模　2—导柱　3—凸模　4—型芯　5—手柄

③ 固定式压缩模。固定式压缩模如图 4-1 所示。上、下模分别固定在压力机的上、下工作台上。开合模与塑件脱出均在压力机上靠压力机来完成，因此生产率较高、操作简单、劳动强度小、开模振动小、模具寿命长；但缺点是模具结构复杂、成本高，且安放嵌件不方便，适用于成型批量较大或尺寸较大的塑件。

2) 根据模具加料腔形式分类。根据模具加料腔形式不同可分为溢式压缩模、不溢式压缩模和半溢式压缩模。

① 溢式压缩模。溢式压缩模如图 4-4 所示。这种模具无单独的加料腔，型腔本身作为加料腔，型腔高度 H 等于塑件高度。由于凸模和凹模之间无配合，完全靠导柱定位，故塑件的径向尺寸精度不高，而高度尺寸精度尚可。压缩成型时，由于多余的塑料易从分型面溢出，故塑件具有径向飞边，设计时挤压环的宽度 B 应较窄，以减薄塑件的径向飞边。环形挤压面（即挤压环）在合模开始时仅产生有限的阻力，合模到终点时，挤压面才完全密合，因此塑件密度较低，强度等力学性能也不高，特别是合模太快时，会造成溢料量增加，浪费较大。溢式压缩模结构简单，造价低廉，耐用（凸、凹模间无摩擦），塑件易取出。除了可用脱模机构脱模外，通常可用压缩空气吹出塑件。这种压缩模对加料量的精度要求不高，加料量一般仅大于塑件重量的 5%左右，常采用预压型坯进行压缩成型，适用于成型流动性好的或带短纤维填料的、精度要求不高且尺寸小的浅型腔塑件。

② 不溢式压缩模。不溢式压缩模如图 4-5 所示。这种模具的加料腔在型腔上部延续，其截面形状和尺寸与型腔完全相同，无挤压面。由于凸模和加料腔之间有一段配合，故塑件径向壁厚尺寸精度较高。由于配合段单面间隙为 0.025～0.075mm，故成型时仅有少量的塑料流出，使塑件在垂直方向上形成很薄的轴向飞边，去除飞边比较容易。配合段高度不宜过大，在设计不配合部分时可以将凸模上部截面设计得小一些，也可以将凹模对应部分尺寸逐渐增大而形成 15′～20′的锥面。模具在闭合成型时，压力几乎完全作用在塑件上，因此塑件的密度高、强度高。这类模具适用于成型形状复杂、精度高、壁薄、长流道的深腔塑件，也可成型流动性差、比体积大的塑料，特别适用于成型含棉布、玻璃纤维等长纤维填料的塑料。

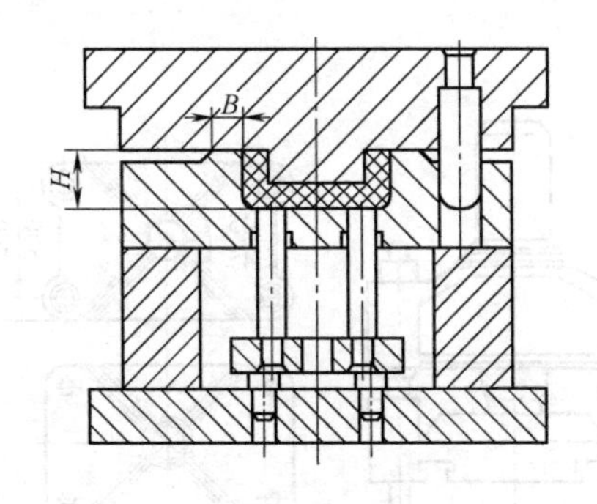

图 4-4　溢式压缩模

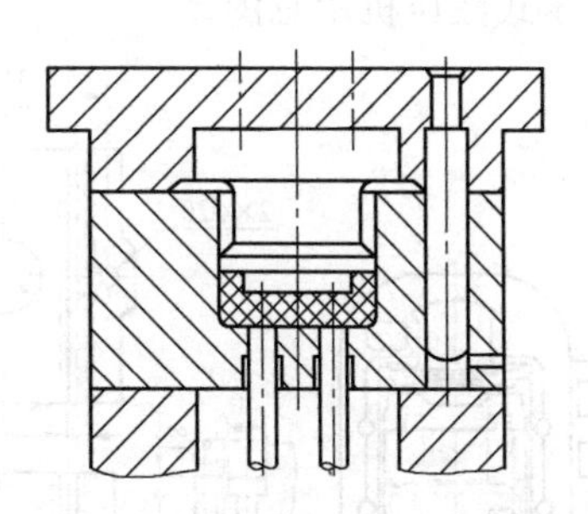

图 4-5　不溢式压缩模

不溢式压缩模由于塑料的溢出量少，加料量直接影响塑件的高度尺寸，因此每模加料量都必须准确称量，否则塑件的高度尺寸不易保证。另外，由于凸模与加料腔侧壁摩擦，将不可避免地会擦伤加料腔侧壁，当塑件推出型腔时，带划伤痕迹的加料腔也会损伤塑件外表面且脱模较为困难，故不溢式压缩模一般设有脱模机构。为避免加料不均，不溢式压缩模一般不宜设计成多型腔结构。

③ 半溢式压缩模。半溢式压缩模如图 4-6 所示。这种模具在型腔上方设有加料腔，其截面尺寸大于型腔截面尺寸，两者分界处有一环形挤压面，其宽度为 4～5mm。凸模与加料腔呈间隙配合。凸模下压时受挤压面的限制，故易于保证塑件的高度尺寸精度。凸模在四周开有溢流槽，过剩的塑料通过配合间隙或溢流槽排出。因此，此模具操作方便，加料时加料量不必严格控制，只需简单地按体积计量即可。

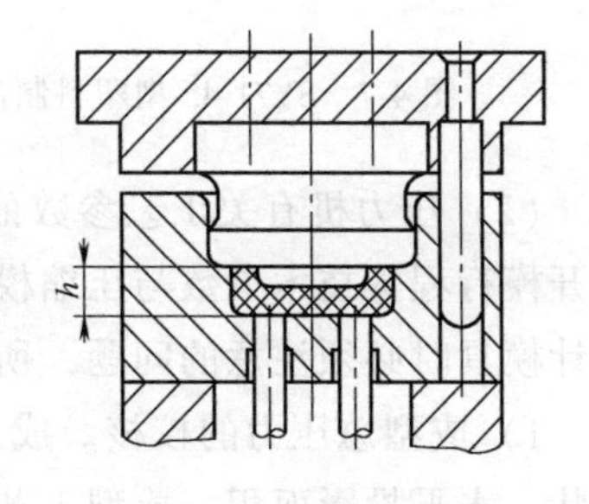

图 4-6　半溢式压缩模

半溢式压缩模兼有溢式和不溢式压缩模的优点，塑件径向壁厚尺寸和高度尺寸的精度均较好，塑件密度较高，模具寿命较长，塑件脱模容易，塑件外表面不会被加料腔划伤。当塑件的外形较复杂时，可将凸模与加料腔周边配合面形状简化，从而减少加工难度，因此在生产中被广泛采用。半溢式压缩模适用于成型流动性较好的塑料及形状较复杂的塑件，由于有挤压面，不适于压制以布片或长纤维作填料的塑料。

2. 压缩模与压力机的关系

(1) 国产压力机的主要技术规范　压力机的种类较多，按传动方式分为机械式压力机和液压式压力机（液压机）。机械式压力机常见的形式有螺旋式压力机、双曲柄杠杆式压力机等。由于机械式压力机的压力不准确，运动噪声大，容易磨损，特别是人力驱动的手板压力机，劳动强度很大，故机械式压力机很少采用。液压机最为常见，按机架结构可分为框式结构和柱式结构；按施压方向可分为上压式和下压式，压制大型层压板可采用下压式，压制塑件一般采用上压式；按工作流体种类可分为油驱动的油压机和油水乳液驱动的水压机。

水压机一般采用中心蓄能站，能同时驱动多台压力机，生产规模很大时较为有利，但近年来已较少使用。目前大量使用的是带有单独液压泵的油压机，此种压力机的油压可以调节，最高工作油压多采用 30MPa，此外还有 16MPa、32MPa、50MPa 等。液压机多数具有半自动或全自动操作系统，对压缩成型时间等可以进行自动控制。图 4-7 和图 4-8 所示为部分国产上压式液压机示意图。

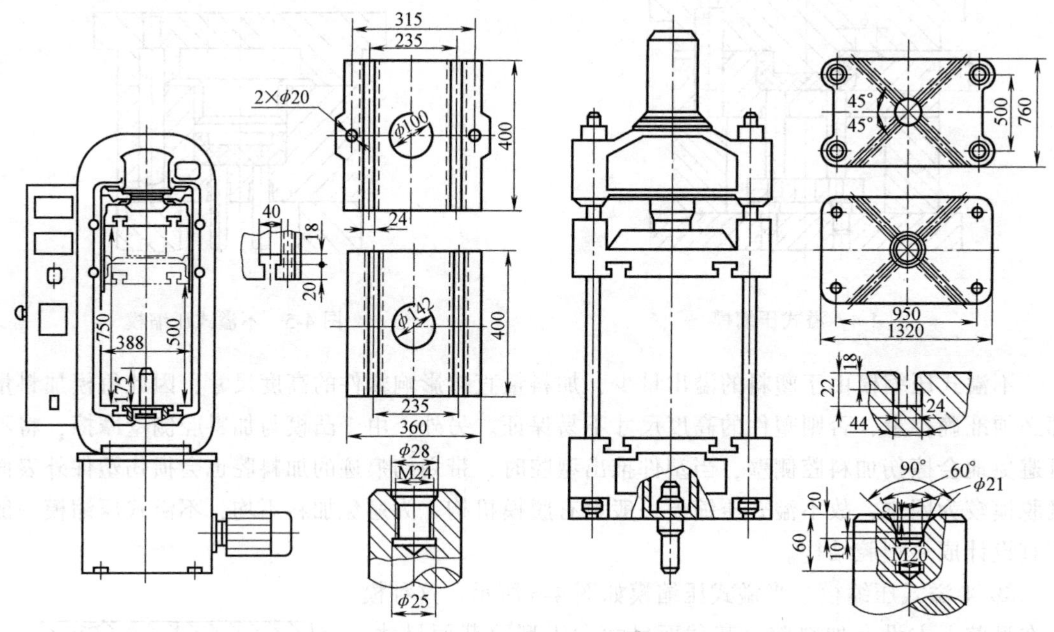

图 4-7　SY71-45 型塑料制品液压机　　　图 4-8　YB32-100 型四柱万能液压机

（2）压力机有关工艺参数的校核　压力机的成型总压力、开模力、脱模力、合模高度和开模行程等技术参数与压缩模设计有直接关系，同时压板和工作台等装配部分的尺寸也是设计模具时必须注意的问题，所以在设计压缩模时应首先对压力机进行下述几方面的校核。

1）成型总压力的校核。成型总压力是指塑料压缩成型时所需的压力，它与塑件的几何形状、水平投影面积、成型工艺等因素有关。成型总压力必须满足下式

$$F_{\mathrm{m}} \leqslant KF_{\mathrm{p}} \tag{4-1}$$

式中　F_{m}——成型塑件所需的总压力；

K——修正系数，按压力机的新旧程度取 0.75~0.90；

F_{p}——压力机的额定压力。

成型塑件所需的总压力为

$$F_{\mathrm{m}} = nAp \tag{4-2}$$

式中　n——型腔数目；

A——单个型腔在工作台上的水平投影面积（mm^2），对于溢式或不溢式模具，水平投影面积等于塑件最大轮廓的水平投影面积，对于半溢式模具，则等于加料腔的水平投影面积；

p——压缩成型塑件需要的单位成型压力（MPa），见表 4-1。

当压力机的大小确定后，也可以按下式确定多型腔模具的型腔数目

$$n=KF_p/Ap(\text{取整数}) \tag{4-3}$$

表 4-1　压缩成型时的单位成型压力　（单位：MPa）

塑料品种 / 塑件特性	酚醛塑料粉		布层塑料	氨基塑料	酚醛石棉塑料
	不预热	预热			
扁平厚壁塑件	12.25~17.15	9.80~14.70	29.40~39.20	12.25~17.15	44.1
高 20~40mm，壁厚 4~6mm	12.25~17.15	9.80~14.70	34.30~44.10	12.25~17.15	44.1
高 20~40mm，壁厚 2~4mm	12.25~17.15	9.80~14.70	39.20~49.00	12.25~17.15	44.1
高 40~60mm，壁厚 4~6mm	17.15~22.05	12.25~15.39	49.00~68.60	17.15~22.05	53.9
高 40~60mm，壁厚 2~4mm	24.50~29.40	14.70~19.60	58.80~78.40	24.50~29.40	53.9
高 60~100mm，壁厚 4~6mm	24.50~29.40	14.70~19.60	—	24.50~29.40	53.9
高 60~100mm，壁厚 2~4mm	26.95~34.30	17.15~22.05	—	26.95~34.90	53.9

2）开模力和脱模力的校核。

① 开模力的校核。压力机的压力是保证压缩模开模的动力。压缩模所需要的开模力可按下式计算

$$F_k=kF_m \tag{4-4}$$

式中　F_k——开模力（N）；

k——系数，配合长度不大时可取 0.1，配合长度较大时可取 0.15，塑件形状复杂且凸、凹模配合长度较大时可取 0.2。

若要保证压缩模可靠开模，必须使开模力小于压力机液压缸的回程力。

② 脱模力的校核。压力机的顶出力是保证压缩模脱模机构推出塑件的动力。压缩模所需要的脱模力可按下式计算

$$F_t=A_cP_f \tag{4-5}$$

式中　F_t——塑件从模具中脱出所需要的力（N）；

A_c——塑件侧面积之和（mm^2）；

P_f——塑件与金属表面的单位摩擦力（MPa），塑料以木纤维和矿物质作填料时取 0.49 MPa，塑料以玻璃纤维增强时取 1.47 MPa。

若要保证可靠脱模，则必须使脱模力小于压力机的顶出力。

3）合模高度与开模行程的校核。为了使模具正常工作，必须使模具的合模高度和开模行程与压力机上、下工作台之间的最大和最小开距及活动压板的工作行程相适应，即

$$h_{min}\leqslant h\leqslant h_{max} \tag{4-6}$$

$$h=h_1+h_2$$

式中　h_{min}、h_{max}——压力机上、下模板之间的最小和最大距离；

h——模具的合模高度；

h_1——凹模的高度（图 4-9）；

h_2——凸模台肩的高度（图 4-9）。

如果 $h<h_{min}$，上下模不能闭合，模具无法工作，这时在模具与工作台之间必须加垫板，要求 h_{min} 小于 h 和垫板厚度之和。为保证锁紧模具，垫板厚度一般应小于 10~15mm。为保证顺利脱模，除满足 $h_{max}>h$ 外，还要求

$$h_{max} \geqslant h+L \tag{4-7}$$

式中 L——模具最小开模距离。

而 $$L=h_s+h_t+(10\sim30)\,\text{mm}$$

故 $$h_{max} \geqslant h+h_s+h_t+(10\sim30)\,\text{mm} \tag{4-8}$$

式中 h_s——塑件的高度；

h_t——凸模的高度。

4）压力机工作台有关尺寸的校核。设计压缩模时，应根据压力机工作台面规格和结构来确定模具的相应尺寸。模具的宽度尺寸应小于压力机立柱（四柱式压机）或框架（框架式压机）之间的净距离，使压缩模能顺利装到压力机的工作台上。模具的最小外形尺寸不应超过压力机工作台面尺寸，同时还要注意上、下工作台面上的 T 形槽的位置。T 形槽有沿对角线交叉开设的，也有平行开设的。模具可以直接用螺钉分别固定在上、下工作台上，但模具上的固定螺孔（或长槽、缺口）应与工作台面上的 T 形槽位置相符合。模具也可用螺钉及压板压紧固定，这时上模座板、下模座板应设有宽度为 15~30mm 的凸台阶。

5）压力机顶出机构的校核。固定式压缩模一般均利用压力机工作台面下的顶出机构（机械式或液压式）驱动模具脱模机构进行工作，因此压力机的顶出机构与模具的脱模机构的尺寸应相适应，即模具所需的脱模行程必须小于压力机顶出机构的最大工作行程。模具所需的脱模行程 L_d 一般应保证塑件脱模时高出凹模型腔 10~15mm，以便将塑件取出。图 4-10 所示即为塑件高度与压力机顶出行程的尺寸关系图。

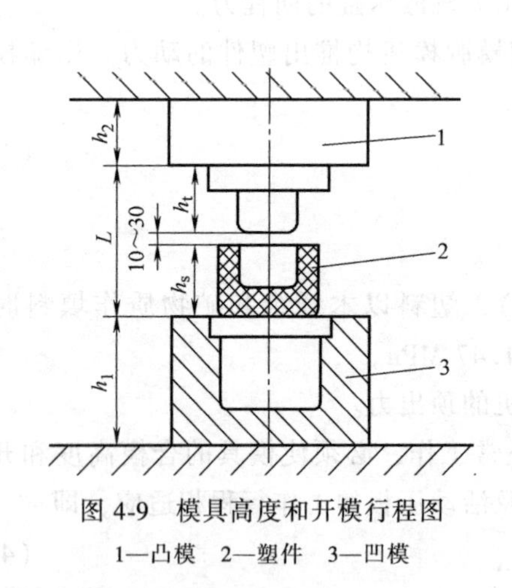

图 4-9　模具高度和开模行程图

1—凸模　2—塑件　3—凹模

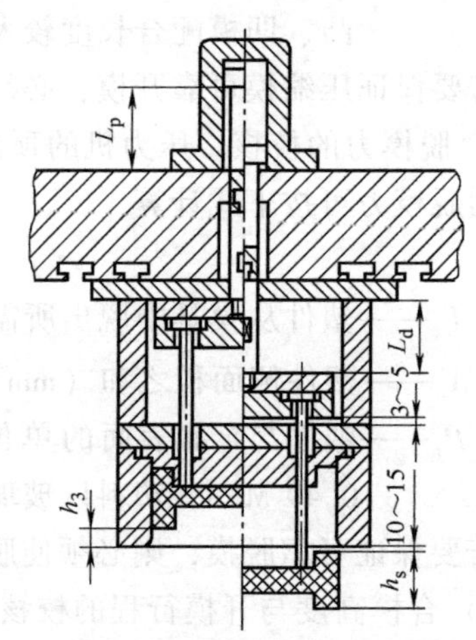

图 4-10　塑件与压力机顶出行程图

脱模行程 L_d 必须满足

$$L_d=h_s+h_3+(10\sim15)\,\text{mm} \leqslant L_p \tag{4-9}$$

式中 L_d——压缩模需要的脱模行程；

h_s——塑件的最大高度；

h_3——加料腔的高度；

L_p——压力机顶出机构的最大工作行程。

3. 压缩模成型零件设计

在设计压缩模时，首先应确定加料腔的总体结构、凹模和凸模之间的配合形式，以及成型零件的结构，然后再根据塑件尺寸确定型腔成型尺寸，根据塑件重量和塑料品种确定加料腔尺寸。有些内容，如型腔成型尺寸计算、型腔底板及壁厚尺寸计算、凸模的结构等，前面有关项目已讲述过，这些内容同样也适用于热固性塑料压缩模，因此现仅就压缩模的一些特殊要求进行介绍。

（1）塑件加压方向的选择　加压方向是指凸模的作用方向。加压方向对塑件的质量、模具结构和脱模的难易程度都有重要影响，在决定加压方向时要考虑下述因素。

1）便于加料。图 4-11 所示为塑件的两种加压方法，图 4-11a 所示加料腔较窄，不利于加料；图 4-11b 所示加料腔大而浅，便于加料。

2）有利于压力传递。塑件在模具内的加压方向应使压力传递距离尽量短，以减少压力损失，并使塑件组织均匀。对于圆筒形塑件，一般情况下应顺着其轴向施压，但对于轴线长的杆类、管类等塑件，可改垂直方向加压为水平方向加压。如图 4-12a 所示的圆筒形塑件，由于塑件过长，压力损失大，若从上端加压，则塑件底部压力小，会使底部产生疏松现象；若采用上下凸模同时加压，则塑料中部会出现疏松现象。为此可将塑件横放，采用图 4-12b 所示的横向加压形式，这种形式有利于压力传递，可克服上述缺陷，但在塑件外圆上将产生两条飞边而影响外观质量。

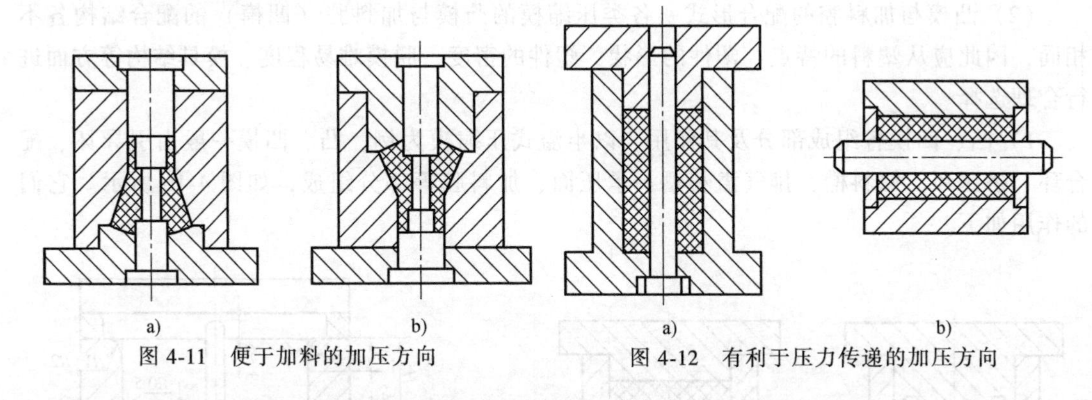

图 4-11　便于加料的加压方向　　图 4-12　有利于压力传递的加压方向

3）便于安放和固定嵌件。当塑件上有嵌件时，应优先考虑将嵌件安放在下模。如将嵌件安放在上模，如图 4-13a 所示，既费事又可能使嵌件不慎落下而压坏模具；将嵌件改装在下模，如图 4-13b 所示，不但操作方便，而且还可以利用嵌件推出塑件且不留下痕迹。

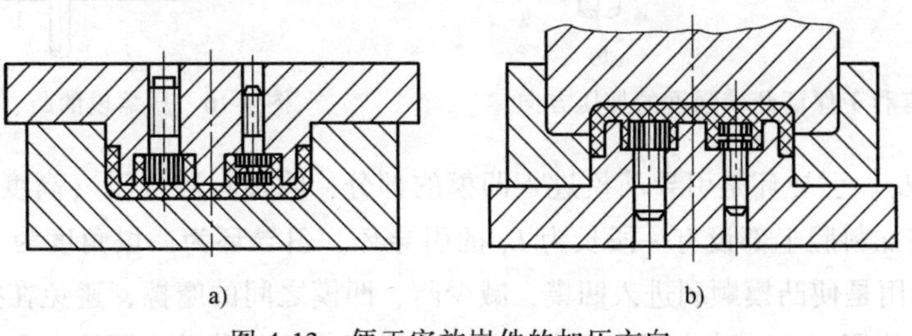

图 4-13　便于安放嵌件的加压方向

4）便于塑料流动。加压方向与塑料流动方向一致时，有利于塑料流动。如图 4-14a 所示，型腔设在上模，凸模位于下模，加压时，塑料逆着加压方向流动，同时由于在分型面上需要切断产生的飞边，故需要增大压力；而图 4-14b 所示结构中，型腔设在下模，凸模位于上模，加压方向与塑料流动方向一致，有利于塑料充满整个型腔。

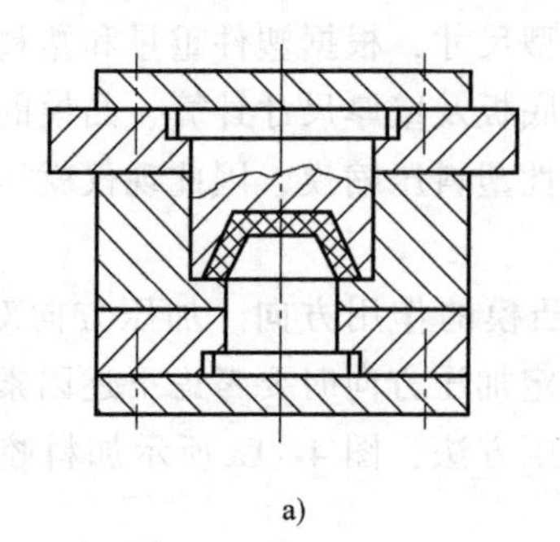
a)

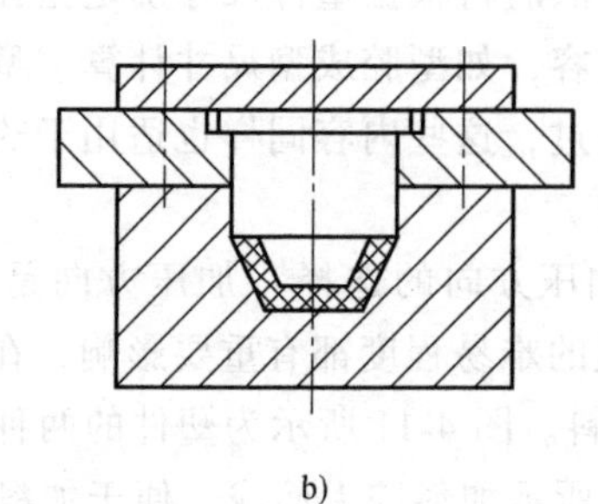
b)

图 4-14　便于塑料流动的加压方向

5）保证凸模强度。对于从正反面都可以加压成型的塑件，选择加压方向时应使凸模形状尽量简单，以保证凸模强度。图 4-15b 所示的结构比图 4-15a 所示结构的凸模强度高。

6）保证重要尺寸的精度。沿加压方向的塑件高度尺寸不仅与加料量有关，而且还受飞边厚度变化的影响，故对塑件精度要求高的尺寸不宜与加压方向相同。

7）便于抽拔长型芯。当塑件上具有多个不同方位的孔或侧凹时，应注意将抽芯距较大的型芯与加压方向保持一致，而将抽芯距较小的型芯设计成能够进行侧向运动的抽芯机构。

（2）凸模与加料腔的配合形式　各类压缩模的凸模与加料腔（凹模）的配合结构各不相同，因此应从塑料的特点、塑件的形状、塑件的密度、脱模难易程度、模具结构等方面进行合理选择。

1）凸、凹模各组成部分及其作用。以半溢式压缩模为例，凸、凹模一般由引导环、配合环、挤压环、储料槽、排气溢料槽、承压面、加料腔等部分组成，如图 4-16 所示。它们的作用如下。

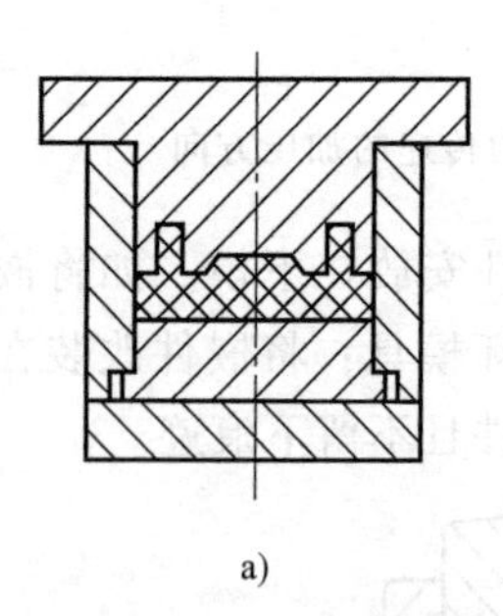
a)

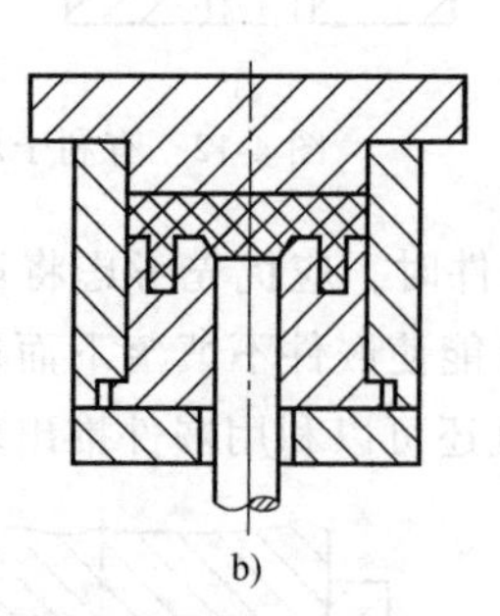
b)

图 4-15　有利于保证凸模强度的加压方向

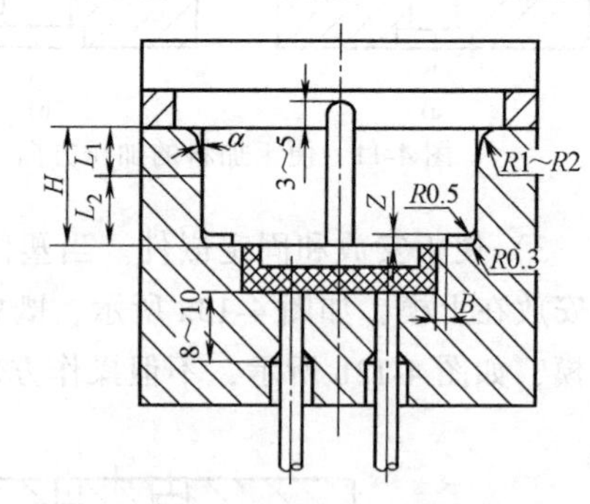

图 4-16　压缩模的凸、凹模各组成部分

① 引导环 L_1。引导环是引导凸模进入凹模的部分，除加料腔极浅（高度小于 10mm）的凹模外，一般在加料腔上部设有一段长为 L_1 的引导环。引导环为一段角度为 α 的锥面，并设有圆角 R，其作用是使凸模顺利进入凹模，减少凸、凹模之间的摩擦，避免在推出塑件时擦伤表面，增加模具使用寿命，减小开模阻力，并可以进行排气。移动式压缩模中 α 取 20′~1°30′，

固定式压缩模中 α 取 20′~1°。在有上、下凸模时，为了方便加工，α 取 4°~5°。圆角 R 通常取 1~2mm，引导环长度 L_1 取 5~10mm，当加料腔高度 $H \geqslant 30$mm 时，L_1 取 10~20mm。

② 配合环 L_2。配合环是凸模与凹模加料腔的配合部分，它的作用是保证凸模与凹模定位准确，阻止塑料溢出，并通畅地排除气体。凸、凹模的配合间隙以不发生溢料和双方侧壁互不擦伤为原则。通常移动式压缩模的凸、凹模经热处理后可采用 H8/f7 配合，形状复杂时可采用 H8/f8 配合。也可根据热固性塑料的溢料值作为间隙的标准，一般取单边间隙 t = 0.025~0.075mm。配合环长度 L_2 应根据凸、凹模的间隙而定，间隙小则长度取短些。一般移动式压缩模中 L_2 取 4~6mm；固定式压缩模中，若加料腔高度 $H \geqslant 30$mm，L_2 取 8~10mm。

③ 挤压环 B。挤压环的作用是限制凸模的下行位置并保证最薄的水平飞边，挤压环主要用于半溢式和溢式压缩模。半溢式压缩模的挤压环的形式如图 4-17 所示，挤压环的宽度 B 依据塑件大小及模具用钢而定。一般对于中小型模具，B 取 2~4mm；对于大型模具，B 取 3~5mm。

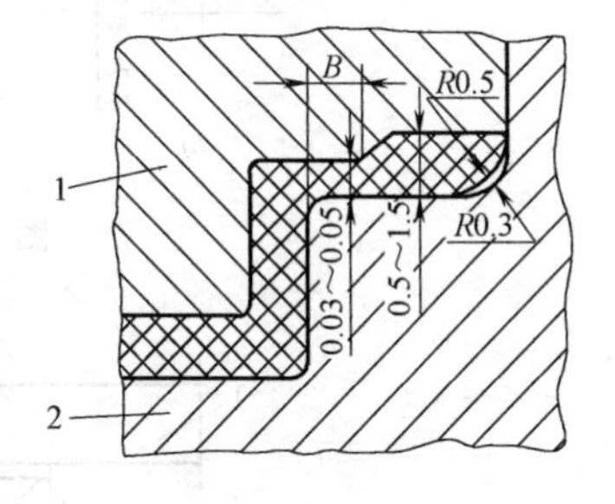

图 4-17　挤压环的形式

1—凸模　2—凹模

④ 储料槽。储料槽的作用是储存排出的余料，凸、凹模配合后应留出小空间作储料槽。半溢式压缩模的储料槽形式如图 4-16 所示的小空间 Z，通常储料槽深度 Z 取 0.5~1.5mm。不溢式压缩模的储料槽设计在凸模上，如图 4-18 所示，这种储料槽不能设计成连续的环形槽，否则余料会牢固地包在凸模上而难以清理。

⑤ 排气溢料槽。压缩成型时，为了减少飞边，保证塑件精度和质量，必须将产生的气体和余料排出。一般可在成型过程中进行卸压排气操作或利用凸、凹模配合间隙排气，但成型形状复杂的塑件及流动性较差的纤维填料的塑料时应设排气溢料槽，成型压力大的深型腔塑件也应开设排气溢料槽。图 4-19 所示为半溢式压缩模排气溢料槽的形式。图 4-19a 为圆形凸模上开设四条深度为 0.2~0.3mm 的凹槽，凹槽与凹模内圆面形成溢料槽；图 4-19b 为在圆形凸模上磨出深 0.2~0.3mm 的平面进行排气溢料；图 4-19c 和图 4-19d 为矩形截面凸模上开设排气溢料槽的形式。排气溢料槽应开到凸模的上端，使其合模后高出加料腔上平面，以便将余料排出模外。

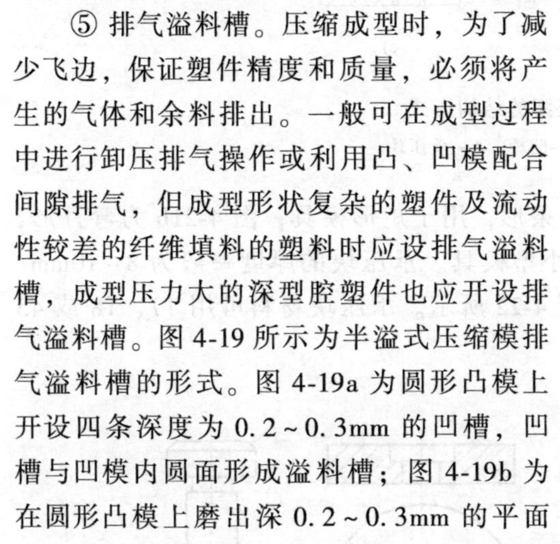

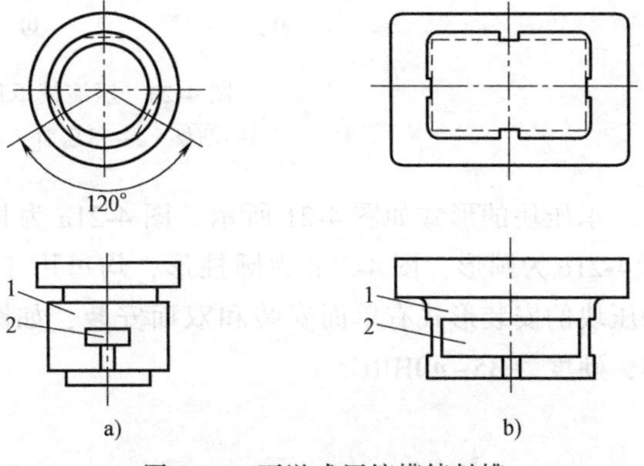

图 4-18　不溢式压缩模储料槽

1—凸模　2—储料槽

⑥ 承压面。承压面的作用是减轻挤压环的载荷，延长模具的使用寿命。图 4-20 所示是承压面结构的几种形式。图 4-20a 中的挤压环为承压面，模具容易损坏，但飞边较薄；图 4-20b中的凸模台肩与凹模上端面为承压面，凸、凹模之间留有 0.03~0.05mm 的间隙，可防止挤压边变形损坏，延长模具寿命，但飞边较厚，主要用于移动式压缩模；图 4-20c 是用承压块承压，挤压边不易损坏，通过调节承压块的厚度可控制凸模进入凹模的深度或控制凸模与挤压边缘的间隙，减小飞边厚度，主要用于固定式压缩模。

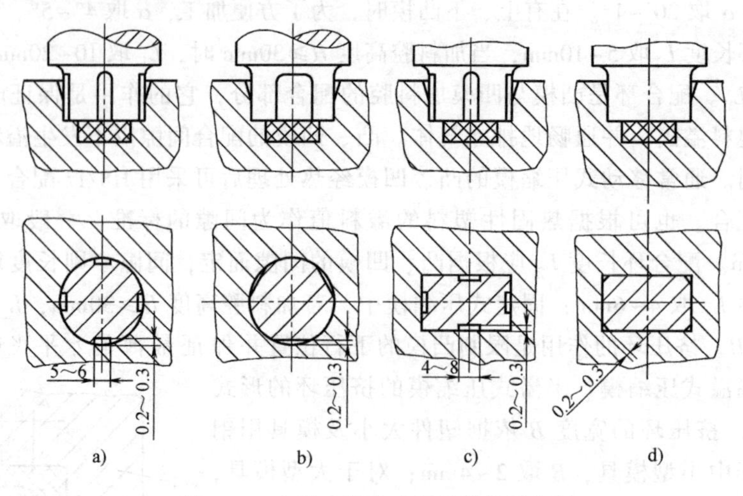

图 4-19 半溢式固定式压缩模的溢料槽

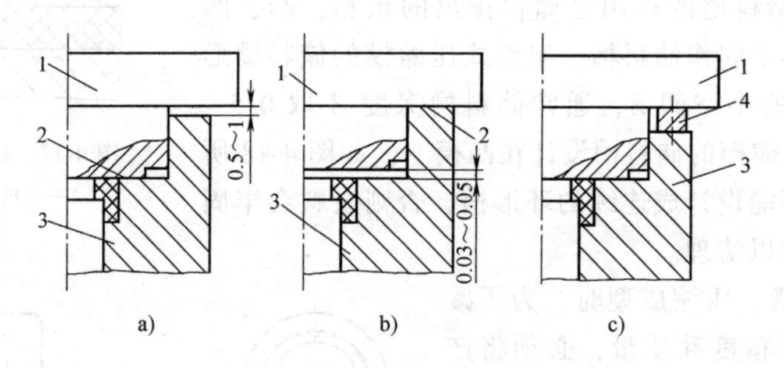

图 4-20 压缩模承压面的结构形式

1—凸模 2—承压面 3—凹模 4—承压块

承压块的形式如图 4-21 所示。图 4-21a 为长条形，用于矩形模具；图 4-21b 为弯月形，图 4-21c 为圆形，图 4-21d 为圆柱形，均可用于小型模具。承压块的厚度一般为 8~10mm。承压块的安装形式有单面安装和双面安装，如图 4-22 所示。承压块材料可用 T7、T8 或 45 钢，硬度为 35~40HRC。

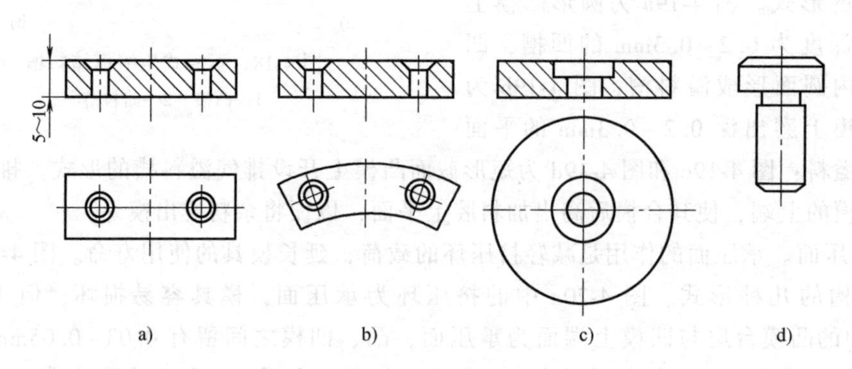

图 4-21 承压块的形式

2）凸、凹模配合的结构形式。压缩模凸模与凹模的结构形式及尺寸是模具设计的关

键，其形式和尺寸依压缩模类型不同而不同，现分述如下。

① 溢式压缩模的配合形式。溢式压缩模的配合形式如图 4-23 所示。它没有加料腔，仅利用凹模型腔装料，凸模和凹模没有引导环和配合环，而是依靠导柱和导套进行定位和导向，凸、凹模接触面既是分型面又是承压面。为了使飞边变薄，凸、凹模接触面积不宜太大，一般设计成单边宽度为 3~5mm 的挤压面，如图 4-23a 所示。为了增大承压面积，在溢料面（挤压面）外开设溢料槽，在溢料槽外再增设承压面，如图 4-23b 所示。

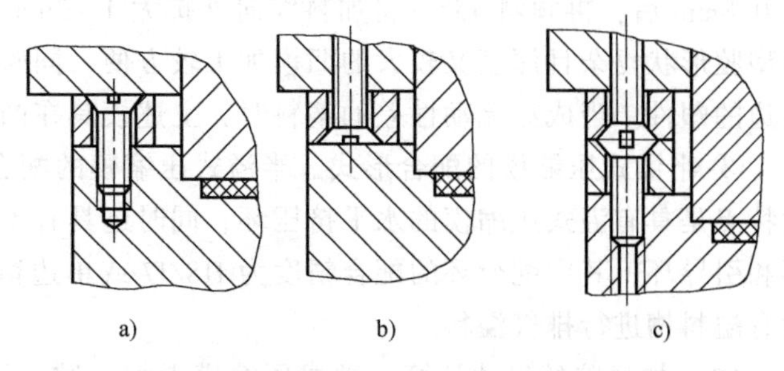

图 4-22　承压块的安装形式

a)、b) 单面安装　c) 双面安装

② 不溢式压缩模的配合形式。不溢式压缩模的配合形式如图 4-24 所示。加料腔为凹模型腔的向上延续部分，两者截面尺寸相同，没有挤压环，但有引导环、配合环和排气溢料槽，其中配合环的配合精度为 H8/f7 或单边间隙为 0.025~0.075mm。图 4-24a 为加料腔较浅、无引导环的结构；图 4-24b 为有引导环的结构。为顺利排气，两者均设有排气溢料槽。

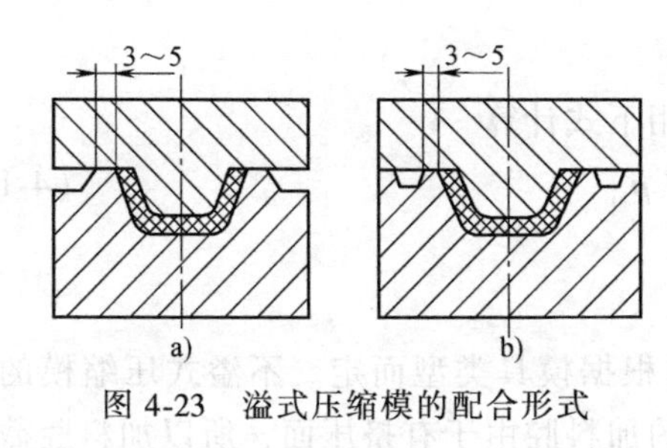

图 4-23　溢式压缩模的配合形式

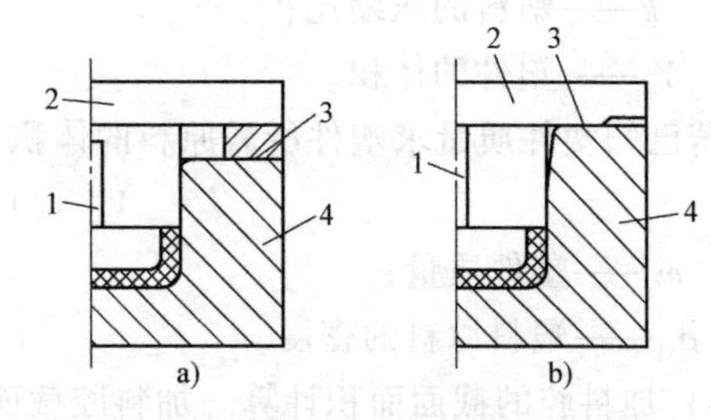

图 4-24　不溢式压缩模的配合形式

1—排气溢料槽　2—凸模　3—承压面　4—凹模

这种配合形式的最大缺点是凸模与加料腔侧壁摩擦会使加料腔逐渐损伤，造成塑件脱模困难，而且塑件外表面也很容易擦伤。为克服这些缺点，可采用如图 4-25 所示的改进形式。图 4-25a 所示为将凹模型腔向上延长 0.8mm 后，每边向外扩大 0.3~0.5mm，以减少塑料推出时的摩擦，同时凸模与凹模间形成空间，供排除余料用；图 4-25b 所示为凹模型腔向上延

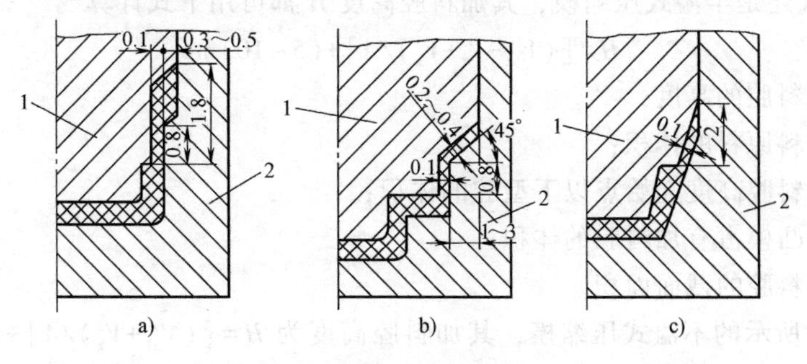

图 4-25　不溢式压缩模的改进形式

1—凸模　2—凹模

长 0.8mm 后，再倾斜 45°，将加料腔向外扩大 1~3mm 的形式，由于增加了加料腔的面积，使型腔形状复杂且深度又较大的凹模加工较方便，同时易于脱模；图 4-25c 所示形式用于带斜边的塑件。当成型流动性差的塑料时，上述模具在凸模上均应开设溢料槽。

③ 半溢式压缩模的配合形式。半溢式压缩模的配合形式如图 4-16 所示。这种形式的最大特点是具有溢式压缩模的水平挤压环，同时还具有不溢式压缩模凸模与加料腔之间的配合环和引导环，其中配合环的配合精度为 H8/f7 或单边留 0.025~0.075mm 间隙，另外凸模上设有溢料槽进行排气溢料。

（3）加料腔的尺寸计算　溢式压缩模无加料腔，不溢式、半溢式压缩模在型腔以上有一段加料腔。

1）塑件的体积计算。简单几何形状的塑件，可以用一般几何方法计算；复杂的几何形状，可分为若干个规则的几何形状分别计算，然后求其总和。若已知塑件重量，则可根据塑件重量除以塑件密度求出塑件体积。

2）塑件所需原料的体积计算。塑件所需原料的体积计算公式为

$$V_{sl}=(1+K)kV_s \tag{4-10}$$

式中 V_{sl}——塑件所需原料的体积；

K——飞边溢料的重量系数，根据塑件分型面大小选取，通常取塑件净量的 5%~10%；

k——塑料的压缩比；

V_s——塑件的体积。

若已知塑件质量求塑件所需原料的体积，则可用下式计算

$$V_{sl}=(1+K)km/\rho_{sl} \tag{4-11}$$

式中　m——塑件质量；

ρ_{sl}——塑料原料的密度。

3）加料腔的截面面积计算。加料腔截面尺寸可根据模具类型而定。不溢式压缩模的加料腔截面尺寸与型腔截面尺寸相等；半溢式压缩模的加料腔由于有挤压面，所以加料腔截面尺寸等于型腔截面尺寸加上挤压面的尺寸，挤压面单边宽度一般为 3~5mm。根据截面尺寸，加料腔截面面积就可以方便地计算出来。

4）加料腔高度计算。在进行加料腔高度计算之前，应确定加料腔高度的起始点。一般情况下，不溢式压缩模加料腔的高度从塑件的下底面开始计算，而半溢式压缩模的加料腔高度从挤压边开始计算。

不论不溢式还是半溢式压缩模，其加料腔高度 H 都可用下式计算

$$H=[(V_{sl}-V_j+V_x)/A]+(5\sim10)\text{mm} \tag{4-12}$$

式中　H——加料腔的高度；

V_{sl}——塑料原料的体积；

V_j——加料腔高度起始点以下型腔的体积；

V_x——下凸模占有加料腔的体积；

A——加料腔的截面面积。

如图 4-26a 所示的不溢式压缩模，其加料腔高度为 $H=[(V_{sl}+V_x)/A]+(5\sim10)\text{mm}$。如图 4-26b所示的不溢式压缩模，其加料腔高度为 $H=[(V_{sl}-V_j)/A]+(5\sim10)\text{mm}$。图 4-26c 所示为高度较大的薄壁塑件压缩模，若按公式计算，其加料腔高度将小于塑件的高度，所以在

这种情况下，加料腔高度只需在塑件高度基础上增加 10～20mm。图 4-26d 所示为半溢式压缩模，其加料腔高度为 $H=[(V_{sl}-V_j+V_x)/A]+(5\sim10)\text{mm}$；成型时有一部分塑料进入上凸模内成型，由于在加料后而未加压之前它不影响加料腔的容积，所以一般计算时可以不考虑。

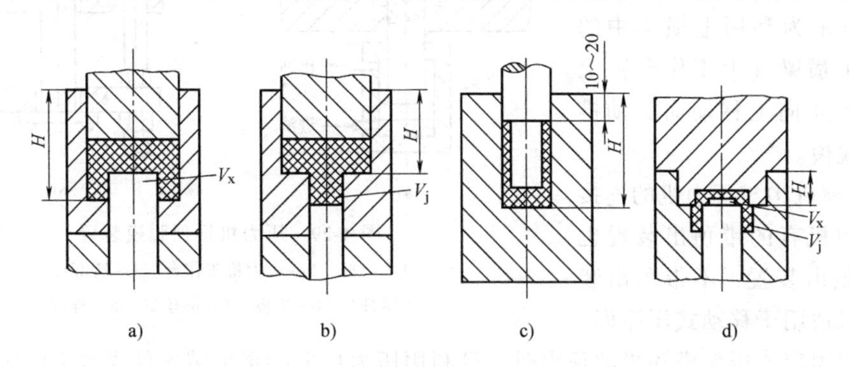

图 4-26　压缩模加料腔的高度

4. 压缩模脱模机构设计

压缩模的脱模机构与注射模的推出机构相似，常见的有推杆脱模机构、推管脱模机构、推件板脱模机构等。

（1）固定式压缩模的脱模机构

1）脱模机构的分类。压缩模的脱模机构按动力来源可分为机动式、气动式、手动式三种。气吹脱模如图 4-27 所示，即利用压缩空气直接将塑件吹出模具。当采用溢式压缩模或少数半溢式压缩模时，如果塑件对型腔的黏附力不大，则可采用气吹脱模。气吹脱模适用于薄壁壳形塑件。当薄壁壳形塑件对凸模的包紧力很小或凸模斜度较大时，开模后塑件会留在凹模中，这时压缩空气吹入塑件与模壁之间因收缩而产生的间隙，将使塑件升起，如图 4-27a 所示。图 4-27b 所示为一矩形塑件，其中心有孔，成型后压缩空气吹破孔内的溢边，压缩空气便会钻入塑件与模壁之间，使塑件脱出。

手动式脱模机构可利用人工通过手柄操纵齿轮齿条传动机构或卸模架等将塑件推卸取出。图 4-28 所示即为摇动压力机下方带有齿轮的手柄 3，齿轮 4 带动齿条 5 上升进行脱模的形式。

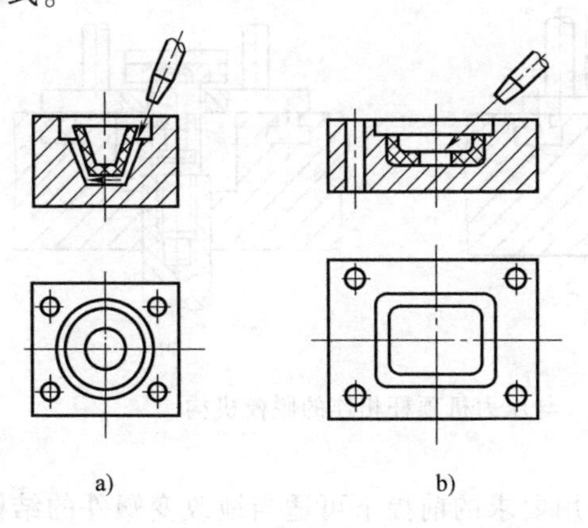

图 4-27　气吹脱模

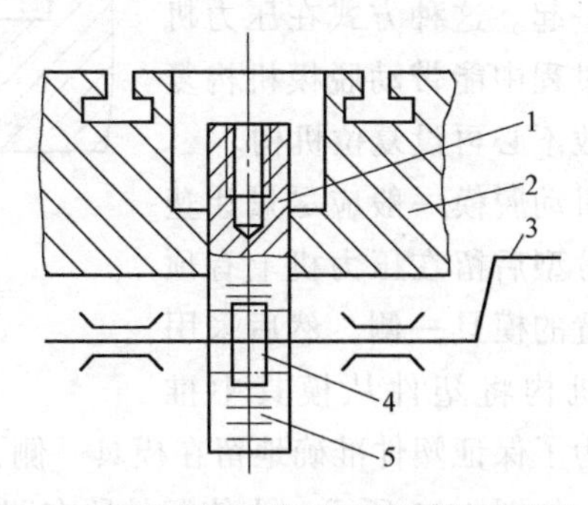

图 4-28　压力机中的手动推顶脱模装置

1—推杆　2—压力机下工作台　3—手柄　4—齿轮　5—齿条

机动式脱模机构如图 4-29 所示。图 4-29a 所示为利用压力机工作台下方的顶出装置进行脱模；图 4-29b 所示为利用上横梁中的拉杆 1 随上横梁（上工作台）上升带动托板 4 向上移动而驱动推杆 6 进行脱模。

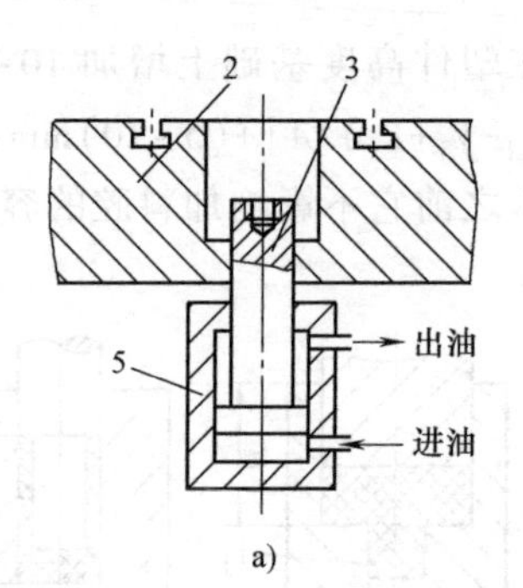

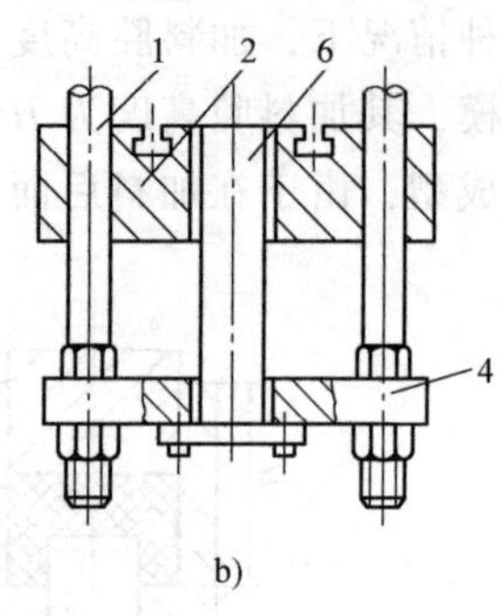

图 4-29　压力机推顶脱模装置

1—拉杆　2—压力机工作台　3—活塞杆（顶杆）　4—托板　5—液压缸　6—推杆

2）脱模机构与压力机的连接方式。压力机有的带顶出装置也有的不带顶出装置，不带顶出装置的压力机适用于移动式压缩模。当必须采用固定式压缩模和机动顶出时，可利用压力机上的顶出装置使模具上的脱模机构工作而推出塑件。当压力机带有液压顶出装置时，液压缸的活塞杆即为压力机的顶杆，一般活塞上升的极限位置是其端部与工作台表面平齐的位置。压力机的顶杆与压缩模脱模机构的连接方式有间接连接和直接连接两种。

① 间接连接。当压力机顶杆能伸出工作台面且有足够高度时，可在模具装好后直接调节顶杆顶出距离即可进行操作。当压力机顶杆端部上升的极限位置只能与工作台面平齐时，必须在顶杆端部旋入一适当长度的尾轴，尾轴的另一端与压缩模脱模机构无固定连接，如图 4-30a 所示；尾轴也可以反过来通过螺纹与模具推板相连，如图 4-30b 所示，但这两种形式都要设计复位杆等复位机构。

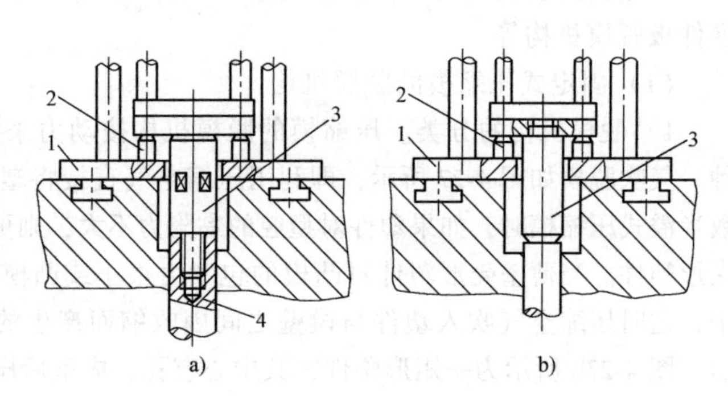

图 4-30　与压力机顶杆不相连的脱模机构

1—下模座板　2—挡销　3—尾轴　4—压力机顶杆

② 直接连接。如图 4-31 所示，压力机的顶出机构与压缩模脱模机构通过尾轴固定连接在一起。这种方式在压力机下降过程中能带动脱模机构复位，故不必再设复位机构。

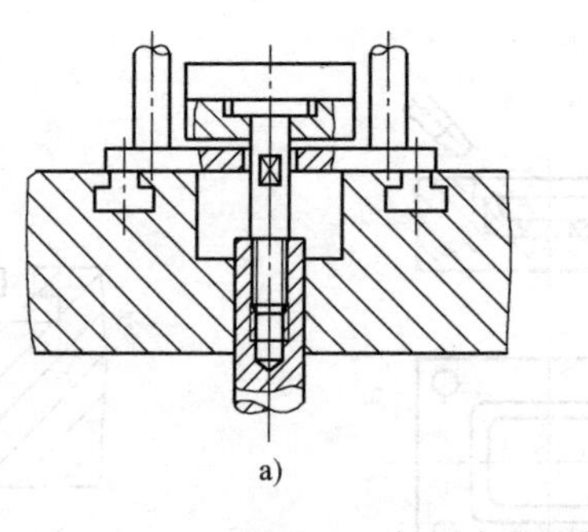

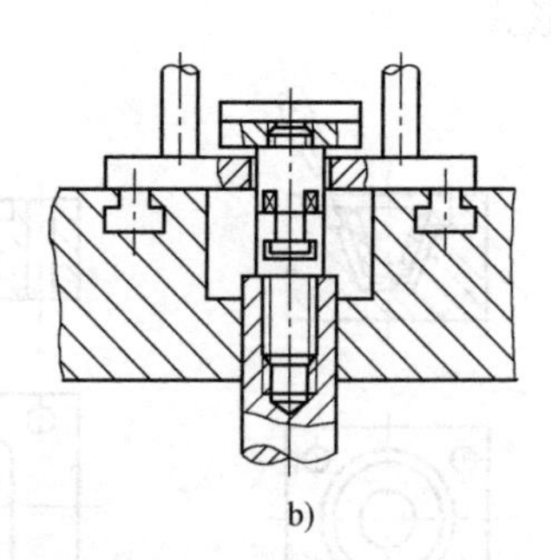

图 4-31　与压力机顶杆相连的脱模机构

机动脱模一般应尽量让塑件在分型后留在压力机上有顶出装置的模具一侧，然后采用脱模机构将塑件从模具中推出。为了保证塑件准确地留在模具一侧，在满足使用要求的前提下可适当地改变塑件的结构特征，如图 4-32 所示。为使塑件留在凹模内，对于图 4-32a 所示的薄壁塑件，可增加凸模的脱模斜度，减小凹模的脱模斜度；有时将凹模制成轻微的反斜度（3′～5′），如图 4-32b 所

示；图 4-32c 所示为凹模型腔内开设 0.1～0.2mm 的侧凹槽，使塑件留在凹模，开模后塑件从凹模内被强制推出。为了使塑件留在凸模上，可采取与上述相反的方法，图 4-32d 所示为凸模上开出环形浅凹槽，开模后塑件由上推杆强制推出。

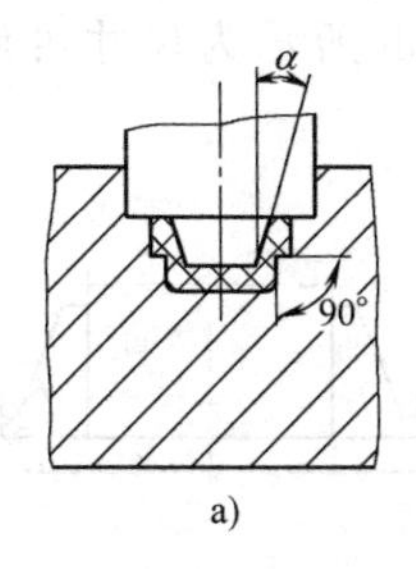

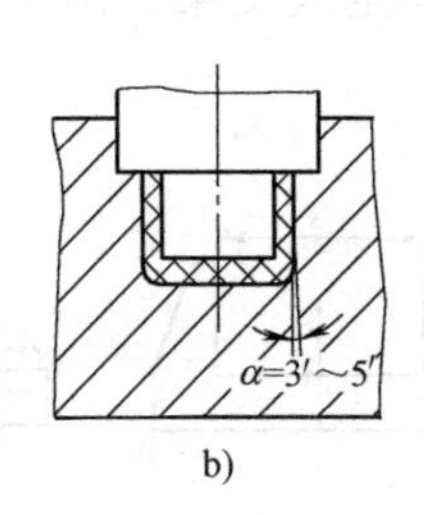

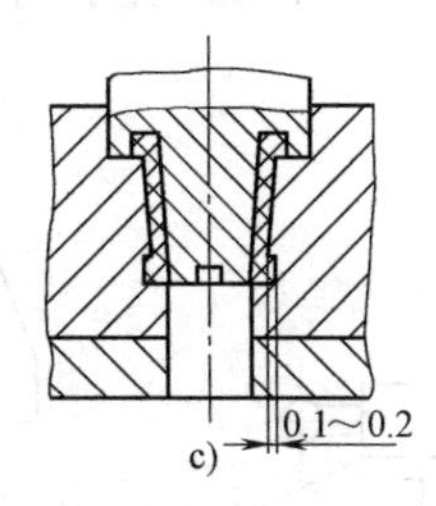

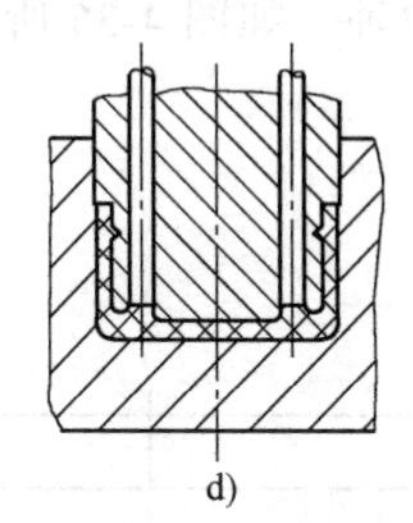

图 4-32　使塑件留模的方法

（2）半固定式压缩模的脱模机构　半固定式压缩模的上模或下模可以从压力机上移出，在上模或下模移出后，再进行塑件脱模和嵌件安装。

1）带活动上模的压缩模。这类模具可将凸模或模板制成沿导滑槽抽出的形式，故又称为抽屉式压缩模。如图 4-33 所示，开模后塑件留在活动上模 2 上，用手把 1 沿导滑板 3 将活动上模 2 拉出模外，继而取出塑件，然后再将活动上模 2 送回模内。

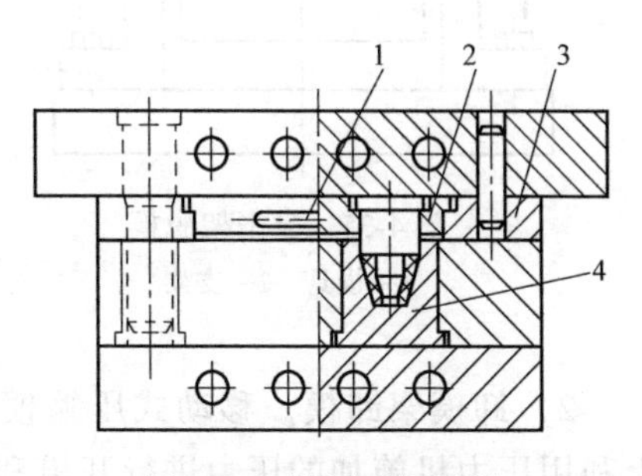

图 4-33　抽屉式压缩模

1—手把　2—活动上模

3—导滑板　4—凹模

2）带活动下模的压缩模。这类模具的上模是固定的，下模可移出。如图 4-34 所示为一典型的模外脱模机构。该脱模机构的工作台 3 与压力机工作台等高，脱模工作台 3 支承在四根立柱 8 上。在脱模工作台 3 上装有宽度可调节的导滑槽 2，以适应不同的模具宽度。在脱模工作台 3 正中装有推板 4、推杆和推杆导向板 10，推杆与模具上的推出孔相对应。当更换模具时则应调换这几个零件。工作台下方设有液压缸 9，在液压缸活塞杆上段有调节推出高度的丝杠 6，为了使脱模机构上下运动平稳而设有滑动板 5，该板上的导套在导柱 7 上滑动。为了将模具固定在正确的位置上，设有定位板 1 和可调节的定位螺钉。开模后将活动下模的凸肩滑入导滑槽 2 内，并推到与定位板 1 相接触的位置。开动推出液压缸 9 推出塑件，待清理和安装嵌件后，再将下模重新推入压力机的固定槽中。当下模重量较大时，可以在工作台上沿模具拖动路径设滚柱或滚珠，使下模拖动更轻便。

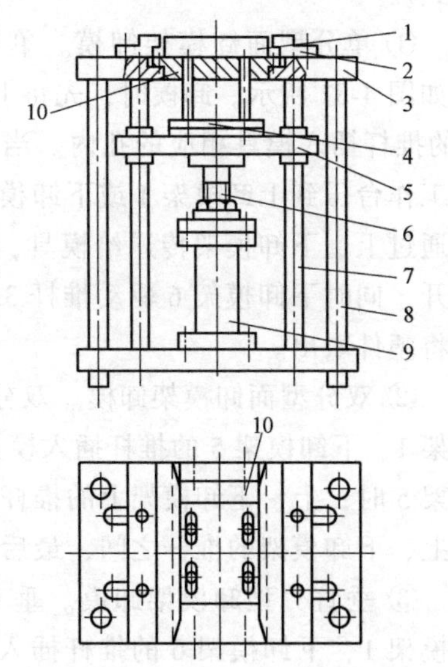

图 4-34　模外液压推顶脱模机构

1—定位板　2—导滑槽　3—工作台

4—推板　5—滑动板　6—丝杠　7—导柱

8—立柱　9—液压缸　10—推杆导向板

（3）移动式压缩模脱模机构　移动式压缩模的脱模方式分为撞击架脱模和卸模架脱模两种形式。

1）撞击架脱模。撞击架脱模如图 4-35 所示。压缩成型后，将模具移至压力机外，在特定的支架上撞击，使上、下模分开，然后手工或用简易工具取出塑件。撞击架脱模的特点是模具结构简单，成本低，可几副模具轮流操作，以提高生产率。该方法的缺点是劳动强度大，振动大，而且由于不断撞击，易使模具过早地变形、磨损，因此只适用于成型小型塑件。撞击架脱模的支架形式有两种，如图 4-36 所示，图 4-36a 所示为固定式支架，图 4-36b 所示为尺寸可调节的支架。

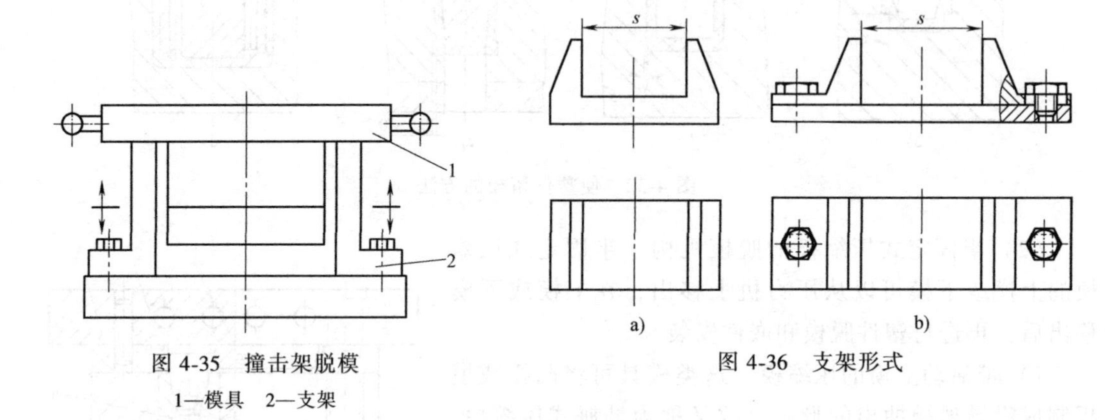

图 4-35　撞击架脱模

1—模具　2—支架

图 4-36　支架形式

2）卸模架卸模。移动式压缩模可在特制的卸模架上利用压力机施加的压力进行开模和卸模，这种方法可减轻劳动强度，提高模具使用寿命。对于开模力不大的模具，可采用单向卸模，对于开模力大的模具，要采用上、下卸模架卸模。上、下卸模架卸模有下列几种形式。

① 单分型面卸模架卸模。单分型面卸模架卸模方式如图 4-37 所示。卸模时，先将上卸模架 1、下卸模架 6 的推杆插入模具相应的孔内。当压力机的活动横梁即上工作台压到上卸模架 1 或下卸模架 6 时，压力机的压力通过上、下卸模架传递给模具，使得凸模 2 和凹模 4 分开，同时下卸模架 6 驱动推杆 3 推出塑件，最后由人工将塑件取出。

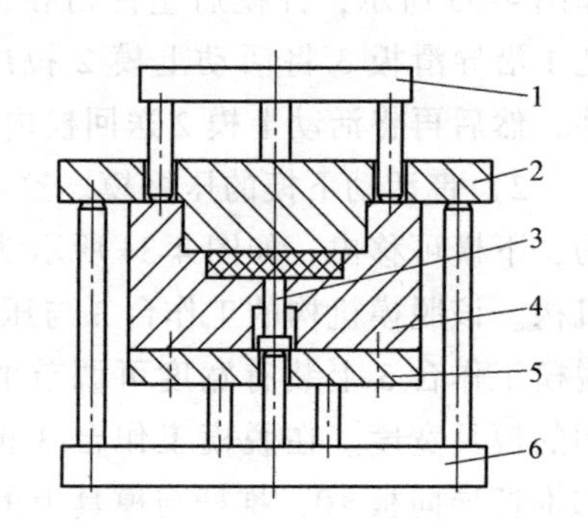

图 4-37　单分型面卸模架卸模

1—上卸模架　2—凸模　3—推杆

4—凹模　5—下模座板　6—下卸模架

② 双分型面卸模架卸模。双分型面卸模架卸模方式如图 4-38 所示。卸模时，先将上卸模架 1、下卸模架 5 的推杆插入模具的相应孔中。压力机的活动横梁压到上卸模架 1 或下卸模架 5 时，上、下卸模架上的推杆使上凸模 2、下凸模 4 和凹模 3 分开。开模后，凹模 3 留在上、下卸模架的推杆之间，最后从凹模中取出塑件。

③ 垂直分型卸模架卸模。垂直分型卸模架卸模方式如图 4-39 所示。卸模时，先将上卸模架 1、下卸模架 6 的推杆插入模具的相应孔中。压力机的活动横梁压到上卸模架 1 或下卸模架 6 时，上、下卸模架的长推杆首先使下凸模 5 和其他部分分开；当到达一定距离后，再使上凸模 2、模套 4 和瓣合凹模 3 分开；塑件留在瓣合凹模 3 中；最后打开瓣合凹模 3，取出塑件。

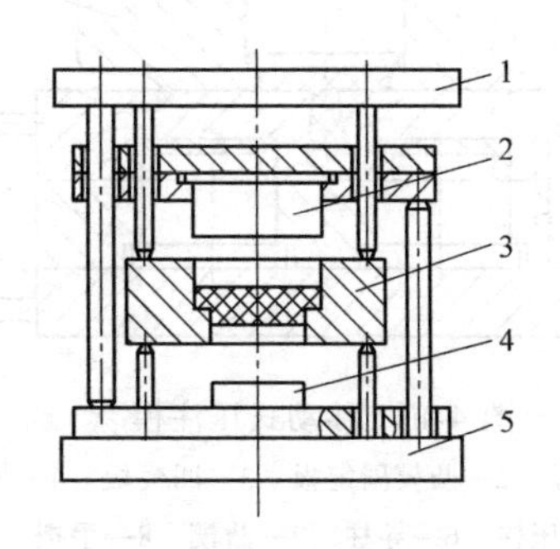

图 4-38　双分型面卸模架卸模

1—上卸模架　2—上凸模　3—凹模
4—下凸模　5—下卸模架

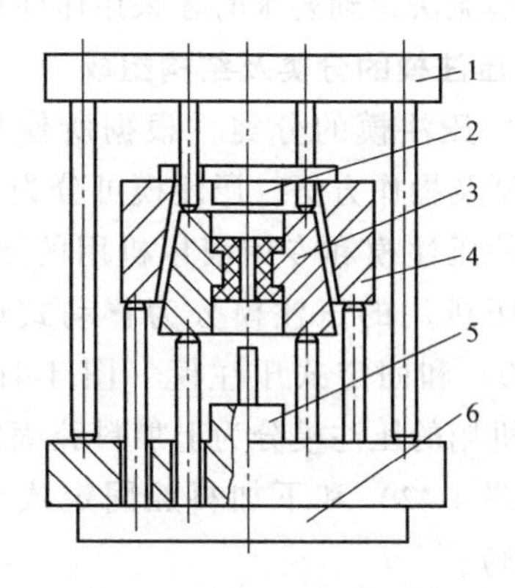

图 4-39　垂直分型卸模架卸模

1—上卸模架　2—上凸模　3—瓣合凹模
4—模套　5—下凸模　6—下卸模架

二、压注模设计

压注模又称传递模，压注成型是热固性塑料常用的成型方法。压注模与压缩模在结构上的较大区别在于压注模有单独的加料腔。

压注模与压缩模有许多共同之处，两者的加工对象都是热固性塑料，型腔结构、脱模机构、成型零件的结构及计算方法等基本相同，模具的加热方式也相同，但是压注模成型与压缩模成型相比又具有以下特点。

（1）成型周期短，生产率高　塑料在加料腔首先加热塑化，成型时塑料再以高速通过浇注系统挤入型腔，未完全塑化的塑料与高温的浇注系统相接触，使塑料升温快而均匀。同时熔料在通过浇注系统的窄小部位时受摩擦热而使温度进一步提高，有利于塑件在型腔内迅速固化，缩短了固化时间，压注成型的固化时间只相当于压缩成型的 1/5~1/3。

（2）塑件的尺寸精度高，表面质量好　由于塑料受热均匀，交联固化充分，改善了塑件的机械性能，使塑件的强度、力学性能、电性能都得以提高。塑件高度方向的尺寸精度较高，飞边很薄。

（3）可以成型带有较细小嵌件、较深的侧孔及形状较复杂的塑件　由于塑料是以熔融状态压入型腔的，因此对细长型芯、嵌件等产生的挤压力比压缩模小。一般压缩成型时在垂直方向上成型的孔深不大于 3 倍孔径，侧向孔深不大于 1.5 倍孔径；而压注成型可成型孔深不大于孔径 10 倍的通孔、不大于孔径 3 倍的盲孔。

（4）消耗原材料较多　由于浇注系统凝料的存在，塑料消耗比较多，小型塑件的成型尤为突出。模具适宜采用多型腔结构。

（5）压注成型时的收缩率比压缩成型时的大　一般酚醛塑料压缩成型的收缩率为 0.8%，但压注成型时为 0.9%~1%，而且收缩率具有方向性，这是由于物料在压力作用下定向流动而引起的。收缩率大会影响塑件的精度，但对于用粉状填料填充的塑料的成型则影响不大。

（6）压注模的结构比压缩模复杂，成型压力较高　压注成型时，酚醛塑料的成型压力为 50~80MPa，纤维填料的塑料的成型压力为 80~120MPa，环氧树脂、硅酮等低压封装用塑料的成型压力为 2~10MPa；此外，压注成型操作比较麻烦，制造成本也高，因此只有用压缩成型无法达到要求时才采用压注成型。

1. 压注模的分类及结构组成

(1) 压注模的分类　根据所使用的压力机类型及操作方法，压注模可分为普通液压机用的压注模和专用液压机用的压注模。普通液压机用的压注模分为移动式压注模（图 4-40）和固定式压注模（图 4-41）；专用液压机用的压注模分为上加料腔固定式压注模（图 4-42）和下加料腔固定式压注模（图 4-43）。

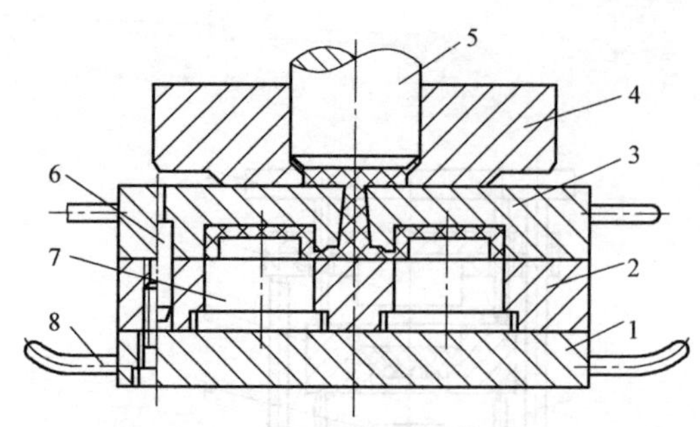

图 4-40　移动式压注模

1—下模座板　2—凸模固定板　3—凹模板　4—加料腔　5—压柱　6—导柱　7—凸模　8—手把

压注模按加料腔的特征可分为罐式压注模和柱塞式压注模。罐式压注模用普通液压机成型；柱塞式压注模用专用液压机成型。下面介绍常用的压注模的结构形式。

1）罐式压注模。罐式压注模使用较为广泛，它分为移动式和固定式两种形式。

图 4-40 所示为典型的移动式压注模，加料腔与模具可分离。工作时，模具闭合后放上加料腔 4，再将塑料加入到加料腔 4 内，利用液压机的压力将塑化好的物料高速挤入型腔；固化定型后，取下加料腔 4 和压柱 5，手工或用专用工具（卸模架）将塑件取出。移动式压注模对成型设备没有特殊的要求，在普通的液压机上就可以成型。

图 4-41 所示为罐式固定式压注模，加料腔在模具的内部，与模具不能分离，普通的液压机就可以成型。开模时，压柱 2 随上模座板 1 移动，*A* 分型面分型，加料腔敞开，压柱 2 把浇注系统凝料从浇口套 4 中拉出；当上模座板 1 上升到一定高度时，拉杆 11 上的螺母迫使拉钩 13 转动，使之与下模部分脱开，接着定距导柱 16 起作用，使 *B* 分型面分型，之后由推出机构将塑件推出；然后将塑料加入加料腔内，合模、塑化，液压机的上模板带动压柱 2 下移，将熔料通过浇注系统压入型腔，固化定型。

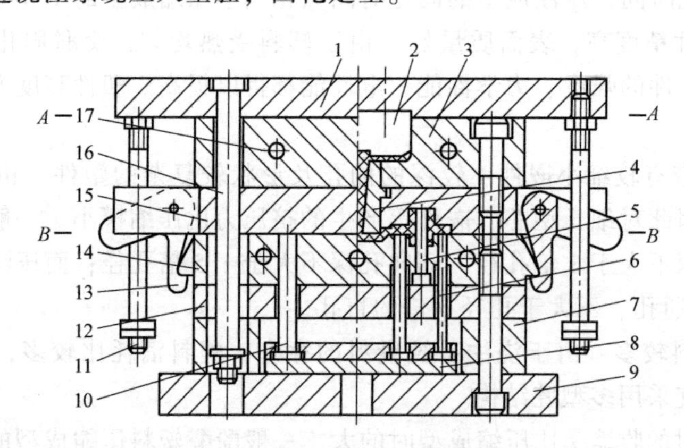

图 4-41　固定式压注模

1—上模座板　2—压柱　3—加料腔　4—浇口套　5—型芯　6—推杆　7—垫块　8—推板　9—下模座板　10—复位杆　11—拉杆　12—支承板　13—拉钩　14—下模板　15—上模板　16—定距导柱　17—加热器安装孔

2）柱塞式压注模。与罐式压注模相比，柱塞式压注模没有主流道，只有分流道，主流

道变为圆柱形的加料腔，与分流道相通。成型时，柱塞所施加的挤压力对模具不起锁模的作用，因此需要用专用的液压机。液压机有主液压缸（锁模）和辅助液压缸（成型）两个液压缸，主液压缸起锁模作用，辅助液压缸起压入成型作用。此类模具既可以采用单腔，也可以一模多腔。

上加料腔固定式压注模如图 4-42 所示。液压机的主液压缸在液压机的下方，自下而上合模，辅助液压缸在液压机的上方，自上而下将物料挤入型腔。合模加料后，当加入加料腔内的塑料受热呈熔融状态时，液压机辅助液压缸工作，柱塞将熔融塑料挤入型腔；固化成型后，辅助液压缸带动柱塞上移，主液压缸带动下工作台将模具分型开模，塑件与浇注系统凝料留在下模，推出机构将塑件从凹模镶块 5 中推出。此结构成型所需的挤压力小，成型质量好。

下加料腔固定式压注模如图 4-43 所示。模具所用的主液压缸在液压机的上方，自上而下合模，辅助液压缸在液压机的下方，自下而上将物料挤入型腔。它与上加料腔固定式压注模的主要区别在于：它是先加料，后合模，最后压注成型；而上加料腔固定式压注模是先合模，后加料，最后压注成型。由于余料和分流道凝料与塑件一同被推出，因此清理方便，节省材料。

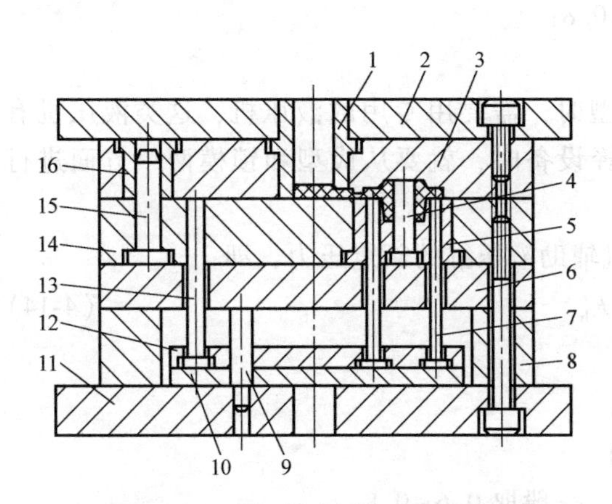

图 4-42　上加料腔固定式压注模

1—加料腔　2—上模座板　3—上模板　4—型芯　5—凹模镶块　6—支承板　7—推杆　8—垫块　9—推板导柱　10—推板　11—下模座板　12—推杆固定板　13—复位杆　14—下模板　15—导柱　16—导套

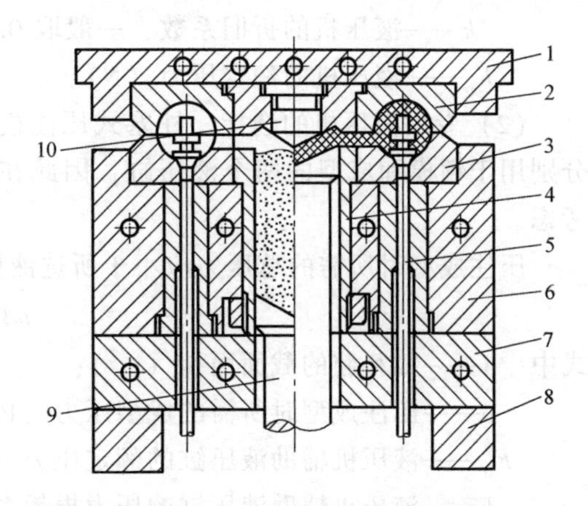

图 4-43　下加料腔固定式压注模

1—上模座板　2—上凹模　3—下凹模　4—加料腔　5—推杆　6—下模板　7—支承板（加热板）　8—垫块　9—柱塞　10—分流锥

（2）压注模的结构组成　压注模主要由以下几个部分组成。

1）成型零件。是直接与塑件接触的那部分零件，如凹模、凸模、型芯等。

2）加料装置。由加料腔和压柱组成，移动式压注模的加料腔和模具是可分离的，固定式压注模的加料腔与模具固定在一起。

3）浇注系统。与注射模相似，主要由主流道、分流道和浇口组成。

4）导向机构。由导柱和导套组成，起定位、导向作用。

5）推出机构。注射模中采用的推杆、推管、推件板及各种推出结构，在压注模中也同样适用。

6）加热系统。压注模的加热元件主要是电热棒、电热圈，加料腔、上模、下模均需要加热。

7）侧向分型与抽芯机构。如果塑件中有侧孔或侧凹，必须采用侧向分型与抽芯机构，具体的设计方法与注射模的结构类似。

2. 压注模与液压机的关系

压注模必须装配在液压机上才能进行压注成型，设计模具时必须了解液压机的技术规范和使用性能，才能使模具顺利地安装在设备上。选择液压机时应从以下几方面进行工艺参数的校核。

（1）普通液压机的选择　罐式压注模压注成型所用的设备主要是塑料成型用液压机。选择液压机时，要根据所用塑料及加料腔的截面面积计算出压注成型所需的总压力，然后再选择液压机。

压注成型时的总压力按下式计算

$$F_m = pA \leqslant kF_p \tag{4-13}$$

式中　F_m——压注成型所需的总压力（N）；

p——压注成型时所需的成型压力（Pa）；

A——加料腔的截面面积（m^2）；

k——液压机的折旧系数，一般取 0.6~0.8；

F_p——液压机的额定压力（N）。

（2）专用液压机的选择　柱塞式压注模成型时，需要用专用的液压机，这类液压机有分别用于锁模和成型的两个液压缸，因此在选择设备时，就要从成型和锁模两个方面进行考虑。

压注成型时所需的总压力应小于所选液压机辅助液压缸的额定压力，即

$$pA \leqslant kF'_b \tag{4-14}$$

式中　A——加料腔的截面面积（m^2）；

p——压注成型时所需的成型压力（Pa）；

F'_b——液压机辅助液压缸的额定压力（N）；

k——液压机辅助液压缸的压力损耗系数，一般取 0.6~0.8。

锁模时，为了保证型腔内压力不将分型面顶开，必须有足够的锁模力，所需的锁模力应小于液压机主液压缸的额定压力（一般均能满足），即

$$pA_1 \leqslant kF_p \tag{4-15}$$

式中　A_1——浇注系统与型腔在分型面上投影面积之和（m^2）；

F_p——液压机主液压缸额定压力（N）。

3. 压注模零部件设计

压注模的结构包括型腔、加料腔、浇注系统、导向机构、侧向抽芯机构、推出机构、加热系统等七部分。压注模的结构设计原则与注射模、压缩模基本是相似的，例如塑件的结构工艺性分析、分型面的选择、导向机构及推出机构的设计与注射模、压缩模的设计方法是完全相同的，可以参照上述两类模具的设计方法进行设计。下面仅介绍压注模特有结构的设计方法。

（1）加料腔的结构　压注模与注射模的不同之处在于它有加料腔，压注成型之前塑料必须加入到加料腔内，然后进行预热、加压，才能压注成型。由于压注模的结构不同，加料

腔的形式也不相同。前面介绍过，加料腔分为移动式和固定式两种；加料腔的截面大多为圆柱形，也有矩形及腰圆形结构，主要取决于型腔结构及数量；加料腔的定位及固定形式取决于所选设备。

1）移动式压注模加料腔。移动式罐式压注模的加料腔可单独取下，有一定的通用性，其结构如图 4-44 所示。它是一种比较常见的结构，加料腔的底部为一带有 40°~45°斜角的台阶，当压柱向加料腔内的塑料施压时，压力也作用在台阶上，使加料腔与模具的模板贴紧，防止塑料从加料腔的底部溢出，能防止溢料飞边的产生。移动式加料腔在模具上的定位方式如图 4-44 和图 4-45 所示。图 4-44a、b 所示加料腔与模板之间没有定位，加料腔的下表面和模板的上表面均为平面，这种结构的特点是制造简单，清理方便，适用于小批量生产。图 4-45a 所示为用导柱（定位销）定位的加料腔，导柱可以固定在模板上也可以固定在加料腔上，导柱与配合端采用间隙配合；此结构的加料腔与模板能精确配合，缺点是拆卸和清理不方便。图 4-45b 所示为采用四个圆柱挡销定位，圆柱挡销与加料腔的配合间隙较大；此结构的特点是制造和使用都比较方便。图 4-45c 所示为在模板上加工出一个高度为 3~5mm 的凸台，与加料腔进行配合；特点是既可以准确定位又可防止溢料，应用比较广泛。

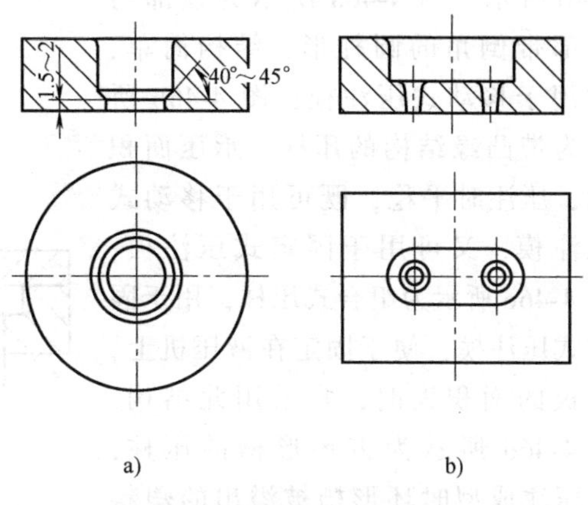

图 4-44　移动式加料腔

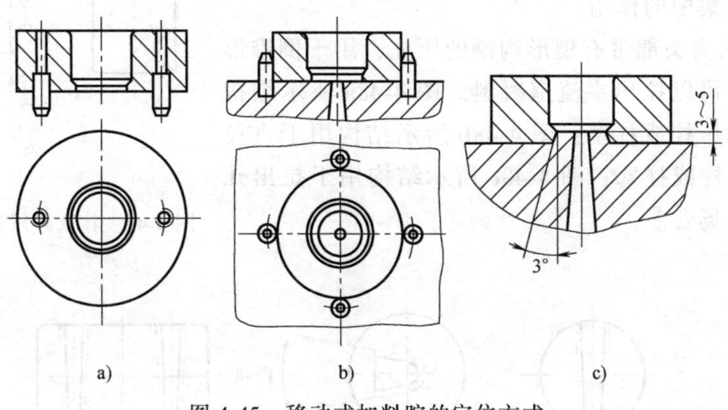

图 4-45　移动式加料腔的定位方式

2）固定式加料腔。固定式罐式压注模的加料腔与上模连成一体，在加料腔的底部开设流道通向型腔。当加料腔和上模分别在两块板上加工时，应设置浇口套，如图 4-41 所示。

柱塞式压注模的加料腔截面为圆形，其安装形式见图 4-42 和图 4-43。由于采用专用液压机，而液压机上有主（锁模）液压缸，所以加料腔的截面尺寸与锁模无关，加料腔的截面尺寸较小，高度较大。

加料腔的材料一般选用 40Cr、T10A、CrWMn、Cr12 等，热处理硬度为 52~56HRC，加料腔内腔应镀铬抛光，表面粗糙度 Ra 值低于 0. 4μm。

(2) 压柱的结构　压柱的作用是将塑料从加料腔中压入型腔。常见罐式压注模的压柱结构形式如图4-46所示。图4-46a所示为顶部与底部带倒角的圆柱形，结构简单，常用于移动式压注模；图4-46b所示为带凸缘结构的压柱，承压面积大，压注时平稳，既可用于移动式压注模，又可用于固定式压注模；图4-46c所示为组合式压柱，用于固定式压注模，便于固定在液压机上，模板的面积大时，常采用此结构；图4-46d所示为带环形槽的压柱，在压注成型时环形槽被溢出的塑料充满并固化在槽中，可以防止塑料从间隙中溢料，工作时起活塞环的作用。

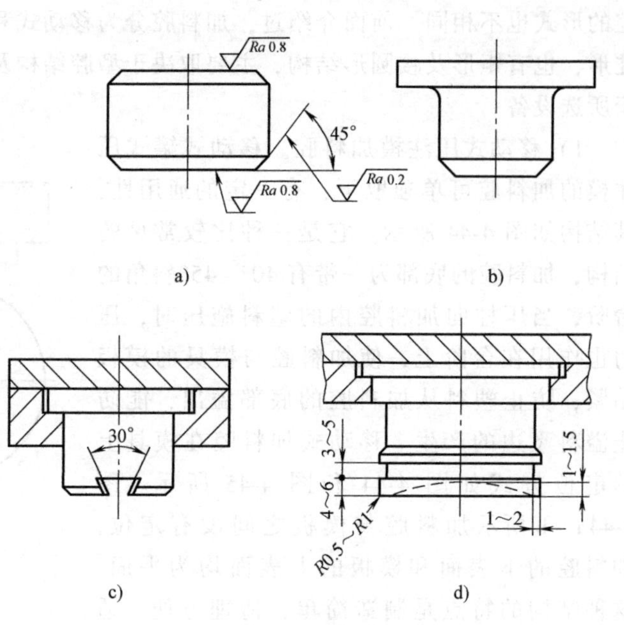

图4-46　罐式压注模的压柱结构

图4-47所示为柱塞式压注模的压柱（称为柱塞）结构。图4-47a所示为柱塞的一般形式，一端带有螺纹，可以连接在液压机辅助液压缸的活塞杆上；图4-47b所示的柱塞的柱面有环形槽，可防止塑料从侧面溢料，头部的球形凹面有使料流集中的作用。

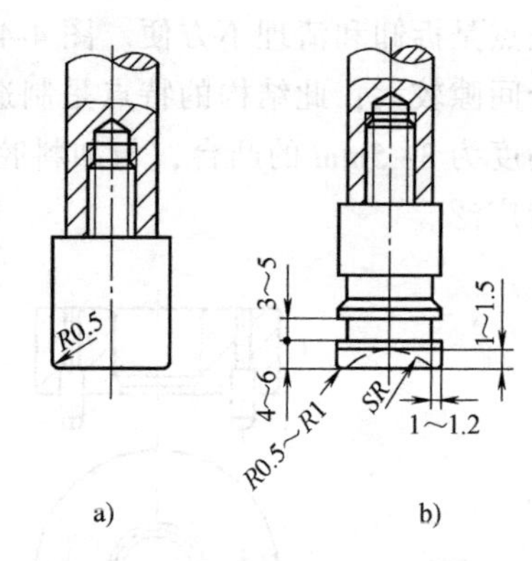

图4-47　柱塞式压注模的压柱结构

图4-48所示为头部带有楔形沟槽的压柱，用于倒锥形主流道，成型后可以拉出主流道凝料。图4-48a所示结构用于直径较小的压柱或柱塞；图4-48b所示结构用于直径大于75mm的压柱或柱塞；图4-48c所示结构用于拉出几个主流道凝料的场合。

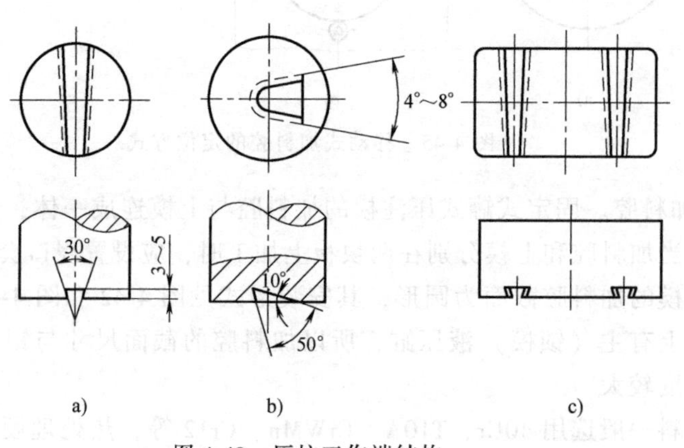

图4-48　压柱工作端结构

压柱或柱塞是承受压力的主要零件，压柱材料的选择和热处理要求与加料腔相同。

(3) 加料腔与压柱的配合　加料腔与压柱的配合关系如图 4-49 所示。加料腔与压柱的配合通常采用 H8/f9，或采用 0.05～0.1mm 的单边间隙配合。

压柱的高度 H_1 应比加料腔的高度 H 小 0.5～1mm，避免压柱直接压到模板上；加料腔与定位凸台的配合高度之差为 0～0.1mm，加料腔底部倾角 $\alpha=40°\sim45°$。

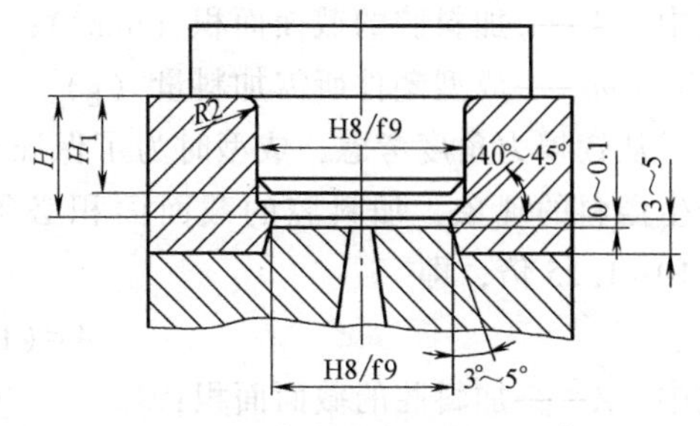

图 4-49　加料腔与压柱的配合

表 4-2 与表 4-3 为罐式压注模的加料腔和压柱的推荐尺寸。

表 4-2　罐式压注模的加料腔尺寸　（单位：mm）

简　　图	D	d	d_1	h	H
Ra 0.8, R2, d, Ra 0.1, H, 40°~45°, h, 3°, d1, Ra 0.8, D	100	$30^{+0.033}_{0}$	$24^{+0.033}_{0}$	$3^{+0.05}_{0}$	30±0.2
		$35^{+0.039}_{0}$	$28^{+0.033}_{0}$		35±0.2
		$40^{+0.039}_{0}$	$32^{+0.039}_{0}$		40±0.2
	120	$50^{+0.039}_{0}$	$42^{+0.039}_{0}$	$4^{+0.05}_{0}$	40±0.2
		$60^{+0.046}_{0}$	$50^{+0.039}_{0}$		40±0.2

表 4-3　罐式压注模的压柱尺寸　（单位：mm）

简　　图	D	d	d_1	H	h
D, Ra 0.8, h, R1.5, Ra 0.8, Ra 0.1, d, H, d1, 40°~45°	100	$30^{-0.025}_{-0.072}$	$23^{0}_{-0.1}$	26.5±0.1	20
		$35^{-0.025}_{-0.087}$	$27^{0}_{-0.1}$	31.5±0.1	
		$40^{-0.025}_{-0.087}$	$31^{0}_{-0.1}$	36.5±0.1	
	120	$50^{-0.025}_{-0.087}$	$41^{0}_{-0.1}$	35.5±0.1	25
		$60^{-0.030}_{-0.104}$	$49^{0}_{-0.1}$	35.5±0.1	

(4) 加料腔尺寸计算　加料腔的尺寸计算包括截面面积计算，塑料原料体积计算和加料腔高度尺寸计算。加料腔的形式不同，尺寸计算方法也不同。

1) 加料腔截面面积的计算。

① 罐式压注模的加料腔截面面积。罐式压注模加料腔的截面尺寸计算应从加热面积和锁模力两个方面考虑。

从塑料加热面积考虑，加料腔的加热面积取决于加料量。根据经验，每克未经预热的热固性塑料约需 140mm² 的加热面积。加料腔总表面积为加料腔内腔投影面积的 2 倍与加料腔装料部分侧壁面积之和，由于罐式加料腔的高度较低，可将侧壁面积略去不计，因此加料腔截面面积为所需加热面积的一半，即

$$2A=140m$$

$$A = 70m \tag{4-16}$$

式中 A——加料腔的截面面积（mm^2）；

m——成型塑件所需加料量（g）。

从锁模力角度考虑，成型时为了保证型腔内塑料熔体不发生因成型压力将分型面顶开而产生溢料的现象，加料腔的截面面积必须是浇注系统与型腔在分型面上投影面积之和的1.10~1.25倍，即

$$A = (1.10 \sim 1.25)A_1 \tag{4-17}$$

式中 A——加料腔的截面面积；

A_1——浇注系统与型腔在分型面上投影面积之和。

② 柱塞式压注模的加料腔截面面积。柱塞式压注模加料腔的截面尺寸与成型压力及辅助液压缸的额定压力有关，即

$$A \leqslant KF_p/p \tag{4-18}$$

式中 F_p——液压机辅助液压缸的额定压力（N）；

p——压注成型时所需的成型压力（MPa）；

A——加料腔的截面面积（mm^2）；

K——系数，取0.6~0.8。

2）塑料原料体积的计算。加料腔的截面面积确定后，应求出塑料原料的体积，按以下公式计算

$$V_{sl} = kV_s \tag{4-19}$$

式中 V_{sl}——塑料原料的体积；

k——塑料的压缩比；

V_s——塑件的体积。

3）加料腔的高度尺寸。加料腔的高度按下式计算

$$H = (V_{sl}/A) + (10 \sim 15)\,mm \tag{4-20}$$

式中 H——加料腔的高度。

4. 压注模浇注系统与排溢系统设计

压注模的浇注系统与注射模的浇注系统是相似的，也是由主流道、分流道及浇口几部分组成，它的作用及设计与注射模浇注系统基本相同，但二者也有不同之处。在注射成型过程中，熔体与流道的热交换越少越好，压力损失要少；但压注成型过程中，为了使塑料在型腔中的固化速度加快，反而希望塑料与流道有一定的热交换，使塑料熔体的温度升高，进一步塑化，以理想的状态进入型腔。图4-50所示为压注模的典型浇注系统。

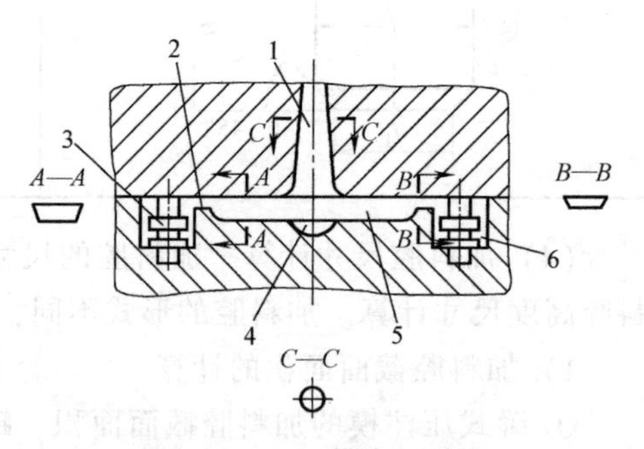

图4-50　压注模浇注系统

1—主流道　2—浇口　3—嵌件
4—冷料穴　5—分流道　6—型腔

压注模浇注系统设计时应注意以下几点。

1）浇注系统的流道应光滑、平直，减少弯折，流道总长要满足塑料流动性的要求。

2）主流道应位于模具的压力中心，保证型腔受力均匀，多型腔的模具要对称布置。

3）分流道设计时，要有利于对塑料加热，增大摩擦热，使塑料升温。

4）浇口的设计应使塑件美观，浇口清除方便。

（1）主流道　主流道的截面形状一般为圆形，有正圆锥形主流道、倒圆锥形主流道及带分流锥的主流道三种形式，如图4-51所示。图4-51a所示为正圆锥形主流道，主流道对面可设置拉料钩，开模时将主流道凝料拉出。由于热固性塑料塑性差，截面尺寸不宜太小，否则会使料流的流动阻力增大，不容易充满型腔，造成欠压。正圆锥形主流道常用于多型腔模具，有时也设计成直浇口的形式，用于流动性较差的塑料。主流道有6°~10°的锥角，与分流道的连接处应有半径为3mm以上的过渡圆弧。

图4-51b所示为倒锥形主流道，它常与端面带楔形槽的压柱配合使用。开模时，主流道与加料腔中的残余废料由压柱带出，便于清理。这种流道既可用于一模多腔，又可用于单型腔模具或同一塑件有几个浇口的模具。当主流道穿过两块以上模板时，应设置浇口套，以避免发生溢料现象。这种结构一般用于固定式罐式压注模。

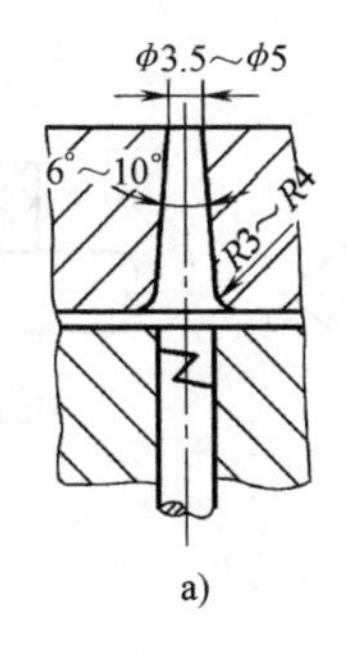

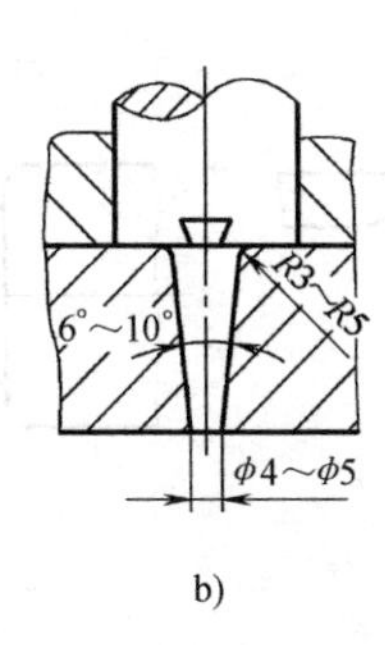

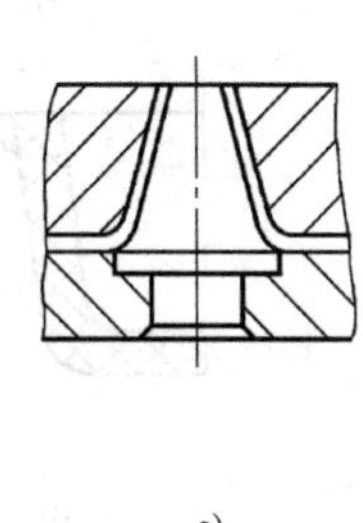

图4-51　压注模主流道结构形式

图4-51c所示为带有分流锥的主流道。当塑件较大或型腔距模具中心较远时，为了缩短流道的长度，减薄塑料层的厚度及节约原料，常在主流道内设置分流锥，分流锥的形状及尺寸根据塑件尺寸及型腔分布而定。型腔沿圆周分布时，分流锥可采用圆锥体；型腔按两排或矩形分布时，分流锥的截面可采用矩形。分流锥与流道的间隙一般为1~1.5mm。流道可以分布在分流锥表面上，也可以在分流锥上开槽。

（2）分流道设计　压注模分流道的结构如图4-52所示。压注模的分流道比注射模的分流道浅而宽，一般对于小型塑件，深度取2~4mm，对于大型塑件，深度取4~6mm；最浅不小于2mm，过浅会使塑料提前固化，流动性降低。分流道的宽度取深度的1.5~2倍。常用的分流道截面为梯形或半圆形，压注模梯形截面分流道截面面积取浇口截面面积的5~10倍。分流道多采用平衡式布置，流道应光滑、平直，尽量避免弯折。

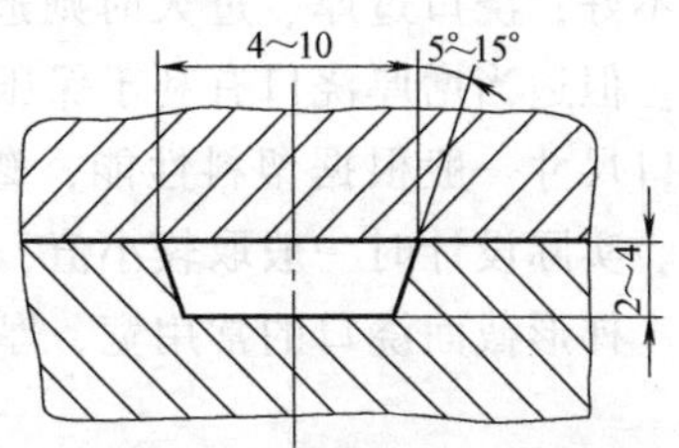

图4-52　压注模梯形分流道结构形式

（3）浇口设计　浇口是浇注系统中的重要部分，它与型腔直接接触，对塑料能否顺利地充满型腔、塑件质量，以及熔体的流动状态有很重要的影响。因此，浇口的设计应根据塑料的特性、塑件质量要求及模具结构等多方面考虑。

1）浇口的形式。压注模的浇口与注射模基本相同，可以参照注射模的浇口进行设计，但由于热固性塑料的流动性较差，所以应取较大的浇口截面尺寸。压注模有圆形点浇口、侧浇口、扇形浇口、环形浇口及轮辐浇口等几种形式，如图4-53所示。图4-53a~d为侧浇口，图4-53e为扇形浇口，图4-53f、g为环形浇口。图4-53a为外侧进料的侧浇口，是侧浇口中最常用的形式；图4-53b中的塑件外表面不允许有浇口痕迹，所以采用端面进料；图4-53c

中的浇口折断后，断痕不会伸出表面，不影响装配，降低了修浇口的费用；如果塑料用碎布或长纤维做填料，侧浇口应设在附加于侧壁的凸台上，去除浇口时不会损坏塑件表面，如图4-53d所示。对于宽度大的塑件，可以采用扇形浇口，如图4-53e所示。

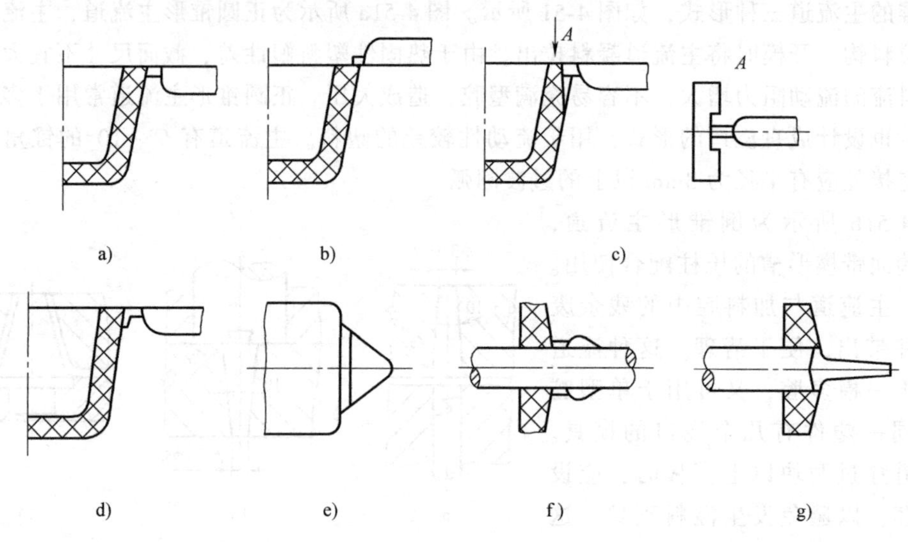

图4-53　压注模的浇口形式

2）浇口的尺寸。浇口的截面形状有圆形、半圆形及梯形三种形式。

圆形浇口加工困难，导热性不好，去除时不便，适用于流动性较差的塑料，浇口直径一般大于3mm。半圆形浇口的导热性比圆形好，机械加工方便，但流动阻力较大，浇口较厚。梯形浇口的导热性好，机械加工方便，是最常用的浇口形式。梯形浇口一般深度取0.5~0.7mm，宽度不大于8mm。浇口过薄、太小时，压力损失较大，固化提前，造成填充成型性不好；浇口过厚、过大时则造成流速降低，易产生熔接不良、表面质量不佳，且去除困难。但适当增厚浇口有利于保压补料、排除气体、降低塑件表面粗糙度值及改善熔接质量。浇口尺寸一般根据塑料性能，塑件的形状、尺寸、壁厚，浇口形式及流程等因素凭经验确定。实际设计时一般取较小值，经试模后修正到适当尺寸。

梯形截面浇口的常用宽、厚比例可参见表4-4。

表4-4　梯形浇口的宽、厚比例

浇口截面面积/mm²	≤2.5	>2.5~3.5	>3.5~5.0	>5.0~6.0	>6.0~8.0	>8.0~10	>10~15	>15~20
(宽/mm)×(厚/mm)	5×0.5	5×0.7	6×0.7	7×1	8×1	10×1	10×1.5	10×2

3）浇口位置的选择。浇口位置的选择是由塑件的形状决定的。选择浇口位置时应遵循以下原则。

① 由于热固性塑料流动性较差，为了减小流动阻力，有助于补缩，浇口应开设在塑件壁厚最大处。

② 塑料在型腔内的最大流动距离应尽可能限制在拉西格流动性指数范围内。对于大型塑件，应多开设几个浇口以减小流动距离，浇口间距应不大于120~140mm。

③ 热固性塑料在流动中会产生填料定向，造成塑件变形、翘曲甚至开裂，特别是长纤维填充的塑料，定向更为严重，应注意浇口位置的选择。

④ 浇口应开设在塑件的非重要表面，不影响塑件的使用及美观。

(4) 排气槽和溢料槽的设计

1) 排气槽设计。热固性塑料在压注成型时，由于发生化学交联反应，会产生一定量的气体和挥发性物质，同时型腔内原有的气体也需要排出。通常利用模具零件间的配合间隙及分型面之间的间隙进行排气，当不能满足要求时，必须开设排气槽。

排气槽应尽量设置在分型面上，或型腔最后填充处，也可设在料流汇合处或有利于清理飞边及排出气体处。

排气槽的截面形状一般为矩形或梯形。对于中小型塑件，分型面上的排气槽深度取0.04~0.13mm，宽度取3~5mm，具体的位置及深度尺寸一般经试模后确定。

排气槽截面面积推荐尺寸可参见表4-5。

2) 溢料槽设计。成型时，为了避免嵌件或配合孔中渗入更多的塑料，为了防止塑件产生熔接痕，以及为了让多余的塑料溢出，需要在模具的接缝处或适当的位置开设溢料槽。

溢料槽的截面尺寸，一般宽度取3~4mm，深度取0.1~0.2mm。加工时，深度可先取小一些，经试模后再修正。溢料槽尺寸过大会使溢料量过多，造成塑件组织疏松或缺料；而溢料槽尺寸过小则会使溢料不足。

表4-5　排气槽截面面积推荐尺寸

排气槽截面面积/mm^2	排气槽截面尺寸(槽宽/mm)×(槽深/mm)
≤0.2	5×0.04
>0.2~0.4	5×0.08
>0.4~0.6	6×0.1
>0.6~0.8	8×0.1
>0.8~1.0	10×0.1
>1.0~1.5	10×0.15
>1.5~2.0	10×0.2

【思考与练习】

1. 溢式、不溢式、半溢式压缩模在模具结构、成型产品的性能及塑料原料的适应性方面各有什么特点与要求？

2. 压缩成型塑件在模内施压方向的选择上要注意哪几点（用简图说明）？

3. 绘出溢式、不溢式、半溢式压缩模的凸模与加料腔的配合结构简图，并标出典型的结构尺寸与配合精度。

4. 如何计算压缩模（不溢式、半溢式）加料腔的高度尺寸？

5. 固定式压缩模的脱模机构与压力机液压缸活塞杆的连接方式有哪几种？请用简图表示出来。

6. 压注模加料腔与压柱的配合精度如何选择？罐式及柱塞式压注模的加料腔截面面积是如何选择的？

7. 压注模按加料腔的结构可分成哪几类？

8. 上加料腔和下加料腔柱塞式压注模对液压机有何要求？分别阐述它们的工作过程。

9. 绘出移动式罐式压注模的加料腔与压柱的配合结构简图，并标上典型的结构尺寸与配合精度。

参考文献

[1] 屈华昌，张俊．塑料成型工艺与模具设计［M］．3 版．北京：机械工业出版社，2014.

[2] 陈志刚．塑料成型工艺及模具设计［M］．北京：机械工业出版社，2007.

[3] 张维合．塑料成型工艺与模具设计［M］．北京：化学工业出版社，2014.

[4] 郭新玲．塑料模具设计［M］．北京：清华大学出版社，2006.

[5] 阎亚林．塑料模具图册［M］．北京：高等教育出版社，2009.

[6] 叶久新．塑料模设计指导［M］．北京：北京理工大学出版社，2009.

[7] 李厚佳，王浩．注塑模具课程设计指导书［M］．北京：机械工业出版社，2011.

[8] 何冰强，高汉华．塑料模具设计指导与资料汇编［M］．3 版．大连：大连理工大学出版社，2014.

[9] 胡东升，等．塑料模具设计基础［M］．武汉：武汉大学出版社，2009.

[10] 杨海鹏．模具设计与制造实训教程［M］．北京：清华大学出版社，2011.

[11] 刘朝福．模具设计实训指导书［M］．北京：清华大学出版社，2010.

[12] 吴中林，等．立体词典：UG NX6．0 注塑模具设计［M］．杭州：浙江大学出版社，2012.

[13] 赵梅，等．模具 CAD/CAM［M］．北京：清华大学出版社，2011.

[14] 孙玲．塑料成型工艺与模具设计［M］．北京：清华大学出版社，2008.

[15] 张兴友．塑料成型工艺与模具设计［M］．北京：冶金工业出版社，2009.

[16] 吴泊良，周宗明．塑料成型工艺与模具设计［M］．北京：国防工业出版社，2011.

[17] 刘彦国．塑料成型工艺与模具设计［M］．北京：人民邮电出版社，2009.